都市农业景观
——生产性生态城市设计

[爱尔兰] 安德烈·维尤恩（André Viljoen）
[德] 卡特琳·伯　恩（Katrin Bohn） 编著
练新颜　译

中国建筑工业出版社

著作权合同登记图字：01-2020-2650号

图书在版编目（CIP）数据

都市农业景观：生产性生态城市设计／（爱尔兰）安德烈·维尤恩，（德）卡特琳·伯恩编著；练新颜译．—北京：中国建筑工业出版社，2020.3
书名原文：Second Nature Urban Agriculture——Designing Productive Cities
ISBN 978-7-112-24574-1

Ⅰ.①都… Ⅱ.①安…②卡…③练… Ⅲ.①都市农业－景观设计 Ⅳ.①TU984.1

中国版本图书馆CIP数据核字（2019）第287134号

Second Nature Urban Agriculture——Designing Productive Cities/ André Viljoen and Katrin Bohn (978-0415540582)

责任编辑：程素荣　张鹏伟
责任校对：张　颖

都市农业景观——生产性生态城市设计
［爱尔兰］安德烈·维尤恩（André Viljoen）
［德］卡特琳·伯恩（Katrin Bohn） 编著
练新颜　译
*
中国建筑工业出版社出版、发行（北京海淀三里河路9号）
各地新华书店、建筑书店经销
北京锋尚制版有限公司制版
北京中科印刷有限公司印刷
*
开本：787×1092毫米　1/16　印张：17½　插页：8　字数：486千字
2020年9月第一版　2020年9月第一次印刷
定价：78.00元
ISBN 978－7－112－24574－1
（35274）

作者中文版序

我们非常荣幸地看到《都市农业景观——生产性生态城市设计》一书的中文版。自从1997年起，我们就一直在思考城市发展过程中能够在保持动态生机及相异性的同时，实现可持续发展，于是我们开始了这次发现之旅。在过往的年代里，虽然环境危机已经被公众所认知，但是并非像今天这样成熟。环境危机问题在被探讨的同时，引入都市农业概念的潜在价值以减少对环境的负面影响并改善城市空间问题，然而这一重要提案并没有得到系统的考量。今天的情形已经大相径庭：气候变化问题已经广泛熟知，大量城市居民期望可持续的生活方式，以及倡导引入基于可持续生产性城市景观设计原则的公共空间网络系统，并以此改善城市生活幸福指数，提高生物多样性，发展弹性、合理的食物系统。

随着国际上对都市农业的不断关注，以及都市农业与都市设计、建筑、生态和环境的多重而复杂的关系，我们的工作已经得到长足的发展。最重要的是，《连贯式生产性城市景观》一书最初于2005年出版后，城市权威机构和政策的制定方一直大力推进本书及我们前一本书中所规划目标的落实。正如我们在前言中所提及的，卡特琳·伯恩（Katrin Bohn）一直致力于德国海德堡和柏林各种相关项目的工作，我也一直努力加强日本东京相关项目的规划设计。与此同时，我们也不断地将此书中所涉及的设计经验应用于跨欧洲的合作项目研究。

非常荣幸得知，随着《连贯式生产性城市景观》的中文版于2014年在中国出版后，它的姊妹版《都市农业景观——生产性生态城市设计》现在也将在中国出版。我们没必要在此赘述此书中的设计思想对于快速城市化发展进程的中国有多么重要，我们真切的希望此书能够引起中国城市化发展进程中相关领域人员的兴趣，同时也荣幸地期盼这些设计理念能够在中国得到发展。

在此我要感谢两位在布莱顿大学与我们共同工作一年的中国访问学者为此书所做的贡献，初冬博士（哈尔滨商业大学设计艺术学院）、练新颜博士（广西大学政治学院），正是由于她们的勤奋工作，此书才得以在中国面市。她们一直致力于此书的翻译工作，我们也要特别感谢初冬博士在此书翻译阶段后期所作的巨大贡献，再次感谢练新颜博士和初冬博士。

我们也要重申对高宁博士的谢意，感谢高宁博士最初对《连贯式生产性城市景观》进行的译著工作。感谢中国建筑工业出版社的编辑人员对这两本书的认真校对与出版。

最后，我们希望着重感谢那些为此书贡献宝贵思想和设计项目及实践的同仁，他们撰写的“专家篇章”拓展了此书的广度和深度。

现在这两本书开始了在中国的新篇章，而且我们也特别希望能够对中国设计产生启发性影响。

安德烈·维尤恩，卡特琳·伯恩
2019年于伦敦，柏林

译者序

随着战后资本主义社会的转变，如何与时俱进地推进马克思主义批判理论是我们当前的研究要面对的问题。以大卫·哈维为首的马克思主义学者，注意到了二战后资本空间化成为资本剥削的新形态，对资本主义空间生产的非正义性进行了深入批判，其中包括城市空间、全球空间与自然空间。大卫·哈维在其著作中揭示了资本如何运用空间修复、空间危机转嫁、空间隔离等非正义和破坏性手段在现代社会维持资本积累和运转，并提出实现空间正义是破解资本逻辑的最佳战略。大卫·哈维对城市空间资本化的批判开创了马克思主义城市研究的新向度，丰富了当代马克思主义理论。但遗憾的是，目前的马克思主义城市空间评判理论都没有涉及城市中最重要的空间评判——食物空间的评判。食物作为城市有机体和维持人们生存发展的重要组成部分，在资本逻辑下，食物的正义性问题、食物霸权问题以及由于食物生产消费而导致的城市生态恶化问题已经非常明显。在城市里，正如哈维指出，房地产资本垄断了城市里绝大部分的土地与空间，同时，食品行业巨头们——包括食品公司和连锁大超市，控制了绝大部分城市的食物加工和分配渠道，城市里的人们的食物正义和食物主权被侵犯和剥夺。为了夺回食物生产空间，重获城市权利，实现食物正义，在欧洲、北美和南美洲一些国家开展如火如荼的以都市农业为中心的食物革命以对抗城市食物空间的资本化，本书正是对这场食物革命实践的详细报告和记载。

本书的英文版获得了2015年英国皇家建筑协会颁发的总统奖章，是作者10年前的著作《连贯式生产性城市景观》的续集。在书中，作者更新和扩展了“都市农业”和“生产性城市”的理念，描述了10年来都市农业的发展，并为规划师和设计师延续2005年以来都市农业的城市设计理念提供新的理论资源。在本书中，作者研究了世界范围内最新的都市农业，把生产性的都市农业引入城市景观，并作为可持续城市基础设施；着重于具体的实践，注重城市的公平、弹性和可持续发展。本书的出版引起了业内的关注，得到了业内人士的高度评价。罗博·霍普金斯（Rob Hopkins）——过渡网络和过渡城镇的创始人认为，《都市农业景观——生产性生态城市设计》非同寻常，再高的评价也不为过。如果我们要创造的环境锁定在低碳，那么我们真的不能负担任何新的发展——如果不包括城市农业的话。可以肯定的是，都市农业到处都需要，而且目前发展还不够快。维尤恩和伯恩从各种角度，激励那些在城市里想随时随地吃到新鲜食物，想知道如何种植食物的人们。

作为发展中国家，我国的城镇化飞速发展，但是具体怎么发展并没有很清晰的思路。而且我们目前的思路大多是按照发达国家走过的老路：通过工业化来实现城市的经济增长，通过城市和乡村之间的严格分工来实现城市粮食供给。工业化道路对于一个城市的短期经济发展而言是有利的，但是对于一个城市的可持续发展却是捉襟见肘，在我的拙作《食我所爱——生态城市视野下的食品危机》中，以曾经名噪一时的美国汽车之都底特律的兴衰历程证明了这一点。西方的城市化经过了100多年的发展——如果从19世纪的工业革命开始算起，走到今天，西方的城市发展业面临着经济、全球化和生态的压力。为了应对这些挑战，特别是生态环境方面的巨大压力，目前一大批西方的城市规划者和建筑师都在思考城市的可持续发展问题。经过10多年的探索和研究，一些城市专家达成了一致的看法：单纯的工业和金融业是无法保持城市的可持续发展；传统的农业发展是人类可持续发展的重要组成部分；原有的城市、乡村分工结构是不合理的，我们不应该把农业完全排除在城市之外；我们应该通过发展都市农业来实现城市的公平、正义和持续发展。目前，“都市农业”的想法在我国建筑界和学术界还很新鲜，只有少数的研究者意识到其对城市发展的重要性。但普通的市民却对都市农业如痴如醉，只要有一小块空地，他们就会“忍不住”开垦来种菜，这在城市里是不允许的。

为什么在城市的角落里不允许种菜？是因为涉及产权问题吗？其实和西方的一些食物花园一样，这种小角落的菜园只是“临时占用”，只要地产所有者需要，“城市园丁”随之可以退出，不会要求任何赔偿。那么为什么要在城市里“禁止种菜”呢？目前，似乎各地方部门都没有明确的说法。或许正如维尤恩教授在交谈中反复强调的，是思想上的认识问题。都市农业的实施，最重要的不是资金，不是政策；不是土地，而是“转变思想”。如果我们还是走100多年前城市发展的老路，我们就没有办法走出目前所面临的城市发展困境。可喜的是，西方的都市农业经过了多年的发展，已逐渐深入人心。目前，伦敦、纽约、芝加哥、底特律、多伦多等城市都把都市农业作为城市规划的重要部分。维尤恩教授的这本著作也正是对这10多年来西方主要城市都市农业发展的具体实践的总结，为我们怎么落实都市农业提供了很好的指导思路——维尤恩教授和他的合作者伯恩不仅是高校建筑系的教授，而且还是一线的建筑师，他们共同经营在伦敦的伯恩和维尤恩建筑事务所（Bohn & Viljoen Architects）。希望通过本书，让我们意识到都市农业对城市的可持续发展的重要性，进一步增强我们对发展都市农业的信心。

特别说明一些词的翻译：“urban”一词在《CPULs》中翻译为“城市”，但近年来的一些相关著作普遍采用的是“都市”一词，所以在这里我翻译成“都市”；“urban agriculture”翻译成“都市农业”。“allotment”一词在《CPULs》中翻译成“份田”，“份田”一词源自于封建社会，在这里我根据时代的变迁，翻译成“分配租地”更富有时代含义。“utilitarian dreams”一词在《CPULs》中翻译成“功利主义的梦想”。“功利主义”在哲学中本来是个中性词，但是在我国的语境中“功利”、“功利性”、“功利主义”似乎有了贬义，所以这里翻译成“实用主义”。关于“capacity”一词的原意是“能力”、“容量”、“生产能力”，根据本书的意思，主要是指一个城市可以容纳多少都市农业种植点，这是一个可以量化的标准，因此翻译为“容量”更准确，更有利于表达量化的意思。因为其他的翻译度不能更好地表达这一含义：“能力”作为一个抽象用词，不好“量化”；“生产能力”虽然能表达“量化”，但是“生产能力”的提高是多方面的，我们可以通过生产率的提高来达到生产能力的提高，但原文没有这层意思，只是单纯地指一个城市能有多少食物种植面积。关于“food”一词，国内有很多不同的译法，通常根据不同的语境翻译为“食物”、“食品”、“粮食”等。我认为在本书中翻译为“食物”更恰当，因为“食品”通常指的是经过深加工的食物，而文本更多的是指从地里直接收获未经加工的新鲜蔬菜、水果等。如果翻译成“粮食”过于狭隘，因为“粮食”通常是指谷物类的“主粮”，不包括水果、蔬菜和草药等。

序　言

威廉·麦克多诺（William McDonough）是极具影响力的书——《从摇篮到摇篮：重塑我们的造物方式》（Cradle to Cradle: Remaking the way we make things）的合著者，也是最近出版的新书《升级：超越可持续性——为丰富而设计》的作者。

……我们播种谷物、栽种树木，我们灌溉土地使之肥沃。我们构筑水利设施，改造河流，把它变直或者分流。总之，通过我们的双手，我们努力在第一自然的世界里创造出第二自然。

——西塞罗：《论神性》
（The Nature of the Gods）

从曼哈顿穿过东河，在工业区皇后区，有1英亩的农田建在一家旧装运仓库上。这片农田生产着纽约市最珍贵的水果和蔬菜。在仲夏的一天，当无数列车在闪耀的阳光下从几个街区远的地方隆隆驶来；在喧闹的北方林荫大道上六层楼高的屋顶上，生长着几十排整齐的各种庄稼。令人叹为观止的是，其中有红的京水菜（Red Mizuna Green），黑林姆番茄（Black Krim Tomato），公牛红甜菜（Bull's Blood Beet），四季豆（Masai Bush Haricot Vert），辣椒（Shisito Peper），泰国罗勒（Thai Basil），紫烟胡萝卜（Purple Haze Carrot）；还有大量的其他作物：西瓜、黄瓜、香瓜和甘蓝。成群的蜜蜂围着蜂箱打转，孵蛋的母鸡用喙梳理着脖子上的毛。农场工作人员把当天早上采摘的蔬菜卖给蜂拥而来的购买者，并将西红柿和蔬菜打包好，准备给附近的餐馆送去。在某种程度上，这个都市的屋顶就是一个农场，一个集栽培性、生产性、社会性于一体的垂直景观，是镶嵌在自然世界中的第二自然。

尽管这些场景在今天看来有些不寻常，但是几千年以来，农业一直是我们的第二自然。耕种作为文明的开始，人们以此在大地上播种希望，将未开化的土地变为人类的居所。

美索不达米亚和埃及的城市农业发达，就像古希腊和西塞罗居住的罗马城一样。耕种和灌溉筑造了美好的第二自然，伴随产生密集的居住人口。农业知识和习俗养育着充满活力的城市文化，这些知识包括育种、数学、工程学和伦理学等。历史上，在稠密的人口居住区，与农业相关的传统知识，如育种、数学、工程学和伦理等和人们准备、分享食物的传统，都深深地培育着充满活力的都市文化。城市和农业共同进化，取得了巨大的成就。但是罗马帝国使其分裂。在日本，我小时候生活的东京，农田和城市仍然连在一起，它俩就像邻居一样。每天晚上，农民们都会推着装粪便的手推车穿过街道，捡起地上的粪便当做肥料以滋养土壤。在现代社会中，真正反常的是，把自然和文化、食物生产和城市生活看作二元对立。

安德烈·维尤恩和卡特琳·伯恩敏锐地意识到这一历史事实和都市农业的生产潜能，他们正在致力于二者的弥合。在本书中，他们通过文本研究、田野调查和案例研究，从建筑设计和都市规划层面对这一领域进行了深入的探索，形成了将农业融入城市的框架模式。正如西塞罗所说，他们将第二自然视为嵌入“第一自然”发生过程的生产性景观，第一自然和第二自然彼此相互独立，它们是稳健的、可复原的食物系统的基础。他们认识到第一自然和第二自然的相互依赖性是建立牢固的、适应性强的食物系统的基础。

有关“可持续生产性城市景观”的论文涉及理论和实践研究，这其中重要的农业案例成为城市基础设施建设和经济发展的重要组成部分。这些信息及实践源自于柏林、伦敦、纽约和底特律。它们引领着今天主要的食物生产城市的活力和创造性。卡特琳、安德烈和其他合作者已经达到了他们的崇高目标：形成了一套健全的思想、规范和行为的体系，能够支持长远的、经济的、生态智能的良好设计空间，以回应城市人口面临的食物紧缺问题的挑战和机遇。

这是一个非常好的消息，城市和自然系统分

开太久对两者都没有好处。艾默生（Emerson）说："普遍意义上的自然，指的是没有被人类改变过的本质存在，如空间、空气、江河、树叶等。"但是，毫无疑问，我们已经改变了这些所谓的"自然"。我们继承的食物系统和建造城市的方式，其本质就是降低土壤、水、植物和人的本质存在，产生了一个除去自然本质的第二自然，而不是为生物界建设一个具有生产性的，相互支持的景观。工业化的农场污染了世界的土壤表层，规划者误解了都市形态的本质。霍华德（Ebenezer Howard）的《田园城市》，柯布西耶（Le Corbusier）的《光辉城市》，赖特（Frank Lloyd Wright）的《广亩城市》都在试图寻求调解都市与农村的关系，但却恰恰暴露了城市与土地之间的巨大鸿沟。

尽管如此，在过去的20年里，有机农业和生态设计的平行运动，彻底地重新设想第二自然，迅速地提高了建筑、景观、都市农场和城市食物系统的生产能力。

一些设计问题颇受关注：怎样才能使我们生活的地方具有地域性？换句话说，自然在这里如何正确地运转？土地告诉我们什么能在这块土地上茁壮成长？如果我们能认识到自然的法则是设计最好的模型，土壤的健康是衡量生产力和财富的尺度，那么我们应该怎么发展自然系统和人类社区之间的积极、互助的功效。而且，从都市设计的角度来看，如果建筑像树一样，能够产生土壤，进行光合作用，那么所有的生物将参与到它们周边产生积极的效用。

这些问题为第二自然的升级设定了方向。如果一座像树一样的建筑设计出来，那么建筑就能很好地融入生态系统，既不凌驾于自然之上也不会限制人类的活动。这样的建筑融入当地的能量系统中，吸收阳光，用阳光来制造食物，过滤水源并给人类和其他生命创造一个良好的栖息环境。办公场所、工厂和学校都配有太阳能装置，温室和水过滤系统积累能量并提供有机食物，干净的水源和工作机会。它们将产生良好的生态和社会足迹。

绿色屋顶，正如前文提到的屋顶农场，它高效地将第二自然提升到了景观层面。并不是所有的绿色屋顶都可以生产食物，但屋顶农场在保持土壤养分、维系植物生长的方式，以及如何产生光合作用方面，为大范围都市农业发展搭建了桥梁。密歇根的迪尔伯恩（Dearborn）福特汽车公司（Ford Motor Company）的里弗鲁日办公大楼（River Rouge）生态屋顶，是一个10英亩的城市公园，这是唯一可见的生活元素，内有景观尺度的雨水过滤系统，其中包括多孔铺面和地下蓄水池，还有人工湿地、植草沟和密林草地。这是一套科学的耕种系统，极大地减少了雨水流入里弗鲁日河（Rouge River）的比率，与此同时，吸收二氧化碳、制造氧气、净化土壤，为鸟类、蝴蝶和其他昆虫提供栖息地。

从绿色屋顶革命和上亿农民从事的永续农业可以看出，通过水培和屋顶土培的技术，建筑与农业已经不再彼此分离。在印度的尼梅拉堡，当我们为英雄摩托车——全印度最大的摩托车生产厂家，设计一个62500m²的"工厂花园"时，我们首要的设计问题是，什么样的工厂能成为健康而具有生产力的花园？

这当然是可以实现的，利用太阳能板、蔬菜空气净化墙、楼顶温室、日光和无管道送风，工厂就可以生产或者说是收获所有需求：人类需要的氧气和新鲜空气、植物需要的二氧化碳、灌溉用水和热水、电能、冷却系统，以及工厂和生产食物的工作岗位。农场追随功能。建筑不再是"在花园中的机器"或者"在机器中的花园"。它是有生命的——机器成为了花园。

都市农业能再次融合到城市生活和文化规范中吗？沿着维尤恩和伯恩的思路，我认为这是可行的。通过阅读了解他们的研究，我们开始了解驱动今天都市农业发展的能源和知识。例如在纽约市，都市食物生产蓬勃发展，农业网络落地生根并发展壮大。既有商业性的农场也有专注于社区的一体化农场；一些农场实行密集的、室外的、土壤栽培，一些农场则实行温室水培种植实践。纽约还有许多屋顶花园、建筑一体化种植，以及陆基花园，全市还有700个食物农园，50家学校以学生自己种植的食物作为学校午餐。在这个食物网络中有养蜂场、堆肥公司、种子银行、农民市场、餐馆、土壤医生和农场设计服务公司等，当城市从土壤中建立起第二自然，食物便有了未来，我们也有了未来。

前 言

2008年，在布莱顿的时候，我们就开始考虑本书的写作了。当时我们和约翰·萨克若（John Thakara）讨论在米德尔斯堡（Middlesbrough）的“DOTT07”都市农场项目的经验；为了实现生产性景观的目标，我们也需要一套行动指南来开展相关的工作。约翰了解之后，直接和我们说：“你们需要再写一本书。”

《都市农业景观》一书将继续讨论如何让都市农业和我们的城市更好地融为一体。然而，编写本书的工作并不能像实践工作那样能够直接成为“第二自然”，很多在都市农业方面值得做的事，以这样或那样的方式让我们分心，但同时也开阔和丰富了我们的视野。

起初，我们想把本书称为《连贯式生产性城市景观2》（CPUL 2），让它成为2005年出版的《连贯式生产性城市景观》的续集，我们希望《连贯式生产性城市景观》所奠定的基础概念能得到进一步延伸。10年之后，《都市农业景观》作为《连贯式生产性城市景观》的姊妹篇，并不以突出第一本书为目的，而是更多地关注都市空间更广泛的生产性。

“第二自然”的概念开始激发我们的兴趣。“第二自然”的概念完整地表达了目前在世界范围内的都市农业实践的战略和目标。“第二自然”有双重含义：一方面，它描述了深藏在日常生活中的习俗；另一方面，它指我们周围人造的，模仿第一自然所建立的耕种空间。都市农业有可能成为21世纪的城市和人类第二自然的一部分吗？或者这已经成为现实了呢？如何实现呢？城市规划师、建筑师和设计师们能真正让都市农业成为“第二自然”吗？他们能把自己的专业知识和生产空间的实践结合起来，从而影响人们的行为和习惯吗？

在19世纪早期，“第二自然”的概念在这两种意义上都得到了充分发展：一种是日常化的习惯；另一种是指人造的、却像自然那样工作的耕种空间。这意味着文化是不同于自然界的一种存在，它还代表着更高层次的意义。诺伯特·拉斯（Norbert Rath）写道，怎么区分“自然”和“文化”？直到20世纪早期，这个问题在哲学领域还被讨论着；但到了20世纪末就不再讨论了。然而，人类的行为将永远是第二自然的一部分，因为人类的行为总是服从文化的规范。当然，同时人类也在制造文化。

亨利·列斐伏尔（Henri Lefebvre）[①]对“第二自然”的解释有助于我们展望和设计都市的可持续发展未来。对于列斐伏尔而言，都市的环境是社会性的生产环境，所以称为第二自然。根据埃克·斯温吉杜夫（Eeik Swyngedouw）和尼古拉斯·汉尼（Nikolas Heynen）的见解，第二自然应该被理解为复杂的政治、经济和社会进程的混合体，第二自然是这些力量塑造、重塑和再重塑的都市景观。对于都市环境中的社会生产，列斐伏尔认为：

> 自然已经被摧毁了，已经到了在另一个层次——第二自然的层次上重建，在城镇与都市上的重建。城镇，可以说是反自然、非自然或者是第二自然的产物，预示着未来的世界是普遍都市化的世界。自然，作为外在于城镇的分散空间渐渐消失了。它给了我们生产性的空间，给了我们都市。都市被定义为一种集合和冲突，因而是同时存在的。

从都市农业的角度思考这些解释，“未来世界将是普遍城市化的世界”——第二自然将拥有大好机遇。城镇的居民将变成可持续生产性的生产者，生产他们自己的第二自然。同时，他们也把

① 亨利·列斐伏尔（Henri Lefebvre），法国当代马克思主义哲学家和城市社会学家。

在第一自然中收获的体验和经验带到都市中，形成一种新型的、与自然组成更大的联合体的都市空间。

第一自然和第二自然之间的相互作用对我们思考生产性城市景观至关重要。“生产性”这个术语在城市和景观之间建立了一种联系，人们在考虑城市的时候，这两者常常被认为是对立的。但是现在，那些在都市里生产食物的居民已经开始建立它们的联系。这些生产性景观成为了“第二自然”。

关于都市农业已经写了很多，而且还在增加。从我们的第一部著作《连贯式生产性城市景观》到本书出版的这十年期间，都市农业的建设和实验有了长足的发展。《连贯式生产性城市景观》聚焦于都市农业本身，而本书则聚焦于都市农业的规划和设计，以便都市农业在城市永久地建立起来。这两本书我们都采用了建筑和城市设计的观点。2005年的《连贯式生产性城市景观》整理了当时还尚未转化为空间概念的城市食物系统的论述，本书不仅关注已有的论述，还关注一些从实际的项目中得出的经验。

随着都市农业项目的拓展，一个长期的国际研究团队建立起来了。在这个团队中，我们的朋友和同事们对许多案例和实践进行了研究，我们的研究领域紧密相连：我们聚焦于生产性都市景观的项目初衷和设计战略。为了达到这个目的，我们更倾向于选择直接的经验作为本书的内容。这些直接经验主要是指我们在德国、英国、美国参观或者参与的项目。当然这并不意味着我们的讨论内容局限于这几个地方。在写完这本书的同时，我们的第一本书《连贯式生产性城市景观》已经同意译成中文了。

与2005年出版的《连贯式生产性城市景观》一样，本书将遵循批判性辩证法的态度，邀请专家们把本书的概念系统化，进一步发展和深化我们作为通才建筑师所关注的理论。我们希望由此产生的各种批评有助于读者在各种意义上理解“第二自然”这个概念。

本书始于一系列都市设计的理论和思想，这些理论和思想对于成功地建设食物生产性城市至关重要，也对我们系统化理解本领域专家们的各种观点非常重要。同时，本书也是自2005年以来对《连贯式生产性城市景观》所提出来的概念和思想在实践上的升华和提纯。

本书的第二部分主要关注可持续生产性城市实践，基于都市农业的基础规划和设计本土化的都市食物系统。这四个实践行动在我们的工作和实践中已被明确阐述过了。我们希望能建立一个包括社区食物花园、商业都市农场、学术研究者、建筑师和城市规划者以及当地居民的工作机构。

我们建立了一个有关CPUL的资料库，其中包括本书的所有参考文献。建立这个资料库有两个目的：一是使CPUL城市概念在都市农业的背景和研究中更为突出；二是为实践者、专业人士、学术研究者、政策制定者和公众提供一些工作上的借鉴。

一言蔽之，自从2005以来，各方面情况已经改变了很多。但是，当我们设想“值得拥有的未来”的时候，我们可以看到的是：人们在消费更少的同时，收获更多的体验。

安德烈·维尤恩和卡特琳·伯恩
写于伯恩和维尤恩建筑事务所

目 录

第一部分

可持续生产性（CPUL）城市理论

1 导论

安德烈·维尤恩和卡特琳·伯恩

食物是人类持续和永久的必需品。然而，在所有生命所需的基础要素中——空气、水、住所和食物，只有一种要素在各种专业的城市规划过程中长期处于被忽视的状态，那便是食物。这是拼图中缺失的一块，是一项令人困惑的遗漏。因为作为一门学科，城市规划的特长就在于综合性，注意到在社区生活中各种重要的因素是如何在时间与空间的维度上连接在一起的。

——（美国规划协会，APA，2007）

2007年，一个由杰里·考夫曼（Jerry Kaufman）领导的美国—美洲（US-American）城市规划师团队在空间设计和发展规划的大量工作中提出了一个关于食物系统和都市本质的关键观点。这个观点曾经被美国规划协会（APA）颁布并采用。其结果是《社区与区域食物规划政策指南》被广泛接受——这是一个重要的里程碑：一个多年来一直在精心而不懈准备着的主人公终于登场了：在城市里生产食物终于成为公众和专业学界的共识而进入城市设计系统，这让与食物相关的都市规划变得可行。

这并不意味着以前人们没有讨论过关于都市食物生产、分配、零售、消费和废物循环利用等问题。这也不意味着都市设计专家们没有意识到食物相关的话题在生产、空间、事件和设计中的影响，更不意味着他们没有进行过相关工作。这两个主题被归结为“都市食物系统”和“都市农业设计”下面的子题，已经被世界各地的各种专家研究了长达20—30年之久。但是美国规划协会的工作却把早期个人零散的工作提高到了一个新的高度：它促成了都市农业在立法上的认可，由此该工作可以沿着合法的途径发展。从更长远来说，该工作可以得到更好的经济资助，帮助人们达成环境保护方面的共识，能让都市农业在都市、农村和区域范围内谋求更好的空间设计对策。这些对策应该致力于一个高于一切的主题：喂饱城市人口——城市人口占了世界人口总量的一半（世界卫生组织，WHO，2012）。

有人或许会问，这些观点甚至整本书有何重要意义？特别是对于另一半生活在农村的人口而言。而且，本书的框架和美国规划协会的报告是以北半球为背景的，而全球城市人口发展最快的地区却在南半球。我们所做的工作是为了谁，为了什么呢？

我们在各方面都需要做一些长远的改变，长远的改变是通过每一小步的改变而实现的。但这每一小步都应该致力于人们对公平、健康和令人满意的未来的追求。对公平的未来的追求，南半球并不比北半球差，乡村也并不比城市差，挑战已经开始。提出问题就是一个良好的开端——尽管这或许只是一小步，一个小的变化，但是对于我们而言，这些就是我们身边的问题所在，与我们息息相关，也势必引起我们的关注。

如今已有切实的证据表明，都市食物种植者们总是能够凭直觉说出一些深刻的见解。例如，都市农业能够为农村农业的发展提供增值空间（我们将这称为都市—农村的联动，urban-rural linkages）。它将鼓励人们生产好的、新鲜或者是异国风味的食物，并从中得到回报——想想农民市场和公平贸易；它将改变我们在城市的生活方式——例如生产空间的构建和参与、生活方式的选择等。我们的工作无法马上解决一些南半球或者北半球的农村人口的问题，但是我们可以创造实践上或者观念上的条件，致力于改变今天北半球城市那种不可持续的喂养方式。能够达到这样的目的，那就是一个很大的改变了。

本书的第一部分将强调当前在生产性城市景观、都市农业以及可持续生产性城市景观（CPUL）的理论背景下所做的理论探讨。值得注意的是，所谓的“理论上的探讨”在很大程度上是实践性的，这反映了该领域的一个事实：相关的知识通常来自于实践，来自于长期的观察和评估。

都市农业的版图

不可否认的是，有关都市农业实践上和理论

上的探讨在最近10年或更长一段时间迅速猛增。在实践层面上，最初经常受到质疑的一些问题通常会随着将其付诸实践而转变为人们被动地接受，在许多案例中都是这样。同时，在学术层面，都市农业和当地都市食物系统之间的关系变得更清晰，它们与城市周边地区和区域供求之间的相互依赖关系已经得到了更详细的阐述。都市农业能在很大程度上实现区域内食物需求和供给的链接。现在的问题是：在未来，都市农业应该怎么样正确地规划其空间上的版图，这在一定程度上和环境问题、社会问题和经济长久发展问题同等重要。

在“2005年以来的增长与挑战”一章中，我们试图总结都市农业为什么，以及怎样在全球范围内在相对较短的时间里从边缘的话题变成中心话题。这一章主要介绍了三个国家的案例：德国、英国和美国。这些案例的观察开始于2005年——这正是我们的第一本书《连贯式生产性城市景观》(CPULs)出版的那一年。接下来的“可持续生产性城市的概念”在可持续生产性城市景观的工作中作为特别的例子，具体分析该主题是怎样融入国际都市设计话语中的。

最后，可持续生产性城市景观的工作关注如何把都市农业融入城市和建筑设计中。凯文·摩根(Kevin Morgan)研究了都市农业的管理和发展方面的创新，在其写的“新的都市‘食物景观’：规划、政策和权力”一章中强调了制定支持食物种植的政策的必要性，并将其纳入具体的城市规划，以便促进任何实质性的城市食物种植活动。他描述了在这一方面最先采取行动的一些例子，并得出结论：地方政府与其公民社会之间的成功联盟可能“开始促进而非破坏生态完整性、公共卫生和社会正义”。

乔·纳斯尔(Joe Nasr)、卡密萨(June Komisar)和马克·戈尔戈列夫斯基(Mark Gorgolewski)在他们写的“都市农业作为日常的城市实践：趋势和教训”一章中认为，现在有如此多的证据表明人们对都市农业感兴趣并进行相关实践，当都市农业已经成为“在城市背景下公认的活动”时，我们需要提出更广泛的战略。作为建筑师的作者提出了一种基于各种案例的空间类型学研究来支持他们的论点——都市农业已经开始从“偶尔出现的、特殊的、实验性的、理论性的”现象转变为一种普遍现象。

实用主义的梦想

2005年，对我们来说是进一步工作方向的开始。在此之前，我们大约进行了七年的数据收集、建筑和城市的设计研究。我们开始与各种艺术家、策展人和电影制作人讨论城市农业空间的视觉和社会感知话题，以此来扩大对都市农业空间定性方面的设计研究。英国艺术家汤姆·菲利普斯(Tom Phillips)为2005年底在布赖顿举行的古巴—英国建筑师和艺术家合作展览取名“实用主义的梦想”(Utilitarian Dreams)。从事景观设计需要有诗人一般的情怀，而且必需亲力亲为才能成功，这两点仍然是——而且一直是——我们工作的基础。

因此，“都市景观中的食物生长”这一章描述了我们作为建筑师，设想了富有生产力的城市景观。我们看到许多其他人也在设想这样的景观，这些生产食物的空间开始在我们周围的城市出现。“城市里的生产性活动”这一章，我们将讨论出现在可持续生产性城市景观中的经济和社会文化特征——正如在欧洲和北美城市的早期阶段出现的那样。本章还讨论了人们日益增长的参与城市发展和管理的愿望，我们希望能找到衡量都市农业的社会和环境效益的方法，以帮助和支持可持续的、健康的食物计划的政策制定。

于尔约·海拉(Yrjo Haila)写的“构建生态—社会相互依存的城市”强调了实用主义梦想的另一种思考方式。海拉，作为哲学家和环境政策研究员，把当前的城市看成是一个环境的历史连续体。海拉将城市理解为“新陈代谢或生理意义上的生态构成”，并认为“它们创造了新型的生态群落”，而人类活动是“此类群落动态过程中的一个重要组成部分”。从“实用主义的梦想”的角度来看，他的结论是：“不是每个城市人都要成为园丁，但每个城市人都需要食物。”在“充满梦想的实用主义者”一章中，海拉提出了“景观和城市如何更新，以适应新的现实和社会需要?”等问题。2006年，在古巴首都举行的多学科展览“实用主义的梦想”的第二部分中，策展人维拉隆加（Villalonga）描述了艺术家和建筑师对“什么是生产性的城市景观”的不同诠释。这些展出的作品突出了实用主义与梦想之间的紧密联系，诗意与平淡之间的联系，想象中的风景与城市未来可以创造的风景之间的联系。但是，正如维拉隆加说的，“实用主义的梦想”除了特指城市意识之外，还反映了关系到每一个地方和每一个人的全球城市意识。

环境影响与都市农业

在2005年出版的《连贯式生产性城市景观》一书中，我们全面讨论了工业化食品生产对环境的影响，并从可持续性的角度提出了发展都市农业作为替代解决方案的一部分。现在，近10年过去了，实践上的经验和学术上的积累都在增加，我们可以重新全面讨论都市农业是否能成为替代方案的一部分。北半球的都市农业活动迅速增长——有时甚至是压倒性的增长。北半球都市农业发展使我们能够第一次对其进行评估，包括定量和定性方面的评估。我们是否有可能切实评估都市农业对城市的环境影响?或者反过来说，城市对都市农业有什么影响?

接下来的两个章节“多样性”、“水、土壤和空气”的目的是考虑都市农业所特有的二元性：前一章试图找出都市农业对城市生物多样性的积极环境影响——但是都市农业不可能有类似野外自然中形成的生物多样性；后一章则讨论了都市农业在实践中可能产生的负面影响和面临的挑战。

“多样性”一章认为，都市农业不仅仅是对粮食里程的关注，它还涉及生物多样性、当地的食物的多样性、食物文化的多样性以及开放空间的使用等问题。“水、土壤和空气”章节提出了污染特别是土壤污染对都市农业的影响，作者提出用一种生长介质替代土壤。

在“规模经济：都市农业与集约化”一章中，基林·丹尼（Gillean Denny）认为，在讨论都市农业对环境的潜在影响时，需要考虑不同的食物生产规模。通过对特定水果和蔬菜的生命周期进行分析，建筑师丹尼向我们证明“通过增加当地的生产和采购机会，特定产品的排放可以在整个产品生命周期内减少”。她的结论是:“新鲜农产品的最终排放表明，在这个相互关联的食物世界里，不仅是我们吃什么，连我们如何获取这些农产品都会对我们的世界产生完全不同的影响。”

城市养蜂人和都市农业研究员米奇·汤姆金斯（Mikey Tomkins）在他写的“砖与花蜜：特别介绍伦敦的都市养蜂”一章中，讨论了蜜蜂对人类生命环境的重要性以及都市农业在城市中帮助保留蜜蜂的能力。根据汤姆金斯的说法，“城市养蜂在很大程度上是一种文化实践”——因此是第二自然的范畴。他列出了养蜂与空间相关的“相互联系的组成部分”。汤姆金斯认为，“景观应该是可持续的，我们关于CPUL的概念应该扩展到基础设施，而不仅仅只是上层建筑，支持和发展CPUL最终将形成一种社会共识”。

实践中的绿色理论与都市设计

正如前面提到的，都市农业主要是一项实践性的运动：“绿色”的生活方式、可持续的城市或建筑设计、参与构建城市空间或当地食物生产等，其理论能力反映在实际项目的设计中。当代城市生产空间的设计者们从社会文化、生态或设计历史和理论中汲取经验，并从商业的或公共的粮食种植项目的实践经验中学习。

本书前两章诠释了这一发展趋势。在前两章中，我们仔细地考察德国和英国的情况，介绍了两个国家目前的都市农业状况以及在特定案例研究中发现的都市与粮食的相互依赖关系。在过去的十年或二十年里，英国和德国肯定不是仅有的都市农业活动急剧增加的欧洲国家。必须指出，荷兰是都市食物种植理论和实践研究的先锋，荷兰促进了“都市农业”这一主题成为在欧洲和世界范围内讨论的热点。其他国家对城市生活采取“绿色”态度的人们常常也从事都市农业。这些国家的都市农业项目往往与教育项目有关。在欧洲各国中也有一些地区发展都市粮食种植以支持日常粮食的需求。

在“委托代理”一章中，尼沙特·阿万（Nishat Awan）从哲学和历史的层面试图回答：“都市农业是什么类型的城市活动?”或者说“都市农业可能成为什么样的活动?”她认为，随着都市农业“即将成为主流”，人们对土地的需求所产生的极大压力是影响都市农业发展的一个重要因素，我们需要重新定义生产率、价值和代理的概念。阿万是一名建筑师和城市实践者，她研究了许多英国的已建项目，以此来说明生产率、价值和代理三者的相互关系。当这些相互关系得到充分阐述，在此基础上，我们就对“成功”做出更细致的理解：多少产出量是可以被认为是足够“成功”的生产力?

建筑师兼作家菲利普·奥斯瓦尔特（Philipp Oswalt）在他的文章“紧缩城市与生产性景观”中，将当代城市土地利用与经济、所有权和城市发展理论联系起来，并指出，“在欧洲城市里，都市农业可以在创造空间和增强社会凝聚力方面发挥重要作用”。但在实施都市农业的具体项目时，根据城市不同的空间和经济状况，存在不同程度的紧迫性。通过考察德国、美国的情况，他得出结论：“为一些重要用途例如都市农业预留空间，以提高城市生活质量，这一点永远都很重要。”

都市农业实验室：美国

新的都市农业项目在美国的发展非常惊人。如果说古巴的都市农业——大约十年前我们就已经开始研究古巴的都市农业（维尤恩，2005），揭示了城市空间的可能性和系统支持的有效性，那么，目前美国正在测试不同的空间、技术、生产方式和金融条件下的模型如何发展都市农业。我们开始了一个新的设计研究项目——其中一些成果在本书作了介绍——我们将其理解为早期即2005年出版的《连贯式生产性城市景观》一书中提到的古巴都市农业实验项目的延续。

巴尔的摩、密尔沃基、底特律、纽约和芝加哥是积极鼓励都市农业发展的北美先锋城市。在本书的这一部分，我们将重点通过纽约和底特律来了解美国的情况。底特律的都市农业的广泛宣传带来了许多小规模的项目和一些雄心勃勃的大项目，这些项目都是由商业的和社会性质企业主办的。在底特律，城市空间得到了真正的改造。纽约在发展了一系列的建筑—都市农业一体化的项目外，现在又补充发展了让城市充满活力的社区花园景观。这是我们特别感兴趣的——因为它的国际先锋性作用，以及它与CPUL城市概念的关系。

虽然我们对底特律和纽约的观察往往带有个人的性质，但内文·科恩（Nevin Cohen）观察了来自同一城市的“案例简介”之后得出结论：这些城市的规划和政策框架能够支持“新兴的都市农业”。

在“支持都市农业的政策”的章节中，科恩作为一个城市和环境规划师，他认为都市农业的发展框架应该从关注现有的区域性花园和农场网络转移到全面评估新兴的都市农业的形式、尺度和配置。由于底特律的都市农业发展最近发生了巨大的变化，这一章在2013年春季进行了更新。

伊丽莎白·梅耶—伦施豪森（Elisabeth Meyer-Renschhausen）在她写的“柏林和纽约的社区园艺”一章中。梅耶—伦施豪森考察了德国和美国两个模范城市的政治、社会和环境的历史，将其作为社区园艺的背景，并提出问题：这两个城市的都市农业为什么和如何成为了积极抗议的象征和形式。作为一位自由职业的研究者、作家和政治活动家，梅耶—伦施豪森得出结论：“社区花园不再是乌托邦”，而是“属于城市的未来”。

我们意识到，在规划和设计生产性城市景观时，本书在思想和理论的探索中涉及一些问题的复杂性。同时，我们也强调了参与都市农业建设的乐趣、挑战和巨大的积极效益——无论是在城市建设的实践中还是在人们的头脑中都达成了共识，这将使我们走得更远。因为都市农业是基于实践的，而且它的实践者是如此的活跃和有创造性，可以预见，这个领域的研究和设计会发展得更快。本书收集到2012年底都市农业研究方面的一些观点和知识，其中也涉及一些早期或后期的研究。这些观点和知识都会随着时间的推移而变化和发展。然而，它们传递的信息依然是不变的：一个城市的未来取决于人们的饮食方式。一个理想城市的未来取决于它的城市空间提供食物的方式。

2 都市农业的版图

2.1 2005年以来的增长与挑战

伯恩和维尤恩

不可否认，在过去大约20年里，都市农业已日益成为北半球许多城市地区的一个普遍特征；而且作为对社会、环境和经济问题的回应，都市农业已被理解为一种运动和一种城市空间使用类型学。

由于都市农业的迅速发展，"都市农业"这个词有多种解释，在不同的语境中存在细微的差别。其中有两个定义比较突出：一种是《都市农业：食物、就业和可持续城市》这本书中对都市农业概念的定义，这本书由联合国开发计划署出版于1996年，由杰克·史密特（Jac Smit）、阿奴·拉塔（Annu Ratta）和乔·吉尔（Joe Nasr）以及其他人撰写和编辑；另一种是由吕克·蒙居特（Luc Mougeot）在2001年提出的观点。他对都市农业的定义进行了扩展，他认为区分都市农业不应该只根据位置来定位，而是应该看到它与乡村农业之间的不同点。

> 都市农业是一种产业，它具备了生产过程、食品的市场化和燃料等要素，主要是为了应对小镇、城市或大都市消费者的日常需求。都市农业分布在整个城市和城郊地区的水域与陆地上，应用密集的生产方法对自然资源和城市废物进行利用和二次利用来培育农作物和养殖牲畜。
>
> （Smit，1996）

> 都市农业是位于都市之外（intraurban）或小镇、城市、大都市边缘（城郊）的一种产业，这种产业对可食用和非食用产品进行生产、加工、分配，（重新）整合并利用了城镇及周边地区的大量人力、物力、产品以及服务等资源，反过来又为该地区提供更多的这类资源。
>
> （Mougeot，2001）

史密特和蒙居特的定义是最常用的，我们看重它们的简单性、开放性和隐含的"从摇篮到摇篮"[①]的方法。然而，这两种定义把"都市农业"作为一种主要由生产性驱动和生态方式的食物种植方式，这样的定义遇到了一定的挑战。随着越来越多不同背景的人参与，新的从业人员拓展了城市食物种植项目所有的要素：地点、质量和数量目标、经济方法、活动和生产类型的范围等。这就需要对"产业"一词持广泛的理解。对概念进行公开的公众讨论是一个很好的办法：不仅可以证明这个概念的正确与否，同时也可以使它对不同的国家、不同的城市环境都适用。

城市和城市周边农业（UPA）目前是最常用的替代性术语，而且联合国开发计划署（United Nations Development Programme，UNDP）最初关于都市农业的定义已经包含了"城市周边"的地区。这一术语更精确地表示了食物种植活动的地理位置，并强调指出，城市的边缘地区往往是可利用的地方，因为那里有更多的土地可供使用，而且它们靠近现有的农业基础设施。今天使用这个术语比10年或20年前要容易得多。当时最重要的是要证明食物生产应该回到城市的意识和结构的中心，而不是被推到边缘。

欧洲和北美的许多城市地区——也就是我们的案例研究所在的地方和其他地方——实际上是一个或多个较小城市的集合体。这些城市位于郊区和内陆开放地区，以前通常是农业地区。在这些大都市地区，区分城市和城市周边地区不再有意义。此外，城市地区的任何食物系统都不是孤立存在的，而是与乡村环境相互作用的，这种相

① 从摇篮到摇篮（cradle-to-cradle），是对"从摇篮到坟墓"的进一步延伸，消费、死亡并不是最终的完结，能量还可以再循环使用。伯恩和维尤恩教授希望能建立一个全封闭的能量循环圈，能够实现从摇篮到坟墓再到摇篮的能量循环。——译者注

互作用配合得越好，食物的可获得性[①]就越好。因此，一些研究人员说的“都市农业”不是指“都市”（urban），而是“大都市”（metroplitan）农业。

仅靠都市农业来养活一个城市既不可能也不可取。但我们可以通过协调好城市、农村和国家之间的关系，对都市农业进行精细的管理，从而构建一个环境最优化、公平的城市食物系统。在2005年《连贯式生产性城市景观》（CPUL）一书中，我们主张农业的混合利用：都市农业和周围开放的城市空间的混合使用，以及为城市消费者提供各种混合来源的食物。

在该书中，我们提出一个城市的水果和蔬菜潜在的自给自足率应该达约30%。随后，其他规划者和研究者也计算了相似的数据。如迈克尔·索金（Michael Sorkin）、米奇·汤姆金斯（Mikey Tomkins，2009）和建筑师师乔·洛布克（Joe Lobko）在2011年举办的多伦多安大略建筑师协会会议上，汤姆金斯和洛布克在一个住房开发项目中提出了相似的数据。“都市农业”和“城市食物种植”这两个术语，最直接地表达了人们对绝对产量的兴趣。在这里，种植行为优先于空间或地域方面的考虑，这些术语经常出现在社区和分配租地园艺以及教育项目的文献中。

在德国，“城市园艺”这个词从2011年起就非常流行。当时还有一本同名的书出版，该书还结合了一系列“让生产性花园回归城市”的文章。据柏林社区花园活动人士福兰克·海尔（Frauke Hehl）说，这个词在2011年之前在柏林非正式流传。它最初被用在英语中，直到现在才以“urbanes Gartnern”一词出现在德语中。这一细节为这个话题的地方化提供了另一个视角。无论如何，在德国，人们可以看到都市农业的食物种植与其他地方明显不同。在那里，社区园艺广泛的社会效益被放到中心位置，影响着公众对都市农业的讨论和看法。

另一组研究人员和从业人员提到了他们在“城市园艺”标题下的活动。许多大学和研究中心，特别是在美国和德国，开设了这方面的课程和研究项目，国际园艺科学学会（ISHS）提供了一个国际性园艺知识交流网络。从技术上讲，这个词可能更适合指在城市地区种植蔬菜、草药和水果。然而，“城市园艺”已经建立了自己的研究领域，专注于园艺的实践和科学，而不是让农业融入城市空间。

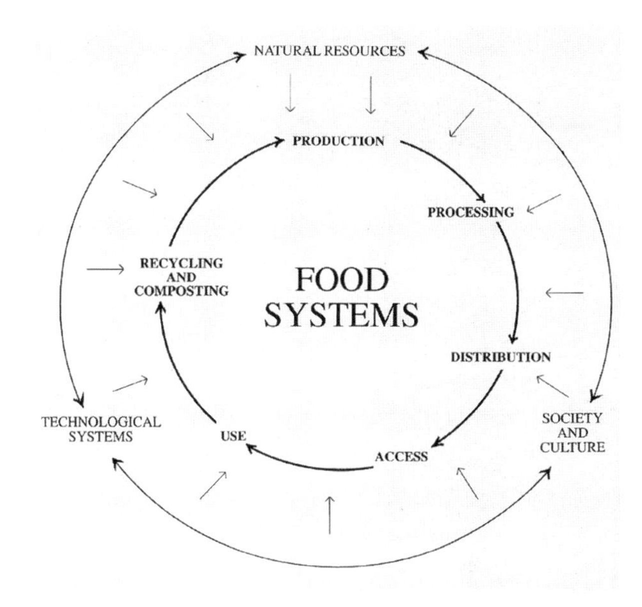

图1　什么是当地的食物系统? 这张Dahlberg早期所做的图显示了食物如何对城市产生影响。图中每个圈代表不同规模的食物系统：家庭、邻里、市级和区域食物系统（Dahlberg，2002）。（图片来源：Kenneth A. Dahlberg，1993）

也许是“都市”和“农业”这两个词之间的鲜明对比——把它们分别描述出来——激发了那些使用“都市”这个词的人的想象力和创造力，他们用问号和感叹号把这个词带到了世界上。最重要的是，都市农业一词表达了空间观察和直接行动的二元性，既建立了城市和田野之间的相互联系，又种植了作物，培育了文化[②]。

① 食物的可获得性指的是能获取新鲜的、高质量的食物的容易程度。——译者注
② 在英语的词源中，“文化”和“耕种”是同根词，cult表示“耕种、培养”。

都市农业的不断实践

无论如何定义，在过去的十年里，都市农业及其空间效应的设计研究和学术探索在北半球显著增加。从建筑和城市设计的角度来看，诸如农业城市主义（Agrarian Urbanism）和转型性城镇（Transitition town），以及我们提出的CPUL城市等概念都是试图把食品生产整合进城市空间，是基于对都市农业的思想起源、当前实践和对未来进行整体的思考。

在北半球，现代和新型的都市农业主要起源于北美。大约在21世纪初，都市农业从北美扩散到英国和欧洲。在过去的5年，或者更久——10~15年之前，为各种类型的都市农业建立经济上可行的计划，这在大西洋两岸都是新鲜事物，那时人们更倾向于赞美更古老、更具休闲性、更具公共实践性的欧洲的公地花园或北美的社区花园。

都市农业为城市带来了许多好处——社会、健康、环境、地方、教育等方面。都市农业可以不以食物生产为主要目标，而可以在这些更广泛的领域取得成果。然而，过去几年的国际经验表明，越来越多的项目在设立时就已经明确发展目标，那就是以生产更多数量的食物或优化现有的食物系统为目的。越来越多的都市农业项目已经被证明是成功的：经济上的成功或社会上的成功。其中最大的成功是人们接受了生产性城市景观作为理想的和可实施的城市土地使用方式。

在德国，自2005年以来，城市食物种植者更注重都市农业活动中的社会导向，并在这方面取得一定的进展。在此期间，柏林的社区花园数量翻了一番，现在大约有90个；莱比锡、慕尼黑和科隆也成为重要的食物生产中心。自2010年以来，“可食用之城”安德纳赫（Andernach）经常成为新闻头条。自2012年以来，“生产性景观”被确立为柏林开放空间规划战略的发展目标。

在英国，2009年实施的“首都种植”项目（Capital Growth project）大力推动了伦敦社区园艺领域发展。其目标是在2012年奥运会之前的三年时间里新建2012个项目。英国的几个城市从1999年就已经设立了广泛的、专门的食物种植网络和项目，如布莱顿和霍夫（Brighton and Hove Food Partnership，2012，BHFP）、布里斯托（Bristol Food Network，2010）、利兹和伦敦等。英国的第一家农贸市场于1997年在巴斯（BFM，2009）成立；接着1998年在全国范围建立农民协会市场（Pavitt，2005）。相关的政策在这几个地方对都市农业的推动作用是显而易见的：例如伦敦的《培育首都》（Cultivating the Capital）报告（伦敦议会，2010）；布赖顿市和霍夫市地方议会要求每个新建的城市规划项目都要有相关的食物生产设施。

在我们作为案例研究的国家中，美国都市农业实践和研究的时间最长。在与加拿大的密切合作下，美国都市农业的研究和传播开始于20世纪70年代末，主要通过《加拿大城市农民通讯》（1978年开始发行）和后来1994年创立的网站《城市农民》（City Farmer，Levenston）。自20世纪70年代以来，美国社区园艺场稳步、显著增长。美国的社区园艺业在对另类生产空间的勘探上慢慢有了显著的成果，政治上和社会上也有了不错的反响。美国至少有两个重要出版物源于此类实践：斯密特等编辑的《联合国开发计划署报告》（UNDP）和上面提到的出版物（1996）以及下面将要提到的美国规划协会的食物规划政策指导委会员。现在，商业上可行的都市农业项目决定了美国都市农业未来的发展。

世纪之交以来，在都市农业的文献浪潮中，有关在市中心种植食物的各种好处的文章已经非常多。2005年出版的《连贯式生产性城市景观》（CPUL）的书中描述了2003年和2004年的情况。同样，人们对生产性城市景观的兴趣也在增长。一些城市规划报告如《底特律未来城市》、《柏林未来城市》和《TRUG/Urbal项目》（LMU），建议在底特律等城市引入或支持都市农业项目。

所有这些事实都是公众关注城市食物系统的表现。现在的问题是：如何更好地支持都市农业和生产性都市景观的发展。解决了这个问题，城市就可以充分发挥其全部食物种植潜力和超越利基激进主义，成为综合城市食物系统的一部分，都市农业也因此将更好地融入城市空间。

目前都市农业面临的四个主要挑战：

1. 为了在空间上连贯地将都市农业融入城市

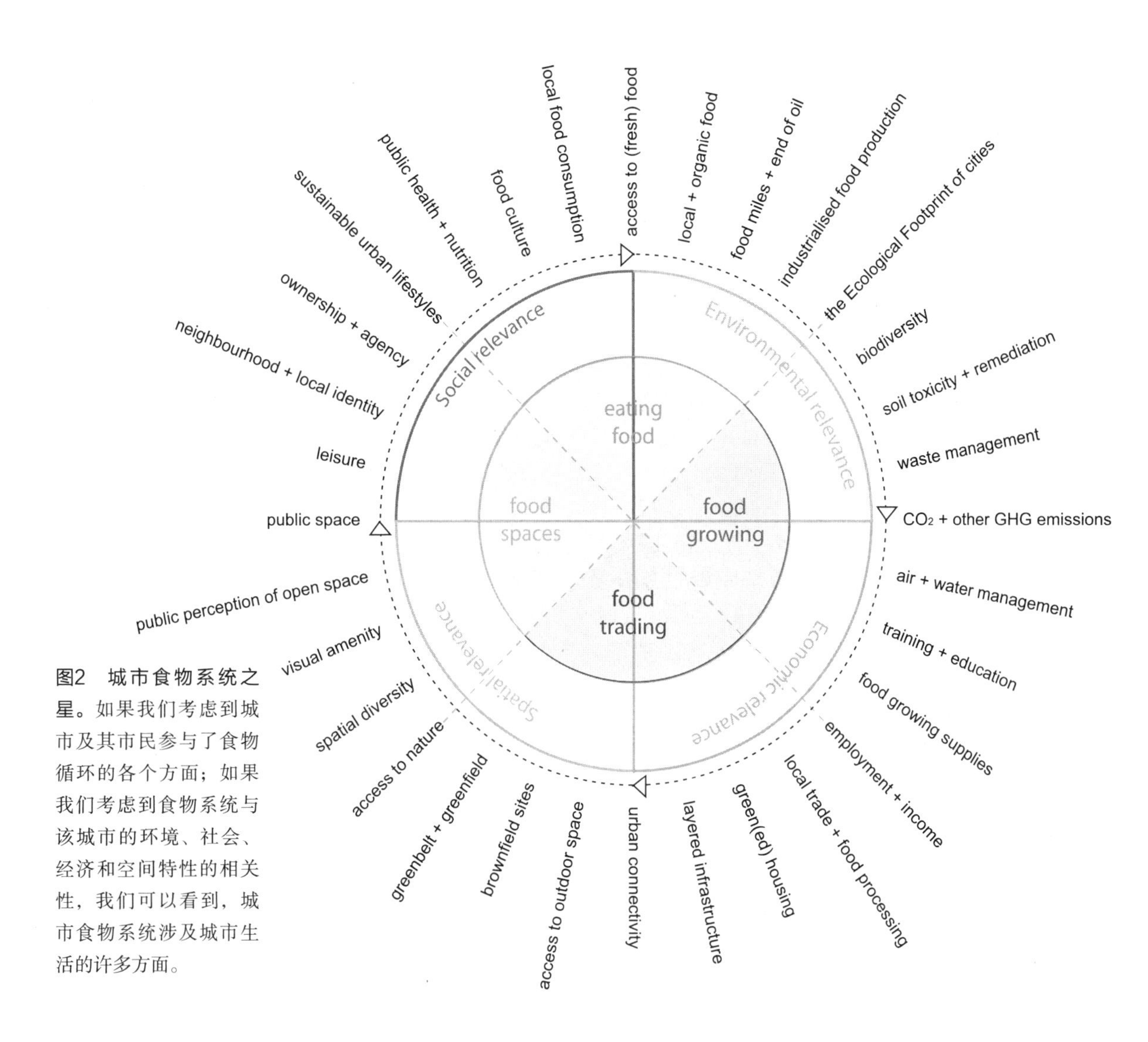

图2 城市食物系统之星。如果我们考虑到城市及其市民参与了食物循环的各个方面；如果我们考虑到食物系统与该城市的环境、社会、经济和空间特性的相关性，我们可以看到，城市食物系统涉及城市生活的许多方面。

地区和当地环境（暂时的和永久的），需要以“研究—规划”为主导的城市设计和建筑设计理念。

关键词：生产性城市景观。

2. 尽管在都市农业方面我们积累了大量的知识，投入了大量的社会资本，但是明确而适用的指导和最佳实践的传播，对城市食物种植者、他们的项目和他们的基本能力而言都至关重要。

关键词：工具箱/行动。

3. 需要与公共决策者（即在规划、贸易、土地权利等方面的决策者）和其他与食品有关的实体（即农村、市场、认证机构）达成双方认可的法规或协议，以支持和维护都市农业实践和场所。

关键词：食物政策。

4. 要使都市农业得到普及并使相关的社会、公共卫生和环境效益最大化，都市农业需要被纳入主流食物生产和采购系统。

关键词：城市食物系统。

这四个挑战需要在地方、区域以及国际城市食物系统中共同进行。

都市农业与城市食物系统

都市农业是城市的一部分。作为一种空间使用类型，都市农业是更具有战略意义的一部分，例如在CPUL城市或农业城市主义或市政府采用的其他发展框架中。作为个人或群体的一种食品种植活动，它旨在维持城市生活网络的一部分——直接种植农产品或对其进行商业化交易。此外，支持性政策框架和食物政策一般不单单针对生产性城市景观或都市农业，而是针对更广泛、更复杂的供应城市居民的食物供应网络，我们称之为都市食物系统（Urban Food Systems）。

20世纪90年代，美国的主要研究人员，如肯尼斯·达尔伯格（Kenneth A. Dahlberg）、穆斯塔法·可科（Mustafa Koc）、卡米什瓦里·波图库奇（Kameshwari Pothukuchi）和杰罗姆·考夫曼（Jerome Kaufman）等人的研究成果，为我们理解如今仍在使用的都市食物系统理论奠定了基础。例如，达尔伯格的工作主要是研究与食物相关的政策，将其作为在特定的城市背景下制定具体的食物规划策略的基础，他强调要将食物系统理解为本地系统。

大约在同一时间，波图库奇和考夫曼开始敦促将食物系统列入城市议程，以便充分解决城市地区的生活质量问题。这两位研究员的主要著作成为2007年美国规划协会关于食物规划的政策指南。他们的研究跨越了食物系统规划和城市空间设计之间的鸿沟（美国规划协会，2007）。我们认为，都市农业和生产性城市景观将有助于实现为城市提供更可持续和更公平的食物的愿景。

食物主权（food sovereignty）的概念提出了另一个非常重要的问题：不仅获得食物是重要的，而且社区对粮食的控制也很重要。这一概念最初是在20世纪90年代末的“农民之路”（La Via Campesina）组织[①]（Via Campesina）的旗帜下提出，现在这个概念在城市化环境和都市农业运动中广泛得到讨论。它的理念与创造性将自上向下和自下向上的策略有机结合起来。食物安全问题，一个有关社会健康与公平的复杂网络问题，开始引起政客们对城市食物供应和都市食物系统类型的关注。

食物系统可以被分解为更小的组成部分——比如家庭或社区食物系统（达尔伯格，2002）——这使得都市农业更容易应对更多的地方挑战，并提供更大的都市图景。都市农业和生产性城市景观是——或者应该是——都市食物系统的两个尺度的一部分。

要实现这种多尺度的整合，需要规划师和设计师之间进行特定的对话。在此之前，需要建立一种以现有都市食物系统相关知识为基础的共同语言。例如，将达尔伯格 1993年的食物系统图1与我们在2009年从建筑和城市设计的角度创建的图2相比较，我们发现，都市食物系统规划和都市农业设计之间有一个缺口，即缺少对“空间”的考虑。

在空间层面上，规划师—设计师—实践者之间的对话才刚刚开始。在欧洲，欧洲规划学院协会（the Association of European Schools of Planning，AESOP）于2008年在阿尔米尔（NL）成立了可持续食品规划小组。该小组的成立，为这类对话提供了最活跃的网络和研究平台。自2008年成立以来，该小组每年都会举行国际会议，以促进城市食物系统和都市农业许多方面的工作（AESOP）。

《可持续的食物规划：理论及实践的演变》[②]（Sustainable food planning: Evolving theory and practice）（Wiskerke，2012）汇集了2010年在布莱顿举行的第二届欧洲规划学院协会可持续食物小组会议上的几十篇论文，提出了一个备受关注的目标：让不同学科背景的人“相互交谈”。

都市农业的设计与下一步工作

对于规划和设计专业来说，竞赛、会议、咨

① La Via Campesina是一个南半球的农民联合组织，旨在反对资本主义国家主导下的全球化粮食自由贸易体系，维护南半球发展中国家的农民利益。——译者注

② 本书已出版，由高宁翻译。

询、活动、现场建筑项目、出版物、展览和教学都是促进开展对话的有效方式，对话的主题可以是更具弹性和可持续性的地方、城市和区域食物系统。我们将在“CPUL城市的概念”一章中从CPUL的角度来分析其中的一些对话方式。

我们可以说，都市农业的设计是在2000年开始的，当时只有一些零星的、数量有限的、早期的个人项目。当城市理论家讨论这个主题时，尤其是在美国，设计实践者开始想象如何提升大西洋两岸城市食物的品质。有趣的是，在理论研究和设计实践中，建筑学和艺术学专业引领了该领域的发展。

2008年，在阿尔米尔举行的第一次欧洲规划学院协会可持续食品规划会议的前一年，位于马斯特里赫特的荷兰建筑学院举办了第一次都市农业展览。这是一次艺术与建筑的展览，名为“De Eedbare Stad”（the Edible City）。当时，一个主要由建筑师、艺术家和设计师组成的国际团队聚集在一起，探讨如何测试城市食物的生长情况。

尽管这两个里程碑的事件都发生在荷兰，但他们的议程和参与者只是略微重叠，这再次表明了改善这一领域不同从业者之间沟通的重要性。

在美国，关于景观都市主义（Waldheim，2006）和关于农业城市主义（Salle & Holland，2010）的多学科研究非常引人注目，因为这两个“主义”不仅包含了生产性城市景观的概念，而且以从各种学科背景中得出的基础理论为基础。

设计专业面临的直接挑战仍然是双重的：向所有人传播食物种植的建筑和景观的高品质和可能性，这包括理论层面和实践层面的传播。最近，我们与本书提及的三个案例研究所在国家的规划师和活动人士进行了讨论，证实了我们的观察，即实践可以超越政策，特别是个人在各种规模和目标上推进都市农业项目时。

尽管历史上的都市农业是在必要的情况下发展起来的，但在当代城市中，我们现在有了一个机会，可以将其引入可持续性战略的制定。

随着各种不同形式的都市农业在城市中出现和发展，下一个关键步骤是将其“写入”规划文件和立法，将其作为改善现有都市食物系统和提供超越直接投资回报的一种积极方式。正如纽约、柏林和伦敦等城市所做的那样，丰富活跃的公共对话阐明了都市农业的诸多好处——从环境动机到装饰再到行为变化——并对当前衡量成功的标准提出了挑战。

针对新城市农民和广大城市人口的需要和渴望，我们需要采取的另一项行动是，我们要让他们的需要和渴望融入设计和建造，并让这种新的设计和建造成为城市的景观和基础设施。在这方面建筑师、规划师和设计师有许多工作要做。

最后，我们目前面临的最大挑战是，如何从目前狭隘的农业食物商业模式转变为能够重新定义城乡关系的都市农业模式。我们要明白地球上的资源对于我们来说是有限的，除了我们，还有其他人要生活在地球上（有些人我们可能私下就认识了）。为了在“地球限度”内工作而不是超越它，城市设计和城市实践需要对总的环境影响进行评估，都市农业已经被证明是应对这一挑战的有效途径。

2.2 可持续生产性（CPUL）城市的概念

我们的工作旨在通过提出设计策略和模型来帮助应对上一章中提出的挑战，这些设计策略和原型可以使城市和城镇的城市空间更有生产力，并使其更符合市民的需要。我们从密集的欧洲/西方城市地区的经验出发，试图提高城市生活的质量，同时减少目前城市食物系统对环境产生的负面影响。我们开发了可持续生产性（CPUL）城市的概念来解决这个问题。

CPUL城市描述了一个城市的未来发展方向，即将我们所谓的“可持续生产性城市景观”（都市农业景观）的规划和设计引入到现有的和新兴的城市中去。CPUL城市具有基本的物质和社会影响。它遵循系统化的方法，提出都市农业可以促进更加可持续和有弹性的食物系统形成，同时也有利于提升城市空间质量。这是一种环境设计策略，本书为当代城市设计和实现这种景观的理论和实践探索提供了一个战略框架。

图1 CPUL的概念。绿色走廊提供了一个可持续的生产开放空间网络，其中包含非车辆行驶的道路。都市农业区和其他户外工作或休闲活动的区域与邻近的建成区连成一片。

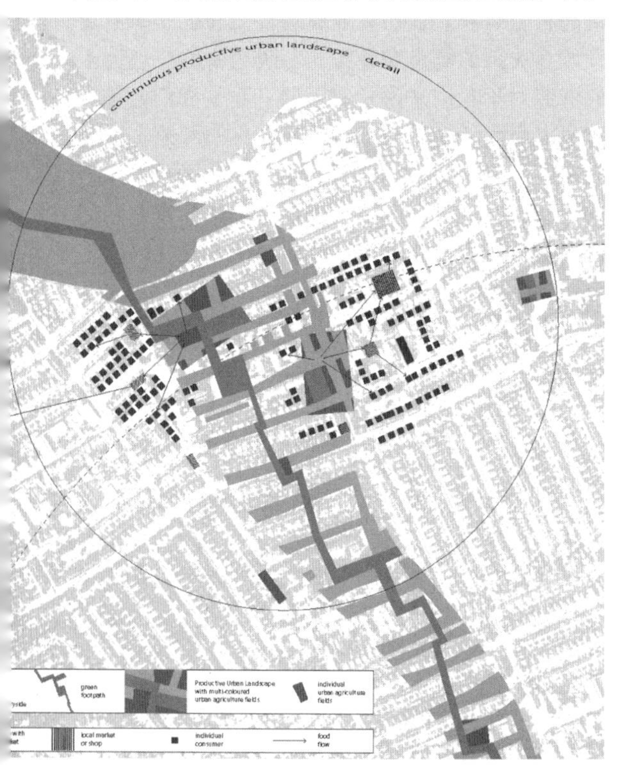

可持续生产性城市的核心是创建开放的城市空间网络，提供可持续的多功能生产性景观，补充和支持建成环境对食物生产的不足之处。CPUL物理上的变化将从根本上改变城市景观，这也意味着社会和个人对城市的体验、价值和与景观互动方式的基本改变。在CPUL城市的概念中，都市农业主要指水果和蔬菜的生产，因为这些产品能实现每平方米城市土地的最高产量。CPUL的主要特点是为人们提供食物种植、休闲、运动和商业性的户外空间、动物自然栖息地、非机动车交通路线和生态廊道。CPUL网络将连接现有的开放城市空间，在某些情况下，对它们当前的用途进行维护、改造。

因此，设计一个CPUL（或者一个单独的、个人的CPUL空间，其将会成为CPUL的一部分）意味着创造一个品质优良的城市景观。其中最重要的是，都市农业能与当地有机食物的种植融合。这样，同一个地块，食物生产与其他用途重叠并相互联系，这让我们在城市或城镇的任何地方都能以物理或视觉的方式接近自然，这是迈向新兴的城市生活方式和创造空间和场所的新方式的重要一步。

我们需要采取一种系统的方法，将物理上的CPUL空间整合到现有或新的当地城市食物系统之中去。例如网络公共空间、废物回收系统或供水系统等。这些围绕城市食物系统的复杂而相互依存的网络构成了CPUL城市的重要依托。CPUL城市的成功最重要的是，建立、设计、规划和各种“迷你”（mini）的相互依赖关系，使食物种植取得成功：准备土壤—种植—照料—收获—食用/加工/保存/销售—堆肥/种子生产。

在CPUL城市概念的框架下，无论在哪个城市和地方，当地生产性景观的最终模样和占地面积都要以当地独特的自然条件和面临的竞争压力作

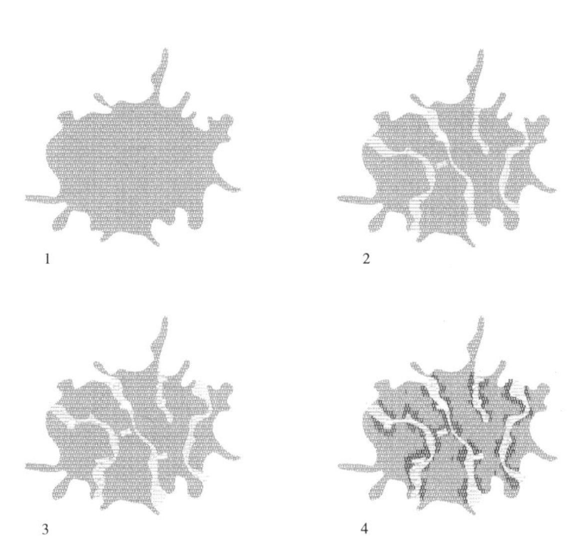

图2　如何建设一个CPUL城市。

1. 观察你所在的城市。

2. 标出现有的开放空间，并通过绿色基础设施将它们连接起来。

3. 插入农业生产用地。（注：2和3可以相互替换）

4. 喂饱你所在的城市！

为依据。该概念设想了一种由从事都市农业的种植者组成的“混合经济”：城市和社区项目、小规模和大规模项目、商业性和社区性项目、低技术性和适当的高技术性项目等。从广义上讲，如果都市农业要对食物产量产生一定的影响，商业性大规模的生产是必要的。而从社会和行为变化的角度来看，个性化生产是非常重要的。正如前一章所阐明的那样，都市农业不能满足城市的全部食物需求，任何对城市食物系统的深入研究，都必须考虑到城市、地方和其他地区之间的关系。

以上所有这些论点，我们在2005年出版的《连贯式生产性城市景观》一书中都正式提出过。各种关于环境、经济和社会文化的争论都认为，这种景观的好处足以将其视为未来城市可持续城市基础设施的基本要素。

CPUL的概念源于我们在20世纪90年代探索都市农业在城市设计中的作用的研究，并于1998年作为伯恩和维尤恩参加第5届欧洲建筑和城市设计竞赛的一部分。当时，在英国，仅用每平方公里的人口数量作为衡量人口密度增加的唯一标准，人口密度的增加被看作是可持续发展的指标。这种盲目把人口密度作为唯一指标的衡量体制导致的不足十分明显：它让人低估了开放的城市空间的重要性，让人误读《英国城市工作特别小组报告》（UK’s Urban Task Force）。该报告呼吁增加城市开放空间使用的强度，对城市空间进行综合利用，以此作为实施可持续战略的一部分。我们认为，经过密集处理的开放城市景观可以弥补英国较低建筑密度带来的不足，我们将这种策略称为“生态集约化”（Ecological Intensification），其目的是减少每个新开发项目的整个环境足迹。根据进一步的建筑和城市设计研究、以及大多“英国中心”统计（UK-centred）的数据表明，CPUL城市概念已成为社会、环境和经济以及设计方面讨论的基础，CPUL城市概念成为了一个激进的城市配置和规划方面的改革方案：城市开放空间形态与规划的根本变革，首要的是实现食物自给自足的生活方式。

当前城市规划设计中讨论的都市农业：一个CPUL案例的透视

为了理解城市食物系统的复杂性，CPUL城市概念涉及了当前许多不同性质的论述。其中关于设计讨论的三个突出特点是，城市设计需要设计师、规划师和建筑师的专业知识，无论是关于都市农业方面，还是关于城市景观方面——尤其是生产性的城市景观方面，以及关于参与式设计方面，我们都将从他们的工作中获益。

在北半球，都市农业论述最初由“英语国家”（English Speaking）发起，其源于20世纪70年代末的加拿大（城市农民，City Farmer）。自20世纪90年代初以来，就有大量关于都市农业的文献作品存在，其中，来自加拿大、美国和英国的出版物处于研究的前沿。这些“早期”文献集中讨论了都市农业在粮食安全、公共卫生和经济贫困程度高的地区创造收入方面的积极影响。向出版物提供资料的研究项目往往是与联合国等相关的国际非政府组织，而且经常涉及南半球的都市食物系统，例如加拿大的《城市为人民提供食物：东非都市农业的研究》1996年出版的《都市农业：粮食、就业和可持续城市》，这些都是都市农业的国际研究的里程碑，对当时的一系列出版物、学术刊物和流行刊物产生重大影响。该书的主要作者杰克·史密特在2004年为《CPUL1》撰写了前言，他被许多人视为“都市农业之父”。正是他将“都市农业”这一主题摆上了台面，并传播开来。

在这本书之后，全球对这一主题的关注迅速增加。这可能是由于在20世纪90年代，都市农业突然有效地融入古巴城市，以及1992年在里约热内卢举行的地球问题首脑会议（Earth Summit）上，都市农业的发展和协议被广泛接受。全球南北的学者和实践者开始从各种相互依赖的角度观察城市食物的生长，将研究成果汇总起来，并将产生的知识传递到另一半球。在北美和英国，一些学者对有关食品安全问题、城市可持续食物生产、都市农业的评价问题等主题进行了讨论。这些讨论同时也涉及都市农业的经济、开放空间的保存和公共采购等问题。当时，德国研究人员提出了关于社会政治主题的讨论，例如小规模都市农业和鼓励地方食物市场等问题。

新千年伊始，北半球开始尝试让都市农业融入城市，使规划框架适应都市农业的新需要。这些工作在2005年前后达到顶峰，在我们作为案例研究的三个国家中，我们描述了一些典型项目如何在不同的地方背景下产生，面临着什么不同的规划问题：

- 波特兰州立大学城市研究与规划学院的一组学生和研究人员受当地市议会的委托，于2005年完成了“可挖掘的城市”（Diggable city）项目，该项目对波特兰所有可能的食物种植地点进行了深入的空间调查（Balmer，2005）。
- 2006年，柏林的农学家们在社会企业“Agrarborse”的支持下组织了一个智囊团会议：“城市的新领域”，城市食物活动积极分子、当地农民和委员会代表等参加了会议，讨论了都市农业融入本地空间使用策略。

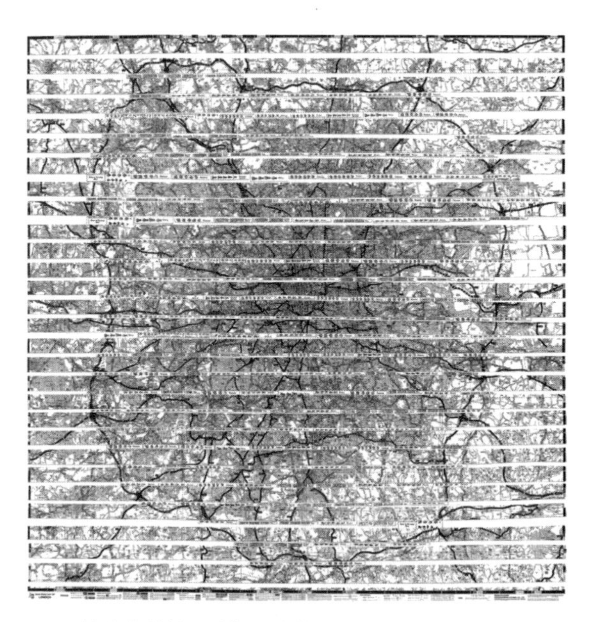

图3 扩张的伦敦。我们对伦敦的最早的空间视觉之一。如果我们在此基础上将伦敦的表面积扩张30%，在不改变现有的开放空间的情况下，伦敦就能种植足够的水果和蔬菜以满足其市民的需求。

- 在伦敦，非政府组织“Sustain”发起了一系列“食品意识”运动，其中包括在市长管辖范围内将食物列入政治议程。自2001年以来，这个非政府组织就负责着“伦敦食物董事会”（London Food Board）的运转，并在2004年帮助建立了伦敦食物委员会和伦敦发展署的食物战略部门。

都市农业的规划已经发展了大约15年，《连贯式生产性城市景观》（CPUL）在2005年初出版时是第一本致力于为当代城市设计提出一个整合性策略的著作，该书使得“如何在城市中心设计生产性土地”的问题成为了中心议题（Hopkins，2006）。在过去十年中，这些概念的必要性和相关性可以从CPUL城市概念所引起的国际兴趣看出。自2005年以来，作者通过演讲、文献等形式向在奥地利、比利时、加拿大、古巴、丹麦、法国、德国、印度、意大利、爱尔兰、荷兰、挪威、葡萄牙、西班牙、瑞典、瑞士、英国和美

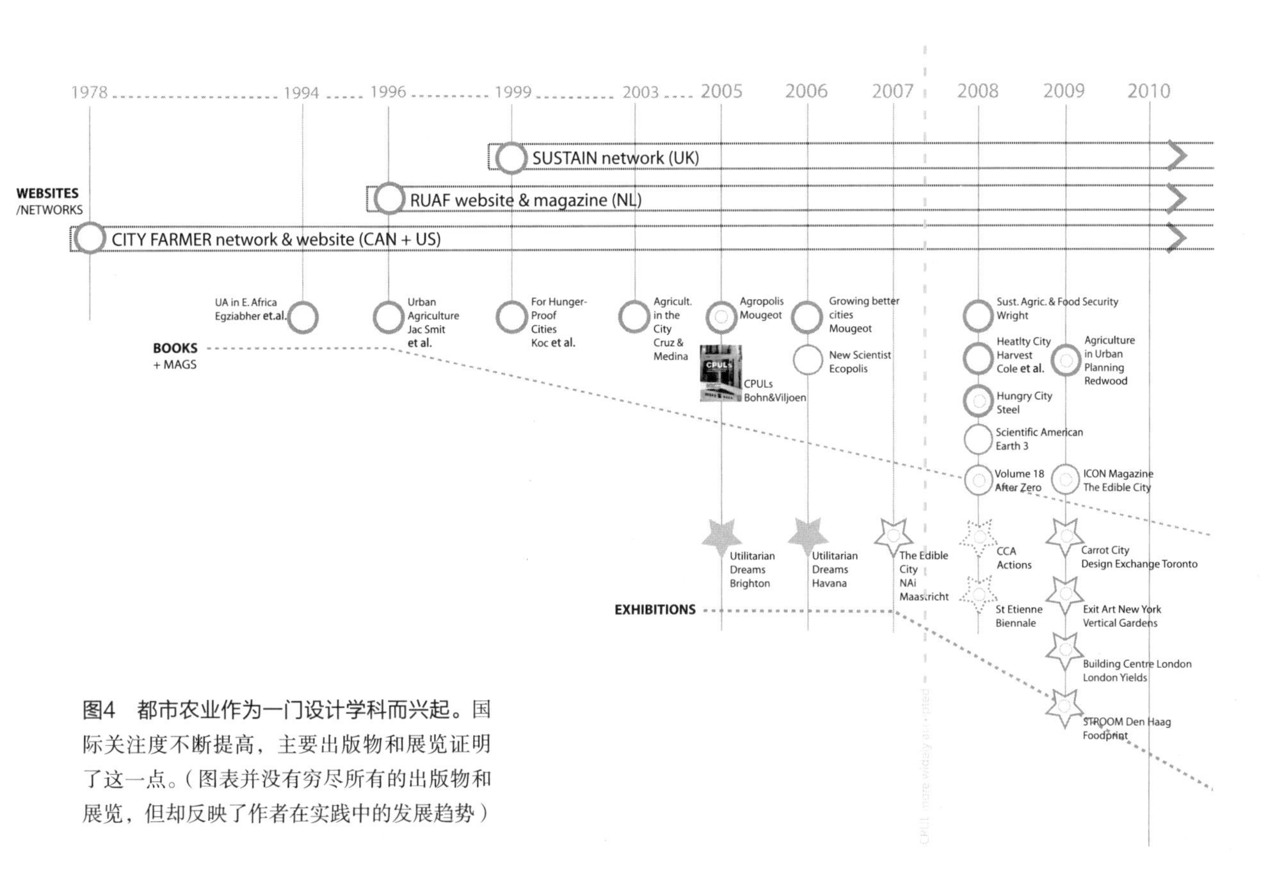

图4　都市农业作为一门设计学科而兴起。国际关注度不断提高，主要出版物和展览证明了这一点。（图表并没有穷尽所有的出版物和展览，但却反映了作者在实践中的发展趋势）

国的公众和专业人士介绍了他们的工作。有关这一概念的特邀文章，已在上述国家和中国、韩国、俄罗斯、伊朗等的建筑/城市设计杂志上广泛发表。CPUL的概念得到了许多活动家的好评，包括转型城镇网络的创始人霍普金斯，并被一些学者和实践者引用，比如卢克·穆若、史密特、卡洛琳（Carolyn Steel）、洛弗尔（Sarah Taylor Lovell）和约翰斯顿（Douglas Johnston）、霍奇森（Hodgson）以及其他人的著作和文章都有所引用；同时，非营利性组织“耕作堪萨斯城”（Cultivate Kansas City）和古德本等也引用了该书的内容。

如果有可能按时间顺序描绘这么短的历史，我们可以说，在过去5年里，对该研究主题有兴趣的学者已经明显超出了英国和英裔美国人（Anglo-American）的范围，更多的欧洲国家的学者也在实践和参与该研究。这些“更年轻”的学者们反思生态问题，考察各种类型的都市农业的经济特征，集中于研究都市农业与其他城市问题的关系，特别是社区发展、公众参与、社区花园建设、社会福利公共园艺，或更广泛意义上的社区卫生（Campbell Wiesen，2011）等问题。

建筑和设计研究也同样多样化，今天的CPUL城市正以其他城市的设计理念作为补充，将都市农业融入当代西方城市。通常这些研究会对CPUL有不同的兴趣，但他们都是以CPUL的概念为出发点，探索了在城市范围内种植食物的可能性，提出了不同的建议。最引人注目的是卡罗林的《希托邦》（Sitopia，2008）、迪克森的《垂直农场》（Despommier，2010）以及里姆和刘的《智慧城市》

（Smart cities）。

在设计学科中，新思想的传播主要通过展览和活动等媒介进行的，这和发表学术论文同样重要。在这些学科中，关于生产性城市景观/都市农业空间质量的兴趣、探索和传播在过去十年中迅速增加。2007年，荷兰建筑学院（NAi）在马斯特里赫特举办了一场名为“De Eedbare Stad”的展览。从那时起，由领先的国际设计机构主办的展览和公共作品不断增加，这些展览和“公共作品”跨越了城市设计、艺术和建筑的狭窄学科界限。其中包括英国设计会员会主办的“DOTT——2007”米德尔斯堡城镇农业项目；加拿大建筑展览中心举办的主题为“你可以在城市里做什么”的展览；纽约Exit Art中心举办了“垂直农场”展览（2009）；伦敦建筑中心举办了“都市农业：伦敦收益”的展览和荷兰艺术组织STROOM的“三年食品足迹”[STROOM's threeyear Foodprint programme（2009+）]项目。在加拿大“胡萝卜城市（2009+）”项目中，其中的一位作家马克（Mark Gorgolewski）说，《CPUL1》中的“拥抱都市农业”已作为建筑设计和城市规划学科迄今为止最复杂的术语，不断被应用在国际巡回展览、网络资源和相应的书中（Gorgolewski，2011）。“加拿大胡萝卜城市”巡回展已在世界许多地方展出，围绕巡回展览又发展出各种配套展览。“CPUL”城市的概念被应用到所有这些展览，并成为“胡萝卜城”在线资源和书籍的主要特征。

我们离CPUL城市更近了吗？

城市食物与低能耗、可持续发展的讨论紧密联系，这就要求建筑师要有把看似无关的问题综合考虑的能力，要对城市未来场景有一定的预期。建筑师的这些能力为建筑行业在“都市农业运动”初期取得显著成绩提供了基础。

然而，为了建立都市农业和生产性城市景观——实际上就是CPUL城市概念——我们应该立足当今世界，必须研究都市农业如何在膨胀或萎缩的城市里影响真实的空间、人们的饮食、生活和谋生方式。

虽然CPUL的概念在2005年被看作是一种有趣的乌托邦，但从那以后，情况发生了戏剧性的变化。2011年，评论家们将荷兰城市阿尔米尔的阿格拉米尔（Dutch City of Almere）的未来规划的方向定义为CPUL城市（Jansma & Visser，2011）。在阿格拉米尔，目标是让农业重新融入现代城市生活。通过利益相关者和设计过程的结合，设计师设计了一个占地250公顷的虚拟城区，将一个5000居民的生活空间和都市农业融合在一起。这个设计突出了都市农业，为阿尔米尔市的发展规划做出了贡献。2010年1月，荷兰政府决定执行这一“荷兰城市规划独特的系统创新”规划方案。

传播都市农业的新思想对城市的生产力、食物系统、农业和下一代的空间品质都有影响。《CPUL1》涵盖了一系列规划和建筑研究，已经成为包括欧洲、北美、古巴、中国等国的大学课程教材（可能也在其他地方）。在过去的五年里，都市农业主题的项目在其他建筑和城市设计中脱颖而出，最近的赢家就是最好的证明。“方舟：可持续生产城市景观市场”由英国巴斯大学的Stavros Zachariades设计，代表英国在2012年赢得欧盟教育项目竞赛奖项；受到CPUL的启发，由南岸大学（Southbank University）的罗伯特·哈奇（Robert Hankey）设计的“冒险农场”项目，在2008年获得RIBA铜牌。在布莱顿和柏林，学生们可以参与都市农业项目、生活项目、设计项目的设计和研究，这是一种新的体验，这种体验在越来越多的机构中并行发展，形成了一个新的实践区域。阿姆斯特丹建筑学院、布莱顿大学、威尔士卡迪夫大学、多伦多瑞尔森大学、柏林大学、英国谢菲尔德大学、蒙特利尔麦吉尔大学、纽约新学校和荷兰瓦格宁根大学等大学都开设了这样的项目。参与人数目前仍在增长。学生和年轻研究人员明确表达了参与该项研究的愿望和要求，特别是在2012年柏林举行的第四届欧洲规划学院协会可持续食物规划会议上。

在2009年和2010年，在调研城市规划系统在支持英国首都商业食物种植方面的作用的项目中，伯恩和维尤恩建筑事务所是伦敦议会的“规划和住房委员会”咨询的160名“城市食品专家”之一。2010年该委员会发表这一调查结果，并指出这是典型的国际趋势：“我们的《培育首都》（Cultivating the Capital）报告呼吁改变规划体系，……以鼓励伦敦的粮食种植”（伦敦大会，2010年）。

现在，这就是承诺！都市农业的前途充满希望！

2.3 新的都市“食物景观”：规划、政策和权力

凯文·摩根（Kevin Morgan）

有史以来对规划界最显著的批评之一，实际上来自于行业本身。这些批评是由这样一个事实引发的：规划师已经解决了人类生活的所有基本问题——土地、住所、空气和水——但显而易见，食物除外！这是美国规划协会（APA）在2007年推出其开创性的《社区和区域食物规划指南》时对规划者提出的一个严厉批评。美国规划协会的批评是由两位创新能力很强的美国规划学者引起的，他们得出的结论是，食物系统“在规划领域是一个局外人”（Pothukuchi & Kaufman, 2000）。规划者作为学术性的专业人员需要更有意识地参与城市食物系统的建设。因为，随着城市化的迅速发展，城市在食物系统中占的比重越来越大，食物系统对城市人口的健康和福利越来越重要。以可持续的方式养活城市——也就是说，以一种经济高效、社会公正、生态健康的方式来养活城市，是21世纪最突出的挑战之一。特别是在亚洲和非洲，人们因为长期饥饿而导致营养不良的情况最为严重。随着世界上大多数人口被认为已经城市化，城市食物景观将在食物安全考量中扮演越来越重要的角色（联合国粮农组织，2011）。为了更深入地探讨这些问题，本章将讨论以下问题：

1. 为什么近年来食物系统具有如此重要的政治意义？

2. 市政府是如何以及为什么接受食物政策的？

3. 城市有哪些地方性的权力来改变他们的食物环境？

4. 在日益受制于企业权力的食物体系中，城市如何才能扮演好更有效的政治角色？

从边缘到主流：食物政策的重要性

可以毫不夸张地说，直到最近，食物系统在北半球的主流政治议程上才出现。因为人们普遍认为，现有的食物系统已经实现了人们的所有需求。然而，传统食物系统的隐性成本开始在公共领域引起注意，这发展趋势虽然缓慢但却是毫无疑问的。虽然食物系统从边缘转向主流的原因并不单一，但饮食相关疾病和环境恶化导致的成本不断上升，无论如何都是一个重要的原因。如果说还有什么别的原因，那就是食物的多功能特性使得它成为一种独特的政治关注，因为食物系统在如此多的公共政策领域中都扮演着重要的角色。换句话说，粮食系统的政治意义来自以下趋势的综合影响：

- 2007/2008年食品价格上涨后，许多国家爆发了城市骚乱，食物安全问题现在被视为一个国家安全问题。
- 在欧盟，食物链约占温室气体排放的31%，这使得改善食物系统成为应对气候变化政策的一个关键目标。
- 肥胖和其他与饮食有关的疾病流行，这使食物系统成为活动人士的主要目标，他们希望将国家卫生系统从治疗服务转变为促进健康和预防服务。
- 北半球城市的“食物贫乏”（food poverty）[①]现象日益明显，从“食物银行”（food banks）[②]的爆炸性增长可以看出，食物不仅是人类健康问题，也是社会正义问题。

---

① 对于北半球发达国家而言，“食物贫乏”并不是指缺少食物，而是指缺少新鲜蔬菜、水果等健康食物，新鲜的蔬菜、水果往往比深加工过的肉类产品，如火腿肠、肉丸子等。——译者注

② 食物银行是北美、澳大利亚和欧洲的慈善机构，人们可以把多余的食物捐给食物银行，需要食物的人可以从食物银行免费领取食物。有的食品银行直接把食物分发给需要者，有的食品银行把食物放在一定的储存点，由需要的人自行领取。——译者注

- 食物系统现在被视为一个棱镜，城市规划师通过它来促进城市自然资源的可持续管理和生态服务。
- 随着人们重新发现美食的乐趣，以及开始挖掘它与生长环境和产地的联系，一场指向高质量的食品革命正在进行。

综上所述，这些因素形成了一个新的食物话语，其结果是食品不再是主流政治话语中的一个边缘问题（Morgan & Sonnino，2010）。从全球到地方，食物系统已经获得了一种前所未有的重要性。就全球性而言，这一点在2008年八国集团（G8）召开首次食物安全会议时表现得最为明显。目前，地方的食物政策由当地政府直接制定和负责，地方和区域政府不再从遥远的国家政府那里得到指示才开始行动。许多国家政府将食物政策与农业政策混为一谈。[1]

建立联系：城市是如何以及为什么要采纳食物政策

食物的多功能特性给政策领域带来了挑战和机遇。虽然食物的这种多功能性有助于提高食物在多个政策议程上的地位，但也面临着一个问题：如何定位一个跨越如此多的不同领域的政策？过去十年，许多国家的市政当局一直在努力将食物政策纳入其战略。从政治角度来说，这个问题产生了两个非常实际的问题——谁应该担任食物政策的领导角色，这个角色应该是哪个部门？

欧洲、北美和非洲的市政食物政治经验表明，这个问题的答案在很大程度上取决于食物政策的制定方式。也就是说，取决于政治家和他们的公民、社会如何看待和评价城市食物问题。以多伦多食物政策委员会（the Toronto Food Policy Council，TFPC）为例，该委员会成立于1991年，作为城市卫生局的一个小组委员会，TFPC被公认是在北美最有效的食物政策委员会之一。TFPC制定的指令如此宽广，使它能够在广泛市政政策方面做出重大贡献。其指令包括都市农业、园艺社区、环境规划、公共的土地利用规划、营养教育和反饥饿行动等方面，TFPC试图强调食物政策与其他政策领域之间的联系。

温哥华的市政食物政策提供了另一个有启发性的例子。该市地方食物政策于2003年正式启动，当时市议会批准了一项倡议，支持发展“公正和可持续的食物系统”。“公正”和“可持续”是该市随后的食物行动计划的两个主题。温哥华食物管理的一个显著特点是，城市政府和以社区为基础的温哥华食物政策委员会（VFPC）之间的权力分衡。

食物行动计划最初建议VFPC的员工应定期报告市政府，特别是向社会规划主管报告。这个决定在VFPC的成员中引起了争议，他们觉得这个以城市为中心的新的食物管理系统会降低他们的地位和在决策中的权力。这种紧张关系“反映了政府行为者在伙伴关系中仍然具有强大的决定性，尽管他们声称他们是平等参与。”

在多伦多和温哥华，食物政策委员会的成功并不取决于城市政府和公民社会之间权力斗争，而是在通过明智地支持市政府和关键机构“自上而下”的力量与公民社会的“自下而上”的力量相结合。这被恰当地描述为“分担改革的负担”。

尽管欧洲的食物政策委员会目前还没有像北美那样飞速发展，但市政食物政策正在以其他方式发展。在一定程度上，欧洲的食物政策委员会是自上而下的，是对全球倡议的回应。比如《21世纪地方议程》（Local Agenda 21）。该倡议鼓励以地区为基础促进可持续发展。这部分是自下而上的回应。像“土食运动”（locavore movement）的动力就来自于个人对新鲜、本地生产食物的推崇，部分原因是治疗与饮食相关疾病的成本不断上升。这项运动倡导在城市里享用当地生产的产品，当地的产品给人们带来乐趣的同时又有益身体健康。要理解城市食物政策贯穿始终的共同主题，有必要看一看英国的三个“食物先锋”城市。我们先从布莱顿和霍夫市① 开始。布莱顿和霍夫市是英国首位绿色议员的家乡，也是英国首批制

① 布莱顿和霍夫市（Brighton and Hove）是布莱顿县和霍夫县一起组成的行政市。——译者注

定城市食物政策的城市之一。[2]

2003年初，“布赖顿市和霍夫市食物伙伴关系”（BHFP）建立。它的建立归功于三个不同的角色和行动者——民间社会团体的努力，民间社团希望看到更多的本地化和可持续的食物；基本保健信托健康促进联合会（the health promotion unit of the Primary Care Trust）和市议会的可持续发展委员会。在举办了一系列公众参与的活动之后，“从铲子到匙羹”战略项目于2006年夏天启动。该项目的宣传页的第一句话是“我们的健康和我们的环境”，这正是该项目的两个主题，布莱顿和霍夫市也正是围绕着这两个主题来构建当地的食物策略。同样重要的是，该项目面向的观众是广泛和包容性的，绝不局限于中产阶级的本地食客。“从铲子到匙羹”项目宣布，“我们旨在为制定综合的、跨部门的食物政策，将公共卫生、环境可持续性、社区发展、教育、农业、文化和经济发展、废物管理、城市规划/土地利用和旅游等领域的举措联系起来。”2007年是该项目发展的一个重要的里程碑，BHFP与英国国民健康保险制度（NHS）签署了一份提供健康食物的合同。这一举动既为BHFP带来了新的资金来源，也带来了更多的就业机会。他们的合作关系将为该市的食物政策建立在一个更有保障的基础上。在下一节中，我们将看到，布莱顿和霍夫市带头修改城市规划政策，使其更有利于都市农业、社区发展和绿色基础设施。

在BHFP诞生的同一年，曼彻斯特市政府和国家健康服务系统（NHS）正在建立一种非正式的伙伴关系。2003年，该市政府决定加强学校膳食服务及其批发零售市场，以改善健康食物的供应。与此同时，市政府决定制定一项食物和营养的公共卫生战略。这些努力构成了“未来食物”项目的基础。该项目作为城市食物战略的一部分于2007年正式启动，旨在改善城市人口的健康状况，保护环境，发展当地的食物经济，建设更可持续的社区，促进烹饪多样性，并保障市民在全市范围内获得优质食品。除了每年86000英镑核心预算外，该项目获得了大量的地方和国家资助，如“社区少盐”项目的捐款等。部分捐款来自于食品标准局和市议会碳减排项目，该项目支持可持续食物项目。“未来食物”项目由一个委员会管理，该委员会是“未来食物”项目的重要合作伙伴。该委员会由市议会的一名执行成员担任主席，成员来自市议会的服务主管和NHS的社区营养服务体系人员。最近对该计划的一次调查发现，如果服务优先级和预算分配要更好地服务于食物战略的目标，就需要从市政府和英国国家医疗服务体系（NHS）那里获得更高级别的政治承诺。在英格兰，公共卫生服务的权力下放给地方政府的还有另外一个城市：曼彻斯特。曼彻斯特面临着一个新的机会：实施以社区为基础的健康食物可持续发展战略，这是一个非常好的机会。从历史上看，促进公共卫生是作为市政府最初职能的一部分，是为了通过公共卫生措施来调节工业革命对人们健康的有害影响。

另一个食物先锋城市是布里斯托，它是英国第一个正式成立食物政策委员会（FPC）的城市。FPC是多年来当地食物活动的一个高潮，这个城市拥有非常活跃的公民社会组织和具有环保意识的城市政府。民间团体实际上是打着布里斯托食物网络的旗号组织起来的，目的是提高他们在城市政治中的形象，争取发言权。该市议会和英国国家医疗服务体系（NHS）创新了一项举措：联合任命官员，制定该市的食物和健康战略。在市议会内部，有一个名为“食物兴趣团”（the Food Interest Group）的跨部门网络，旨在提高市议会在食物政策领域的重要作用。在这种背景下，布里斯托食物政策委员会（FPC）于2011年成立，旨在将城市食物议程提升到更高的水平。在布里斯托FPC成立的第一年，它将重点放在三个方面：

1. 制定城市的公共部门食物采购计划，特别是针对学校和医院的食物采购计划；
2. 推进社区种植计划，鼓励市民参与；
3. 制定独立交易市场计划，在无处不在的超市面前保持零售的多样性。

除了FPC的创立，布里斯托市议会及其合作伙伴还委托相关人士进行了一项全面的城市食物审计，其结果是一份名为“谁在喂养布里斯托?”

的调研报告（凯莉，2011）。这次食品调研的一个显著特点是，它体现了一种食物系统规划方法，将食物视为一个综合系统。除了这三个城市，许多其他“食物先锋城市”，比如桑德威尔、谢菲尔德、普利茅斯和伦敦，他们都在最近几年制定了独特的城市食物政策。无论各地之间的食物政策差别如何，它们都有两个共同点。

首先，健康和环境往往是制定食物政策的最重要的主题，尽管许多其他主题也被关注。其次，每个城市都试图与当地的民间社会团体合作，制定并实施自己的食物政策——无论是独立的社会组织（如布里斯托和布莱顿）的形式，还是像曼彻斯特那样有强大社区参与的市政府机构。这些伙伴关系的建立为地方政府和地方民间社会团体提供了一定的空间，让他们能够彼此合作、解决共同问题、制定共同方案。

重塑城市食物景观：采购、规划与合作

长期以来，食物政策一直由国家和国际决策层面主导。有人认为，城市几乎或根本没有能力塑造食物系统，因为它们缺乏这样做的权力。但是，正如多伦多食物政策委员会所指出的那样，虽然城市缺乏“完整的政策工具箱”，但它们也并非没有改革食物系统的权力。在城市食物政策范围内，三种力量特别值得我们关注，因为它们合在一起有助于改革城市食物景观。本节将简要介绍这三种力量，并展示如何利用它们来打造更可持续的城市食物景观。

也许城市最有力的食物政策是他们独特的采购政策。作为健康公共食物供应计划的一部分，购买的力量被证明在食物政策领域是非常有效的。城市采购政策最令人印象深刻的例子之一是瑞典的第三大城市马尔默。该市计划在其所有公共餐饮服务中提供100%的有机食品，包括公共托儿所、学校食堂和住宅护理院等。马尔默的城市采购政策最初是作为一项气候友好型食物试验而设计的，它也被用来促进城市的公共卫生。值得注意的是，通过减少饮食中肉类的数量和食用更多的季节性水果和蔬菜，有机生产食物的额外成本被抵消了，有机食物运动转变成为一种中等成本的运动。虽然在许多国家，公共食堂是城市食物景观的重要组成部分，但它们往往被遗忘，因为它们缺乏类似全球知名快餐业的知名度。马尔默之所以值得我们注意，因为它正在利用购买的力量来传达两个非常重要的信息：（1）公共食堂是城市新食物景观的重要组成部分；（2）市政府在塑造新食物景观方面并非无能为力。

城市可以更富想象力的方式来促进都市农业发展的另一种力量是规划政策，但它常常被用来阻碍而非促进都市农业的发展。虽然城市规划师过去忽略了食物系统，但他们现在开始着手处理城市的食物问题，包括：（1）保护和增加食物零售网点的多样性，以便步行或乘坐公共交通工具进入；（2）扩大获得分配租地、社区种植空间和其他未充分利用的公共和私人空间的机会，在城市内外促进都市农业；（3）减少食物浪费，促进以更有利于社会和生态的方式循环利用食物；（4）为直接接触到城市消费者的生产者创造就业和收入。

地方规划权现在被用来重新规范城市食物景观的所有方面。例如，伦敦东部的沃尔瑟姆森林（Waltham Forest）被认为是英国第一个利用自己的规划权来阻止在学校附近开设新的热门外卖餐馆的地方当局，这在全英国掀起了一股新的城市规划潮流。与此同时，布莱顿和霍夫市正在补充规划指导原则，将食物计划纳入规划系统，并鼓励城市开创更多的食物种植空间。这些例子具有强大的示范效果，其他城市地区也可以通过当地的食物景观来重塑自己。

最后，还有伙伴关系之间合作的力量。市政当局与当地企业、社会企业和民间社会团体之间可以建立互利的合作伙伴关系，共同实现它们无法单独实现的目标。随着紧缩资本主义（austerity capitalism）的出现，欧洲和北美的地方政府被迫采用新的合作方式。面对前所未有的公共支出削减和自20世纪30年代以来最严重的经济衰退，大量城市人口的基本需求无法得到满足，包括对食物、燃料和住所的需求。如果要以一种体面的方式满足这些需求，城市政府将不得不和城市里的各种组织建立“共同生产”（co-production）的伙

伴关系，因为他们不再有资源单独做这件事了。“紧缩资本主义”威胁着一个国家公共领域的完整性，但它既是一个危机也是一个机遇，让人们从根本上重新思考我们满足人类基本需求的方式，尤其是食物的生产和消费方面。这种思考有可能促进更可持续、更本地化的方式生产和消费食物，特别是当自下而上的以社区为基础的社会企业与自上而下的智能型国家战略结合在一起的时候。

可持续城市：新的城市食物景观政策

尽管“替代食物运动”（alternative food movement）在媒体上引起了中产阶级的广泛关注，但运动的规模仍然很小，支离破碎，在政治上也毫无成效。虽然可能有广泛的吸引力，但这些“运动”目前仍然是单一主题的运动，例如倡导本地食物、有机食物、公平交易食物和食物伦理等。目前，在大多数国家，这些所倡导的食物在食物杂货市场的份额还不到5%。如果这些严肃的食物运动能在英国风靡一时，那么这些不同流派食物运动人士应该好好对比一下北美的社区食物安全联盟的历史（Community Food Security Coalition，CFSC）。在社会公平和可持续性的目标下，CFSC尊重各方面群体的要求和利益的多样性，协同其他群体一起工作，形成一个统一战线，这比单一主题运动更有效。CFSC在2012年被解散，但这丝毫无损于以上的论点。事实上，CFSC强调了可持续粮食运动需要在政治上自我维持。

尽管没有一个行动者能挑战主流食物企业的权力系统，但是城市的集体力量可以改变城市食物系统的现状，使其少让人致胖，让健康食物更营养，它的生产环境也更具多样性，而且食物在这种环境下也更容易获得，价格也更便宜。

可持续食物城市网络（The Sustainable Food Cities Network，SFCN）于2011年在英国启动，旨在帮助人们认识到城市食物系统中集体力量的重要性。SFCN启动仪式由土壤协会组织，布里斯托市议会主办，许多食物先锋城市都参加了该活动。SFCN吸引了英国20多个城市的关注，因为它能让城市食物项目具有国家级的形象和政治话语权，这两个项目都将帮助其他城市重新思考它们在食品体系中的角色和责任。

SFCN制定了可持续城市食物景观的五项原则，即：

（1）人人享有健康和福祉；

（2）环境的可持续性；

（3）当地经济繁荣；

（4）享有权利，富有弹性的社区；

（5）整个食物链的公平。

虽然这些原则是我们梦寐以求想要实现的，但是如果这些原则不能构成一个令人信服的食物系统，并使整个食物系统以人为本而不是以利益为本，那么这样的城市食物景观与其说是过时的设计，不如说是没有；与其说是民主审议的结果，不如说是企业权力和愚蠢规划的致命组合。

SFCN是英国新兴城市食品运动最有希望的运动之一。尽管目前在组织层面上还没有能与CFSC相媲美的公民组织，但英国显然有足够强大的公民社会和众多的政治活动，英国完全可以建立一个食物景观的保护伞。在这个保护伞下，不同的食物团体可以形成共同的战线。以食物为基础的全国性的社会运动在目前的英国还很难想象，因为很多活动都是地方性的行动和单一议题运动，其缺点是缺乏组织连贯性和政治话语权。

结论：从替代到联盟

本章试图分析新都市食物运动的第一步，分析如何以及为什么市政府的食物战略在英国兴起，这正是当地政府和公民社会之间新联盟的结果；一个双方在食物政策权力方面迫不得已的协调的结果（Morgan，2009）。正如“食物伙伴关系”和食物政策委员会所说的那样，在最广泛的意义上，城市食物政策是一种围绕城市食物安全出现的新的城市政治。这个新城市政治的特点之一，是民间社会团体开始采取类似主流政治活动的立场：他们一旦认为自己作为“替代”运动，在某种意义上，他们本能地倾向于竞争而非与当地合作。他们现在的新定位更有可能与当地政客建立联盟，接受规划师的帮助，并重新定义他们的角色和责任。英国食物行业最具影响力的民间社会团体（CSOs）——Sustain协会和土壤协会，尤其如此。

尽管民间社会团体可以帮助重塑食物政策，但它们需要聪明的地方政府的支持，以分担“改革的负担”。就其本身而言，国家需要民间社会团体的地方知识和公民的力量来重新设计公共服务，这是罗宾（Robin Murray）所说的“公共社会伙伴关系”（public-social partnerships）。食物系统规划师需要利用这种伙伴关系，因为城市设计理念，如CPUL城市，需要来自各方的支持——如果他们能成功地意识到这些良好的合作关系是促进健康的食物景观的一部分，是为了整个大社会的福祉而不仅仅是小社区的少数人的福祉。

如果没有社区的支持和参与，CPUL的概念可能会被富人创造财富的方式所同化，会成为少数人而非多数人设计的城市中产阶级的“绿色的表象”。这种同化在亚利桑那州凤凰城（Phoenix, Arizona）等城市已经很明显。

随着城市的迅速发展，城市是决定未来食物政策的关键领域之一。如果说未来的城市和过去有什么一样的话，那就是今天的城市食物系统的本质仍保留着：受到企业利益驱动所致的一个极容易致肥的环境。食物系统尤其容易受到超市利益的影响。许多超市正从城外“大盒子”（big box）的经营模式①蜂拥回到城市中心，因为那样的商业模式已经达到了顶峰。另一方面，当地政府和公民社会之间的联盟可以被激发起来，使城市崇尚城市食物景观设计，利用好公共空间，整合采购、规划和合作的力量，以确保收获更多食物。在这种情况下，城市食物景观可以促进生态完整性、公共卫生和社会正义，这是可持续食物景观的重要目标。

注释：

[1] 在欧盟和美国，对食物系统影响最大的是公共的农业政策和农业法案，尽管它们对我们的饮食有巨大的影响，它们的标题都没有提到“食物”两字。

[2] 尽管布莱顿和霍夫市声称自己是“2006年英国第一个制定食物战略的城市”，但值得注意的是，伦敦食物战略实际上是在2006年5月推出的。

① 这里指的是在郊区像“大盒子”一样的单独建筑物开超市的形式，周边的居民得开车去购买食物和其他生活用品。我们一般很难在欧洲或者北美、澳洲的市中心找到大型超市——译者注

2.4 都市农业作为日常的都市实践：趋势与教训

乔·纳斯尔（Joe Nasr），朱恩·卡密萨（June Komisar），
马克·戈尔戈列夫斯基（Mark Gorgolewski）

人们正在重新发现都市农业，并以此作为向城市居民提供健康新鲜食物的一种策略，特别是一种可以（而且应该是）普遍融入城市肌理并提供巨大设计潜力的实践。虽然最初关于都市农业的提议主要是概念性的，但在短短几年内，已成为现实的项目如雨后春笋般出现。这些项目利用各种战略、设计方法和合作组织，将食物生产纳入社区、住房和开放空间。我们已经积累了一定的经验，并且有了进一步的发展，我们从中可以吸取什么教训或者经验呢？

根据我们对“胡萝卜城市”项目的研究，结合都市农业的分析、设计和规划研究，我们可以从第一代食物项目行动者那里学习一些经验。这些项目试图通过设计、规划和政策等措施，使都市农业成为随处可见的城市景观的一部分。

都市农业的历史渊源和最近趋势

都市农业曾经是城市化进程中的一个组成部分，在许多文明中以各种方式存在。毫不奇怪，历史上，种植食物是城市发展不可或缺的组成部分，城市经常在主要的农业区域发展起来。随着冷藏技术和高效的长途运输（火车、轮船和后来的卡车运输）的出现，城市才能完全脱离食物生产。但与此同时，在人们居住地附近种植食物的设想还是受到了城市规划师欢迎。

在20世纪初，几位有远见的设计师和规划师构想了一个理想的居住地，居住地包括高密度住宅、用于食物生产的住宅菜地，以及开阔的公共草地。当时，主张将城市农业纳入城市发展的最引人注目的城市理论家之一埃比尼泽·霍华德。他在其经典著作《明日的田园城市》（Garden cities of tomorrow）（Howard，1902）中阐述了这一理念。他的想法在一定程度上在斯特拉斯堡附近的斯托克菲尔德（Stockfeld）得到了实现。斯托克菲尔德市里有一个中央花园，为每个居民都提供一小块土地种植食物。由建筑师巴里·帕克（Barry Parker）和雷蒙德·恩温（Raymond Unwin）设计的英格兰赫特福德郡的Letchworth田园城市和Welwyn田园城市也受到了霍德华想法的影响，这些田园城市都包括食物生产空间。

与霍华德的想法相似的是德国景观设计师米格（Leberecht Migge）。他提出了各种“Siedlung”［殖民］计划，试图整合住宅和花园的功能，以实现家庭食物的自给自足。尽管勒·柯布西耶和弗兰克·劳埃德·赖特在20世纪初的富有远见的计划中考虑了食物生产，但总体上，随着新世纪的发展，目前城市发展的趋势是食物与人们居住地分离，即使在有足够种植空间的郊区也是如此。

在西方城市发展史中，没有将城市与生产性园艺分离的一个例外是在世界大战期间。为了食物产量的增加，厨房花园、分配租地花园和社区花园（有时被称为“胜利花园”或“战争花园”）都纷纷发展起来，对食物产量的增加做出了贡献。第一次世界大战期间，美国总统赫伯特·胡佛（Herbert Hoover）实施了一项政策，即消除食物浪费，鼓励食物生产，以便向美国军队和海外盟友运送食物。首当其冲的是威斯康星州的发明家兼公共行政官马格努斯·斯文森（Magnus Swenson）领导的项目，该项目旨在减少食物浪费，鼓励种植家庭菜园，并传播有关罐装等保存技术的知识。这些举措为美国和欧洲实施类似战略提供了范例。

最近一些比较引人注目的城市食物生产的例子包括伦敦和白宫的菜园。伦敦计划在2012年奥运会期间增加2012个菜园（首都种植项目）；米歇尔·奥巴马的白宫菜园。这两个例子说明，都市农业被视为一项重要战略而被接受，都市农业是获得当地新鲜食物的一项重要战略，特别是实现食物安全的重要战略。它还被视为全面可持续

发展议程的一部分，是应对气候变化、人口增长和资源减少的必要战略。然而，城市日益密集的发展环境在一定程度上让都市农业发展受到制约，当代城市园丁们不得不应对园艺用地缺乏的问题。要想在城市种植食物，就需要重新考虑种植什么，怎样寻找新的生产性空间。设计师和有创意的居民对此做出了回应。他们发现了新的空间，在从未生产过食物的空间种植食物：屋顶、未充分利用的铺砌区域、经济适用房和郊区住宅的草坪等，这些地方曾只用于种植装饰性植物。尽管人们对房前草坪园艺的接受程度还不是很普遍，但后院园艺却在增加。其中一些生产是通过名为“小块集约化农业”（small plot intensive farming，SPIN）的策略实现的。一些专业农民在借来或租用的城市或郊区的房子后院种植作物。至于在大型城市建筑的屋顶，如仓库和办公楼上种植食物，则是最新的发展，我们将在下面讨论。

图1 胡萝卜绿色屋顶。在多伦多的这个绿色屋顶是零售建筑多功能生产屋顶的一个实例。

在区域范围内，“社区支持农业”（community supported agriculture，CSA）运动正在发展。该活动探索新的方式连接城市和附近的农场。在活动中，客户通过参股票形式购买当地农民的农产品，每周当地农场就会送给客户几盒新鲜农产品。该活动还采取措施实现良好的邻里关系，活跃当地农民的市场。

种植者与区域市场的关系，包括与当地餐馆、杂货铺的关系，一直是食品安全、食物营养和环境可持续性领域的研究主题。餐馆和杂货铺经常销售新鲜的当地食材，关系到都市农业产品进入市场的机会。食物战略研究的增多和相关食物政策委员会的成立，是两个指标，表明人们越来越清楚认识到种植者和消费者之间的联系与关系的重要性。近年来，都市农业一直被视为一项重要战略，以增加市民获得当地新鲜食物的机会，尤其是对食物不安全的地区而言。它还被视为全面可持续发展议程的一部分，是应对气候变化、人口增长和资源减少的必要战略。

最近提出的许多解决空间和人口挑战的提议都是非主流的，一开始看起来似乎不太可能实现。但现在，针对废弃空间和未充分利用区域的创造性农业改造方案正在进行，尽管这些方案的规模通常比一些大胆的提议要小。早期一些学者提出了垂直农场的设想，包括MVRDV为荷兰提出的猪城（Pig City）摩天大楼的设想和戴思博米耶（Dickson Despommier）的垂直农场模型等。这些设想都是在与建筑师的各种合作中产生的，但目前仍然没有实现。然而，小规模的垂直种植已经成为现实。蒙特利尔的Lufa农场是一个富有生产力的社区支持型（CSA）屋顶温室农场，其有一个垂直水培种植系统。

东京的Nuvege商业农场，通过使用垂直托盘系统为他们的水培农场增加了种植空间。其他的一些公司已经开发了窗—墙一体化的种植系统，Plantagon International设计公司目前正与上海同济大学合作研究垂直种植系统。虽然这些项目不是一些学者设想的那样的“种植性的摩天大楼”，但这些项目展示了一些创造性的可行方法，利用垂直种植技术把种植空间扩展到曾经被忽视的空间。

都市农业作为日常实践：类型学的分析

在城市背景下，食物生产活动已经得到公众的普遍认可，都市农业开始从偶尔出现的、例外的、实验性的活动转变为一种普遍现象。虽然都市食物生产长期存在于后院和社区花园中，但这里我们指的是更复杂、多功能或在特殊的环境中发生的其他情况。

在这里，我们提出了一些主要空间的类型学，在这些空间中，都市农业开始成为一种常见的实践。我们将用一些来自北美的例子来说明每一个空间的类型。

多功能屋顶

屋顶平台长期以来一直被城市居民作为一种资源利用——在一些炎热的国家，睡在屋顶上是对抗酷热环境的常见作法。平屋顶的另一个常见用途是（在某些情况下，现在仍然是）在花盆中种植，偶尔也会饲养小动物和鸟类（鸽子是最常见的鸟类）。屋顶平台是一个可以灵活地使用的空间。

这种灵活性表现在人们可以根据各种气候条件，相应地调整屋顶的特性。近年来，过去被闲置的屋顶被人们重新发现，特别是在人口密集的城市，一方面可用的土地昂贵得令人望而却步，另一方面许多土地因为污染严重而处于闲置状态。屋顶也就成为了人们进行食物生产的场所，人们也可以利用屋顶收集雨水，进行一些休闲活动。所以，毫不奇怪，拥有昂贵而稀缺的土地的纽约市已经成为屋顶食物生产的典范。屋顶（以及阳台）一直是集装箱花园的常见位置。在过去的几年里，纽约市因其更密集地利用屋顶进行种植而闻名。以摩天大楼为背景的新一代青年农民辛勤耕作的画面吸引了相当多的关注。

非营利组织鹰街屋顶农场（Eagle Street Rooftop Farm）位于布鲁克林的一个仓库顶上，是这一运动的先锋。它的伙伴关系非常广，运作方式特殊（包括将土壤混合并运到屋顶的方式）。一开始，该农场就根植于各个社区。鹰街屋顶农场是前所未有的，它向我们展示了屋顶农场的可能性。纽约的第二个都市农业项目“布鲁克林庄园”（Brooklyn Grange）很快就跟进了，其目的是在展示鹰街屋顶农场首创的技术可以用于商业用途。这也是布鲁克林庄园在规模和目的上都与众不同的地方。虽然“布鲁克林庄园”项目的设置、组织方式和营销形式都有很大的不同，但项目的农业技术和多功能性都与鹰街农场相呼应。2012年，经过两年的运营，布鲁克林庄园已经在筹建第二座庄园。“布鲁克林庄园”复制的过程表明商业屋顶农场在纽约市是可行的。

在北美其他大城市，似乎出现了一种截然不同的做法。在多伦多，费尔蒙特皇家约克酒店（Fairmont Royal York Hotel）是一个开创性的案例。该酒店在14层的屋顶设计了一个台地花园，既可以用所种植的食物作为培训厨师的食材，也可以为餐厅提供新鲜和不同寻常的食材。经过十年左右的默默发展，这个隐藏的项目逐渐广为人知。这种模式现在已经在全球有适合种植的屋顶和露台的豪华连锁酒店和其他酒店推广。

多伦多的另一个早期案例是“胡萝卜公屋”（Carrot Common）项目。该项目主要针对低层的零售商业或办公中心建筑，由有着悠久的社区推广历史的大型食物合作社“大胡萝卜”（The Big Carrot）负责运营。几年前，“胡萝卜公屋”屋顶的一部分被改造成户外社区会议和使用各种容器并种植可食用植物的组合空间。最近，这个屋顶再次被改造，现在是一个多功能的空间，被称为“胡萝卜绿色屋顶”（Carrot Green Roof）。

在“胡萝卜绿色屋顶”上，浅绿色种植床种植着本土植物、湿地植物、草本植物和其他一些植物；一个大天井摆放有许多不同类型的容器并种植着不同的蔬菜，因为这些蔬菜需要更深的植床。一些垂直的表面也生长着食物。屋顶还设有食物准备区、太阳能集热器板和社区活动区域，包括会议区和户外剧院（CGR）。

在多伦多和其他几个北美城市，种植已经迅速成为许多不同环境、不同形式的屋顶的常见用途。常见的例子包括：餐馆在屋顶上种植蔬菜和香草或是啤酒花——他们甚至雇佣农民来种植；

有几个住房项目（包括社会住房[①]和私人公寓）在屋顶上为居民提供小面积分配地种植食物；一些面向公众的建筑设施，例如社区卫生中心、基督教青年会和当地人口社会中心等建筑的屋顶，也用于生产食物。

这种把屋顶变成生产性空间，种植可食用植物的做法越来越为人们所熟悉，现在一些机构经常把屋顶视为一种未使用的资源。多伦多最大的建筑商之一丹尼尔斯公司（Daniels Corporation）目前已将都市农业战略作为其新建筑项目的一部分，包括屋顶花园和社区花园、集装箱花园和可食用的园林绿化等。此外，目前多伦多地区基督教青年会正在系统地研究大都会地区的所有设施，设想如何更好地利用屋顶。

城市温室

温室虽然已经成为农村贵族庄园的一个特征，但它却是在城市中真正发展起来的。例如，在法国18世纪出现了巴洛克式（orangerie）温室。这种温室在当时是非常正式和稀有的建筑，与宫殿并列在一起。这种温室专门为法国最富裕阶层生产富有异国情调的食物。到了19世纪，温室在赛尔越来越普遍，常见的玻璃结构温室经常被建造在接近城市的地方，面向城市居民提供新鲜农产品。温室经常和玻璃钟形罩、储存技术和其他季节延长（season-extension）技术一起并用。20世纪下半叶，温室作为工业化农业的象征，广泛分布于欧洲和北美，通常位于距离城市较远的地方。在城市地区经历了多年的衰退之后，温室现在正被重新利用和设计，并作为城市食物生产地的重要组成部分。

现代温室有几个功能：季节延长、培育特定的作物、培植种子和幼苗，加强生产，发展诸如水培和水产养殖等专门技术。所有这些功能结合起来，提高了城市温室的知名度——甚至成为城市的必需品。

图2　卢法农场。农场的温室坐落在蒙特利尔的一座低层办公楼上方。它采用社区支持的都市农业经营模式，直接向居民销售农产品。

① 社会住房（social housing），类似我国的经济适用房，是政府主导的，为低收入人群所建的房子。——译者注

在加拿大，有两个案例被认为是城市食物生产项目中把温室作为基础设施使用的典型案例。多伦多艺术风景区（Artscape Wychwood Barns）就是把温室作为一个多功能社区空间的完美例子。在这里，用于生产食物是温室的次要功能，其他一些功能更为重要：生产种苗分发给城市里不同的群体种植；作为种植和准备食物的教学空间；作为培训、会议和特别活动的空间。这个特殊的案例重新改造了一个废弃的工场（以前是用于修理有轨电车的），使用最先进的设备和特别的设计来满足它的多种功能。

与艺术风景区形成对比的是，在蒙特利尔建立的卢法（Lufa）农场。卢法农场更像一项创业活动。该农场旨在城市环境里应用"社区支持型"的农业模式为几百户家庭全年供应大量新鲜草药和蔬菜。它的生产环境是利用低层办公大楼的屋顶，使用现代技术，使食物的生长完全处于受控的环境之下。这样的农场既可以更接近客户，又可以充分利用这些未被充分使用的城市资源。

艺术风景区和卢法农场之所以值得探索，是因为它们代表了城市温室的两种典型用法。很快，它们各自所代表的模型就被借鉴和改造了。具有教育意义和具有催化作用的温室正在成为许多新的都市农业项目的一个基本特征，不论这个项目是与学校、社区中心合作，还是与社区食物中心（community food centres）合作。

与此同时，商业温室正被许多城市地区借鉴使用。作为一项面向未来的运动，温室种植成为都市农业的新典范。

纽约市的高谭绿色公司（Gotham Greens）和光明农场（ Bright Farms）是这些新项目其中的两个，它们完全以温室生产为基础。尽管它们都依赖于温室的使用，但它们之间有很多不同。在许多屋顶项目中，有些是建立在现有建筑物的基础上或现有建筑物中；有些是作为文化设施的一部分，提供培训和康复服务；而另一些则是纯粹的商业活动。此外，一些项目从一开始就被设计用于复制和推广。高谭绿色公司、光明农场和卢法农场被视为初创企业，其目标就是要在其他城市进行复制和推广。

图3 梅森生产屋。家庭规模的被动式太阳能设计，都市农业被整合到蒙特利尔的梅森生产屋中，由建筑师鲁内设计。

在短短几年内，城市温室像一个世纪前一样变得司空见惯，尽管它们的生产技术，使用材料甚至本质，都截然不同。

生产性住房

家庭和食物生产之间的关系复杂，有着漫长的波动历史。无论在过去还是今天，在世界的许多地方，食物生产（和加工）与住宅或其周围环境的结合都很普遍。无论是屋顶上的容器、阳台上的花盆、后院的植床和鸡舍，还是院子里的果树和浆果树丛，住宅内的食物生产空间一直都很常见。尽管这些住宅内的生产空间最近有所减少。

最近，我们进行了一些努力，试图在不同的环境中使用不同的方法重新连接家庭和食物生产。对一些人来说，比如建筑师弗里茨·海格（Fritz Haeg），这样的重新连接是一种政治行为，旨在反对美国许多郊区以及其他国家郊区开发项目中常见的修剪整齐、成本高昂的前草坪。他设计的“可食用地产”（Edible Estates）项目作为一种艺术性的陈述，展示了从草坪到更有生产性空间的转变的可能性，同时实现美学和具有象征性的目标。

另外一项同样雄心勃勃和悄无声息的项目是“空地”（Vacant Lot）项目。该项目由“如果：项目”（What if：projects）建筑公司的加雷思·莫里斯（Gareth Morris）和乌尔里克·史蒂文（Ulrike Steven）提出的。它最初的设想是在英国伦敦的一些公共社区的人行道旁边或绿色空地上放置引人注目的凸起的植床和集装箱种植食物。该试点项目的成功，使得这样的生产食物形式的复制和推广成为可能。在伦敦市中心北部地区，这样的种植项目扩展到十几个站点。

为了探索可持续的住房模式，解决城市居住的密度、能源、水和食物等问题，蒙特利尔的年轻建筑师鲁内（Rune Kongshaug）提出了一种替代性住房模式。鲁内早期曾参与麦吉尔大学的都市农业项目，之后，鲁内试图转变传统城市中多单元住宅的三维空间，他寻求一种设计能让住宅的所有表面都能用于食物生产。在他名副其实的“精致的生产性住宅”（Maison production House）项目中，他创建了一个生产食物的住房模型，通过模型展示了这种转变的可能性。同时他还研究了整合食物、能源和水系统后将面临的挑战。现在，鲁内已经从原有的模型中吸取经验教训，开始着手新的项目。

丰富的社区

除了将住宅重新概念化为一个食物生产的空间外，我们也要采取同样的方式来协调整个社区。我们致力于重新把家庭作为一个食物生产的空间，同时我们也在重新构想整个社区的食物生产空间。这种更大的规模的都市农业给我们带来了一些挑战，因为它需要高度的协调、合作、规划和管理上的授权。当然，这也是个很好的机会：随着生产规模的扩大，社区食物生产的潜力可以被挖掘出来，更广阔的生活和工作环境都可以作为食物生产的空间。

由于在社区范围内进行项目会受到种种局限，以整个社区为目标的多方合作的例子目前还不多。一些杰出的例子，比如温哥华的鼹鼠山（Mole Hill）将食物生产整合到单个住宅小区。很少有人雄心勃勃地试图解决整个社区的都市农业问题。温哥华的奥运村说明了其中所面临的一些挑战。最初，该项目设计了一个非常详细和深思熟虑的计划，当时被称为“东南假溪”（Southeast False Creek）。然而，该项目的实施却落后于它的雄心壮志的计划，因为项目所在地是一个前工业区，其整体发展遇到了各种资金上的难题，影响了整个新街区的食物生产空间的发展。

在多伦多的摄政公园（Regent Park），我们发现了一种截然不同的发展经验。摄政公园是一个大型的社会住房综合体，目前正在重新开发。摄政公园一直都在住宅建筑之间的空地上种植着大量的植物。虽然最初设计时，都市农业并不包含在重新开发的新区内，但现在情况已经发生了根本性的变化：食物生产成为了该社区的一个主要特点。新建的几栋住宅（包括一栋高级住宅）的屋顶、阳台和露台上都是食物生产空间；新的大型公园和新的社区中心顶部都有专门的社区食物种植空间。食物成为了能够与各种利益攸关方建立联系的桥梁，都市农业帮助人们实现社区作为食物生产场所的整体愿景。

摄政公园是一个很好的例子，说明了城市再开发如何与都市农业相结合。同样，城市周边一些新街区的开发商也开始认真考虑在其开发区域内设计食物生产的位置。然而，城市周边仍然有许多开发区用建筑和草坪取代农田，取代“绿色的田野”。另一种开发模式正在出现，它在试图维持农业活动的同时，创造新的住房。一些开发商

图4 摄政公园。住宅环境中的屋顶生长空间，就像多伦多摄政公园这个例子，除了新鲜水果和蔬菜外，还为不同的人提供许多社会福利。

通过简单地留出一些农田来实现这一目标，但另一些开发商正在采用更有创造性的方法，将农业和住房协同地结合起来。芝加哥附近的“草原穿越”（Prairie Crossing）项目可能是北美地区这种创造性方法最好的例子，有时该项目也被称为“农业小地块”（farming subdivision）。

一家名为TSR Group的私人公司正探索一种可复制的新开发模式。新的模式可以让人们在转变耕作方式的同时，保持重要的农业活动。在他们的“Agriburbia”概念里，把种植食物当作兴趣爱好的业余园丁和专业农民都同等重要，他们一起经营分布在整个开发区域的地块。TSR Group能做到把很大比例的土地用于农业和园艺的同时，住房的密度也在增加。这个模型已经在位于丹佛附近的米利肯的普雷特河村（Platte River Village）建造出来。这些项目共享着新城市主义运动所倡导一些基本原则。毫不奇怪，该运动的领导人之一安德烈斯（Andres）在2011年曾经授权他的公司杜安尼·齐白克团队撰写了一本书，名为《田园城市：农业都市化的理论与实践》（Duany，2011），这本书的内容是基于HB Lanarc公司的实践经验而写的。HB Lanarc是一家总部位于温哥华的设计和规划公司，率先将“农业都市化”作为主要实践领域。这些案例表明，规划师、设计师和其他专业人员日益认识到，城市的社区农业是有所作为的领域。而城市的扩张也正是规划师、设计师和其他专业人员通过规划城市边缘的新社区来完成的。

上面的例子展示了四个不同的都市农业空间类型，都市农业正从假设到现实，从个例到普遍。虽然我们重点关注这四种类型的食物生产空间，其他一些空间也应该同时受到关注。在许多情况下，社区花园除了种植食物外，也被改造成多功能的场所，用于公共会议、烘焙、烹饪以及文化适应治疗、心理健康治疗等。大面积土地所有者（如学校董事会和大学等）也开始认识到，他们的土地可以作为发展都市农业的重要资源。因此，他们中的许多人开始利用他们拥有或控制的未被充分利用的土地，在某些情况下修改总体规划以扩大使用这些土地的可能性。学校花园和校园园艺学项目的激增，在某种程度上，是因为一些自治市实施“每所学校都有一个花园”的目标。这些类型的都市农业项目和其他的项目一起，构成了一个城市或一个大都会地区的连贯式可生产性都市景观。

都市农业作为普通城市景观的一部分的影响

上面的例子表明，近年来，富裕国家的都市农业已经从一些低调的形式，如社区花园、分配租地花园、简陋的学校花园等发展到具有突出创新性的形式，这为都市农业的发展理念带来了新的创造力、新的视野和新的认识。如今，我们正从这些先锋案例中吸取经验，让都市农业变为城市里普遍的实践活动。

作为这一转变的一部分，协调都市农业的利益攸关方的改革正在进行。除了长期从事与城市食物生产活动有关的行动者，如非政府组织、园艺协会等之外，其他的主要行动者也在发展、传播、复制、交流和推广都市农业方面发挥着重要作用。其中包括开发商、建筑商、市政雇员、准政府机构的雇员和学生等。此外，城市种植者正变得多样化，一些种植者把从事都市农业作为一种职业。

我们预计，都市农业将变得多样化。随着都

市农业变得更加普遍，其面临的情况也更加复杂。都市农业可能会面临着“成长的烦恼”，现有的挑战可能会变得更加严峻，对都市农业的进一步发展更有约束力，因为都市农业关系到更多的参与者和利益相关者。人们将在不同的方法之间频繁选择：比如，在屋顶上实施露天种植还是在温室里种植？通过植树来增加城市的绿色还是通过需要最大日照的农作物种植来增加绿色？这些面临的冲突和选择，标志着都市农业正成为一种普遍的实践活动，成为城市景观的普遍组成部分。

3 实用主义的梦想

3.1 都市景观中的食物生长

阳光、水和土地这三种基本的自然资源，对植物和建筑都至关重要，对人类的福祉也同样重要。设计一个食物生产性的城市，需要在现代城市生活空间和食物种植空间的分配上进行权衡。这样的权衡让我们意识到，对于单个建筑、开放的城市空间或菜地而言，绝对的自给自足不应该是城市及其居民希望达到的目标。我们的目标是让阳光、水和土地之间相互依赖而不是隔离，使整个城市生活系统变得可持续和富有弹性。为了建立这些相互依赖关系，我们必须合理地设计和布局城市空间，以鼓励和支持城市食物种植活动。

2005年出版的《连贯式生产性城市景观》指出，在确定城市内都市农业的范围和规模时，需要平衡若干因素。如果我们要为从“摇篮到摇篮”系统设立一个起点，那么利用现有的可降解垃圾可以设立为一个起点——我们可以利用城市现有的可降解垃圾作为都市农业的营养输入。可堆肥的材料——主要是水果、蔬菜和园艺废物——可以通过一般食物废物和污水的安全处理而大大提高其利用价值。这种方法将为都市农业提供一个基线，以估计一个城市在没有外部营养补充的情况下，能够支持多少以土壤为基础的都市农业数量。然后，我们可以计算出城市潜在的栽培面积。据我们所知，目前还没有一个城市完成这样的系统计算。到目前为止，城市食物生产规模还很小，可降解垃圾远远供大于求。

除了可堆肥的资源，其他标准包括地形、采光和建筑标准，也可以作为寻找适合都市农业地点的起点。然而，在城市里寻找都市农业的地点，不仅是要“合适”，还需要创造性地利用空间。

米奇·汤姆金斯对伦敦南部某特定地区的都市农业用地数量的研究显示，官方记录与实际可用土地数量之间存在巨大差异。汤普金斯确定了21公顷的空地，相比之下，地方议会仅记录了14公顷，大伦敦管理局记录的只有5公顷。他得出的结论是，官方机构越是远离当地，记录的当地开放空间数据就越不准确。他警告说，如果相信官方数据是正确的，那么风险就越大。汤姆斯金进一步认为，如果加上那些居民过去经常使用但现在却荒废的空地（例如操场），可用种植农产品土地的数量将大大增加。这类潜在的土地大约有9公顷的面积，占整个地区191公顷土地的4.5%。根据英国有效产量和蔬菜消费的标准数据，这9公顷土地可以供应居民一年26%的蔬菜消费量。这表明了在适当地区发展地面都市农业的巨大潜力，并证实了我们在2005年出版的《连贯式生产性城市景观》书中公布的估计数据是正确的。

汤姆斯金在伦敦市中心，建筑密集的地区进行的研究发现，种植作物的居民需要经常将郊区的土壤运入城市，要么是因为空地刚刚是被土壤铺满，没有多余的土壤可用；要么是因为担心城市的土壤有毒。引入封闭循环堆肥系统对缓解城市土壤短缺大有帮助。某些地区由于土壤稀缺，只能发展无土栽培。水培和水产养殖正成为发展都市农业的热门选择。

什么因素影响生产性城市景观的成功?

“空间中的食物：当代城市空间中的CPULs”和“古巴：都市农业实验室”这几章中涉及的内容，2005年《连贯式生产性城市景观》一书中对各个城市农业的地理特征进行了概述和空间分析。从那以后，我们扩展和测试了我们先前的假设，这项工作提供了本书中CPUL城市行动的一个理论来源。

2006年，作为哈瓦那“实用主义的梦想”展览的一部分，我们开发了一个项目来记录公众对城市农业用地的空间和美学品质的看法。该项目名为“发现列宁公园”（Finding Parque Lenin），旨在比较哈瓦那郊区的列宁公园和市中心空地的相关用途和涉及的生活方式。对公众进行调查的目的是为了弄清楚在人们心中传统空间（如公园、花园、广场）与都市农业空间之间是否存在自发的关联。列宁公园之所以被选为参照物，是因为它在人们的记忆中是一个受欢迎的休闲胜地，它具有广阔的像荒地一样的（heath-like）景观，并融合了自然与建筑、农业和基础设施。该公园于1972年开放，以庆祝后改革时代的社会主义（post-revolutionary socialism）。在20世纪90年代遭遇交通危机之前，所有年龄层的居民都经常来此游玩。268名受访者中，只有8人从未访问列宁公园；约80%的受访者喜欢经常来列宁公园游玩（图1）。参与调查的一些受访者这样描述对列宁公园的印象：相比在哈瓦那其他公园、会展中心和游乐园，列宁公园更像是一个开放的自然景点和休闲场所。虽然人们普遍积极支持对城市公园和开放空间贯彻CPUL的概念，但是很明显，都市农业并没有被认为是城市景观或景观基础设施的一部分。而在名为“咖啡店”（一份调查问卷的名字）的调查问卷中，有些人则认为一些空间与列宁公园的特征相似，但是市场性的花园却没有类似的特征。

从公众对优质开放空间的认知中可以看出，都市农业作为高质量开放空间的不足。设计师和规划师需要考虑城市农民（urban farmers）的需求和人们所渴望的开放空间的特点。

通过列宁公园项目的调查，我们得出结论：在建立CPUL城市之前，有三个关键问题需要解决：

1. 实用性景观与装饰性景观的比较：认为仅仅依靠都市农业的农作物摆设就能构成被大众所喜爱的理想的“有机点缀”，这种想法是错误的。

2. 工作景观与休闲景观：需要考虑到农业的工作土地的文化含义、代际的联系，因为农业的工作景观常常带有贫困和艰苦劳动的含义。

3. 可达性与不可达性的比较：在哈瓦那，都市农业用地以谨慎封闭的有机作业为主，不允许混合使用或“相邻”占用。

我们在CPUL城市行动中的大部分工作解决了这些问题，并旨在以一种新方式来看待城市农业。像在布莱顿和柏林的Spiel/Feld Marzahn这样的项目，我们建立了短期和长期的干预措施，为居民提供工作论坛和模型，让他们参与关于项目未来发展、开放空间所有权和可访问性的讨论。许多其他城市农业用地的多用途性质，如柏林的Prinzessinnengarten项目或伦敦的城市农场（FCFCG），说明了城市农业的潜力，其中可以包括娱乐和庆典的空间。话虽如此，实地的实践才刚刚开始，我们需要继续调查这种新的、不断发展的生产性城市空间的内在特性。

都市规模：小道与田野

道路网络和田野的存在，让CPUL为城市提供更多的交通路线。正如我们在早期工作中提出的那样，CPUL网络促进了食物、人、空气和生物多样性等城市主要元素的流动，并在空间方面考虑了农村腹地、城市中心和更广泛的城市结构。

CPUL空间是能够保护和改善城市生态系统功能的绿色基础设施。它包括生物多样性保护、对人类和社会健康和福祉的贡献、可持续农业和水资源管理、减缓气候变化和适应变化，支持绿色经济的发展等。

为米德尔斯堡创建的CPUL机会图（见CPUL CITY Actions）展示了一个城市如何创建这样的网络的例子。在这个例子中，都市农业区域沿着流经小镇的小溪流线而建立。CPUL城市的概念开始被用于规划策略，旨在为一些雄心勃勃的新开发项目创造连贯式开放城市空间。就在这本书付印之际，布基纳法索的波波-迪乌拉索市（Bobo-Dioulasso）与包括联合国人居署（UN HABITAT）在内的多个机构合作，将创建“连接内部和外部绿地的马赛克”作为愿景和目标，并明确使用CPUL概念作为模型。这个概念也被应用在欧洲都市农业战略愿景草案的荷兰城市阿尔梅勒（Almere）：“这个城市的愿望是开发这个地区的连续式生产性都市景观来为城市生产食物、能源、资源和水（Viljoen，2005）。”

都市农业用地之间的连接线路是CPUL空间的

FINDING PARQUE LENIN

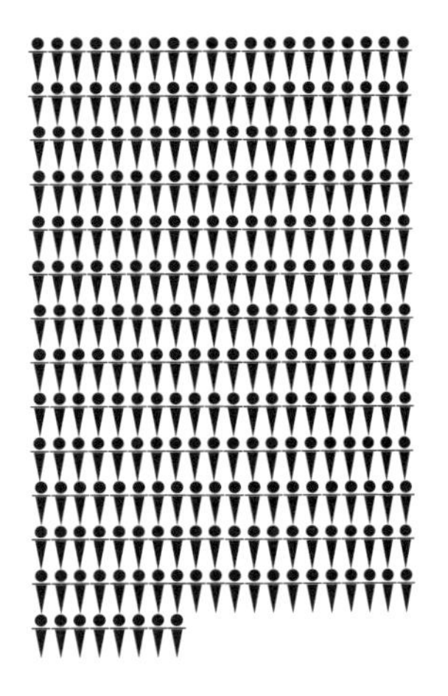

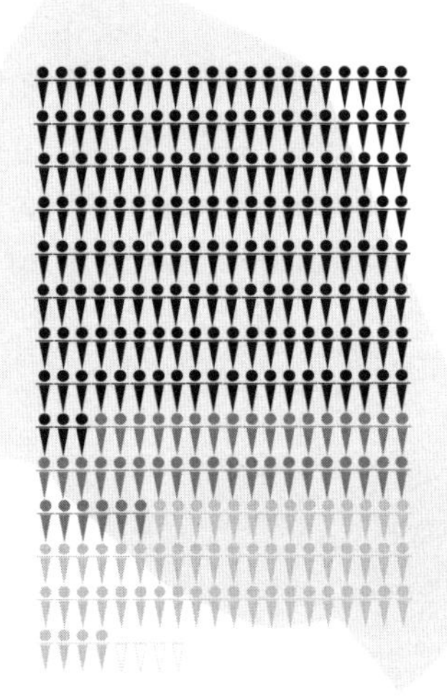

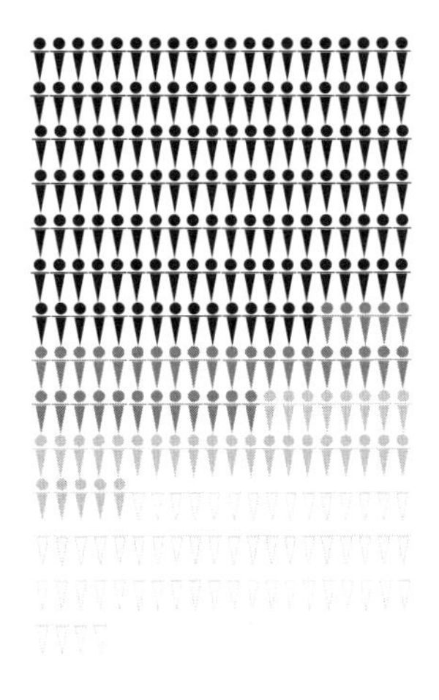

268人　2006年11月，"寻找列宁公园"项目组在哈瓦那对268人进行了调查。列宁公园是哈瓦那南郊的一个广阔的风景公园和游乐园，在人们的记忆中有着积极的意义。它于1972年开业，当时是作为庆祝社会主义新生活方式的娱乐景观。列宁公园位于一个宽敞的空地上，由该国著名的建筑师和景观设计师设计，拥有众多的活动空间、湖泊，各个部分由铁路连接。在1989年的石油危机之前，公园一直是最受欢迎的旅游目的地。石油危机期间由于缺乏交通，游客人数下降。到2006年，大多数景点已经严重恶化。恢复工作于2005年开始。

264人　在268被调查者中，一生中至少去过列宁公园一次的有264人，占98.5%。其中163人（62%）在过去6年内（自2000年以来）去过，尽管这段时间古巴面临严重的经济困难，列宁公园几乎没有交通。44人不清楚他们最后一次去的时间，57人表示在2000年以前去过。85%参观过列宁公园的人表示愿意再去。

205人　205名参观过列宁公园的人回答了这样的问题："市中心的哪个空间让你想起了列宁公园?"在受访者中，135人（66%）可以说出哈瓦那的一处空间有列宁公园类似的品质。18%的人不确定，其余16%的人回答说没有地方让他们想起列宁公园。

图1　"寻找列宁公园"。作为2006年项目的一部分，在哈瓦那进行了一项公众调查，询问了受访者对列宁公园的看法。列宁公园是哈瓦那郊外的一个大而受欢迎的公园。调查目的是看人们是否重视开放的城市空间，人们是否认为公园的质量与都市农业之间有联系。268人参与了调查，其中264人至少去过列宁公园一次；其中62%的人在过去六年里去过公园，即使公园缺乏公共交通。205人回答了下面的问题：哈瓦那是否有另一个空间让他们想起了列宁公园。其中135个指出有类似的开放空间；没有人认为哈瓦那有其他地方能有类似列宁公园的城市农业。

重要组成部分，为整个网络提供了空间一致性。这种"狭小的生产性连接器"适用于行人、自行车、风和水流，也创造了野生动物走廊，以促进生物多样性。

我们举一个非常具有创新性，非常成功的例子：北美地区的威斯康星州的麦迪逊（图2）。该城市的主要城市自行车环线为自行车和行人进入市中心提供了路线。该环线通过一片大型居民区。这片居民区毗邻圣保罗大道，目前已经被开发成生产性景观。两侧是社区管理的食物生产区和当地草原植物野生区。

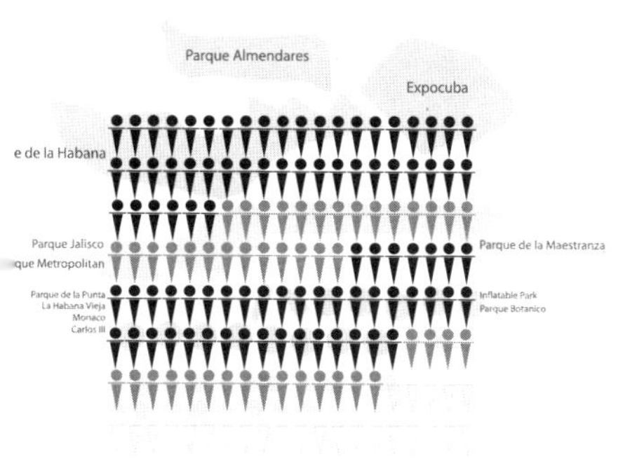

135人　在去过列宁公园的135人中，项目组让他们投票选出哈瓦那另一个与列宁公园最相似的开放空间，得票如下：46人票投给3个最受欢迎的空间；27人票投给接下来的3个热门空间；43票投给15个开放空间——这15个空间都超过1票；剩下的14%选票投了其他空间。

0人　去过列宁公园的人中没有人可以说出哈瓦那另一个与巴克列宁公园类似的都市农业开放空间。“Organoponicos”是古巴城市中最常见的都市农业景观类型，居民对此非常熟悉。“Organoponicos”可以在任何地方，比如你的门前，而且有很多不同的尺寸和形状。从事商业性质的都市农民在城市人口中占据了大多数。在哈瓦那，都市农业用地生产大量的水果和蔬菜，市民每天都购买都市农业生产的水果和蔬菜。

另一个例子或许是被称为CPUL路线的“原型”：德昆德绿色通道（Dequindre Cut Greenway）。这条绿色通道从底特律河前面一条废弃的铁路线向城市的内陆东部市场延伸（图3）。通道的两边是一个城市农场，该农场作为绿化底特律组织（Greening of Detroit organisation）的培训中心（见底特律一章）和密斯（Mies van de Rohe）住宅开发区的拉斐特公园。该通道具有丰富的分层景观，是由阿尔弗雷德·考德威尔（Alfred Caldwell）设计的，该设计也是路德维希·希尔伯塞默（Ludwig Hilberseimer）设计的总体规划的一部分。这些空间组合在一起展示了家庭空间、公共城市空间和高效的绿色基础设施之间无缝的连接，以及它们共同打造城市景观的潜力。

纽约也正在实施绿道计划（Greenway Plan），该计划建议“在纽约市设置纵横交错的350英里的自行车和步行街景观”（NYCDCP，1993）。这个计划将绿道与基于地基和建筑而设计的都市农业用地结合在一起，将创建一个连贯式的三维的CPUL网络，这些资源将整合成为愉悦的、健康的、生产性的、社会性的、积极的都市农业田野。

图2　麦迪逊首都自行车环路。这条自行车环路的一段结合了行人道、自行车车道和公共的食物种植空间，毗邻住房和野生植物区。种植区的效果展示了一年不同的季节性特征，这正是景观设计师Piet Oudolf在纽约的“高线公园”的“四季不断的新景象”“new perennial”设计方法。

图3　底特律的“Dequindre Cut”绿道。这个开放空间的网络可以理解为一个CPUL的原型。该空间连接城市的娱乐区域、河滨和住宅区。密斯·凡·德·罗的Lafayette公园就在左边，该市的都市农业中心，东部市场，底特律城市农场就在前方。

生产性城市景观中的农业和建筑规模

在2005年CPUL书中的“食物的空间”章节，和在本章的开始，我们都在空间感、职业和生态的框架下比较了欧洲开放的城市空间和CPUL空间。今天，在CPUL这个概念提出的十年之后，我们将同样的三个标准应用到实际的地点，以评估这些实际地点为新的、充满活力的、富有生产力的城市景观带来了多大的影响。

宽敞感（Spaciousness）

由于城市的某一部分与另一部分之间存在着物理距离，如果都市农业用地过多，甚至达到一定的规模，那么都市农业可能会对城市化产生负面影响。然而，这种对负面影响的担心不一定会阻止大型都市农业场地融入城市，因为不同的规划形式和造成的视觉效果在很大程度上决定了这些大的都市农场是断开还是连接城市的建成区。柏林废弃的坦普尔霍夫机场

（约370公顷）及中央公园就是两个例子。在纽约，这一空间特征被以不同的方式表述为“绿洲”和“桥梁”。

坦普尔霍夫巨大的平面代表着在城市的原生型“田野”。与大多数其他城市公园利用植物的垂直性或地形来装饰空间、建造围墙等不同的是，坦普尔霍夫完全平坦的平面在城市内创造了一片宁静的绿洲。它有三个明显的边界：坚硬的城市建筑线，低的铁路线，不可逾越的篱笆和一片接近无缝地融入邻近公园的空地。这些特性与屋顶农场与周围隔离的空间十分相似。在坦普尔霍夫，人们不会意识到自己在城市中还是在“自然”中，坦普尔霍夫有着“远离”城市的积极含义。

相比之下，中央公园则嵌入城市内部。它的边缘由城市网格来定义，有许多入口。公园提供了穿过城市的路线和街道的避难所。它的平面形状——是一个细长的矩形，比例大约为5（南北）：1（东西），交替给人们两种不同的感觉：沿着长轴，给人们一种封闭的自然圈的感觉；沿着短轴观看城市的内外，人们能感受到一种城市气息。这种形状独有的特点，让公园成为城市的各个部分连接点。当你在公园里走的时候，你知道你是在这个城市，你走在城市里。但是当你转动90°时，你又会发现自己从城市里“逃离”了出来，进入一个第二自然的世界（图4）。

占用（Occupation）

我们还将继续考虑“占用”问题，因为CPUL空间常常被有效地、公开地占用。生产性空间可以通过水平变化、间隙或明显的但可以通行的边界与公共空间分隔开来，但两者作为相邻类型的空间，共同创造了城市空间的新类型。为这些空间所设计的词汇正在出现。它们可能是更大的田野或私密的空间，或者是作为“亲手城市主义”（“hands-on urbanism）[①]的例子（图5）；它们可能位于小路附近，或者设置在有利位置（图6），可以俯瞰城市的农田和城市。其中一些空间允许被非正式的“占用”。

在这些城市空间中，我们能体验相邻占用的感觉。例如，坐在布鲁克林田庄屋顶农场的水塔下，或者从鹰街农场的转角眺望东河的一边和另一边的高产农田。

生态（Ecology）

随着“有机”森林园艺研究和实践的增长，例如其实践者由拥护者变成长期的种植者；由工业化的技术发展到复合养殖系统，高度复杂的城市生态得到了更好的理解。要想让都市农业进入城市，需要城市的公众能够接受和欣赏在城市中出现的季节性的耕作景观。生长、开花、枯萎和发芽的过程在都市农业花园是明显的，这远比我们熟悉的、作为观赏性公园来管理的市政公园里的景象要明显得多。封闭性的循环、无浪费的食品系统利用了消费和生产在周期内的相互依赖性，这也将反映在新的城市景观中。人们的观念正在发生变化。例如，人们已经认识到对蜜蜂栖息地的需要（见“砖与花蜜”），对种植工人皮特·奥多夫（Piet Oudolf）的工作和他所谓的“新常年运动”的实践表现出兴趣。奥多夫的种植点在纽约的高线（Hight Line）和伦敦的破特斯田野公园。这两个地方都按照植物的整个生命周期来举办庆典。高线和破特斯田野公园都将人们带入丰富而充满活力的景观中心，让人们感受到季节性的变化：从茂盛的夏天的生长季节转变为冬季的简朴景观。这就像农业景观一样，土壤、野生动物和植物在不同的时间内表现出不同的特征。

① “亲手城市主义”是2012年在维也纳展览中心举办的一次展览的主题。该展览完整的主题为“Hands-on Urbanism 1850—2012. The Right to Green”。“亲手城市主义”号召人们以实际行动积极参与城市化，参与城市的文化和生活方式的建设。“亲手城市主义”认为市民的亲自参与是城市发展的驱动力，往往也是城市政策变化的背后力量。本书所说的“亲手城市主义”含有“亲自动手”自建花园、菜地的意思。——译者注

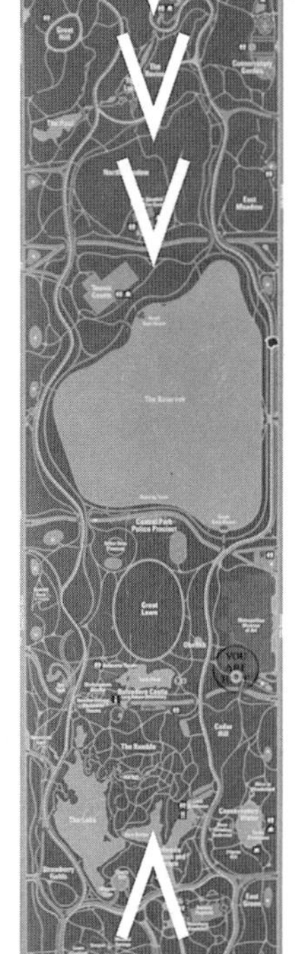

图4　纽约中央公园。都市农业区域可以占地很大而不破坏城市的意景。规划的形式很重要，其中最重要的一点是要让城市感受到季节的不同特征。纽约的中央公园就是最好的例子之一。在这里，长长的南北轴线创造了一种被自然包围的感觉，感觉与城市暂时隔离了。与之形成对比的是，东西轴则强调了从一座建筑到另一座建筑的连接。这种双重感觉是CPUL空间为密集城市带来的丰富性的一部分。

在城市景观里的生计（livelihoods）

能为人们提供食物和收入的多功能生产性空间，一个典型的例子是阿根廷的罗萨里奥市。罗萨里奥市的生产性城市空间可以分为三种类型的空间：大型公共花园，用来开展休闲、娱乐、教育与商业活动；以社区为基础的有教育意义的生产性空间；生产性街道。

值得注意的是，罗萨里奥的项目包括一个支持性的市政框架，生产性的基础设施整合了定期的城市市场、产品加工和参与者技能建设等功能。都市农业和食物安全的国际网络资源中心（Resource Centre on Urban Agriculture and Food Security，RUAF）为罗萨里奥项目的发展提供了支持。这样一来，原本生活在贫困中的那些城市农民，能够通过为较富裕的城市居民生产食物，从而增加自己的收入。

生产性城市景观的终极考验就是为城市提供生计。生产性景观会随着城市的不同而发生改变，但是其中不变的是人们耕种这片土地的工作乐趣，是置身于其中观看这片土地被耕种的乐趣，是品尝这片土地的农产品的乐趣——或者是从中获得一份报酬的喜悦。

图5　柏林的Allmende-Kontor。私密的“自建”空间，里面有座椅和种植空间。Allmende-Kontor作为柏林的都市农业的一部分，位于前坦佩霍夫机场内。这种设计安排，以内嵌式的设计来安排座位，成为一个放松的区域，并邻近的食物种植地区。这样把一个小的聚会空间设置在更大的生产性区域中。

图6　纽约高线公园（High Line New York）。通过再改造铁路线而成的纽约高线公园为个人或群体提供了活动空间。公园里的设计允许人们坐着或躺着；从公园向外看，可以看到都市农业的种植区域。所有这些都是CPUL空间的特征。纽约高线公园的受欢迎表明，人们渴望将道路、种植区和停车空间有机地结合起来，设计出协调一致的城市景观。

3.2 城市里的生产性活动

我们在其他地方讨论过，在都市农业中，“少”和“多”紧密地联系：只需要很少的资源，都市农业就能实现其丰富性，实现“多”(2012)。同时，过去几年的发展表明，一些文化和经济上充满活力的城市更有强烈的愿望和能力支持雄心勃勃的都市农业计划。虽然这些计划和建议通常来自个人倡议，但这些倡议却是非常正确的：我们确实有必要完善相关的支撑性基础设施，以建立稳定的、有弹性的城市食物系统。例如，作为一个国家的古巴和作为一个城市的纽约，有很多共同之处。我们可以看到城市的食物生产活动会随着社会和经济条件的变化而变化，这就决定了不同类型的都市农业的适合性。参考密尔沃基、纽约、伦敦和柏林已经进行的项目，我们想要说明，在都市农业从开创阶段到建立实践规范之间的过渡过程中，任何“典型”的方法都是多样而丰富的。

经济发展路径

目前，新的都市农业项目资金正在向社会性企业(social enterprise)或直接商业模式靠拢，食物市场往往为这两种模式提供关键支持。

这类组织例如美国的“生长的力量”(Growing Power)和英国的“生长的社区”(Growing Communities)都展示了社会性企业在经济上长期稳定增长的可能性——如果能有明确的议程、领导和管理的话。德国的都市农业项目黑尔伯斯虽然在导向的目标上有所不同，但却和上述两类组织有相似的特点。分别建立于1993年的“生长的力量”、1996年的“生长的社区”和1990/1996年的阿格拉伯斯，都促进了以都市农业为核心的可持续和健康的地方食物系统。“生长的力量”现在正在积极地追求明确的社会政治议程，目的是获得食物上的权利和平等；而阿格拉伯斯最初在某种程度上曾是为了追求一定的政治/经济目标，现在他们则更多地寻求社会和生态上的效益。

在分析这些社会性企业的商业模式时，建立都市农业项目的许多共同要素变得显而易见：

- 所有这些项目都是从获得土地的使用权开始的。在“生长的力量”案例中，他们是从一个现有的在密尔沃基配有温室0.8公顷(2英亩)市场性花园开始的。而在“生长地社区”则是建立在伦敦的一个公园和附近的两个小场地内的一个面积比较合适的空间里。这些土地作为农业用地并不理想，需要做大量的工作才能使它们具有生产食物的能力。阿格拉伯斯作为几个慈善项目设立的公共代理，这些项目常常涉及公共建筑和公共场所。
- 与传统企业相比，每个组织都花了很长的时间来开发和完善他们的实践。在10多年里，“生长的力量”开发了环保的、集约化的种植技术，在芝加哥的贫穷的社区建立了蔬菜市场，这里也成为芝加哥的第二个中心，从而把他们在密尔沃基的实践扩展得更远。“生长的社区”也用了差不多的时间利用食物分区模式(Food Zone model)，建立一个复杂的有机蔬菜盒计划。他们将自己的产品与邻近农民的供应相结合，以尽量减少对环境的影响，并为市民提供足够产量和品种的产品。虽然每个组织都有不同的运作模式，但它们都有两个重要的共同点：长期的坚持和明确的议程。
- 为了在经济上可行，一个都市农业项目所在的城市空间需要有可靠的租赁保障。阿格拉伯斯正在游说柏林市政府，要求都市农业使用的最低租期为12~15年(2011年)。朱莉·布朗(Julie Brown)是“生长的社区”的创始成员之一，她一直坚持认为，产量和经济效益对于都市农业项目来说很重要，但我们考虑到都市农业和城市食物系统项目所带来的社会和公共利益时，这种观点可能会被忽视。“生长的社区”发表的年度报告显示，在2005~2009年期间，他们的有机蔬菜盒计划的销售每年持续增长约30%。虽然这些百分比看起来很高，实际上，与以商业为导向的蔬菜盒计划相比，这个数目并不大。

- 在低成本的进口食品和工资极低的市场性园丁冲击下，许多都市农业项目为了具有经济竞争力，在一定程度上依赖于赠款和志愿服务。随着食物价格的上涨，这种情况未来很可能发生变化。“生长的社区”很清楚自己的现状，他们认为要创造一种可行的替代现有食物体系的方式，应该符合巴克敏斯特·富勒（Buckminster Fuller）的精神。富勒曾经说过：“你永远无法通过对抗已有的现实来改变事情。”但是我们却可以在一定程度上改变一些东西，比如建立一个新的模型，使得现有的模型成为过去时。
- 与大多数农村的农业企业不同，都市农业往往在环境教育方面担任重要角色。都市农业企业一方面要抓住经济机会，另一方面也要反映人们想要替代现有城市生活方式的愿望。黑尔伯斯不仅培训园丁，而且通过对年轻人的培训工作获得了相当多的认可和资金资助。特别是通过一个名为“Treibhaus”（德语，意为温室）的项目，黑尔伯斯为与都市农业无关的其他青少年建立了一个青少年中心。

一旦这些项目进入稳定期，其发展往往受到以下因素的制约：第一，缺乏足够的土地；第二，缺乏受过培训的城市农民。在大约10年的时间里，“生长社区”可以使用3个不大不小的所谓的食物种植市场性花园——实际上它们比传统的市场性花园小得多。为了解决这个问题，2010年以后，他们建立了一个“拼凑农场”（patchwork farms）的网络，把几个小型的私人和公有的种植基地“拼凑”在一起。在撰写本文时，“生长社区”地面耕地的数量、学员、种植者和创造就业机会的数量持续快速增长。他们计划建立一个足足有1.6公顷大的“启动农场”（starter farm）。该农场位于伦敦东部达格南的一个曾经是市政府托儿所的地方。该组织通过采取一系列为人熟知的行动，解决了缺乏训练的城市农民的问题：第一，与志愿者们合作，充分证明城市农业产品的质量和可靠性；然后通过一系列的方式从捐款机构取得项目的资金；同时有效使用网站和社交媒体做宣传。除了依靠现有的志愿者，该项目还启动了“学徒种植计划”（Apprentice Growers Scheme）来培训志愿者。参与该计划的许多人为“拼凑农场”或在其他农场工作。目前相关基金还需要为这个位于达格南的1.6公顷的“启动农场”提供资金雇用园丁；大约两年后，农场就能自己雇用园丁，而不需要外部资金的资助。

在1993~2007年的14年间，“生长的力量”基本上都遵循着与“生长的社区”相同的商业模式，但规模更大，营销策略更积极。这两家组织都得到了“生长的力量”创建人威尔·艾伦（Will Allen）的帮助。艾伦的商业背景，与其自身致力于实现食物公正与社会公正的影响力，为这两家公司的发展提供了很大的帮助。这两家组织都以非盈利公司的形式运作，并享受相关的税收优惠。黑尔伯斯是一家正处在转型期的社会性公司。它最初设置的战略目的是帮助原德意志共和国的食物经济过渡到资本主义食物经济。黑尔伯斯早期资金来源相对稳定而有保障，主要来自于市政府的资助和它的商业性的运作利润。直到1996年，黑尔伯斯重新建造后，情况发生了变化。从1996年开始，他们开始追求社会性企业的商业模式。

这三个项目都把大量时间花在解决都市农业的财政能力、生产能力、征聘志愿人员、创造实际就业机会、发展培训方案、与地方当局和机构建立联盟等工作上。另外，这些组织都在积极争取更多的种植面积。尽管这些组织在经济上取得了一定的成功，但艾伦指出：“事实上，在都市农业方面，我们还没有做到这一点：我们还没有使都市农业可以稳定地盈利，尽管我认为可以。”

艾伦在他的《美食革命》（The Good Food Revolution，2012）一书中描述了他关于都市农业观点的演变和“生长的力量”的建立。艾伦相信经济学家恩斯特·舒马赫（Ernst Schumacher）的方法论，这些方法在舒马赫的著作《小即是美》（Small is beautiful：Economics as people matters）中得到了阐述（1973）。与此相反，“生长的社区”认为，一个全新的食物体系不应该与现有食物行业有太多的接触，艾伦却准备和他的现有食物行业合作伙伴合作。这些合作伙伴完全融入商业模式、工业化生产模式、现行的分配和营销的模式。早期，“生长的力量”不得不应对严重的财政困难，但在2011年，公司持续扩张的趋势却非常明显。这是一种“天主教式”的合作方式。从表面上看，合作伙伴们并不支持艾伦这种小规模、集约化有机生产的信念。后来杰里·考夫曼（Jerry Kaufman）——许多人认为他是美国食物计划的国父，是“生长的力量”董事会的领导成员——描述艾伦的政策是在维护一个所谓的“开放平台”：不得将任何人排除在辩论之外，并接受来自任何来源的财政支持，条件是不得对其使用任何设定条件。

2011年，艾伦从连锁超市沃尔玛获得了100万美元的资助，用于支持15家地区性的“生长的力量”培训中心。与此类似，“生长的力量”利用Sysco经营的食品加工厂附近的土地，以有机原则来种植食物。Sysco为美国学校生产即食食品，当然不会遵循舒马赫的“小即是美”原则。一些批评人士认为，艾伦支持并参与了这些公司的“洗绿”（green wash）[①] 计划；而艾伦则认为自己的行动是在一个根深蒂固的体系背景下进行的，这个体系需要很长时间才能改变。杰里·考夫曼帮助制定了一项商业计划，试图不断提高“生长的力量”财务盈利能力。到2007年，通过食物销售和捐赠的结合，该公司获得了微薄的利润。2006年，艾伦的总收入中约有三分之一来自直销，价值约为37.5万美元，另外三分之二来自捐赠。在向盈利的过渡阶段，该组织雇用了12名员工，但为了维持生产，该组织也依赖志愿者和培训人员。

“生长的力量”的未来计划包括建设适度的垂直农场，农场将更接近于完全的商业化的农场——温哥华的卢法农场或纽约的高谭绿色公司的模式，利用轻量型水培屋顶温室进行生产。卢法农场和高谭绿色公司这两家都市农场都尽量减少水培系统对环境的影响，使用生物而非化学杀虫剂。据报道，Gotham Greens生产的本地栽培作物已在超市出售，他们的产品并没有比从远方采购而来的有机产品更贵。而卢法农场的“有机蔬菜盒子”计划选用的有机认证过的产品都来自于当地农民。后者的战略非常类似于“生长的社区”。

在撰写本文时，阿格拉伯斯正在运行包括柏林在内的多个都市农业计划项目，并准备通过设置“农场商店”来解决城市农民所面临的零售困难，让城市农民的农产品更有销售优势。“农场商店”在德国首都是一种新的建筑类型，这种建筑集储存、出售、处理和交换的食品于一身，这将帮助那些规模很小的个人的都市农业生产者销售其产品，而目前他们正面临着销售产品的困难。

在这个发展阶段，我们对于建筑一体化城市农场的经济效应不太容易回顾，因为它的历史太短。据我们所知，1995年在纽约市就有了建筑一体化的城市农场。那就是三个建立在Eli Zabar美食商场上方的完全商业化的屋顶温室。它是个特殊的例子（Eli Zabar N. D.）。在Eli Zabar的例子中，房屋所有者经营着农场和温室，这样就从成本中去除了屋顶空间的租金。水培温室现在已经是一个发达的产业。除了获得屋顶的使用权所带来的问题没有解决外，企业经营的温室农场模型已经建立。在将屋顶农场整合到城市的早期阶段，农民可能很容易找到方便出入的平坦屋顶，并且这些屋顶也足够坚固从而能承受额外的负荷，对建筑物的改造要求也最小。但是在未来，城市农民们或许只能在现有不太合适作为屋顶农场的平屋顶中进行选择，即使它们需要结构加固，甚至需要整修、重建。

① “洗绿”是模仿黑钱“洗白”（white wash）而创立的一个词，意为企业通过各种公关活动，为自己树立一个“环保”、“生态友好”的形象。——译者注

对现有工业建筑进行再利用的最有趣的提议之一是柏林的Malzfabrik。这座重型建筑始建于20世纪初，最初是一家麦芽厂，建筑包括一些可利用的现有大水箱和一个相当大的屋顶空间，适合改造成温室。该建筑的开发商目前正与一个团队合作，试图建立一个财务上可行的鱼菜复合养殖系统，将其作为一个更大的、多用途的商业开发项目的一部分。

社会生产力

并非所有的都市农业项目都以追求农业产量为动力，许多项目以社会效益来衡量其生产力，尤其是改善公共卫生方面的效益。事实上，大多数都市农业的从业人员都认识到改变饮食行为所带来的好处，这通常是由于他们在食物种植项目的带动下提高了自身的食物意识所带来的改变。当谈到“生长的力量”所带来的社会影响时，埃里希·施洛瑟（Erich Schlosser）评论道：

> ……“生长的力量”做好所在社区的服务工作——它帮助人们减小心脏病发作、中风并减少住院次数；它给人们一种享有权利的感觉；它让社区的家庭团结一起。作为代表社会利益的一种形式，它的作用是无法量化的。

这些社区性和个体都市农业项目在健康和福利方面的显著好处，已经被有意识地记录下来。然而，都市农业作为社会进步的重要驱动力，这一点仍然需要被更多的决策者充分认识。“充分认识”在这里意味着，城市农民和园丁的工作和需求应该与其他为当地社区创造利益的工作者一样，受到同等的重视。如果能做到这一点，将会大大促进消费者显著而持续地改变他们对食物的行为。

在英国，分配租地制度上的改变可以成为与饮食和健康相关的行为改变的催化剂。由吉尔林·丹尼（Gillean Denny）在剑桥和米德尔斯堡进行的调查揭示，分配租地政策对人们在经济允许的情况下对食物选择产生持续影响。最值得注意的是，在生长季节，消费者消费分配租地种植者生产的新鲜食品的数量大幅增加：生长季节为70%，淡季为24%，同时，人们对杂货店的新鲜农产品依赖减少。同时，“食物里程”（food miles）也发生了改变：每年可以减少大约950公斤的二氧化碳排放量——尽管在淡季的几个月里，消费者仍然主要食用杂货店里的新鲜食物，而这些食物全年都完全依赖化石燃料的运输。而且，分配租地种植户每天花在租地上和与食物采购沟通上的锻炼时间也超过了建议的30分钟。此外，就分配租地种植者而言，他们在种植前摄入的水果和蔬菜低于推荐的日摄入量；一旦他们开始种植食物，他们的水果和蔬菜摄入量就会增加。这种增加还反映在他们全年购买的水果和蔬菜比例的增加。如果这一结论在进一步的研究中得到验证，那么这将表明，即使是采取了相当温和的都市农业的支持措施，也可能对个体的行为变化产生重大影响。

随后，在学生中进行的示范项目让我们获得了更多的经验。如布莱顿大学艺术学院的“可食用的校园”（Edible Campus）项目表明即使非常简单的食物生产活动也会影响人们的食物购买习惯：参与者增加了新鲜水果和蔬菜的消费，减少动物性和加工性食物的消费。

如何让有利于环境可持续发展的行为成为人们普遍的自愿行为？长期以来，这一直是一项挑战，也非常值得我们去研究。都市农业的种种好处开始得到认可。例如，纽约副食物政策协调员乔丹·布兰克特（Jordan Brackett）认为以社区为基础的都市农业项目对人们行为改变的潜力是巨大的，在他的食物政策团队中，这一变化在支持学校和社区规划中得到了体现。都市农业“无法衡量”的好处正日益影响着政策制定者和政治家，他们希望这些好处和相关指标能够为城市嵌入生产性景观的重大变革提供依据。

度量的有用性

纽约市为我们提供了一个很好的例子，说明如何使用衡量标准来量化以社区为基础的食物种植的社会效益。我们需要这样的衡量指标有几个原因：一方面，社区花园仍然没有永久的、法律上的保护，因此，这种衡量指标可以在政治上使用，例如纽约市社区花园联盟就采取过这样的策略。另一方面，相关的从业者在申请慈善或商业资金时，可以利用这些数据作为论据的基础。一旦有了这些数据，改革城市政策就有了依据。

一个名为“耕种混凝土”（Farming Concrete）的组织为收集食物生产数据提供了一个范例和模式。他们建立了一个机构，在没有外部资金支持的情况下也能继续收集数据。该项目的创始人认为如果在十年后他们收集了足够的数据使项目本身显得过时，那么该项目就应该被认为是成功的。从2010年开始，纽约市的三份年度报告已在网上发布。“耕种混凝土”公司创始人马拉（Mara Gittleman）和凯利（Kelli Jordan）介绍了他们如何让“公民科学家”记录社区和学校食物花园种植的农产品数量。他们制定了一种切实可行的方法来识别种植者的不同兴趣和动机。其中，最精确的数据是由个人提供的数据收集而成的。第一种方法是让种植者们用厨房用秤来称他们的全部产量，并记录种植的作物类型。第二种方法是让种植者记录种植的作物类型，但不测量它们的重量。这两种方法可对收获作物的种类和数量进行评估。“耕种混凝土”的发现意义重大：在城市里有一些真正的农民[①]，他们的花园产生的食物比最初想象的要多。2010年，在净种植面积为1.7英亩（0.7公顷）的68个花园中，他们记录了价值约20万美元的蔬菜作物，即8万磅以上的蔬菜作物，这还不包括春季作物。他们明确指出，调查网站上的所有数据并非都得到了测量或记录。尽管取得了一定的成功，但不要将社区种植者记录的产量与商业种植者能够实现的产量混为一谈。在“耕种混凝土”的经验中，当地一些学者一开始就担心农民测量自己的产量是否精确可用，但现在学术界也在使用这种方法。研究人员发现，与其他估算产量的方法相比，该方法“更加精确”。许多社区花园目前正在由外部研究人员进行研究，他们被园丁视为专家，但也被视为要求苛刻的入侵者（demanding intruders）。然而，“耕种混凝土”的具体实践使研究人员看到收集数据的好处：对一些人来说，这是一种个人利益；对另一些人来说，这是一种协助申请资金、招募成员或确定哪些作物在不同地点种植的最成功的手段。

作为一种可复制和推广的模式，“耕种混凝土”的成功建立在一个正式的、有资金的公共信息门户之上，其网站和年度报告就是其门户的代表。此外，他们还结合了非常活跃、非正式但却非常熟练和专注于社区实践的形式：“通过咖啡和在线进行交流”。“耕种混凝土”的资金来源各种各样，包括纽约公共资金资助的“绿拇指社区”（Green Thumb community）园艺项目、“新学校”（The New School）学生实习项目以及致力于改善公共领域的各种组织提供的其他资金。衡量“耕种混凝土”所带来的影响的一个指标是，其方法正被业内所接受。根据Sustain组织的莎拉·威廉姆斯（Sarah Williams）的说法，Sustain组织是总部位于伦敦的食物慈善机构，持续经营时间较长，也正计划采用“公民科学家”来量化产量，并鼓励伦敦社区食物种植者进行更密集的生产。

反思“耕种混凝土”的长处和短处，马拉和凯利认为“权力下放”是该项目的一个长处，因为社区需要一定的灵活性和主动性去完成其工作。尽管该项目投入了大量的精力，但参与者的流失率还是居高不下。这是一个残酷的事实，也是该项目的一个失败之处。“耕种混凝土”建议招聘比实际所需多两倍的参与者。该项目在第二年取得了显著的成功，园丁们主动加入项目，而不是被招募。

都市农业的衡量标准还包括其他一些越来越重要的指标，其中包括记录都市农业的环境效益。例如，那些与都市农业减少雨水和暴雨径流的潜力有关的指标，尤其是对于来自不透水的路面和屋顶的雨水径流。泰勒·卡鲁索（Tyler Caruso）和埃里克·法克托（Erik Facteau）在建立“看见绿色”农场的同时，在纽约成立了“在

① 即以种植食物为生计的人。

纽约看到绿色”组织，记录屋顶农场的保水潜力，并就其设计提供更广泛的建议。他们的研究将有助于证明都市农业对可持续城市排水系统的贡献。

目前，我们已经着手建立一套关于都市农业的产量和减少雨水径流的指标；未来，我们期待使用可堆肥废物和蓄水有关的指标添加到其中。记录可量化指标，如食物生产或保水措施，是相对简单的任务，可被视为“第一阶段”的活动——这一阶段的活动不仅在评估城市环境绩效方面，而且在论述实施生产性城市景观的理由时也是必需的。

日常生活中的食物政策

城市食物体系改革需要参与各方的共同努力，因为都市农业的效益和衡量标准仍然需要不断地评估和协调。正如凯文·摩根在他的章节中所言，自上而下和自下而上的结合过程可以推动更积极的“从替代到联盟”方案。再看看纽约，市长的食物政策协调员和小组的工作很好地说明了这一过程：第一，正式设立“市长食物政策协调员”的职位或机构，这有助于通过提供一个单一联络点来促进、协调该市的食物规划；第二，食物政策已列入该市的规划文件。这两项行动都是极其重要的，而且目前在其他国家和地区这类行动仍然很少见。

纽约的食物政策是在贫富极不平衡的情况下实施的：全市有近40万名百万富翁和大约180万人的收入低于联邦官方的贫困线。后者有资格从联邦预算中获得福利，而不用动用城市预算；其福利形式是像信用卡一样运作的食品券。此外，纽约市的850万居民中有600万生活在食物沙漠中。这种情况远不止纽约而已。在遵循新自由主义经济原则的国家中，这种情况日益普遍。要解决这一问题需要得到政府自上而下的承诺。虽然食物主权和食物安全可能是我们城市赖以生存的基础，也是最重要的全球政治关切热点，但食物贫困和食物沙漠问题则是地方政治行动中最关键的部分。从多个角度来看，食物的获得性成为城市规划者需要考虑的重要因素。我们可以注意到一些广泛适用的要点：

- 预算：鉴于资源有限，在解决“食物沙漠”问题时，人们遇到了“预算紧张”所带来的选择性的问题：是把都市农业紧张的资金投入影响“巨大”的教育事业上还是资助新建大卖场？在“食物沙漠”地区建立大卖场的想法值得进一步商榷，我们需要确定它们会在多大程度上覆辙狭隘的、以利润为驱动的商业模式所造成的问题。
- 食物计划：纽约已经制定了针对低收入人群的创新食物计划。其中包括提供约500辆移动式水果和蔬菜销售车，这也为商贩带来了微薄的收入。纽约市指出，每花一美元使用食品券，就会有四分之一美元花在当地经济上。这进一步得益于所谓的“健康基金计划”（Health Bucks Initiative）项目，即用食物券购买水果和蔬菜时，项目就会提供40%的奖金用于各种公益项目。
- 营养标准：纽约市每年直接购买约2.5亿顿饭（学校晚餐等），这为提高营养标准提供了另一条途径。健康美元倡议还包括禁止采购使用反式脂肪的食品。提高营养标准将促进消费者购买更健康的食品。
- 相互依存关系：在布隆伯格市长任期内，纽约的食物政策的一个创新之处在于，承认食物和农业问题是一个跨领域的城市规划问题，其中最重要的是农业空间和城市系统相互依存关系。纽约市决定修改该市的长期可持续发展战略，将食物规划纳入2011年的发展战略。2011年也是该市的长期可持续发展战略发布之后的第4年，这一决定可以被视为时代精神的一部分。从创建CPUL城市的角度来看，纽约市认识到了CPUL城市的一些关键的特性：在城市内任何地方步行十分钟都可以进入绿地（包括都市农业的绿地）；利用餐馆垃圾创建封闭式废物循环系统。

- 空间获取：虽然纽约城市规划认识到都市农业在场地方面的需求，但不能说它与CPUL城市概念所设想的那样，意识到更广泛的生产性城市空间战略。更广泛的生产性空间战略不仅将促进农产品进入城市各地，而且还将鼓励食物的直接分发和交换来帮助农产品进入城市。
- 本地产品：当被问到纽约市为什么不只是提倡增加本地农产品的数量，让市民获得本地农产品的机会更大时，纽约市副食物政策协调员的回答是，他们不确定，与当地农产品相比，进口食品的环境影响是否更坏。例如他们不能确定，长途运输系统相对于本区域内的短途运输相比，运输本地农产品用的较小的、也许是比较低效的当地卡车是否对环境造成了更坏的影响。此外，他们不知道在城市的食物分配是否存在“瓶颈点”。目前纽约市相关部门正在研究如何处理这些问题。作为国家区域综合食品项目的一部分，纽约哥伦比亚大学城市设计实验室正在进行一项系统的研究，研究当地食物生产重新融入当地供应链的问题。
- 土地所有权：实现都市农业的综合愿景的最大挑战就是土地所有权问题。这在许多城市是常见的问题，其中包括公共和私人土地所有权的差异问题、妨碍不同市政部门相互沟通的“竖井心理”[①]问题（silo mentality），以及依赖不同机构和代理人共同工作的政策实施问题。

结论：改变！

总的说来，人们在城市里生产食物的动机主要有几点：为了解决环境问题、为了社区凝聚力和身份认同问题；鼓励小型农业企业的生产；环境教育问题；改善个人健康和生活方式；以快捷的方式创建自己的城市；鼓励地方经济和其他方面的交流。所有这些目标的达成都有赖于相关部门最终能否达成一致的政策，并能协调相关的参与者积极参与生产性城市景观建设。

都市农业在社会、经济和环境方面的指标，包括其带来的效益和挑战，现在正在制定之中。而且，随着食物的实际成本在未来变得更加明晰，在社会和经济上实现收支平衡的财政挑战可能会得到缓解。

为了达到这些目标，首先，为了促进城市生活的公平，我们需要一个公共平台。都市农业的公共平台可以采取不同的形式，但它们都是在环境可持续发展的大框架下运作的。这方面的模式现在已经存在，例如像纽约那样专注于咨询战略的平台；专注于实践项目的“可食用鹿特丹”计划平台；食物种植项目的利益攸关方的参与平台等。这样的平台可以为我们提供一个框架，从而能够共同建设一个新的都市农业基础。这个新的农业基础将嵌入城市，与其他城市基础设施整合在一起，这将为我们带来更多好处。因此，CPUL城市所设想的空间不仅是有生产力的，它们的日常使用将导向健康、公平、经济稳定和欢乐的生活。都市农业空间是绿色的、开放的，游离于乡村与城市之间，它为我们带来了野生动物、新鲜空气和人气，当然最重要的是食物。

① 表示每个人更倾向于在自己已经建立的舒适的空间内交流的心态。——译者注

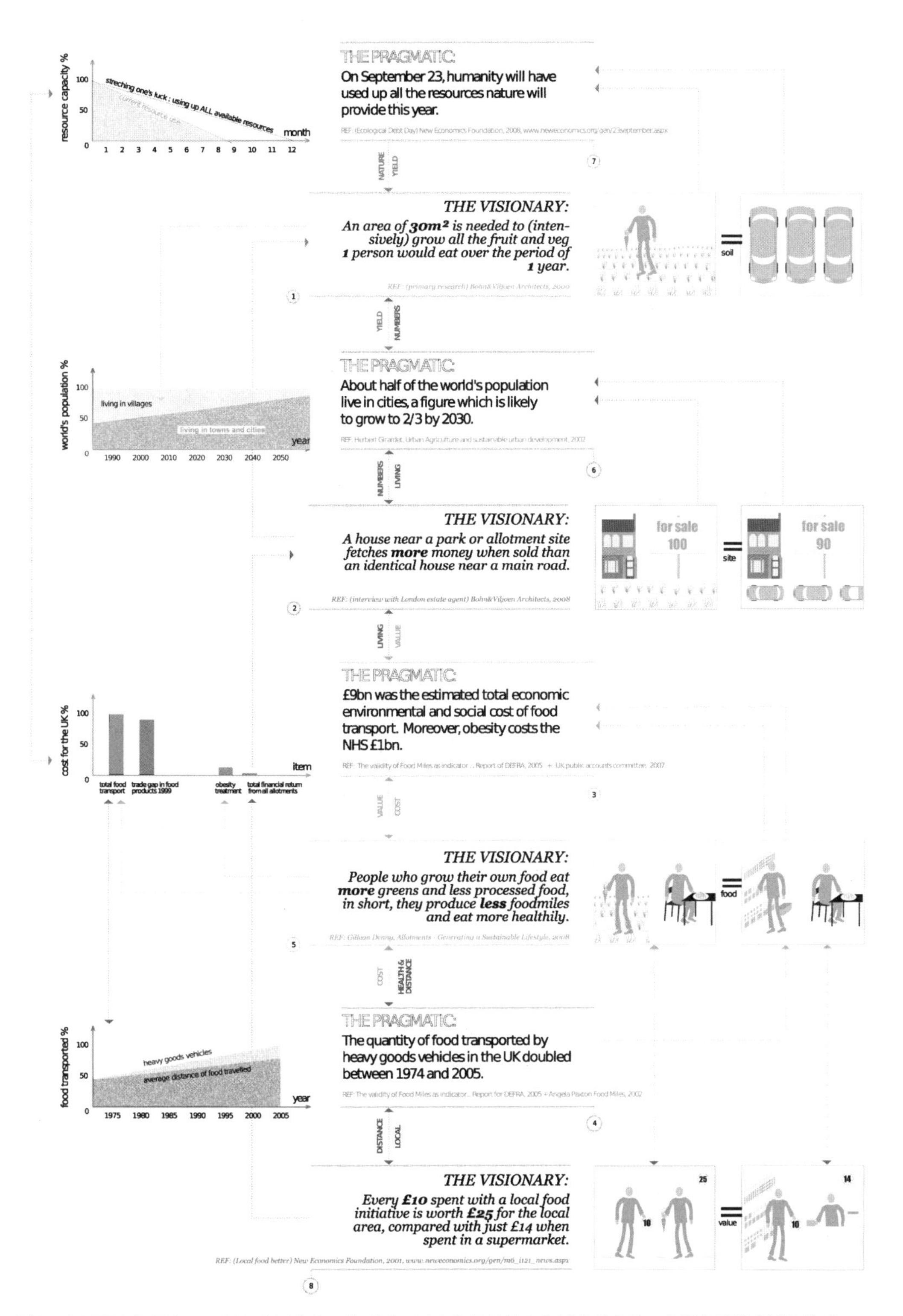

图1　实用而有远见者。一场以英国为中心的对话，讨论我们的社会与城市的食物、空间和日常生活的关系。

3.3 构建生态—社会相互依存的城市

伊尔诺·海拉（Yrjö Haila）

人类在物质上的成功，给我们提出了一系列令人困惑的问题。其中最令人困惑的问题是，我们为什么会获得如此巨大的成功？衡量物质上的成功我们有很多指标可供参考，例如，人口增长、人口在地球上的分布、为人类目的而占用的生物性生产力（biological productivity）[①]（估计为25%~40%，Smil，2002）和经济生活的多样化等。最后一个指标可能是最具戏剧性的一个指标。拜因霍克（Beinhocker）指出，企业的库存数量的单位，也就是在经济学中零售商用来计算其销售类型的单位，在亚马孙亚诺曼部落（Yanomamö tribe in the Amazon）最多几千个，而在纽约市则是数百亿。

当然，人们都很清楚，人类物质上的成功必须归功于对自然的有效利用。和所有生物体一样，人类的生存依赖于与环境的代谢交换，即从环境中获取食物和水等必需品，并排出废物。人类的新陈代谢必然会改变近距离范围内的环境条件。人类新陈代谢本质上是社会性的，它嵌入在人类个体所属的社区成员之间的劳动分工中。人类物质方面的生存历史是众所周知的。早期的社会性食物形式可以追溯到几百万年前，但主要的转变发生在一万多年前农业和永久性定居点的出现，以及大约6000年前书面语言的出现。在这些转变之后，人口数量开始激增。与生物进化的时间尺度相比，这些转变确实是“最近”才发生的。

我们应该考虑这样一个事实：人类能预测自己采用的大多数技能做什么，并对所要干的工作有一个初步的模型——正如其他动物一样。注意到这一点，我们就更容易理解人类物质上的成功。这种观点反对我们把一些技能标榜为“人类独有的技能”，并把这些“人类独有的技能”作为讨论问题的关注点。人类独有的能力不是运用技能的能力，而是构建我们居住的、象征性世界的能力。特伦斯·迪肯（Terrence Deacon）用“象征性物种”一词来描述这种特性。迪肯特别谈到了人类使用符号语言的能力，也谈到了人类通过日常用具、建筑结构、培植环境和社交工具等象征性的力量塑造物质世界的事实。建筑历史学家约瑟夫·里克沃特（Joseph Rykwert）对城市进行了经典的描述，将其描述为“充满符号的建筑”（Rykwert，1988）。

符号创造了超越当下可体验的现实世界。象征意义可以投射到未来，在某种意义上使未来在现在呈现：这种投射成为指导我们现实行动的一部分。这就是规范性的规则、惯例和制度所具有的“第二天性”。我们举个例子来说明这个理论——欧盟的生物多样性政治宣言。在该政治宣言中，欧洲联盟最初确定的到2010年实现制止生物多样性恶化的目标，然后在这一目标失败之后，他们又把期限延长到2020年。这类政治宣言基本上是象征性的：实现这一目标的机会很小，但它对今天类似目标的决定产生了影响。

人工材料制品（Material artefacts）也是面向未来的，这对于未来无数代人居住的房屋而言尤为如此。同样地，在人类的物质生产性实践中，耕种土地是合理的，只要今天进行的劳动在一段时间后结出果实。但是，劳动的果实能否真正收获，取决于人类能否能够成功地说服大自然遵循人类的意愿，并让大自然结出果实。此外，成功也取决于社会成员的协同合作。

所有这一切都意味着人类物质上的成功有赖于环境生态条件，而不是人们所认为的独立性。更准确地说，我们与生态环境处在一种关系中，我们生活在生态-社会相互依存的结构。人类与周围生态条件的相互依赖，也日益与整个生物圈相依赖；人类依赖于由先前的人类劳动（第二自然）改造的环境，而这种环境的持续存在又依赖于人

① 生物生产力是指生物吸取外界物质和能量制造有机物质的能力。——译者注

类的改造和关怀。

“象征”承载着人类的想象力，很明显也承载着人类的缺点：我们能够构建纯粹的神话和幻想的世界。如果我们将最近的人类经验简单地、线性地延伸到未来，人类的这种能力就特别明显。这一困境是当前人类构建生态-社会共同体困境的核心所在。

社会新陈代谢的动力

维持人类社会的机制类似于维持单个有机体新陈代谢的机制：需要的东西被吸收进来，废物被排出体外。物质的连续流动是由外部能量源驱动的。目前地球这个系统离热力学平衡还很远。维持地球生命的能量来自太阳，阳光以强辐射的形式给地球生命能量：植物和其他光合生物可以利用阳光合成有机物质。其他生物从周围环境中获得有机物以获取所需的能量。

正如生命对太阳辐射的依赖所显示的那样，有机体代谢与环境中可用的能量也是相互依赖的。此外，许多不同的生物能够利用其周围其他类型的能量流，特纳将这种现象称为“扩展有机体”。白蚁和蚂蚁精致的巢穴结构就是例子，这也适用于人类社会的社会新陈代谢。用经济学家尼古拉斯·罗根（Nicholas Georgescu-Roegen）的术语来说，“内体代谢”（endosomatic）指的是人体内部发生的事情，“外体代谢”（exosomatic）指的是由各种外部能源驱动的人类经济系统的事情。这种区分非常简单，而且有几个作者用不同的术语做了补充性的区分。但是罗根的推论与人类经济史特别一致。罗根指出了我们目前的生态困境。

建筑结构、工具和其他器具都是我们体外代谢机械的一部分。因此，我们很容易理解，永久定居最终为人类将城市作为自己的外体代谢开辟了道路。城市本身就是一个新陈代谢系统，类似于生物体，通过从外部获得的能量流驱动物质的吞吐，维持着远离热力学平衡的状态。城市和生物也有很大的不同，但是这个类比提供了关于短期和长期动态变化的一个有价值的比较视角。[1]

在短期内，代谢过程的效率是至关重要的，我们可以采用完善的实验室程序来测量机体代谢的效率：通过计算一定量的物质与一定量的“工作”所取得的成果就可以得出代谢的效率。社会新陈代谢的效率是用国内生产总值（GDP）来描述的，国内生产总值是一个国家在一定时期内生产的商品和服务的市场价值，是衡量一个国家经济效率的货币指标。在经济运行平稳的情况下，GDP合理地实现了政府记账的目的。然而，目前的效率指标，无论是作为机体代谢还是社会代谢的指标，在环境条件发生变化时都是不可用的。从长远的角度来看，GDP是一个完全不切实际的经济指标，因为它忽略了环境恶化的后果。

在不断变化的条件下，代谢机制的一个关键特征就是适应性：这个系统——无论是有机体还是经济单位，比如城市——能够长期应对新变化的环境条件吗？在生物学中，进化适应性需要相当长的时间。斯洛博金（Slobodkin）和拉波波特（Rapoport）用“存在博弈”的隐喻，对这种代谢机制面临的困境进行了现象学的描述。在生存游戏中，没有永久的赢家。赢就是待在游戏中。目前，基因和个体发展的进化动力学（“Evo-Devo”）为我们提供了关于这种机制的详细知识，但这个故事太长了，无法在此展开。

经济代谢机制的适应性，是一个更具争议性的问题。在现代社会，这是一个关于人类“外体代谢”进化的问题。从历史和当前的角度来看，这个问题的关键是经济增长。很明显，经济增长最初是在能够长期幸存的人类群体中实现，后来是在定居的人群中实现，在该人群中，一些成员可以不参加实际工作而获得生存的物质。早期的劳动分工有着古老的渊源，而推动经济增长的基本因素却十分类似：贸易、提高农业劳动生产率。到了后来，随着制造业里分工的不断细化，劳动者的技能得到不断提高，再加上建立了稳定的法律和制度，这为经济交易和财产积累提供了有利条件。

人类目前的经济活动还需要进一步得到合理说明。第一，要区分粗放型和集约型增长。前者是指在不发生结构性变化的情况下，向新区域扩张；后者是指在经济机制内进行新的结构性调整。现代经济等同于资本主义经济，以密集增长为特征。约瑟夫（Joseph Schumpeter）强调，资本主义是一个进化系统，促进集约增长的因素特征如下："保持资本主义不断增长的引擎来自于新的消费品、新的生产或运输方法、新市场、新形式的产业组织、新的资本主义企业的创建。"

在资本主义社会的发展过程中，"外体代谢"的重要性大大超过了人类历史上已知的任何社会。这种转变的一个重要原因是工业生产技术发展引起的经济革命：即从有机经济向矿物经济的转变。以矿物为基础的能源经济——对矿物燃料的依赖——从基本上来说，是对生物圈在过去几亿年地质过程中产生的碳储存的寄生性开采。

第二个必要的说明是，自然是经济生产力的一个不可或缺的元素。这是罗根反对主流经济学家的核心原则之一。经济不会创造任何新的东西；相反，经济只是带来了由以往经济活动积累起来的自然力量、人力劳动力和资本存量的新组合。所有这些因素对经济发展都是同等必要的，尽管形式不同。现代以矿物为基础的工业经济标志着"外体代谢"与"内体代谢"之间重要性的转变，而且它欺骗人们，让人们很容易忘记自然的动态作用。当然，这一转变的成功要归功于古代生态学（产生了化石燃料）和古代地质学（产生了可开采的矿藏）。人类必须感谢自然产生这些能源的过程，这些过程远远超出了我们的影响范围。当然，经济学家早就知道，特定的、作为能源的矿产不是取之不尽用之不竭的，我们需要做的只是：每当一种资源耗尽时，就寻找下一个替代品。

第三点需要说明的是，短期内提高资源使用率并不意味着使用的资源数量会减少。这种现象被称为"杰文斯悖论"（Jevons paradox）。该理论得名于19世纪经济学家威廉·斯坦利·杰文斯（William Stanley Jevons）对他所谓的"煤炭问题"的研究。杰文斯注意到，蒸汽机中煤炭使用效率的提高最终却导致了煤炭使用量的增加，而不是如预期的那样减少。这是因为使用效率的提高使得需求量下降，导致了价格下降，从而刺激了消费。新的消费量的增长完全超过了提高使用率而减少的能源消耗。这种现象也被称为"反弹效应"，已得到一遍又一遍的证明。

人类社会的动态经济被包含在自然之中。理解这一事实应该成为我们文化意识的一部分。这对于我们来说，是一个具体的挑战，而不是一个抽象的挑战。因此，我们需要新颖的创意，以激发人们的想象力和创造性行动。我们必须在这个研究框架内研究都市农业，同时也必须注意到我们所继承的历史遗产。

现代性：人类物质成功的悲剧

还有一点要说明：现代社会的稳定性与人类物质上的成功是平行的。换句话说，就是生态–社会的依存性从现代人对文化的理解中逐渐消失了（我们不认为社会的稳定需要和生态环境相平行，只需要和物质生产相平行就可以了）。如果不追溯到古代的话，资本主义的根源至少可以追溯到中世纪地中海世界性的城市和贸易中心。但是，挖掘根源对于我们的论述目的来说并不是必需的，在此不做深究。然而，资本主义发展的历史动力的另一部分却很重要：信贷。信贷机构的存在越来越促进了面向未来的经济交易。约瑟夫·熊彼特将信贷视为资本主义的"独特之处"。长期投资信贷显然是必要的，但也充满概念性的窘境：信贷"通常都低估未来"[①]，但"这个问题正在被我们假定的经济引擎正在维持本身运转的做法所掩盖，这被认为是理所当然的"。

对未来的低估是经济增长的结果：如果未来朝着繁荣发展，那么相对而言，创造物质财富的任何一种要素的货币价值，在未来将会比现在更便宜。这就解释了对增长持乐观态度的人普遍观点：今天积累财富可以让我们获得更多资源以解决明天的问题，这是明智的。当然，这在很大程度上受到一些问题的制约——这些问题可能会在未来积累起来。乔治斯库—罗根有一句反其道而行之的格言："考虑到历史的不确定性……我们不应该将未来福利的现值最大化，而是应该尽量减少将来的遗憾。"

① undervaluation of the future，意为对未来生产要素价格的低估。——译者注

正如最近的经验告诉我们的那样：当金融和所谓的“实体经济”相互偏离时，信贷问题的积累可能会造成巨大的经济问题。经济体系可能会转变成一个巨大的庞氏骗局——事实上，这在过去几十年已经发生了。

当人们对未来的低估成为常态时，随之而来的另一个后果是：人类对自然条件下的真实物质的依赖性被蒙蔽了，真实的物质从我们的视线中消失了。人类早期的意识形态里，即在人类对神圣天意（Divine Providence）的宗教性信仰中，已经为这种误解埋下了土壤。通过与这种“天意论”的混合，人类立刻取得了振奋人心的经济增长，这也产生了另一种超然的信念：人们盲目相信人类通过理性和经济增长就一定能取得进步。乔治斯库-罗根说，这一信念得到了现代社会普遍增加的“外体舒适度”的有力加固。在物质经济领域，对进步的相信就等于相信（几乎）任何东西都可以替代（几乎）其他任何东西。

这种思想上的逻辑正是人类物质成功的悲剧的表现：人们普遍无法认识到，经济增长并不能解决它所造成的问题。任何人都可以预想到，工业化农业的主导地位正是对这场悲剧的具体展示。

毫无疑问，目前人们关于人类对生物圈依赖性的认识正在逐渐形成。这些观念的种子是在19世纪播下的，主要是对19世纪的人们肆意破坏和过度利用自然的一种反应。但我们必须更进一步揭示人类生物圈相互依存的要素。该议题的问题在于相互依存意味着什么：人类应该而且能够在第一自然、生物圈所提供的条件下，构建一个良性的第二自然。

我们首先必须做的是根据问题的类型做出定性的区分。一个基本的区分是对资源稀缺性的区分：一种是资源的不足（scarcity of resources）；另一种是排污场所的稀缺性（sink scarcity，指倾倒垃圾的地方被填满而导致排污场所不足）。在历史进程中，以矿产为基础的工业化为克服资源稀缺提供了手段。资源的替代性也可以在遥远的将来实现。主流经济学家在推广这样一种观点上获得了很大的成功。然而，正如罗根所指出的那样，这一观点有一个潜在的问题：当最容易开采的矿藏用完和开采完时，我们就需要寻找替代品。这就意味着对能源的需求增加，以及对环境造成更广泛的压力和破坏。

“排污场所稀缺”则完全是另一种问题。大气成分的变化以及随之而来的气候变暖使这一事实成为人们关注的焦点。大气和生物圈吸收我们所排放的一切温室气体的能力是有限的。全球人类对生物多样性的侵蚀本质上也是资源稀缺的表现。随着人类物质活动的种类和范围的扩大，往往会导致地球生态系统状况的普遍恶化。各种迹象如人们所看到的那样不胜枚举：城市向郊区的蔓延，伴随着交通网络的不断扩张、农业和造林景观的均质化、水道的富营养化、露天采矿等等。

要实现“进步梦想”，一个可靠的替代方案不能建立在对当前经济的彻底拒绝上，尽管目前还不清楚完全拒绝意味着什么。在对问题的说明和找到可信的对策之间做出区分是必要的。一种科学的途径是回到问题的本身：如何为当前的城市建立一个安全的食物经济体系？

首先，人类历史上大多数城市实际上都依赖于自己的耕种方式来满足城市粮食的需求。正如马克斯·韦伯（Max Weber）所指出的，包括希腊城邦在内的古代城邦都是农业城市。经典文献对这一观点给予了充分的支持：赫西奥德（Hesiod）的《工作与日子》，维吉尔（Vergil）的《乔治卡》（Georgica）等。在城市及其周围发展农业需要依赖人类，只有在人类不断干预的条件下才能给作物保持有利的环境。在人类与自然界限分明的情况下，相互的耦合可以描述为共同进化和共生。威尼斯就是一个例子。通过城市与泻湖的相互依赖和合作，威尔斯城在一片不适宜人类居住的泥滩上建立起来了。

征服和殖民是人类解决粮食问题的另一种模式，这种模式已经被希腊人和他们的先祖所运用。然而，就长期而言，征服并不是一个可持续的选择：建立在征服之上的统治权一般都很短。很快，征服者就发现有必要与被征服的地区建立永久的经济联系，但争取稳定的统治权却面临着收益递减的问题。罗马的沦陷是一个很好的发人深省的例子：西罗马在北非的粮仓被经过伊比利亚半岛到达该地区的蛮族占领之后就崩溃了。与此同时，东罗马在东地中海附近的粮仓支撑下又延续了几个世纪。

正如本书不同章节的分析所显示的那样，现代城市在如何将不同的食物要素组合在一起方面存在巨大差异。然而，最重要的一点是，将这些要素结合时，应该采取自下而上的方式，让人们参与进来。都市农业是这方面的一项重要举措：它为我们重新理解城市铺平道路，并将城市建立在物质实践基础上。尽管现代城市的都市农业相对于古代的古典城市而言可能更侧重于象征意义（Rykwert，1988）。

关键的能力与明智的行动

要想应对当前生态-社会的困境，算一算全球范围内的资源浪费和垃圾堆积数量当然是必要的。但从算账到当地所能做的事情之间并没有直接可行的办法通达——因为人类的行动并不是线性的。各种数据的整合产生了诸如全球生态足迹这样的数字，但要解释它们却很困难。这类似于经济学中所谓的“具体性错位的谬论”（the fallacy of misplaced concreteness）：数字可能是精确的，但它们的含义却是模糊的。

我将从规范的角度来总结一下我们面临的问题。首先，必须为人们提供新的选择。每一种新的解决方案一开始都很少受到关注，因此，在宏观经济计算中没有发挥任何作用，也没有获得任何可见的成果。由此，我们必须把重点放在提出新的倡议，促进新事态发展方面。都市农业显然就是这样一个领域：我们不能仅仅以其在全球食物统计中所占的实际比重来评价其活动。

哲学家和社会评论家科尼利厄斯·卡斯多里亚迪斯（Cornelius Castoriadis）对人类评估食物的能力特别感兴趣，尤其是人类对自身条件与前景方面的评估能力。其中，关键性的能力产生于对现有条件的理解和关注，以及超越现有条件的想象力。因此，人类关键性的能力为未来准备了一个替代方案。“想象”是卡斯多里亚迪斯理论中的另一个关键术语：想象是根据目前条件对未来合理的构建。

据卡斯特利亚迪斯说，在现代社会之前的历史中，有两个阶段支撑着人类关键性能力的增长：古代的城邦和中世纪的城邦。人类依赖于城市，城市也处于当前环境困境的顶峰。

在城市的历史遗产中还有一个元素必须被重视：城市是合作的温床，城市具有公共性，是市民实现共同利益的平台。解决经济问题的要点在于必须摆脱对物质舒适的痴迷。毕竟，正如罗根所说，经济的目标不是物质流动，而是“整个经济活动的真正产品是人类在享受生活时所产生的神秘的、非物质性的东西。”

这一论断引发了一个新的问题：我们如何在现有城市中产生和发展一种新的集体意识？我们应该建立重新组织集体活动的能力，以提高当地的效率，但这些活动不应该成为“杰文斯悖论的牺牲品”[①]，即以减少对环境的负荷为目的、提高效率的成果不会被滥用。

我认为，从生态角度看待城市，可以让人们对人类生态-社会相互依存关系有一个更具体的新认识。首先，城市是新陈代谢或生理意义上的生态形态；我们要使城市经济与环境之间的互惠关系和寄生关系变得透明。这可以通过新陈代谢的理论角度来论述。单一的数字指标，如“生态足迹”或“碳足迹”可能会有所帮助，但它们每次只能提供一个狭窄的理解。

同时，城市也是这样一种生态形态：城市创造了新的生态群落类型。人类所做的是这类社区动力系统中不可分割的一部分。尺度的区分是包括城市在内的生态社区的一个重要特征。城市作为生态实体，可以从区域（region）、景观（landscape）和场地（site）三个空间视角进行探讨。区域是指（生物）地理环境；景观是指将人

① “杰文斯悖论”是指当我们发明了新的节能技术时，总的社会能源消耗反而增加了。例如汽车油耗量下降了之后，人们觉得开车很“经济”，反而促使人们购买新车或者增加使用汽车的概率，从而增加了整个社会对能源的消耗。其逻辑类似于我们日常生活所说的“东西越便宜，口袋越空”——商品单价的下降刺激着人们买更多的东西，导致了“口袋越空”。——译者注

类的工作和活动与环境相结合，形成具有象征意义的环境；场地指的是通过个人的体验和影响对个人有意义的特定地点。

其中最重要的是，城市的未来取决于人们做什么，有权做什么。都市农业和其他生态活动一起，反对它们所在的当下环境。正如凯文·摩根在他的论文中所指出的，城市官员与公民社会参与者之间卓有成效的合作，即自下而上和自上而下的动态互动，将为促进都市农业的进程提供动力。阿克曼（Tjitske Akkerman）的团队从政策研究的角度评估了这种可能性（2004）。

我们也不要忘记，都市农业促进整个食物生产系统的新思想诞生。

关键性的能力将会在城市花园的空地上发芽，和胡萝卜、防风草、西红柿、豆子和其他人们种植的食物一起成长。不是每个都市人都需要当园丁，但每个都市人都需要食物。需求和愉快之间的新组合将成为新的议题。

注释：

[1] Georgescu-Roegen的主要结论发表在2011年Bonaiuti编辑的论文集中；有关量化社会代谢的初级读本，请参阅Giampietro和Mayumi 2009。

3.4 充满梦想的实用主义者（Sueños Utilitarios）：哈瓦那

尤内克斯（Yuneikys Villalonga）

"实用主义的梦想"项目[①]是一个多学科的城市景观研究项目，既考察过去、现在，也展望未来。它主要集中在哈瓦那和布莱顿，延续了早先布莱顿电影节委托的项目"品茗俱乐部"。2006年在古巴哈瓦那举行的展览，是在相关建筑师、艺术家、艺术评论家和来自布莱顿大学、古巴哈瓦那大学的学生进行了一个月的合作、研讨之后举行的。这次合作为我们讨论一些问题提供了契机：景观和城市如何根据新的现实和社会需要而更新？城市里私人和公共景观如何受到历史、经济、社会和政治环境的影响？从心理、审美和空间角度看，公众是如何以及在多大程度上受到周围环境的影响？个人项目和社会项目是如何融合的？这些项目中，哪些是人们的想象，哪些是回忆，哪些是对未来的愿景？

展览场所是穿过哈瓦那最受欢迎的大街之一——卡洛斯三世（Carlos III）大道的人行横道。这是一条被废弃的人行横道。维瓦尔塔工作室剧院（Vivarta Studio Theatre）租下来将其作为该剧院的总部。该展览参照城市景观而又将其放置在城市下面，这是一个有趣的策展视角。一些展览项目成功将其所观察到的个人、自然和建筑边界的社会意义展现出来；其他一些项目则关注城市的美学、记忆和痕迹。在布莱顿和哈瓦那的不同地区我们都发现同样的问题：存在着与选择自由有关的问题，以及"欲望线"（desire lines）的反差。

由卡特琳·伯恩和安德烈·维尤恩开创的城市（CPUL City）概念被用来推测柏林、伦敦和哈瓦那未来可能的食物增长。同样的概念也被应用于实现卡洛斯三世大道的城市市场花园（Carlos III Micro-Organoponico）。该项目直接将城市市场花园融入哈瓦那市的结构中，它从地下的展览空间延伸到楼上，一直到街道的入口。T10的项目"T.error"展现了那些我们较少可见的边界。项目通过使用一个由天线、笔记本电脑和传感器组成的系统，阻止该地区居民收听官方电台。每当有人走近作品时，就会受到干扰。加西亚称，这些内容围绕着展览创造了一个"没有受到新闻意识形态污染的领域"。

另一个展览项目是伦敦帝国战争博物馆（Imperial War Museum）的历史照片展示。这些照片显示，这个城市在战后满目疮痍，一些绿色替代项目填满其中。项目负责人与汤姆·菲利普斯（Tom Phillips）进行了对话。菲利普斯写了一篇名为《连续变化的一个世纪》（A Century of Continuity Within Change）的文章，这篇文章按时间顺序收集了100张明信片，描述了1900~2000年期间英国伊斯特本地毯花园（Eastbourne Carpet Gardens）持续不断种植的装饰性植物。亚历杭德罗·冈萨雷斯（Alejandro Gonzalez）和帕维尔·阿科斯塔（Pavel Acosta）的摄影作品考察了这座城市相关场馆目前的状况，这些场馆在过去有着不同的意义。

总之，"实用主义的梦想"充满了超越传统建筑和艺术表现形式的混合体，可以更好地描述为"文化表现形式"：这也许是将我们居住的城市的过去、现在和未来空间的许多不同方面纳入对话的唯一途径。

---

① "实用主义的梦想"项目得到了英国布莱顿大学和古巴哈瓦那大学建筑项目、古巴英国文化委员会、Batiscafo居住地和英国Gasworks/三角艺术信托公司的共同支持。——译者注

图1 “鼓花”：我们可以让明天更美好。材料：纸上喷墨和丝网，50cm × 85cm。汤姆·菲利普斯，2006年。

我为我们的项目设计的标题“实用主义的梦想”，在我最终访问古巴时得到了充分的认同。作为一个出生在战时，看着英国被炸成废墟的孩子，我知道奋斗的自豪感，也看到了古巴和古巴人民平静的一面。我们对有机农产品的研究不仅给我们上了一堂关于城市再生的课，也给我们上了一堂关于小规模农业重新融入城市建设的“诗学”课（正如我童年在战时进行的“挖掘伦敦的胜利土地”运动时所看到的那样）。在古巴各地旅行时，我看到切·格瓦拉（Che Guevara）写下了鼓舞人心的口号：“今天我们可以开始让明天变得更美好。”当我们开始应对气候变化，团结起来保护环境不受破坏时，这就具有越来越普遍的价值；我们将发现自己置身于第一场全球性的持续革命中，因为每个国家都意识到这场革命势在必行。

——汤姆·菲利普斯，伦敦，2006

在我的童年，我经常听到人们谈论“人类的未来”。那是我五六岁的时候。我属于那一代人——喜欢待在学生的塔拉拉夏令营，喜欢去参观列宁公园。这些地方象征着我们这一代人的未来，我们被称为“2000代人”。这个日期听起来很遥远，对我来说却代表着希望。项目“哈瓦那城：未来”的目的就是让我们今天（20～25年后）回到这些地方，在通往美好未来的旅途中发现它们的新状况。我们下一代人，上一代人和现在这一代人，在一次“反省野餐”（“reflexive picnic”）中相遇，一遍又一遍重复着，我们的未来是每时每刻。不管怎样，20～25年前的未来就是今天，对吧？

——亚历杭德罗·冈萨雷斯，哈瓦那，2006

最近，我对人们满足和实现他们的需求、愿望和乌托邦的方式非常感兴趣，尤其是当这意味着重新规划人们在城市中共享的空间时。在这个系列中，我拍摄了流行运动的街头版本，它们发生在周围是“建筑屏障”（architectural barrieres）的空间里，但参与者的决心（姿势、风格、服装）自相矛盾地使他们更接近职业运动员的理想状态。这个游戏实际上发生在人们的脑海里：只有在那里，足球场的结构叠加在露台屋顶、车库入口或花园上。

——帕维尔·阿科斯塔，哈瓦那，2006

所有古巴人都熟悉“organoponico”，它指的是位于市中心的市场花园，它向城市居民供应当地生产的水果和蔬菜。虽然最初是作为“特殊时期”的紧急措施引入的，但它们为城市如何减少环境影响提供了一种模式，同时也为城市体验增加了一个新的维度。为了实现实用主义的梦想，我们在展览空间的入口区域内，制作了一个可工作的微型有机模型。该装置允许一对一地接触有机作物的一些基本元素——植物、土壤、凸起的床层、水流——并介绍了伯恩和维尤恩关于哈瓦那可持续生产性城市景观的主张。

——伯恩和维尤恩，哈瓦那，2006年

图2　塔拉学校城附近（“Tarará”）.
2005年6月12日，古巴·哈瓦那。亚历杭德罗·冈萨雷斯，2006年。

图3 足球（来自“偷来的空间”系列摄影）。4张照片，
喷墨打印，100cm × 66cm。Pavel Acosta，2006年。

图4　Carlos III 微型有机的种菜装置（由L. Frómenta和R. Martínez协助拍摄）。安德烈·维尤恩和卡特琳·伯恩，2006年。

4 环境影响与都市农业

4.1 多样性

伯恩和维尤恩

CPUL城市概念的核心一直致力于将食物生产对环境的影响减少到最小化，就像迈克尔·布朗加（Michael Braungart）和威廉·麦克多诺（William McDonough）提出的“从摇篮到摇篮”的方法一样。加深人们对都市农业的理解仍然十分重要，那就是都市农业对环境有着积极的贡献。都市农业的可量化和定性的网络非常复杂，既包括那些可测量的，如闭环系统，也包括那些不可测量的，如文化多样性等。因此，我们将回顾2005年《连贯式生产性城市景观》（CPUL）一书中提出的当代城市食物系统对环境影响的数据。以英国为例，我们将把CPUL城市概念更直接地与它在提高城市生物多样性方面的作用联系起来，作为建设多样化城市的基础之一。

食物的生产与消费

在2005年之前，当我们尝试论证有机都市农业对环境改善做出的有价值的贡献时，我们首先关注的是英国现有的食物系统在多大程度上导致了温室气体的排放。与此相反，我们认为在实现季节性消费和收成最坏的情况下，有机农业都可能实现温室气体的减排的目的。但是当时由于缺乏最近的数据，我们只好又回到20世纪70年代的能源消耗强度来估计粮食生产的能源投入。从那以后，我们就对此进行了全面的研究。总的来说，2005年的数据现在被最近的研究证实了。不同研究之间的直接比较仍然具有挑战性，因为它们在计算中使用了不同的参数。最早的一

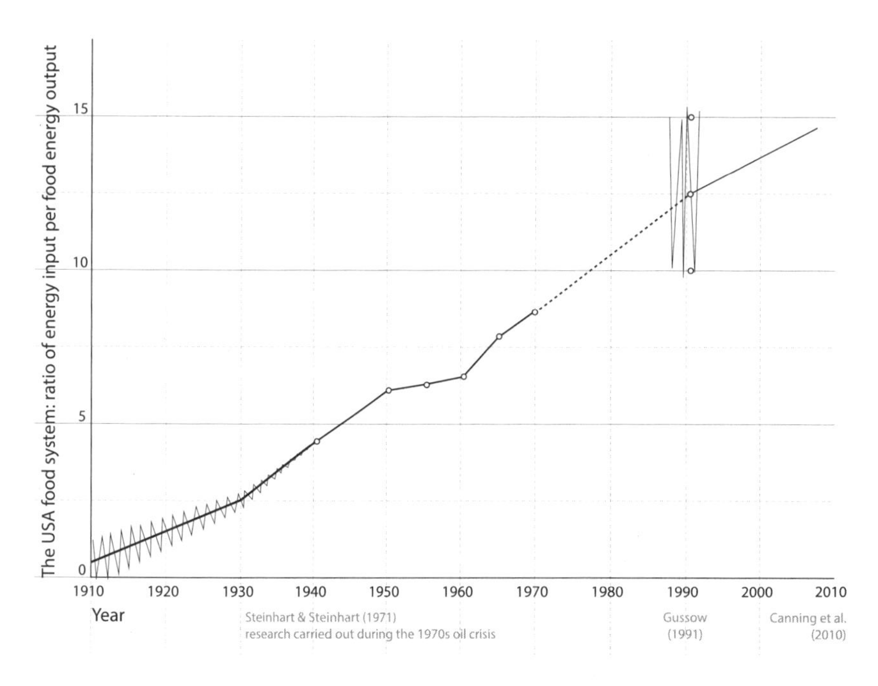

图1 食物生产和生态足迹。这张图表综合了几位研究人员的数据，这些数据显示了美国食物生产的生态足迹在增加，这是以内涵能源（embodiedenergy）为衡量标准的。

项研究表明，食物所包含的能量在不断增加。这是约翰·施泰因哈特和卡罗尔·施泰因哈特在谈到美国农业综合经营方法时提出的。它最初被《连贯式生产性城市景观》一书引用，该数据之后再次被更新，新数据表明这一趋势仍在继续。

为了确定与食物相关的温室气体（GHG）排放数量，我们将研究重点放在了家庭产生的温室气体上。我们得出结论，根据现有数据的平均值，食物相关的温室气体排放与家庭私家车使用或普通家庭能源使用的排放量相似。安吉拉·德鲁克曼（Angela Druckman）和蒂姆·杰克逊（Tim Jackson）最近对英国家庭温室气体排放进行了更详细研究，他们得出结论，食物和餐饮合计占家庭温室气体排放总量的22%左右。他们还记录到，空间供暖和其他家庭温室气体排放（来自家庭使用的能源，但不用于做饭）占24%，而通勤只占家庭温室气体排放总量的8%。由于德鲁克曼和杰克逊使用的方法与我们在2005年（DETR，1998）中使用的方法不同，无法与我们之前的数据进行精确对比。但他们可能更准确一些。该研究还将娱乐休闲作为一种家庭活动，并占家庭温室气体排放量的25%。现在有什么情况变化呢？德鲁克曼和杰克逊的研究数据表明，现在与食品相关的温室气体排放量至少与我们2005年记录的是一样的。值得指出的是，德鲁克曼和杰克逊基于所谓的“消费数据”计算了英国家庭的温室气体排放，这些数据还包括英国以外地区的温室气体排放。比如，在海外种植食品所产生的排放。英国其他的一些温室气体排放研究只包括英国国内实际产生的排放，即所谓的“生产数据”，这些数据将人为地减少温室气体排放总量。此外，德鲁克曼和杰克逊还指出，家庭消费平均占英国温室气体排放的76%，而英国的温室气体排放正日益“离岸化”，即由于消费商品和服务而产生的温室气体排放正在其他国家而不是英国本土产生。如果包括离岸排放，英国的温室气体总排放量正在增加。

碳信托有限公司（The Carbon Trust）的一项研究表明，同时也被罗宾·罗伊进一步分析证实：与食品相关温室气体排放的记录在2005年已经引起了注意。但2005年的数据，与上面提到的“1998 DETR”研究类似，只有基于二氧化碳排放，不考虑其他可能使全球变暖的气体。碳信托有限公司的研究在计算二氧化碳排放时使用了消费数据，因此也包括了英国以外的排放。该研究并没有分析人均排放量或每个家庭的排放量，而是把英国作为一个整体来分析——在英国家庭的二氧化碳排放量中，

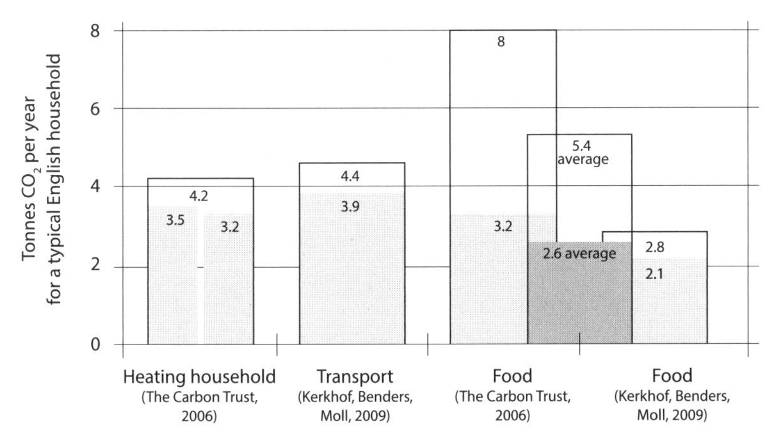

图2 二氧化碳的排放和目前的城市生活方式。对一个典型的家庭中能源的使用与相关的二氧化碳排放量的比较研究表明了两个事实：第一，食物消费占排放量的比例大致与家庭其他能源的使用导致的排放量或交通产生的排放量相当；第二，21世纪前十年的排放量并没有大幅度减少。

食品和餐饮占每年约2240万吨的碳（MtC）；空间加热和其他家庭能源（房子里所使用的能源，不包括做饭用能源）约46MtC；通勤占13MtC。罗伊利用英国碳信托研究的数据来估算一个人的二氧化碳排放量：食物和饮料人均每年约1.07吨（2012）。伯恩和维尤恩在一个未发表的个人分析中估算，2006年，一个典型的英国家庭二氧化碳排放量中，食物和饮料每户每年约3.2吨。

如果我们能够采取措施促使当地和季节性消费最大化，将食品加工减到最低程度，将小型食品采购对汽车运输依赖最小化时，都市农业完全有能力减少食品和餐饮的排放。这样的削减方案是复杂的，其中一些提议在本书中吉林·丹尼（Gillean Denny）写的章节中提到。丹尼认为，在英国，都市农业可以减少与水果和蔬菜相关的温室气体排放高达43%~57%——如果食品购买能将都市农业产品与非城市农产品整合在一起，将温室气体排放量最低的话。我们假设的这些分析结果在北欧和美国是相似的，在一些生长季节较长（即接近赤道）的地方，都市农业有可能产生更大的影响。

饮食文化的多样性

美国的一项研究表明，温室气体的排放主要集中在传统的肉类和乳制品生产中。所以，在理论上，每周一天不食用红肉和乳制品可以减少的温室气体排放量几乎相当于一周内所有食物的食物里程的排放量。这项研究还表明，在美国，对每个家庭的温室气体排放量影响第二高的是水果和蔬菜的消费。鼓励人们参与食物生产（即通过都市农业）可能有助于改变人们选择食物行为（即减少肉类消费），以及增加当地食物产量（即减少食物里程）。减少肉类消费，增加环境可持续的都市农业生产的水果和蔬菜的消费，让都市农业成

图3　不同的都市农业类型的产量。由于城市的具体情况不同，水果和蔬菜产量和所需的城市耕地面积可能有很大不同。

	产量［kg/m^{2}yr］（单位由伯恩和维尤恩建筑事务所制定）	生产每人每天食用的600克新鲜水果所需要的面积	引用文献
自给自足社区中的家庭菜地（德国，20世纪初）	产量未明确，五口之家400m^2	80m^2	Haney，2010（quoting Migge）
由经验丰富的种植者照料的分配租地地块（英国，20世纪70年代）	4–11	55m^2	Leach，1976
分配租地地块（英国，第一次世界大战结束）	4–11	55m^2	Crouch Ward，1998
以粪便为基础的“辅助系统”（巴黎，19世纪）	8–27 注：可与古巴社区花园相媲美	27m^2	Stanhill，1977
密集型有机市场花园（英国，2000年以来）	12–34	18m^2	土壤协会会议，2007
Organoponicos，高产的市场花园（古巴，2000年）	25–68 注：连续的生长季节	9m^2	Caridad Cruz Sánchez Medina，2003

为减少与食物相关的温室气体排放的弹性的解决方案。

有机农业

2005年，我们提出有机农业能减少能源投入，但当时几乎没有已发表的数据量化有机农业的能源效益。从那以后，人们写了很多相关文章。2012年，一篇比较欧洲有机农业和传统农业的荟萃分析（meta-analysis）[①]论文发表了。它得出结论：

> 欧洲的有机农业单位面积对环境的影响通常比传统农业小，但是，由于产量低，对土地肥沃程度的要求高，并不是每一单位的土地对环境的影响都会比传统农业小。结果还表明，两种农业系统的影响之间存在很大差异。没有一个单一的有机或传统的农业系统，而是一系列不同的系统。因此，环境影响的大小更多地取决于农民的管理选择而不是一般的农业系统。
>
> （Tuomisto et al.，2012）

汉娜·图米斯托（Hanna Tuomisto）团队的荟萃分析研究使用了10个子类别来比较有机农业和传统农业，并分析了单位面积和单位产出的影响。结果表明，有机生产有利于土壤有机质和生物多样性，有利于减少磷素损失，促进能量利用。从负面来看，有机生产中氮损失更严重，由于产量降低而需要更多的土地，并且通过渗滤作用，让地下水富营养化。该研究的总体结论着眼于优化农业，使其从每个系统中能获得最佳效果。换言之：根据特定的生产环境实现农业系统的多样化。在撰写本书时，这似乎成为许多学者所接受的观点，并且正在影响政策制定部门。例如英国政府的环境、食品和农村事务部采纳的“可持续强化”计划（Sustainable Intensification）。当然，该计划可能包括纳米技术和重组技术、DNA技术等高新技术的使用政策。但是，正如霍华德·李（Howard Lee）指出的那样，“支持农业生态学（使用生态标准生产粮食，并对小农生计提供最佳支持）的科学家，如阿尔铁里（Altieri）和罗赛特（Rosset）等对该计划持怀疑态度”。

在我们自己的工作中，在响应建筑一体化的设计任务和优化都市农业产量时，我们用诸如水培等非有机系统进行了试验（参见“都市农业的帷幔”和“生长的阳台”）。然而，尽管生态优化的农业系统是有意义的，但是我们仍要坚决抵制有机作物生产的减少。

如果提到最有可能使用都市农业种植的农作物，即水果和蔬菜，那么有机生产要比常规生产更好。有机生产的温室气体排放和土壤酸化都小于常规生产。此外，与常规农业相比，相关报告表明，有机蔬菜产量已从2005年前的66%明显增加到2012年的平均79%。此外，苏克尔（Wijnand Sukkel）领导的一个研究小组引用安妮特（Annette Freibauer）等人的一篇论文，得出的结论是，有机农场每年每公顷可吸收0～500公斤有机碳，这比传统农场要多。

城市设计中的生态集约化

一旦提到前面我们讲过的Defra 2010报告中的“可持续集约化”，我们有一种感觉是，这让那些不公平的，大规模的农业综合企业通过对其业务进行一系列象征性的改变就可以宣称他们的做法是符合“可持续集约化”的，这对于他们来说太容易了。

在“可持续集约化”一词出现之前，我们在1999年伦敦城市可持续性研讨会上提出了“生态强化”的概念。这个概念指的是增加使用可再生自然资源（太阳、雨水、农作物的土壤等），但也涉及加强人类对土地的使用，即“占领”。“生态集约化”优先有机实践，我们在CPUL城市理念中也应用了这一原则。“农态集约化”的概念似乎是“悬而未决”。农学家提顿（Tittonell）和吉勒

① 即对已有研究的研究，类似文献综述。——译者注

图4　CPULs可以支持不同的生态系统。2007年，我们为米德尔斯堡（英格兰东北部海港城市）都市农业的发展所做的机会分布图。图中显示了英语评论《为自然创造空间》中定义的三个组成部分：大型核心站点、连接走廊和较小的踏脚石（红色显示的小的都市农业站点），它们共同构成了一个具有复原力的生态网络。

（Giller）写道：

“生态集约化”的概念是由卡斯曼（Cassman，1999）提出的，用来定义提高以谷物类粮食生产为主的农业生态系统的初级生产力所必需的一套原则和方法。“生态集约化”现在被理解为增加农业产量（食品、纤维、农业燃料和环境服务），同时减少对外部投入物品（农用化学品、燃料和塑料）的使用和需求，利用生态过程来调节农业生态系统初级生产力的一种手段。

（Tittonell & Giller，2012）

因此，在1999年前后，“生态集约化”的概念独立出现在建筑、城市设计、农学和农业等多个学科中。这种潜在的相互依存关系对于促进生产性城市景观具有重要意义。

CPUL、都市农业和生态多样化

2010年，联合国大学[①]高级研究所（the United Nations University Institute for Advanced Studies，UNUIAS）发布了一份关于城市和生物多样性的政策报告，并指出：

……正如城市生态学中相互依存的邻近规则所发现的：多样性越丰富，且“不太可能交往的伙伴”之间的协作越多，生物多样性、可持续性和恢复能力就越大（Hester，2006）。与这个观念有关的是连贯式生产性城市的概念。它代表了一个强大的城市设计工具，以实现当地环境的可持续发展，同时减少城市的生态足迹。

（UNUIAS，2010）

UNUIAS的报告指出，城市尚未成为讨论生物多样性的中心，尽管城市对生物多样性具有重大影响，人们却没有充分理解它们在生物多样性中的作用。

通过简化自然界中非常复杂的相互依存的网络，我们可以说，生物多样性已经“走上”了城市街道，正在迅速离开城市。城市的“生物多样性”由几个大的“有弹性”的物种所主导。多样性的缺乏和加速丧失是城市的一个主要问题，因为人类的所有活动都依赖于自然环境提供的生态资源。在最广泛的层面上，生态资源为人类的生命、健康、经济和文化提供了支持，更具体地说，生态系统直接影响水、食物和物质供应。它是人类幸福的基础。至关重要的是，生态系统通过吸收或反射的方式改变太阳辐射，缓和气候。植物和动物物种的多样性为我们提供了自然资本，一种保险。“保险”有两层含义：一、物种的多样性使不同的植物能够在不同的气候条件下茁壮成长，这是气候变化不确定时期需要考虑的重要因素；二、农业的产量提高和医药治疗效果的提高仍然依赖于新的植物源和生物源。这种依赖性在联合国《生物多样性公约》（联合国1993年）中得到承认，在欧盟委员会的战略文件“我们的生命保险，我们的自然资本：欧盟2020年生物多样性战略”（欧盟委员会，2011年）中得到体现。

一个CPUL城市将为生物多样性城市提供理想的环境。有机都市农业，正如我们前面所论述过的，与传统农业相比，有利于增加生物多样性。CPUL城市空间将在建筑物之间、内部、下面和上面建设生态廊道，并连接更大的板块，包括独立的岛屿。

这种结构最近被英国野生动物和生态网肯定，该网站认为这种结构为自然创造了空间。英国野生动物和生态网由约翰·劳顿（John Lawton）领导的团队创建，他们将创建一系列不同大小和类型的高质量网站。他们的战略设想了一个由核心站点组成的生态网络，由缓冲区、野生动物走廊和较小的踏脚石站点将整个网络连接起来。该网络其中一个关键概念是“连贯和弹性”，这与CPUL城市目标相匹配，即在一个连续

① 联合国大学，也翻译为国际联合大学，成立于1973年，是联合国的学术和研究部门。自2010年以来，联合国大学已获联合国大会授权授予学位。——译者注

的空间网络中可持续地引入都市农业。劳顿的报告证实了UNUIAS报告的论点，即城市还不是生物多样性讨论的核心。开放的城市空间和新的生态站点将成为城市生物多样性建设的重要阵地。例如，UNUIAS报告继续鼓励“提供良好的城市绿地和功能性水生物种栖息地网络”，以及“促进城市地区生物多样性的本地化的可持续性生产方法”（UNUIAS，2010）。报告还提出城市食物系统的农业生态管理是加强生物多样性保护的一种措施。

环境、食品和农村事务部（Department for environment，Food and Rural Affairs）出版了一本关于英国未来自然环境的白皮书，概述了政府对未来50年的愿景，以及实现这一目标的实际行动（Defra，2011）。该报告指出，“正确地认识保护自然是实现绿色经济和增长经济的关键，对保护自然的投资不仅是为了我们，也是为了我们的孩子的孩子”。这与生产性城市景观理念中对经济的理解非常吻合。白皮书还主张采取跨部门合作的方式，下放地方行动权，引入一项关键改革——“生态协调规划，保护和改善自然环境作为规划系统的核心目标”。

除了生产性城市景观或其自然资本带来商业机会之外，开放空间有其自身的经济利益。劳顿的团队注意到了这一点：

> ……那些居住在步行500米以内就可到达绿地的人，达到每天建议运动量的可能性高出24%；而只要那些久坐不动的人减少1%，英国就可以减少发病率和死亡率，这将减少14.4亿英镑的损失。
>
> （Lawton等，2010：6）

相对于花费6亿~11亿英镑之间的成本，建立一个连贯的、有弹性的绿色网络，从长期收益看来是非常值得的。特别是绝大多数人口集中生活在城市，人们越来越需要这种城市网络。我们可以得出这样的结论：生物多样性能够提供或支持城市人们迫切需要的生态系统服务，它可以通过创建“更多、更大、更好连接点的”有弹性的、连贯的生态网络来实现。

执行方面的挑战和行动

通过采用多利益相关者的方法，实现连贯和可持续的城市网络，即为自然创造有利的空间，我们所面临的挑战不应被低估。我们应该重新考虑空间在城市里的经济价值，这既包括建筑物内也包括建筑物上的。在文化上，这需要我们改变对城市、市民、农场和乡村的理解。

在英国，一些城市开始制定促进城市生物多样性的计划。布莱顿和霍夫市议会的促进生物多样性计划为中等城市如何做到生物多样性提供了一个很好的例子。计划指出，市民在表达什么影响城市新空间视觉时，“公园、开放空间和生物多样性”排名第三，排在之前的是交通和可持续性（BHCC，2013：6）。同时，可以在计划中确定差距——森林草场、林地、果园和传统有机都市农业不包括在该计划内。该计划试图推进一个蓬勃发展的社区参与性的食物种植计划。布莱顿和霍夫市的促进生物多样性计划认为，集约化农业是对生物多样性的一种威胁，目前的农业环境则可能是一种机遇。该计划的下一步是将这些初步结论结合起来制定一个空间计划。

在本书中，CPUL城市实践的一个目的是：参照欧盟的生物多样性战略，规划出一种“鼓励研究人员和其他利益相关者之间的合作，共同参与空间规划和土地管理，实施各级生物多样性战略，确保相关建议在欧洲各国议程上的一致性”。布莱顿和霍夫市的促进生物多样性计划可以看作是CPUL理论里的两项实践的应用：制定详细的都市空间容量清单；应用自上向下和自下向上的原则推进计划。

按照这里提出的思路，如果我们采取一种对环境产生积极影响的方法，解决资源利用、生态足迹、环境遗产等方面存在的问题，我们可以创造一个越来越富有的城市。在这样一个城市中，生物多样性、能源多样性、基础设施多样性、文化多样性、产量和空间多样性都在建设可持续城市中发挥着作用，而且各种多样性都可以在不同的饮食文化中相互交汇。

4.2 水、土壤和空气

列斐伏尔指出，自然随着城镇或城市的建立而消亡（1976年），这种说法可能并不完全正确。因为许多自然元素仍然是城市环境的组成部分。有时，像蜜蜂或特定的植物群落，它们在城市可能比在农村生活的更好，长得更茂盛。

所有这些“自然”对于都市农业的实践都很重要：食用植物生长所依赖健康的生态环境，包括其他植物、阳光、空气、雨水、水、土壤、矿物质、昆虫、蠕虫和人类等。都市农业面临的三大主要挑战因素：水、土壤和空气。

都市农业与城市污染

在传统农业中，使用杀虫剂和转基因作物对人类健康的长期影响引起了人们对有机运动的关注。同样，城市污染的潜在影响也引起了人们对都市农业应该在哪里以及如何进行等问题的关注。

目前，对土壤毒性的研究和对都市农业用地的具体指导还很少。在荷兰，一份由森特（Senter Novem）提供的报告中概述了土壤，包括城市食物种植土壤的化学质量评估方法。荷兰住房、空间规划和环境部（Ministry of Housing，Spatial Planning and the Environment）的一份报告发布了关于土壤不同毒素含量的具体指南，其中附录6是关于都市农作物土壤的化学毒素含量的可接受范围。

但是这份荷兰的报告是针对毒理学和植物生物学方面做出的。因此，对于实践者、规划人员或设计人员来说，要全面了解相关情况或确定可靠的经验法则是非常困难的。

污染物可能存在于土壤、水或空气中，毒素可能积聚在植物组织中。令人惊讶的是，由于空气中的沉淀物，植物表面可以找到相对高浓度的毒素。在评估有毒残留物时，重要的是要考虑到这些植物的哪些部分以后会被吃掉。柏林的城市规划师兼土壤科学家克里斯蒂安·霍夫曼（Christian Hoffmann）认为，某些谷物或果树的叶片中积累了毒素，但它们的谷物和果实却相对干净。此外，有些植物，如玉米和土豆，被认为是“排除器”（excluders），即它们的体内毒素浓度通常低于周围土壤。而其他植物，如莴苣或菠菜，则是蓄能器，即它们的体内毒素浓度较周围土壤高。为了准确评估污染带来的风险，我们有必要对当地的污染水平进行评估。经验表明，在一个城市，甚至在一个特定的地点，其污染水平都可能有很大变化。污染对于城市的潜在影响，尤其是空气中的污染物，人们的态度大相径庭。我们从城市食物种植者和消费者那里听到的一个普遍反应是，如果人们准备呼吸城市空气，他们就应该做好准备：吃种植在干净土壤中的城市作物。

1976年，麦吉尔大学“最低成本住房小组”（Minimum Cost Housing Group）的研究人员在蒙特利尔发表了他们的研究成果，该成果是关于城市农业和污染的首批研究成果之一。

这项研究使用了一个屋顶农场作为试验场所。该农场有250个种植容器和各种辅助设备，如；阳畦等。该农场帮助对城市农业感兴趣的人们探索食物种植。作为这项为期两年的研究的一部分，“最低成本住房小组”进行了一些试验，以确定屋顶农场的少数作物和传统农村农场的类似作物中铅和镉的含量。小组对照分析了从蔬菜水果商出售的类似作物，以及屋顶容器和农村农场的土壤。1976年，他们得出的总体结论与今天的研究结果不同的是，“这两组测试似乎没有显示出总体趋势”。也许该研究能得出的唯一结论是，在食用多叶蔬菜之前应该清洗以减少污染物（Alward et al.，1976）。

加拿大作家、环境设计师戴维·特雷西（David Tracey）在他的著作《都市农业：新食品革命的理念和设计》（Urban Agriculture：Ideas and design for the new food revolution）中提出，生活在城市中的人们无论吃什么食物，都会接触到毒素（2011）。他引用了一项研究，该研究评估了美国波士顿市141个种植食物的后花园。这些花园用凸起的种植床来减少花园土壤中铅的污染——这些铅可能来自于房子上的油漆。该研究发现，在过去四年里，土壤中的铅污染水平有所上升，这可能是由于周围污染土壤中飘散出的细粒铅尘所致。然而，在这个例子中，在食用了种植床上的农产品的孩子中，只有3%的儿童每天接触到铅。

特雷西还注意到一项未公开的研究：尽管所有加拿大人的血液中都含有一些铅，但相对于30年前（约1980年）含铅人口比例已经大大降低。30年前，25%的加拿大人的血液中含有有毒的铅，而到2010年，这一比例仅为1%。这表明针对有毒物质的公共卫生项目确实是有效的。从长远来看，这对都市农业来说是非常积极的消息。

荷兰Alterra的瓦赫宁根大学高级研究员保罗·罗肯斯（Paul Romkens）的研究也支持这一发现："……在研究中，我们认为尽管铅（100~800 ppm）或汞（3ppm）等金属含量有所上升，但风险是可以接受的，这意味着暴露的危险仍远低于临界值。"罗肯斯进一步指出，"在欧洲，因交通产生的空气污染物的沉积已经大大减少。目前，农作物的有毒金属含量水平在很大程度上受到土壤有毒金属水平和其特性变化的控制"。不过，他也强调"除（痕量金属，trace metal）沉积外的其他因素也重要"，这些因素将在本章的后面部分进行讨论。

被污染的土壤与空气

如果土壤、空气和水是干净的，那么庄稼就会是健康的。不幸的是，并非所有看起来健康的作物都是在健康的条件下种植的。例如，有毒的土壤可以在一些意想不到的地方发现，土壤污染物和污染的范围可能很大，即使是很小的一个污染源。此外，并非所有的作物都以同样的方式从生长环境中积累毒素。例如，生物利用度是重要的，它取决于ph值或腐殖质和黏土含量，并且是生物体特有的。这意味着同一地点的不同植物的体内可以积累完全不同含量水平的同种微量金属。据罗肯斯说，污染地区形成的一个重要因素是，雨水（飞溅）或尘土（干燥天气的情况下）附着在植物上，特别是对长期种植的作物或长有复杂或蜡状叶子的作物，如卷曲羽衣甘蓝等。这个理论不仅适用于农作物，在一定程度上也适用于草药的。对大多数城市农民来说，仍然存在的问题是，由于缺乏可接受的操作指导方针，他们只能通过投资购买昂贵的土壤、水、空气和随后的农产品测试来弥补农作物中的毒素问题。

目前，有一些关于个别污染物对城市农作物影响的研究。例如美国埃文斯顿大学领导的关于城市环境下食物中铅污染的实地研究。玛丽·芬斯特（Mary Finster）为首的研究人员发表了他们的详细研究，并对城市园丁提出了切实可行的建议。他们的建议包括使用建筑物和大面积植被作为交通污染的屏障，或使用覆盖物或杂草防水布来防止空气污染。虽然这些文献都是经过充分研究而做出来的，但它们却非常分散，因此很难被发现，而且可能不适用于其他区域。

在编写本书时，欧洲联盟的条例中只有针对水果和蔬菜在收获并可供食用时的铅、汞和镉的最高浓度标准。然而，城市农民却在寻求专门为农村农场制定的耕作标准的指导意见。2009年，对欧洲内部的有机规则和认证标准的概述已经做出，并作为欧洲联盟资助的研究项目CertCost的一部分。

从该研究创建的在线资源库可以看出，空气污染对于农村有机农业来说并不是一个主要的危害，人们主要的关注的是如何避免受到人工农药和转基因作物的污染。然而，CertCost资源库也包含了两份关于有机标准的参考资料。这两份资料就种植与繁忙道路的毗邻关系提出了具体建议：一份来自瑞典，即KRAV标准（2006），用于食用作物；另一份来自奥地利，即奥地利生物通用标准（the Bio Austria General Standard，2006），用于草药。

在CertCost资源库中，伊娃·马特松（Eva Mattsson）写的一篇文章将KRAV标准概述如下：

> 种植和储存产品的地区应该定位，确保生产不受污染，以免这些食物或饲料的生产价值减少。食物作物生产区应该设置离繁忙道路25米以上。繁

忙道路是指每24小时有3000辆以上车辆通过的道路（2006）。

马特松接着指出，“欧盟第2092/91号条例关于检验要求中，其中有产品污染风险的一般要求，但检验并不是在生产过程中。”马特松得出结论说，这一领域的相关研究很少。这样的研究不应该仅仅针对有机产品，对常规产品的研究也应该得到关注。

“奥地利生物通用标准”更多的是针对有机草药的生产。该标准主张有机草药生产区应避免设置在“靠近人口稠密地区（城市）”；与使用频繁的道路（高速公路、高速公路、主要街道）等的距离至少50米，并建议生产区周围种植保护树篱。如果适用这些标准，这就相当于把所有草药生产排除在城市之外，从而使预防原则极端化。当然，这项建议明确指出有机草药种植不适用于非常繁忙的道路，即多车道公路。这必须与实际城市地点相对照。下面提到的一项研究发现，在柏林中部距离道路较近的地方种植的草本植物罗勒（basil），其重金属含量低于柏林大卖场出售的罗勒。

2009年，受到CPUL理论的启发，植物生态学家塞缪尔（Ina Saumel）和他的同事们在柏林科技大学建立了一个研究项目。该项目从28个城市收集各种蔬菜样本，并分析这些产品潜在的有毒微量金属浓度。该研究发现，超市的产品——总体上，但并非所有超市产品——的毒素水平都低于在实验中分析的城市种植的农产品样品。例如，城市里种植的大头菜、青豆和罗勒的微量金属含量普遍低于超市产品，而其他都市农业生产的作物——西红柿、胡萝卜、土豆、白卷心菜、旱金莲、欧芹、百里香和薄荷——的含量可能要高得多。研究还发现，某些作物被认为是低（例如一些豆类）、中（例如植物的根系）和高（例如叶状植物）的毒素积累器，这似乎并没有明确的相关性。也就是说，豆类植物不一定吸收毒素较少，叶类蔬菜也不一定含有比其他蔬菜更多的毒素。这项研究没有测量在城市作物生长的土壤中发现的毒素，因此不知道污染是由土壤还是空气中的污染物造成的。

然而，这项在柏林做的研究根据成年人和幼儿平均每天的水果和蔬菜的消费量，估计了人们食用都市农业产品所产生的平均接触痕量金属的情况。作者利用世界卫生组织关于建议的铜、锌、镉和铅限制摄入量为参照，发现成年人平均每人摄入胡萝卜、西红柿、白果、甜菜和土豆各100克，分别占每日锌、铅、铜和镉限制摄入量的3%、17%、5%和5%。六岁以下儿童每人食用以上的每种蔬菜各50g，分别占每日限制摄入量的6%、35%、11%和10%。

人们发现，在花盆中种植的作物（有人用的是进口土壤）比直接在土壤中种植的作物污染程度更高。霍夫曼（Hoffmann）指出，这种情况是可能发生的，因为植物的根部如果更密集地扎根在花盆的狭小空间里，可能会比在露天种植时吸收更多的毒素。据霍夫曼说，在开放空间种植的植物可以生长出更深的根，从而避免了土壤中更高浓度的毒素——土壤中的毒素往往集中在表土。植物中毒素浓度的另一种解释是，可能是使用或添加了商业花园土壤。因为堆肥可以加速对痕量金属①的吸收。或者，根据霍夫曼的说法，“（这些土壤）本身可能含有更多的污染物”。此外，荷兰开展的一项研究表明，高浓度堆肥可降低土壤pH值：非堆肥土壤的pH值为6.5—7，而高浓度堆肥土壤的pH值为5.5，这将导致重金属的吸收量更高——但这并不是关键要素。

关于柏林的研究结果，塞缪尔及其同事得出结论如下：

> 正如从事人类健康和生态毒理学工作的几位同事指出，对这一问题的研究非常缺乏，许多指导方针需要重新评估……他们认为，作为预防措施，（食品毒素含量）水平必须低于实际规定的水平。此外，临界水平是因人而异的，是非个别化的数

① 痕量金属（trace metal），是指含量极少（含量等于或小于10e—6ppm）的金属。——译者注

据，因为这取决于消费者对这些微量金属或其他污染物的总体接触量，以及其自身的健康状况和身体素质（2012年11月）。

在柏林，人们发现，毗邻道路种植会增加作物中的痕量金属含量，但“种植地与道路之间存在障碍物会大大降低作物体内微量金属含量”。这一结论与上述关于道路距离的有机生产建议相呼应。两者都有相似之处：它们提出的空间解决方案都是最好设计出一道屏障——可以是一道篱笆，也可以是一座建筑。对于目前在交通负荷较高的城市中种植作物的城市农民来说，这是非常重要的。作为屏障的建筑物不仅可以减少空气污染，还可以为农民提供一定程度的安全保障。此外，庭院——在我们的例子中，是以建筑为界的场地——是一种成熟并且成功发展了都市农业的城市空间类型。在更开放的环境中进行都市农业种植时，周边种植不可食用植物可以为食用植物提供保护。

有效减少交通导致的空气污染所需的确切隔离带种植面积或距离尚不清楚，柏林的研究建议使用距离似乎少于KRAV标准所倡导的距离。KRAV倡导繁忙道路的隔离区域最低25米。霍夫曼证实，篱笆作为屏障已被证明是有效的，但建议这些篱笆呈需阶梯状和多行种植，以便过滤不同高度的粒子。例如，对于树枝编的围篱而言，半米的高度是很理想的，因为传统的树篱通常是裸露在地面上的。此外，重要的是不要用这类树篱堆肥，因为会有潜在的污染（2012年9月）。

在不确定性的情况下，我们应寻求合理的建议。但正如罗肯斯所言，这种建议的范围从“做你喜欢的”到“不要在花园的特定地方种植某些农作物（如绿叶）”，再到“在更合适的地点之间种植花卉或用作人行道”（2013年3月）。

水与水质

关注供水问题，我们的研究集中在三个国家的案例研究（英国、美国和德国），因为这三个国家的大多数都市农业场所都有或可以提供水。然而，世界卫生组织指出，世界上每三个人中就有一个人缺乏满足日常需要的水。在全球范围内，随着城市的扩张和人口的增长，以及农业、工业和家庭对水的需求增加，这一问题越来越严重（WHO，2009）。在未来，许多城市预计将面临缺水的困境。因此，如果都市农业要大规模发展，那么高效的灌溉系统、水循环和雨水收集等技术都是未来的关键技术。

许多户外都市农业用地主要依靠雨水灌溉。除特殊情况外，雨水是干净的。有灌溉需要的城市农民通常（或可能）会收集雨水供以后使用。现在，已经有专门的公司致力于为城市农民提供雨水收集系统，从小规模的家庭用系统到大规模综合的储存装置都有。

对于某些雨水储存系统，如雨水蓄水池或滴流区，根据专家的意见，这些系统可能会收集污染物。那些用来浇可直接食用的农作物的水，应该将其储存在达到食品级质量标准的容器中。许多城市当局和环境机构向国内或社区用户提供雨水收集系统安装的指导。他们还指出了一些容易被忽视的问题：一些建筑材料可能有毒，例如铜覆盖屋顶或用杀菌剂或除草剂处理的屋顶；某些屋顶表面可能积聚空气中的污染物（灰尘），这些污染物随后被冲进雨水供应系统。霍夫曼指出，如果从污染或污染严重的表面收集雨水，并将其用于灌溉相对于郊区农业而言小得多的种植区，则都市农业种植区可能会成为集中毒素的区域。

如果雨水无法收集或收集不够，英国、德国和美国的食物种植项目通常会依赖当地的自来水系统。在此，都市农业的用水就可能需要与市议会当局或某一特定地点的邻居达成协议。水源的另一种替代方法是利用地下水或井水。如果要利用地下水，我们就要知道地下水的水源和地面条件。霍夫曼建议，建立针对有机和无机毒素以及它的微生物含量的水质标准是非常重要的，因为潜在的污染可能源自于之前的或邻近的污染源。

水利用和土壤替代的环境平衡是都市农业社区尚未广泛讨论的一个方面。霍夫曼警告说，我们如果因为土壤受到污染而选择在容器中种植作物，这会导致更高的用水量。因为毛细作用使得植物本身水分缺乏，水培植物的蒸发表面比在地面上生长的植物更大。

在许多城市，雨水径流是一个令人关注的问题，因为它有可能使下水道溢出，将未经处理的污水排放到水道中；或这在经过受污染的表面后被污染。以土壤为基础的都市农业无论是在地面上还是屋顶上，都有吸收降雨、延缓和减少过量径流的潜力。我们必须认识到这一点。有证据表明，绿色屋顶的雨水保持率估计为250~500毫米；深绿色屋顶每年能保持70%的水分（FLL，2008）。但尽管如此，以土壤为基础的屋顶农场并不被纳入相关扶持政策，不被作为雨水基础设施计划的一部分。例如，2011年，纽约没有将屋顶农场归类为吸水型农场，尽管安装通用“Sedum”型绿色屋顶的业主可获得减税优惠。

以土壤为基础的都市农业的未来

除了对土壤进行实际化学分析外，我们还可以通过审查这个场址以前的用途，观察空气污染的潜在来源，例如是否邻近繁忙的交通或化工厂等，来找出土壤质量的最佳指标。根据霍夫曼的说法，对土壤分析的下一步是研究混合着木炭、玻璃或塑料的土壤：“建筑瓦砾、焦油或炉渣是污染土壤的明显标志——虽然我们没有看到任何毒素，但并不意味着没有。”如果我们关心土壤问题，我们就应该对土壤进行分析，并委托专业人士编写一份专业报告。如果我们已经知道食物种植区的土壤曾经受到过去工业活动的污染，标准的解决办法是：使用装有清洁土壤的凸起的植床种植作物，用薄膜将其与地面的土壤隔离开来。土壤是可以替换的，但却很昂贵。

在缺乏可用土壤的城市地区，许多都市农业者——其中包括都市农业企业“生长的力量”的创始人威尔·艾伦提倡从城市堆肥中创造土壤。这既减少了运输土壤的环境和财政问题，也避免了从另一个地方流失肥沃的土壤。但堆肥需要时间、空间和设备来收集和发酵废料。堆肥的质量在很大程度上取决于其成分。

例如，使用道路两旁树木的叶子来堆肥会导致严重的污染（Ehrig，1992）。堆肥虽然简单而直接，但在规划和实施过程中需要小心谨慎，以确保：第一，废料是无害的，第二，进行堆肥的过程正确，并消灭潜在的病原体。现场堆肥应该使其产量符合计划的种植规模。

罗肯斯在评估露天种植的都市农业作物未来潜在的风险时说：

在欧洲，因交通导致的空气污染物的沉积量已大大减少……［今天］我更担心的是交通造成的有机多环芳烃（PAHs）沉积，而不是金属。多环芳烃是已知的致癌物，可导致身体发育异常。我们对多环芳烃的了解并不多。我们证明了土壤中的多环芳烃含量（在本例中来自被污染的矿井废弃物）远不如（空气中的）沉淀物对有机物的影响大。在被污染的废物上种植的作物中多环芳烃含量通常低于在城市环境中种植的作物。我重申一下，我所说的绝对水平很低，但这都是相对的。但这却告诉了你一些关于这个过程的东西。最后，我希望看到对城市土壤进行真正的人类接触风险评估。这包括暴露于来自于许多来源的毒素环境中。对于土壤来说，这里所说的“暴露”将包括被直接吃掉的（如被一些儿童吃掉）和通过吃农作物间接吃掉的。我们最近调整了（我们的）［吸收］模型，因为——对于铅来说（也包括DDT之类的物质）——它太保守了（也就是说，它假设吸收速率过高），导致土壤中的浓度达到了百分之120（ppm）。这意味着超过90%的荷兰内城市地区会有风险，这简直是一派胡言。根据2010—2012年收集的数据，这一水平随后提高到大约500ppm，这仍然是保守的，但减少了用户不必要的担忧和清理土壤的浪费。这听起来好像我提倡非常宽松的土壤政策，但事实并非如此。我只是试图从土壤、作物和暴露评估的数据中找到人们不得不担心的实际水平。到目前为止，这种详细的管理计划还很少（2013年3月）。

霍夫曼认为目前的污染模式是保守的，但他认为这是有充分理由的，因为大多数物质都是在一种单一因果关系的方式下研究的，所以当这些农作物被食用时，可能会导致消极的后果。指导方针的数量主要是政治性的，通常与去污染的成本有关。

这些不同的观点可以清楚地看出，都市农业需要纳入更广泛的环境战略，例如旨在减少植物和人受到的空气污染或增加生物多样性，以及更全面地提供职业选择，例如使人们能够使用他们的城市土地。同样清楚的是，都市农业可能是“城市清洁”的一个有利因素或重要组成部分：更好的空气、更好的土壤、更好的水、更好的食物，简而言之，更好的生活方式的选择，以求更美好的未来。

取代土壤

水培技术是除土壤介质以外的一种高效种植水果和蔬菜的方法，它将养分直接提供给植物的根系。水培使用控制的技术系统，其中包括养分的选择和优化生长条件。虽然水培技术不被认为是有机的，但它的优势在于对水和植物饲料的高度控制和使用。

与传统的以土壤为基础的种植相比，水培技术经常被推荐的好处主要在于它能大大提高产量，减少用水量，并将杀虫剂用量减到最少。温室通常为植物提供一定程度的保护，使其免受空气中污染物的污染，就像筛网种植一样。但对于室内的水培植物来说，这种“保护性种植”是常态。从CPUL城市的角度看，水培的明显效益是低重量，使它能适合于无法承受土壤重量的空间，如某些屋顶或垂直/悬挂系统等。这种节省重量的技术简化了建设一体化农业的结构需求，尽管土壤更容易成型、更便宜，而且不需要从事种植的劳动力具有高技能。水培也可用于无法接触土壤的地区种植，例如铺好的城市地区，或有毒土壤的地区。如果水培系统能依靠雨水收集系统供水，减少其自来水的用水量，那将是水培系统的一大优势。水培系统可在国内或商业上使用，霍华德·雷什（Howard Resh）的出版物为这两种规模种植提供了广泛的信息资源。

关于水培的实际食物产量，雷什的番茄产量报告经常被引用：“土壤种植每英亩能产5~10吨，但水培种植每英亩产量能达到60~300吨”。新西兰一家水培设备供应商和网络顾问原则上支持这一观点，指出“水培作物的产量和轮作通常比在同一环境中肥沃土壤中种植的作物产量高得多。”这在经济上很重要。

与水培相关的是更为古老的养鱼文化，养鱼业被认为是“发展最快的动物食品生产部门”。养鱼业很快将提供全球一半以上的海产品供人类食用。

传统的水产养殖使用大量的水，主要是为了保持鱼类的健康，避免鱼类排泄物（如氨）产生毒素。另一方面，水培系统依赖于通过灌溉的方式不断供应加工过的化学饲料。现代水产养殖结合了这两个系统的特点，试图创建一个近闭环系统。在鱼菜共生的复合养殖系统中，我们利用植物吸收鱼的废弃物作为生长的营养物质，同时也清洁了水，使其循环利用。在撰写本文时，该系统仍处于开发阶段，并进行了一些改进，但同时，鱼菜共生系统已经建立了大量的项目，包括在密尔沃基广为宣传的两个案例：“生长的力量”组织在一个废弃的铁路车间里建立的鱼菜共生系统；“甘甜的水”有机公司在一个废弃的铁路车间，建立了试验性的大规模饲养实验室。另外还有一个在完全不同的规模下运作的项目：伦敦的“农场：商店”（Farm：Shop）农场。该项目将一个英国典型的、家庭性的梯级建筑转变为一个多用途的生产中心。

用于鱼菜共生复合养殖（或任何其他室内养殖）的建筑往往不能提供农作物所需的最佳生长条件，因此严重依赖人工照明，有时需要临时隔热或保暖措施。目前，技术人员正在完善和促进该技术系统的发展，目的是建立完全不受日光和自然通风影响的水果蔬菜综合生产基地。该技术系统将LED技术应用于养殖基地的照明。在这种环境中，农作物的营养物质的供应也将受到同样的控制。开发这些系统的人们期望它们非常高效，但这个期待是要建立在确切地知道植物最佳生长环境的具体要求的基础上。最重要的是，与传统有机耕作相比，这类系统消耗大量的电能。

在编写本书时，我们还无法确定这类系统能否达到投入和产出之间的总体能量平衡。在建筑方面，这种策略类似于20世纪的密封、全空调和受控环境模式，这种模式经常被批评为能源效率低下，并引起人们的病态建筑综合征（sick building syndrome）。除了技术上的效率之外，鱼菜共生复合养殖系统有基本的环境要求，这就要求特定建筑的解决方案。这些解决措施包括充分利用日光、利用可再生能源、利用雨水收集系统、利用自然的热效率等，以及建筑结构上的改造，以支撑放置装满水的非常重的鱼缸。在城市条件下，建筑物的光线充足的垂直部分可以用来种植物，这样屋顶空间和其他立面就可以建成自然照明的温室，地下室可以放置有保暖功能的鱼缸。

对鱼菜共生复合养殖系统的实践性研究和测试正试图从学术和商业的角度探索收益问题。经济上的研究目前主要集中在北欧国家和加拿大。这些研究评估了复合养殖系统的潜在利益和面临的经济挑战。他们得出结论，鱼菜共生复合养殖系统提供了“双赢”的共生闭环系统。这项研究与CPUL的概念相关联：第一，它是基于真实的现场研究；第二，它包含了一个零排放（Zero discharge）的复合养殖系统模型。“零排放”指的是没有水从系统中流失，这一点很重要。因为养鱼场即使使用高效的水循环系统，但水箱每天仍然需要补充高达10%的水。这样的淡水需求量是非常大的，特别是相对于城市地区而言或仅仅使用收集的雨水作为供应淡水的情况下；第三，这些研究得出的结论是，与传统的水培系统相比，鱼菜共生系统生产的蔬菜味道更好，数量更多。而且“为了使这个行业可持续发展，我们有必要建设一些中小型的农场，既生产鱼类，也生产供应本地或地区市场的新鲜蔬菜。”这就意味着该技术应该使用“低技术”，这样农场能负担得起。这种中小型的农场，在经济上是独立的，可以成为餐馆或食堂食物供应的一部分，很适合CPUL城市发展的需要。特别是如果我们想要发展建筑综合养殖系统的话，这种中小型农场最为适合。

复合养殖和水培系统都有潜力为城市的人们提供高效和多样化的营养来源，也有潜力从小型家庭生产扩展到大型商业化生产。这些系统有可能接近于零废物排放。但是，这些系统在生产中受到高度控制，需要工人的密切监控，而且不像以土壤为基础的有机农业那样具有弹性。土培有机农业的产量和质量相对而言更难掌控、但更容易被人们接受。此外，生活在水产养殖场的鱼需要保持健康，最好不用药物治疗。

未来，水培和复合养殖可以沿着两条不同的路线发展：一是沿着以集约型的、以最大盈利为目标的、以先进的生物技术方法为基础的发展路线；二是沿着较少利用高科技的方法，更紧密地与现有的自然和本地生物联系在一起。无论采用哪种方式，复合养殖和水培技术都可能比土壤栽培需要更高的机械化和更严格的监控系统。对于任何需要人工照明或温度控制的室内系统来说，投入和产出之间的总能量平衡，可再生能源和非可再生能源之间的投入和产出，都需要仔细评估，以判断它的整体效率，特别是在能源稀缺的情况下。

在可预见的未来，基于土壤、水培和复合养殖的都市农业系统可能会并行发展。鉴于目前我们对各种系统测试方法的丰富性和多样性，每一种养殖系统都将很快——如果不是已经——能够适应高效利用能源和资源的要求，为市民提供与其特定生长地点要求相对应的健康、无污染的产品。由此，生产性的都市景观可以实现真正的“连贯性”：进入城市的田野和街道，往上发展到建筑的正面，在屋顶上，在甲板上发展；往下发展到地面的基础设施上；由城市延伸到农村，再从农村进入城市的田野、公园、街道；接着再往上发展，往下发展；然后再延伸出城市，链接农村，并贯穿于一年四季……

4.3 规模经济：都市农业与集约化

吉林·丹尼（Gillean Denny）

目前，英国新鲜农产品消费所产生的温室气体占英国农业总产值排放量的30%。目前，40%的英国食品供应依赖进口。无论一个家庭的地理位置或经济地位如何，限制新鲜农产品消费对环境的影响对任何家庭来说都不是一件容易的事情。幸运的是，对西红柿、土豆和苹果的生命周期分析表明，减少温室气体排放的责任不仅在于生产者和消费者，还在于城市环境。

无论何时何地，我们的综合性全球食物系统都可以提供反季节（out-of season）的农产品供我们选择。这意味着生产方法、包装、运输、储存和采购都有可能影响到达餐桌之前的食物的温室气体排放量。多年来，人们使用了许多方法来减少等式中对生产者和消费者的影响，取得了不同程度的成功。这些措施包括创造更有效的生产方法、发展替代性运输和储存方法，以及鼓励消费当地和季节性作物。都市农业不仅结合了这些战略，而且还发展了城市或城镇本身可以参与、限制总体粮食环境影响的途径。然而，参与都市农业行动者的类型和城市环境的密度将直接决定这种做法的有效性。

作者在2012年的一项研究中，调查了英国目前新鲜农产品的消费情况。研究结果认为，根据城市密度调整都市农业的规模可以减少新鲜农产品温室气体排放量。本研究将都市农业分为直接的都市农业和间接都市农业。直接的都市农业包括分配租地和花园菜地的种植，生产者也是消费者。间接的都市农业是指较大的商业性农业企业，消费者从当地的城市农场、市场或蔬菜盒计划购买都市农业的产品。这两种类型的都市农业都适用于东盎格利亚和大伦敦区里的三个密度不同的区域：城市（urban/city）、城镇（town）和郊区（suburban）。目前，相关部门对消费新鲜农产品所导致的排放量进行了估计。这项研究是为都市农业的从业人员而做的，因为他们与现有的便利设施和消费实践之间的关系对于来自这三个不同密度区域的居民而言是独一无二的。

这些发现为当前的都市农业实践和未来的城市消费模式拟定了最佳条件。研究表明，降低温室气体排放量不仅要求“通过”都市农业来实现，更要求人们参与到都市农业行动中来。而且，英国家庭可以通过对现有系统的有效利用，在非生长季节保鲜自己喜爱的农产品，这样能将每年的新鲜农产品总排放量减少57%。

生命周期分析的复杂性

对一种产品或活动相关的温室气体排放量的广泛分析称为生命周期分析（Life-cycle analysis，LCA）[①]。食物的生命周期分析始于原材料，以产品使用过后对剩余部分的处置作为最后环节。由于农业生产的主要排放不是以碳为基础的（37%的甲烷和53%的氧化亚氮），因此农业排放应该包括多种形式的温室气体排放。多种温室气体排放量可以用CO_2e来表示，其单位与CO_2气体的计算单位相同，这样我们就可以确定这些多种气体的温室效应了（Global Warming Potential，GWP）。所有与食物相关的生命周期分析，即对食物的温室气体排放量（emission burdens）的分析可归结为三个阶段：耕种前期（pro-FG）、耕种后期（Post-FG）和消费期。这些阶段的排放量由于生产类型、经营规模、采购来源、消费者的采购手段和每年的时间段而有所不同。尽管消费排放很重要，但生产阶段的排放（包括耕种前期和耕种后期）占新鲜农产品排放总量的73%~100%（图1），这使得消费的产品类型、来源和生产方式对限制家庭排放至关重要。

① 这里“广泛分析”一般指的是从一种农作物从出生（种下）到死亡（被人们消费掉）的一个完整的生命周期所产生的温室排放量，所以称为“生命周期分析”。——译者注

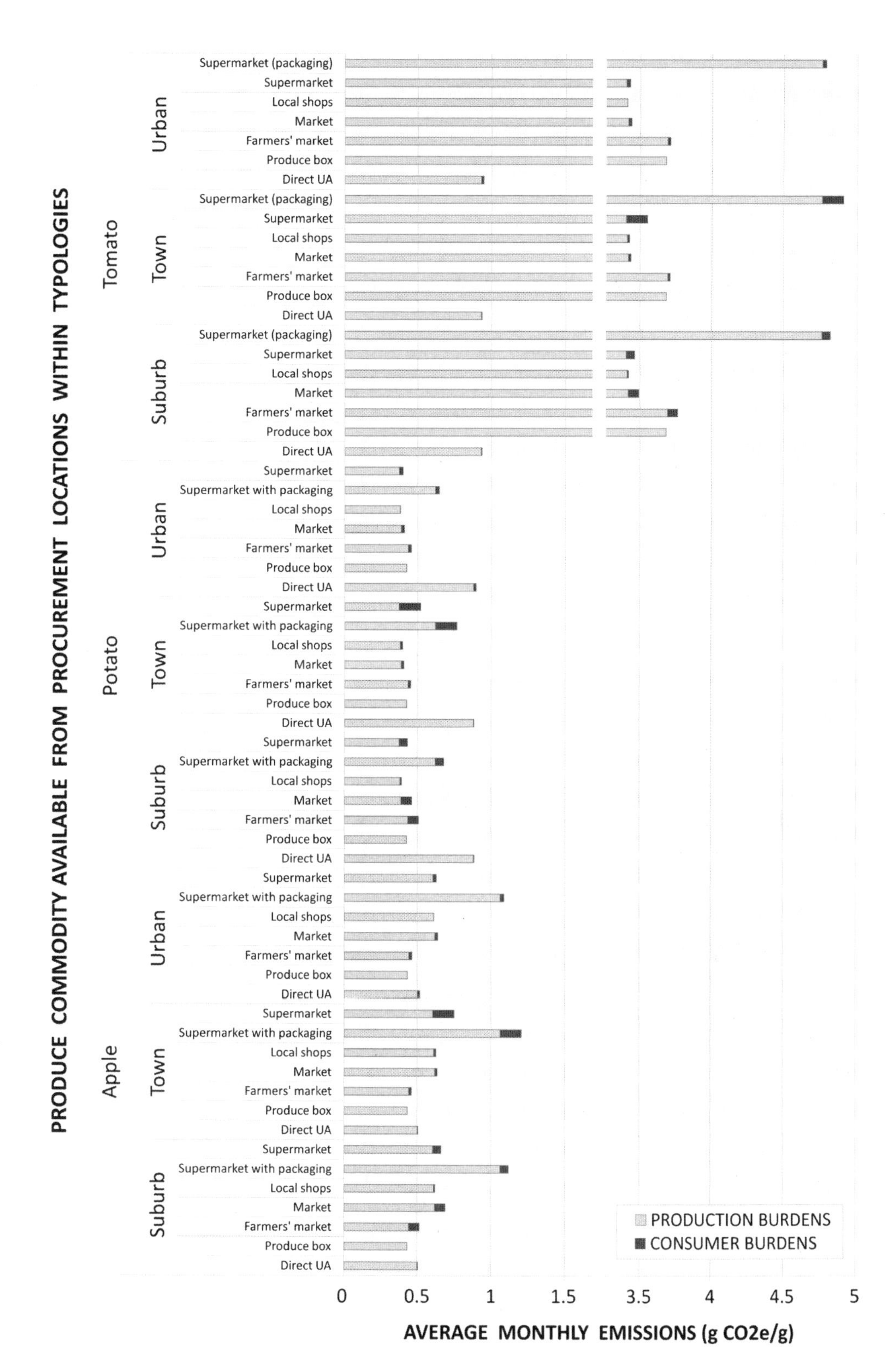

图1 不同类型的采购地点销售的农产品，月平均排放量。

生产方法将根据生产类型、农业规模和地理位置的情况而变化。“耕种”通常是指在开放的天空下的土地生产农产品，如在空旷的天空下种植的苹果和土豆。更多地中海地区作物，如番茄，通常是栽培的。“栽培”是指使用保护性的方法种植，利用人工建构的结构，如温室、聚乙烯隧道、或水培系统等技术来提高产量和扩大生长季节。由于栽培在耕种前期需要额外的建设，如加装加热装备、照明装备和改造建筑等，所以栽培这样的保护性耕作生产方式比传统的耕种方式大约高84%的排放量（见图1）。正是由于这个原因，消费在英国本土利用温室培育的西红柿，可能比消费在加那利群岛以耕种方式生产的西红柿产生较高排放量，尽管后者需要长途运输和使用储存装置。

直接都市农业与间接都市农业

都市农业的生产规模也会对排放产生影响。密集型、粗放型和有机型的生产方法是获取作物产量的不同生产方法。然而要想高效地利用这些空间，需要我们有更大的投入，但这有可能导致更多的污染排放。当我们讨论通过都市农业的生产来限制温室气体的排放的潜在优势时，这一点需要特别注意。

直接的都市农业生产，通常被认为只会造成很少的排放。例如在一个家庭自己种植食物，因为家庭种植既有当地性又对机械化没有依赖性。而且，在自己家的花园种植食物，不需要商业包装，从而避免了因为包装而产生的排放——商业包装可增加总的家庭消费排放量高达50%（Denny，2012）。但是出乎意料的是，通过对英国一个分配租地花园和一个社区苹果园的生命周期分析，结果却显示，直接都市农业生产可能会比商业生产导致更大的排放，这要视季节和生产类型而定。在图1中我们可以清楚地看出，直接都市农业生产的每月排放平均值与当地具有一定便利设施（如：超市或农民“市场”等）的耕种生产相比具有更高的排放量。这些出奇的高排放主要是由于家庭频繁使用汽车往返于家庭和分配租地或果园之间所产生的；对一些维护材料的低效使用；花园更广泛的维护，以及由于收获不当导致食物腐败而造成的浪费。

虽然个体都市农业从业者可能选择改变他们的习惯，但只有通过规模经济才能解决这些直接都市农业生产的低效率问题。间接都市农业如市场花园[①]等具有较高的商业风险，不太可能像直接都市农业爱好者那样对资源低效利用。作为当地的都市农业农场，间接都市农业的低排放通常也受益于后耕种期的最低运输和储存负担。这些低排放得益于农贸市场、生产盒计划和当地商店的运作，因为它们更有可能销售在同一城市或城镇当地种植的间接都市农业的产品。

然而，提高生产能力也有不利的一面。美国国家适宜技术中心（The US National Center for Appropriate Technology）的ATTRA项目（ATTRA，2011）研究表明，种植面积和生产规模的扩大需要更高的机械化、更多的基础设施，承受更大的排放负担。因此，一个不到3英亩的地块，如果使用拱形温室或聚乙烯隧道结构，采用更传统的、机械化程度较低的耕作方法，可能会产生较少的排放。更大的间接都市农业生产可能会产生与标准的非都市农业生产相同或更高的排放。这些较高的排放是由于使用温室和机械，以提高灌溉、耕作、收获、储存和运输的效率。虽然大规模的间接都市农业生产可能会提高产量，但为了限制其对环境的影响，都市农业的实践者可以选择直接都市农业或较小的间接都市农业农场来生产特定类型的产品。

城市密度

更全面地了解与食品有关的排放和城市密度

① 市场花园（Market garden）指的是以营利为目的的商业性花园。这里的garden译为“花园”，是广泛意义上的花园，不一定只有观赏性的植物，菜园也是花园中的一种。——译者注

之间的关系之后，我们意识到规模经济有助于减少新鲜农产品的排放。将密集的城市环境与城镇、郊区环境进行比较时，市中心高密度社区受益于更多的便利设施，如丰富的食物来源和低排放的公共交通。这些因素通过“精明增长”（Smart Growth）和邻近原则（Proximity Principle）等加以推广，减少了对家用汽车的依赖，增加了人们从小型独立供应商购买食物的可能性。当我们试图探讨与运输有关的食物排放对环境的影响时，这一点变得尤为重要。

对于东安格利亚和大伦敦的都市农业从业人员来说，他们与城市环境的关系不仅影响着不同食物生产地区的不同运输方式，还将在全年范围内影响着人们对这些地区的农产品不同程度的依赖。从业人员的这些影响，反过来又改变了每个月现有产品的排放量和消费者的采购运输排放量。

作者在2012年的研究中发现，无论城市密度如何，消费者到市场和大卖场的交通平均排放量都是最高的。城镇居民到大卖场和当地商店（local shops）[①]的出行距离最大，而大都城和城市家庭到大卖场的出行距离最小。城镇居民到达当地市场的距离最短；郊区家庭更频繁地使用汽车到达当地的商店和市场，而城镇居民主要使用汽车去大卖场，城市家庭则使用汽车直接到达他们的都市农业地点。郊区居民多采取走路的方式到达都市农业的种植区；而城市居民则更多地采取走路的方式到达其他地方而不是都市农业种植区。城镇居民使用自行车的比例最高，城镇和郊区家庭导致的都市农业交通排放最少。城市居民一贯地依赖当地商店购买新鲜农产品，这对于气体排放来说是好的，由于产品来源类型和城市消费者与当地商店地点的关系的缘故，这些当地商店的排放最少。

在一年中，有许多因素可能会导致消费者改变他们运输和采购食物的方法。对于都市农业的从业者来说，最大的变化可能是他们开展直接都市农业的形式。大伦敦所有的家庭，无论是来自郊区、城镇或密集的城市的家庭，在离他们的房子大约1英里（约1.6公里）的范围内就有一个直接都市农业的地点。从5月到11月，大伦敦所有的家庭对直接都市农业农产品的依赖程度都有所提高，这与英国的主要收获季节相吻合，其中一些产品全年都可以通过家庭储存获得。郊区和城镇居民对新鲜农产品的需求开始在自家菜园得到满足，由此也增加了直接都市农业的地点；与此同时，郊区和城镇居民对新鲜农产品的市场购买量也在下降。

然而，消费者的排放只是排放总量的一个方面，而且必须将其放在特定的背景之下来理解。在任何特定的一天，消费者选择哪个地方的农产品将不仅影响运输产品的排放量，还将影响生产的排放量。与运输排放不同的是，单一地点的生产排放量全年都会发生变化，这取决于该生产基地在哪里和什么时候生产。

虽然城市密度增加了食物的可获得性，但城市家庭一般距离直接都市农业的地点最远，由此也产生了最高的交通排放。但是，由于郊区家庭远离所有商业采购地点，其采购食物的相关交通排放量均高于城市家庭。同时，郊区家庭对低排放的超市产品更依赖。因此，有可能出现这样的情况：在某一个月，尽管运输排放很高，但由于其购买的产品类型，郊区家庭的新鲜农产品消费总排放量可能较低。这并不是说都市农业不能帮助限制排放量；相反，这些因素表明，我们必须在城市范围内重新评估环境与都市农业的关系。

丹尼的这项研究还表明，增加当地商店、市场的数量和使用频率，提高间接和直接都市农业产品获得的机会，可使消费排量减少15%~57%，其中，城镇家庭的消费排放总量将会降到最少。这表明，靠近常设性的市场和直接都市农业生产地点，而且远离超市，不依赖超市，这样的消费者在食品消费方面可能产生的排放量最少。因此，为了通过城市规划来减少与农产品有关的排放，提供农产品的可获得性，选择当地的零售店采购食物和选择都市农

① Market在这里特指“农贸市场”；supermarket在这里特指“大卖场”，也可以翻译成“超市”；local shops则相当于便利店。——译者注

业的产品都是可取的。这样的措施减少了消费者对家用汽车的依赖，减少了包装需求，并优化低排放作物的种植。

家庭消费排放

为了确定不同规模的都市农业和城市密度对家庭消费新鲜农产品产生的排放的影响，作者应用Defra的《家庭食品数据集》提供的英国消费数据，调查了英国生产和消费排放量（2010-2011年）。据报告，2010年，东安格利亚人每周平均消费3286克新鲜和加工水果和蔬菜（包括土豆），大伦敦地区每人每周平均消费3022克。

根据这些人均消费量，我们可以确定来自不同城市密度的单个家庭的年消费模型，并对五种不同的消费设想进行了分析。这些设想揭示了季节性和采购类型如何影响新鲜农产品的消费排放，以及密集的都市农业如何能够积极减少排放。关于该模型的方法和计算的更详细解释，可参见以下的实际研究（Denny，2012）。

设想1：家庭消费的实际排放量以我们所记录的食物产地为基础，并代表不同城市密度情况下都市农业从业人员的现状。

设想2：对于特定城市密度，理想化的采购模型要根据在以月为计算时间单位产生最小的排放量来构建。

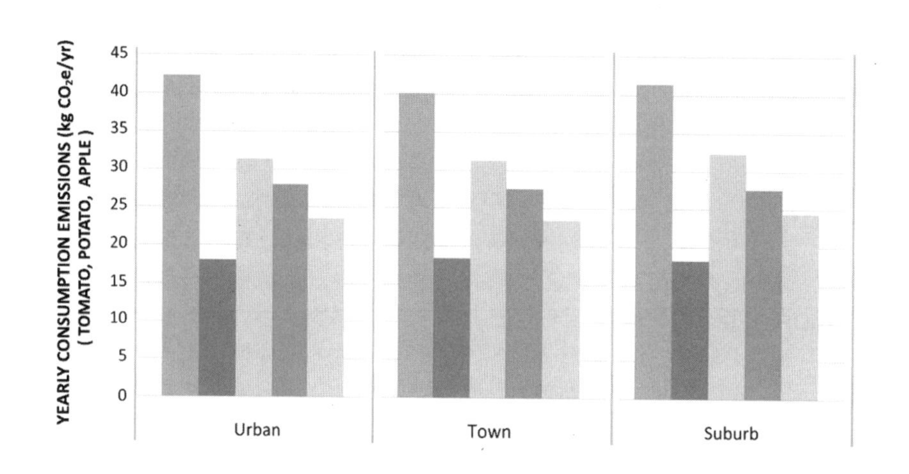

图2　新鲜农产品年消费量排放情况。苹果、马铃薯和番茄总消费的年消费生产的排放总量（公斤/年），其中报告中的初级包装排放百分比是根据每种产品类型的每月采购地点计算的。排放情况依据的是每种产品类型的实际每月采购地点、每个采购地点的每月最低可能排放量，包括完全间接都市农业的产品、完全直接都市农业产品和混合都市农业的产品。消费数量是根据2010年《雅氏家庭食品数据集》（Defra's Family Food dataset 2011）进行调整的，包括东部和大伦敦商品的平均消费量，土豆为431克/周，西红柿为112克，苹果为167克。

设想3：间接都市农业产品消费排放主要集中在农民市场和生产盒计划所产生的排放，尽管间接都市农业产品也可以从当地商店和大卖场获得。

设想4：直接都市农业产品主要来自于分配租地、菜地或社区果园。

设想5：组合型都市农业生产相对于单纯的间接或直接都市农业生产所生产得排放量较少；直接都市农业的生产地点的选择主要取决于生产类型。

全年的总消费排放量表明，记录下来的消费实际排放量（设想1）比利用所有可利用的采购地点实现的最低估计排放量高57%，而这些采购地点在特定月份内的排放量是理想的（设想2）。平均而言，在生长季节时，当地商店出售的土豆，蔬菜盒计划销售的苹果和直接都市农业生产的番茄的消费排放量最少；而在非生长季节里，则是来自当地商店或市场的农产品消费排放量最少。

图2显示，通过利用所有可用的采购地点，并在该月份内尽可能减少生产的排放量，每年家庭消费排放总量可减少57%。直接消费都市农业产品（包括直接和间接的都市农业）可减少43%的消费排放量。这表明，虽然都市农业在很大程度上对减少排放是有益的，但它不能单独取得最佳结果。因为在一年的大部分时间里，直接和间接的都市农业都是处于青黄不接的状态。同样，虽然两者都显示出了单独减少消费排放的能力，但如果将两者结合，一个家庭就能够利用排放量最少的规模来生产产品。特别是对直接都市农业而言，家庭参与和种植水平在全年都有季节性的调整，一年中温暖月份的参与率约为64%，到了冬季降为3%。一年中温暖的几个月里，消费者对都市农业产品的依赖程度增加。这些地区内的家庭的新鲜农产品消费量和消费排放量在6月份可能从1月份的低点增加到49%。这对都市农业生产商来说是一个令人鼓舞的统计数字。

5月、6月和7月的高排放是由几个因素造成的。在这一季节，对土豆等农产品更多地利用直接都市农业的生产方式生产，意味着效率低下、产量低下的农产品增加。在此期间，英国的人们更多地依赖高排放的、保护性种植①的商业化作物，如西红柿等。这些农产品在研究中被发现排放最高。最后，英国的夏天，在用完储存的苹果和新年收获的到来之间有一段青黄不接的时间。为了填补这一缺口，来自新西兰等国家的高排放的外国进口商品有所增加。12月份、1月份和2月份的排放量下降是相反条件的产物：增加外国进口农产品、供应反季节农产品（西红柿），以及增加英国国内低排放农产品（土豆和苹果）的存货供应。

在夏季排放量高的时期，城市密度可以在帮助限制排放量方面发挥最大的作用。虽然不同城市密度之间的年总排放量仅相差2.2公斤，但从7月到10月，按月计算，月排放量的差异达到18%~28%，而12月份差异量为15%。这些数据表明，食品采购地点的可用性和邻近程度对家庭消费总排放量的影响最大；当农产品的可得性选择最大时，所有产品类型包括都市农业的产品都可从所有采购地点获得。因此，在所有产品供应高峰（7月至11月）期间，一个东盎格利亚或大伦敦家庭能够非常便利地采购获得各种各样的农产品，这将是减少家庭消费排放量的最佳条件。

正如都市农业的生产规模与效应一样，城市密度似乎是通过金发姑娘原则（Goldilocks Principle）②发挥作用的。通过这一原则，郊区低密度化和城市高密度都会给从事都市农业的家庭产生更大的排放。中等密度城镇居民的排放量较低，主要是因为他们对分配租地和市场产品的依赖程度更高，对超市产品的依赖程度更低；并且他们在采购食品时，减少了对家用汽车的依赖，更多地依赖来自都市农业生产的国内季节性产品。城镇居民之所以减少对大卖场的依赖，很可能是因为，大卖场的距离几乎是其他采购类型地

① 保护性种植是指把作物种在温室里或室内，而不是直接让其暴露在天穹之下。温室结构和室内的结构充当了作物的保护罩，所以称之为保护性种植。——译者注

② 该原则源自于童话《金发女孩与三只熊》的故事，意为合适就好。——译者注

点距离的两倍。

理想消费模式

许多食物乌托邦描绘了对当地和季节性食物的严格依赖，希望由此创造国家粮食安全，缩短农场与餐桌之间的时间和距离。虽然从生产排放的角度来看，“地方性”并不总是更好，但毫无疑问，这种乌托邦如果能得到有效的实施，确实可以减少排放。如果家庭选择步行或骑自行车而不是坐车；如果消费者在2月中旬选择吃南瓜而不是西红柿；那么新鲜农产品的消费排放总量确实会大幅减少。不幸的是，英国人的味觉和营养需求都得通过国际食品体系提供。因此，消费低排放新鲜农产品的解决方案不是限制，而是应该利用我们已经现有的系统，考虑它们在何处和如何最佳地结合在一起，从而产生一个更有效、更有序的新鲜农产品网络。

从商业角度看，要想减少农业生产所带来的排放，可以通过因时制宜地去种植更多的耕种前期和耕种后期排放量都很低的农产品。同时，英国应该减少对耕种前期高排放农产品的依赖。这些商品在很大程度上是通过保护性种植方式生产的，其本身不适合英国的农业气候。但应当指出，热电联产系统的新创正在减轻耕种前期排放的负担。对于耕种前期高排放的国产农产品，应从适合其生长的农业气候国家进口。这是一个营养领域或通过直接都市农业或低排放的间接都市农业种植领域的一个讨论话题。同样，减少农产品的初级包装可以减少50%的排放负担，前提是我们能够适当使用二次包装，工厂消费者和个体消费者只需在食品变质前购买即可。

在城市规划方面，我们应当鼓励有目的地提供和整合食物采购地点。所有家庭的排放量表明，不同的采购地点以及与这些地点之间的距离导致了消费者对不同交通方式的依赖。如果消费者更倾向于使用非机动交通工具到达附近的商店和市场，如果都市农业的参与限制某些类型产品的生产负担，那么，不仅从排放角度，而且从健康和可持续社区发展的角度都非常有益。同样，采购系统本身也可以重新设计，为易腐物品设计本地人可步行到达的采购地点，为非易腐货物设计城外采购地点。

作为消费者，我们应更多地依赖当地产的农产品，避免超市产品。即使当地商店和市场提供与超市类似的产品，超市由于其运用机动车从更远的地方运输产品，超市产品会导致更高的排放。为了减少东盎格利亚和大伦敦的排放量，我们应从当地商店采购土豆（9月至4月）和支持生产箱计划（5月至8月）。例如，如果我们需要苹果，我们应该从当地生产的生产箱计划中采购，而不是超市。番茄也应从当地商店或市场（12月至4月）、直接都市农业生产地（5月至10月）和生产箱计划或农贸市场（4月至11月）采购。间接都市农业可以很方便地向任何当地商店、市场或生产箱计划提供产品，从而进一步减少这些地点的排放。

在具体处理都市农业问题时，社区成为了整合直接都市农业各种资源的空间。一些社区利用1~3英亩的空间建立间接都市农业的市场花园，直接向当地消费者出售产品，或向邻近的当地杂货店和市场提供库存。目前我们有各种方法和技术来最大限度地提高都市农业的产量，而且只需较少的物理空间。例如，垂直花园利用墙壁空间，而盆栽和种植袋种植允许在空间受限制的地方生产，如公寓的阳台。我们甚至还制定了防治环境污染物的都市农业发展战略，特别是针对褐色地带（brownfield sites）[①]的环境污染。植床种植避免了让农产品种植区的土壤与受污染的土壤混合，而且水培技术有能力在完全不使用土壤的情况下种植食物。因此，进行农业生产所需要的清洁地面不会妨碍都市农业的发展。

从排放效率的角度来看，我们应当优先考虑直接都市农业和间接都市农业的生产规模。直接都市农业对于限制具有高商业投入负担的农产品

① 褐色地带指的是曾经或现在是工业区，土壤、空气、水等自然环境受到了一定的污染的地区。——译者注

的排放特别有用，例如西红柿或在保护性种植下的农产品。因此，有分配租地或蔬菜院子的家庭应把生产重点放在易腐烂的软性水果和蔬菜上。对于其他产品，不超过3英亩的间接都市农业的小规模商业性基地由于其较高的生产效率和对当地市场分配的较好适应性，使其成为促进减少消费排放的明智选择。因此，希望消费这些产品的家庭应向当地间接都市农业服务提供者购买。

与所有其他与新鲜农产品排放有关的问题一样，有效管理资源是限制排放的关键。对于希望自己种植粮食的直接都市农业家庭来说，这意味着不仅要知道种植什么，而且要知道如何种植。卡特认为排放的增加与低效耕作的方法和食物的腐败有关（Carter，2011）。当然，我们还有其他方法来解决直接都市农业的排放问题。在分配租地花园里，租户们可以一起协调，批量购买必要的材料，以减少租地花园范围内因日常维护而产生的排放。有了合作，租户们就可以举办讲习班，教育爱好者有效的园艺作法，避免食物腐败的作法。虽然分配租地花园和菜地被视为个人爱好，但租户们可以通过沟通协调，一起种植更大面积的单一作物。这类似于一些社区花园的做法。这样做虽然可能会减少分配租地传统所固有的个人的身份和所有权意识，但却可以大大减少有关的排放。

在了解了食物的来源和生产方式的基础上，英国的都市农业的从业者和整个食物行业都可以更好地调整食物系统，通过最佳的生产规模来生产农产品以积极减少排放。我们可以通过了解消费者如何在不同规模的城市之间移动来减少排放，以此更好地调整我们的环境。我们还可以通过增加当地的生产和采购机会，在农作物的整个生命周期内减少特定产品的排放量。最后，新鲜农产品的排放表明，在这个相互关联的食物世界中，我们吃什么，如何获得，将对我们的环境产生不同的影响。

4.4 砖与花蜜：特别介绍伦敦的都市养蜂

米奇·汤姆金斯（Mikey Tomkins）

基思·德拉普（Keith Delaplan）和丹尼尔·梅耶（Daniel Mayer）写道，“只要那些依赖蜜蜂而生存的植物关系到人类生活，无论是为我们提供丰富食物的植物，还是为我们提供散步地方的城市公园里的植物，我们就可以说：人类依赖蜜蜂。”（2000）然而，都市农业对城市养蜂业的依赖程度，我们却鲜有了解或讨论。

城市养蜂业在很大程度上是一种文化实践，它的历史很短，虽然它具有潜在的重要意义，但是很少被人们放在都市农业中广泛讨论。研究这一课题非常具有挑战性，因为我们目前对它的了解有限：关于它的直接收获，例如蜂蜜等；关于它对城市授粉的潜在贡献，以及城市蜜蜂密度的总体限制等等，我们都了解不多。本章应被理解为一份区域性的报告，具体研究和讨论的是伦敦的各种数据。这样的讨论将有助于我们深化对文化实践的了解，有助于我们将城市农业概念化，从而找出城市养蜂业对未来发展的好处和缺点。

在撰写本章时，我回顾了自己2000年以来在伦敦养蜂的经历，以及为在首都慈善组织“Sustain”（Sustain，2012）做社区养蜂人的一些感想。虽然本章讨论蜜蜂，但我们知道在英国有多种蜜蜂和其他昆虫，它们在花卉授粉中起着至关重要的作用。

蜜蜂和养蜂业

在温带地区，当我们提到养蜂（养蜂业）时，我们通常指的是欧洲蜜蜂（*Apis mellifera*）的养殖，这种欧洲蜜蜂是专门用来生产蜂蜜的。蜜蜂被养在养蜂场（养蜂场里或蜂巢的围场）的蜂箱里。夏天的蜂箱里将有多达6万只雌性工蜂。此外，一个蜂群将有一个女蜂王和几百只雄性蜜蜂和一些雄蜂。蜜蜂的价值在于生产蜂蜜和为大规模种植的农业作物提供授粉服务，还可以作为一道自然景观供人们观赏。汤姆·布雷兹（Tom Breeze）和他的同事量化了蜜蜂对授粉的贡献，蜜蜂满足了英国34%的农业授粉服务的需求。

据报道，欧洲官方管理的蜜蜂和养蜂人有所减少，在1985~2005年期间，英格兰减少了54%的蜜蜂和养蜂人。2010年，欧洲的城市养蜂业迎来复兴。这与许多非政府组织和媒体呼吁“拯救蜜蜂”有关（Sustain，2012；FoE，2012）。城市养蜂和一般养蜂业相似，但在城市里养蜂主要是一种爱好，不需要执照或登记（BFA，2011）。

养蜂业与都市农业

从广义上讲，城市养蜂业可以定义为都市农业的一部分，因为它涉及到“在城镇内外种植植物和饲养用于食物和其他用途的动物”（Veenhuizen，2006）。养蜂业也被认为是一种农业实践，涉及牲畜的管理以及直接和间接产品的收获，其目的是为了人类和环境的利益。蜂箱的直接产品是蜂蜜（从花蜜中产生）、蜂蜡（由蜡腺体产生）、花粉（收集和储存在饲养场里）和蜂胶（从树脂中收集），以及养蜂业的社会文化（例如生活方式），而间接的好处是帮助植物的授粉。然而，与大多数养殖动物不同的是，养蜂人并不直接饲养它们的蜂群，相反，蜂群依靠更广泛的作为景观的花卉获得食物。在城市环境中，养蜂业加强了居民与养蜂人之间潜在的强大联系，当然这种“强大的联系”仍有待进一步发展。可以说，至少在发达国家，蜜蜂是允许在我们的城市里散养的唯一农场动物。

养蜂人与社区之间的相互作用值得强调，虽然蜂箱的直接收获归养蜂人，但增加授粉的间接收获，促进社会和环境领域的各个方面好处则归社区。以安妮·贝洛斯（Anne Bellows）为主的研究团队认为，在北半球的一些国家，畜牧业是一种“很大程度上不为人所知的、地下的和监管不到位的活动”。这种说法当然也适用于城市养蜂业。更重要的是，“城市环境中，牲畜业对从业人员具有多种含义：经济支柱、传统、文化或宗教以及社区凝聚力”。养蜂业的文化与更广泛的都市农业联系在一起，包括“休闲、健康、幸福等非物质性社会需求”（Perez-Vazquez，2002），此外养蜂业还有其固有的生物多样性和生态方面的功能（Taylor Lovell，2010）。

养蜂业与城市

城市蜜蜂养殖在巴黎、东京和纽约等城市蓬勃发展。2005年，温哥华市公布了城市养蜂业的政策，写道“城市养蜂业有助于授粉，并使得在后院、街道、屋顶以及……种植的食物获得更好的收成。是对城市食物生产和城市可持续发展目标的重要补充”。

城市蜜蜂在巴黎、东京和纽约等城市十分流行。2005年，温哥华市公布了城市养蜂业的相关政策，“城市养蜂业让蜜蜂能够为城市中的植物进行授粉，这就有助于在后院、街道、屋顶和其他地方种植的食物获得更好的收成。城市养蜂业对城市食物生产和城市可持续发展起着重要作用”。

城市蜂巢通常被隐喻为建筑的一部分，作为城市景观中的模块式的摩天大楼的附加部分。城市的某些方面有利于城市养蜂业的发展，比如城市气候变暖延长了蜜蜂的觅食季节。与农村的农田相比，城市地区花卉的季节性、多样性也丰富得多（Worcester University，2010）。国家生态系统评估报告（The National Ecosystem Assessment）报告，“有证据表明，城市花园中特定植物物种的授粉水平高于耕地”（Defra，2011）。城市居民在喂养城市蜜蜂方面发挥着重要作用，养蜂业反过来又为居民提供蜂蜜，并通过更充分的授粉提高都市农业产量。研究表明，伯明翰的蜂群比附近的乡村蜜蜂产蜜更多。卡伦（Karin Alton）和马克（Mark Patterson）写道，“除非我们管理乡村的方式有显著的改变，否则城市地区可能成为许多授粉者的最后避难所”（Alton Patterson，2013）。

蜜蜂在城市中发现了绿洲，而我们的食品安全取决于全球所有蜜蜂的健康。这意味着我们在任何地方都应该鼓励对蜜蜂友好的、生物多样性的有机农业。理论上，考虑到这些授粉者对城市的食物和其他资源的依赖性，城市授粉者的占用空间是巨大的。而事实上，我们在研究中发现授粉者所占的空间比例很少，而且随着城市蜜蜂数量的减少，它们所占的空间就更难以计算。

图1　伦敦东部的屋顶养蜂场。这个模块化的蜂箱与周围的“现代”建筑和远处的伦敦塔相呼应。（图片：Micha Theiner，2011）

英国的都市养蜂业

英国对城市养蜂业相当关注，尽管大多数城市地区都在一定程度上支持养蜂业的实践（Defra，2008），但城市养蜂业只是全国养蜂业的一小部分。根据官方定义，城市养蜂业被定义为位于城市地形测量图10公里范围内的养蜂场，并且该城市人口超过12万人（Defra，2008）。城市养蜂场平均有3~3.8个蜂箱，而农村养蜂场平均有6.2个蜂箱（BBKA，2011）。因此，在英格兰和威尔士，2008年官方记录的25220个养蜂场中，9.6%是城市地区的（2420个）（Defra，2008）。2008年，英格兰和威尔士的城市中，除了曼彻斯特（150个蜂巢）、伯明翰（450个）和伦敦（650个）外，大多数城市只有不到100个正式登记的蜂房（每个都有3–3.8个蜂巢）（Defra，2008）。图2显示了2008年英格兰和威尔士每个城市正式登记的蜂箱总数，以及2010年和2012年伦敦的蜜蜂总数，这里使用的是BeeBase的Alan Byham提供的数据。

如果蜂箱放置在城市环境中，那么将这种养蜂的做法描述为“城市养蜂业”似乎过于简单，因为蜜蜂通常在2~4公里的旅行距离的广阔地区觅食。它们在寻找花卉资源时，跨越所有人类活动的边界和景观。因此，养蜂业表达了一个二元性的故事：蜜蜂的生态故事和养蜂人的社会故事。

1866年，伦敦的一位叫阿尔弗雷德·雷柏（Alfred Neighbour）的养蜂人描述了“都市养蜂业”的现象：

> 在这个喧闹的城市里，有许多人甚至怀疑蜜蜂在这样一个“无穷无尽的砖头”的世界中喂养自己的可能性；但我们可以很容易地证明，蜜蜂能够在城市里为自己和主人生产蜂蜜。
>
> （Neighbour，1866）

雷柏把他的蜜蜂养在霍伯恩（Holborn）。近150年之后，该地区仍在推广城市养蜂业（Parham，2011）。2011年，霍伯恩安装了12个蜂箱，负责养蜂的办公室工作人员报告说，通过与蜜蜂的接触，人们对都市农业和食物问题有了更好的认识（Parham，2011）。此外，办公室的养蜂人还报告说，人们通过与自然和养蜂工人的接触，提高了士气，减轻了生活压力。

根据BeeBase的数据，2012年首都有超过3200个官方登记的蜂箱，比2008年的2089个蜂箱有了

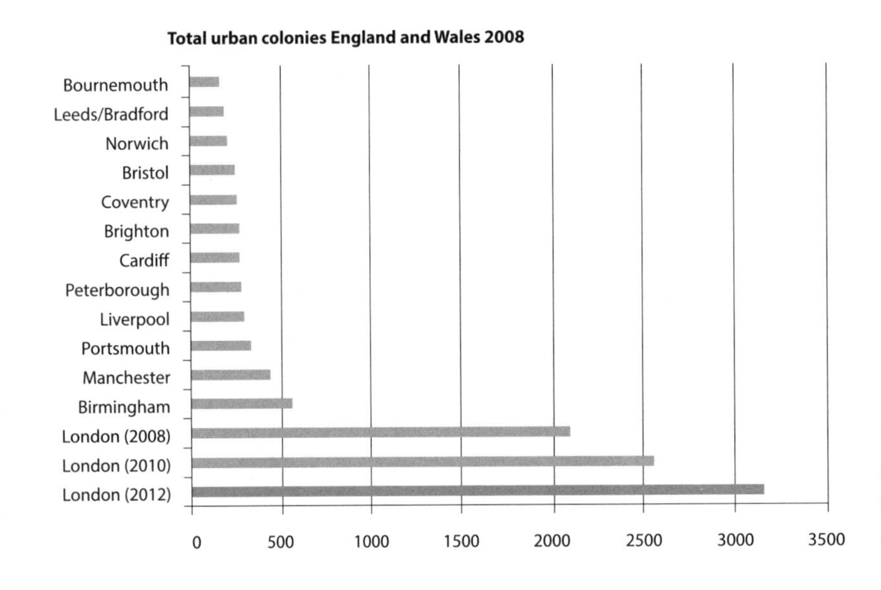

图2 英格兰和威尔士的城市养蜂统计。根据2008年英国模范城市的数据，以及2010年和2012年伦敦的额外数据。

图3　黄金公司的养蜂培训班。2011年伦敦金融城（the City of London）的屋顶。（图片：Micha Theiner，2011）

大幅增加。事实上，这一数字可能会更高。据估计，只有75%的蜂箱是登记在案的。蜂巢——我们把它作为一个单一的群体，并不是均匀的分布的。伦敦市中心地区的蜂巢密度比外部地区更高。这表明，伦敦中心地区有更大的绿色地区或多样的景观。例如，在伦敦市中心特拉法加广场的3公里范围内，有150个蜜蜂群体（大约50个蜂箱），密度为每19公顷一个蜂箱。相比之下，当我们开始从伦敦中心地区外移到20公里时，有3999个蜂群（1333个蜂箱），这个密度要低得多，平均每31公顷才有一个蜂巢。

很少有城市蜂箱密度对养蜂业和作物的授粉的影响的研究。然而，我认为，如果与大黄蜂等野生授粉者一起考虑，这些作物的授粉量可能足够高，足以维持良好的授粉水平。据报道，大黄蜂在城市的数量也很高（Defra，2011）。很少听到城市居民抱怨因为授粉不足而收成不佳的事件；收成不佳的情况可以通过其他环境问题如天气波动等得到更好的解释。考虑城市养蜂业必要密度的一种方法是遵循希夫的观点，即可持续养蜂是“低密度的”，并由更多的养蜂人进行（Heaf，2011）。这表明，城市养蜂应该是低密度的，希夫的理论在知识和实践方面都提供了很高的可达性。

虽然我们可以把养蜂业作为一种普遍的做法来讨论，但农村的养蜂业和城市之间仍有一些关键的区别。例如，当一个蜂群分裂成两个，一群足球大小的蜜蜂就会离开旧家去寻找一个新的蜂巢。如果它们前进的道路是封闭的话，在城市里可能会造成一定的麻烦。尽管蜂群在城市中找到食物可能是个问题，但蜂箱占用的空间很小，只有几平方米，养蜂人只要通过改造一下公共空间、公共场所或屋顶就可以养殖蜜蜂了。正如伦敦养蜂人卡米拉·戈达德（Camilla Goddard）指出的那样：“这座城市变成了一个游乐场……你会发现自己在一个奇怪的地方……在屋顶上，在隐藏的地方，在办公室或商店的顶层，人们就像蝙蝠侠一样行动，但穿着一套白色的太空服！”城市空间的紧密性和多样性意味着城市养蜂业与社会各阶层有着内在的联系。卡米拉进一步说：“我视自己为一个卧底农民，因为我的蜜蜂在每个人的土地上觅食……所以你需要对社会感兴趣，因为这一切都是相互联系的……这是一种将人们团结在一起的好方法。”

首都伦敦的养蜂人占据了城市的各个层次的物质和社会空间：监狱、分配租地、学校、住房、企业、屋顶和公共公园。伦敦市中心的摄政公园拥有40多个蜂箱（Pure Food，2011），伦敦的两所监狱都有养蜂场。著名的屋顶养蜂场包括皮卡迪利的Fortnum和Mason，泰特画廊、皇家音乐厅和圣厄明酒店。位于伦敦南部的肯宁顿公园（Kennington Park）支持了由巴纳比·肖（Barnaby Shaw）运营的名为“蜜蜂城市”（Bee City）的社区组织。该组织自称是一个“环境社区项目”，旨在通过社区教育将园艺和养蜂联系起来（Bee Urban，2012）。

养蜂人巴纳比·肖在接受采访时称，这是“社区的共享方面，共享的……”他的社区养蜂业加强了养蜂人、蜜蜂和城市空间之间的联系。他谈到应该建立一个公共养蜂场：“我希望我在肯宁顿公园的小屋能有一个开放日，让城里人了解养蜂业，了解养蜂的一般知识，授粉和杀虫剂的知识。因为在伦敦南部，我们周围的住宅区人口密度很高。我认为居民们本质上对于养蜂场来说是访问者，而更多的居民是观众。”城市将成为社会各方面互动的“蜂巢”，蜜蜂的觅食习惯将与人类社会和生态资源分享的需要相结合。

伦敦的养蜂业是多方面的，包括培训、教育、繁殖、蜂群的销售、蜂群收集、技术援助以及有限的蜂蜜和蜡生产。它是私人性质的，以教育为导向的或以社区为基础的。城市养蜂业在首都有不同的切入点。在沃尔夫·奥林斯（Wolff Olins）的手中，养蜂业已成为当地一个青年发展慈善项目“全球一代”的一部分（Global Generation，2012）。而“蜜蜂集体”（Bee Collective）项目则在伦敦维多利亚地区为社区蜂蜜提供设施。该项目还参与伦敦蜂蜜的加工和销售，为养蜂人提供公平和有保障的价格，将所得利润用于保护首都蜜蜂和野生授粉者的栖息地。在社区环境中，人们高度认识到养蜂与更广泛的城市环境愿望有关，这是值得鼓励的事情（Bradbear，2003）。

直接收获：伦敦的蜂蜜

虽然城市养蜂业往往与都市农业的授粉服务联系在一起，但城市直接收获的产品却是蜜蜂生产的蜂蜜。养蜂业的收获季节大约从7月底开始，2011年，伦敦举办了蜂蜜展和蜂蜜节，超过4000人参加了蜂蜜节，600人排队品尝44种伦敦本地产的蜂蜜（Sustain，2012）。在英国，食物生产商直接向商店或公众出售蜂蜜是合法的，因此，你有时会在当地商店、农贸市场或节日街市上找到伦敦的蜂蜜。2011年，作者直接从伦敦养蜂人那里收集了66罐蜂蜜。图4显示了它们的颜色和稠度差异很大，甚至有的蜂箱的距离就在250米以内也是如此。蜂蜜作为当地的一种食物很有价值，它包含了一个人类与蜜蜂独特关系的生态和社会的故事。

图4　2011年伦敦蜂蜜节。一共有44个伦敦本地的可供品尝的蜂蜜。（图片：Micha Theiner，2011）

图5　伦敦蜂蜜的品种多到令人惊讶。2011年，来自国王十字区（Kings Cross）、伦敦郊区、伦敦兰贝斯区和德威奇镇（Dulwich）的蜂蜜。

大多数养蜂人用手工提取蜂蜜，没有额外的处理，如加热等。从这个意义上说，蜂蜜是一个原始产品。然而，蜂蜜却非常沉，收获时需要用车采集和运送到各个销售点，这可能会造成巨大的能源消耗足迹。

由于缺乏一致的数据，很难对伦敦的蜂蜜产量进行评估。个别养蜂人可能不会称自己收获的蜂蜜的重量，有的甚至不会收获蜂蜜；而有的养蜂人则报告说每只蜂箱收获30~70公斤。据Jane Mosley称，英国养蜂人协会在2010~2011年对1390名养蜂业成员进行了调查，伦敦蜂蜜产量的平均数是11.7公斤，低于全国平均水平14.5公斤（根据个人通信，2011年9月）。这意味着伦敦的3200个官方登记的蜂箱在2011年生产了大约37440公斤蜂蜜。

英国养蜂人协会报告称，从生产者那里直接购买的话，1公斤蜂蜜的全国平均价格为8.89英镑（BBKA，2011）。图6显示，伦敦蜂蜜价格与全国平均水平相差很大：格林尼治的蜂蜜价格为每公斤10.50英镑，而摄政公园的蜂蜜价格为每公斤57英镑。那么，如果按全国平均价格每公斤8.89英镑的话，伦敦37440公斤蜂蜜的价格为332841英镑；如果按当地价格为每公斤57英镑计算的话，伦敦

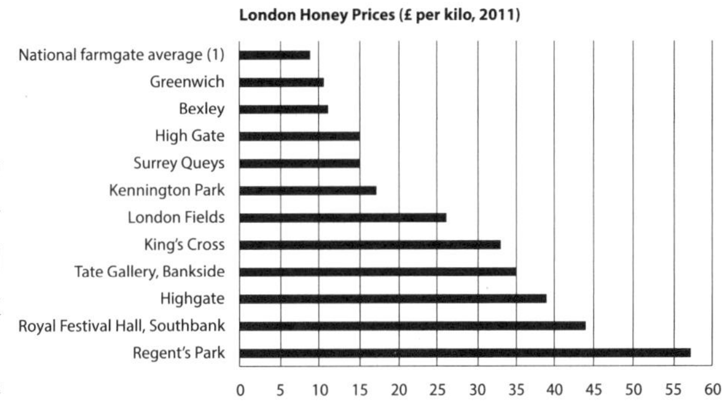

图6　2011年伦敦的蜂蜜价格（每公斤）。（数据由作者收集）

蜂蜜价值2134080英镑。由于没有对城市蜂蜜生产进行实质性调查，因此我们不应把这些数字的差距看得太离谱。伦敦的养蜂业对当地经济的发展作出了积极地贡献，并已经初成规模，这为伦敦描绘出了一个不一样的城市图景。

养蜂业与都市授粉

凯文·韦尔泽尔（Kevin Welzel）写道，“有许多研究在商业农业的背景下探讨距离与授粉之间的关系，但在都市农业中却没有这样的研究。”尽管蜜蜂在都市农业授粉过程中起到了辅

助作用。马克·温斯顿（Mark Winston）注意到蜜蜂对都市农业的重要性，特别是在世界性园林的花园里和使用杀虫剂阻止野生蜜蜂生长的地方。凯文（Kevin Matteson）和盖尔（Gail Langellotto）报告了野生蜜蜂在纽约社区食物花园中的贡献，指出了非饲养蜜蜂的贡献（Matteson，Langellotto，2009）。然而，这项研究却在另一方面解释了为什么纽约市以及许多北美和加拿大城市在2010年之前饲养蜜蜂的缺乏，因为这些城市在2010年之前禁止城市养蜂，并禁止将牲口和鸡归类为牲畜。

这两项研究的重要之处在于讨论了城市地区景观类型的碎片化、规模和邻近性，以及它们可能对蜜蜂的授粉产生的影响。正如约翰·科尔丁（Johan Colding）所写的那样，"城市生态系统是任何景观中最复杂的一种，城市的植被是多种土地利用的镶嵌图……变革是常态，而不是例外。"同时，都市农业并不是一个孤立的、单一的农业系统，都市农业的生态环境是一系列由野生植物、街道树木、私人花园和城市公园组成的"人为改造过的、零碎化的生态环境。"

在这种情况下，对都市农业授粉服务进行规划几乎是一项不可能的任务，因为我们对城市蜜蜂的研究很少——具体而言，是关于城市对授粉者群体的影响的研究很少。我们对城市蜜蜂类动物群缺乏了解的原因是，研究起步较晚。我们的研究才刚刚开始记录物种多样性、物种动态和丰富程度。支离破碎的城市环境和田园农业单一的栽培环境相比，其他授粉者更喜欢后者，但对于蜜蜂来说，大规模的单一种植环境可能并不那么重要。因此，虽然我们需要评估城市授粉服务，但更需要将都市农业作为城市的一项基本的设施来评估它的潜能。我们需要考虑所有昆虫群体的授粉服务，需要为野生授粉者规划出养蜂地点（养蜂场）和非管理地点、城市未受干扰地块等。

为了给昆虫提供一个良好的授粉环境，我们需要注意空间的平衡，注意自然、野生或休闲景观之间的变换。亚当·贝茨（Adam Bates）和他的同事指出，"经验丰富的、强壮的飞行物种，如蜜蜂和红尾大黄蜂等，通常不会对城市环境的变化表现出负面反应。但是，剧烈的、人为的景观改变会对一些更稀有、更特别的物种产生负面影响"。正如安哥德（P.G.Angold）和其团队所建议的那样，"规划师可以通过减缓再开发的速度和清理、开发褐色地带的速度来减少城市建设对城市生物多样性产生的影响"。这表明，建设一个休闲城市应该允许部分地区定期自我更新，为不同的授粉群体提供不同的各种栖息地，这对城市授粉服务的作用可能比仅仅靠增加蜜蜂数量的作用更大。我们可以反过来考虑这一点：都市农业需要许多必要的支持服务，例如土壤、水、肥料等方面的服务，授粉服务也是其中之一。虽然我们目前可能缺乏其中的一些必要的支持服务，但现有的养蜂业很适合为城市食物的迅速增长提供授粉服务。同时，我们也应该支持野生授粉者，承认它们在当地食物生产中的重要作用。

结束语

本章试图探讨城市养蜂业与城市生活的相互联系，探讨一些现有的知识和数据，以及它们与都市农业的关系。很明显，蜜蜂和许多其他昆虫生活在砖块和花蜜之间。一些报告表明，城市为蜜蜂们提供了比农村更好的栖息地。因为在城市里，养蜂业目前受到种种限制，因而蜂蜜相对昂贵且稀缺，蜂蜡市场上也很少有蜂蜜。授粉对实用景观和审美景观的间接好处目前还无法量化，但从经验上来说，城市蜜蜂存在的必要性很容易去证明。总体而言，授粉者的数量目前正因人们文化上、观念上的转变而得到平衡。城市养蜂爱好者的迅速增加。自1998年以来，英国国内植物景观急剧减少12%——也就是减少了3000公顷。此外，城市相关政策方面并没有出现对授粉者友好的前景。如果我们结合都市农业的发展需要来考虑，养蜂业的社会和经济上的回报可以大大提高。总的来说，城市蜜蜂在人与环境方面，为连贯式生产性都市景观做出了贡献。

蜜蜂本能地将公园、花园和荒地之间连接起来，创造出富有成效的"生态走廊"。在它们看来，这些景观是连续的。这些景观也将连贯式生产性都市景观扩展为城市的基础设施，超越上层建筑，最终将我们所有的人连接在一起。

致谢

作者要感谢英格兰东南部地区蜜蜂巡视员艾伦·拜厄姆（Alan Byham）为我们提供了蜂箱数据、官方养蜂号码等，并接受了我们多次的访问。亚当（Adam Bates）博士（伯明翰大学地球科学、地理、地球和环境科学学院）和卡琳（Karin Alton）博士（苏塞克斯大学生命科学学院蜜蜂和社会昆虫实验室研究员）慷慨地就本章的早期版本提出了意见。另外，米哈·西纳（Micha Theiner）捐赠了本章所使用的图片，在此表示感谢（www.michathein.com）。

5 实践中的绿色理论与都市设计

5.1 德国的实践

伯恩和维尤恩

德国的都市农业可以追溯到20世纪70年代，当时都市农业在德国非常流行。都市农业运动在当时已确立，城市租地、私人和市政住宅花园、学校花园和城市农场都是都市农业的生产空间，但这些空间之间却鲜有交流。大约在20世纪90年代中期，都市农业运动有了新的倡议——但当时尚未被理解为都市农业，倡议都市农业扩展到以社区为导向，例如，1995年德国的Gattingen的跨文化花园；1996年成立的总部设在柏林的以商业为导向的社会企业；德国最多产的社区花园是一家社会企业，可以被看作是公共性和商业性结合的一个例子。

今天，德国有越来越多的学者和以实践为基础的研究人员从理论或规划的角度来理解和促进都市农业在国家和国际上产生影响。景观设计师弗兰克·洛尔伯格（Frank Lohrberg），是这一领域最著名的专家之一，目前正在协调德国主要的国际研究项目之一“欧洲都市农业COST行动”（COST Action Urban Agriculture Europe）。这一项目来自他所在的RWTH Aachen大学的景观设计系。另一位具有空间规划背景的自由职业者菲利普（Philipp Stierand）正在研究食物系统的空间方面。自2009年以来，他通过公共讲座和博客传播他的研究结果。2010年，莱布尼茨农业景观研究中心（Leibniz-Zentrum für Agrarlandschaftsforschung, ZALF）——这是一家德国的主要研究中心，侧重土地生态利用的研究，对城市农业进行定量研究。其他重要的都市农业领军人物还有：费利西塔斯斯·贝克斯坦（Felicitas Bechstein）、海德·霍夫曼（Heide Hoffmann）、安德里亚·冯·奥尔沃登（Andrea von Allworden）、托马斯·埃尼斯（Thomas Aenis）和克里斯蒂安·乌尔里希斯（Christian Ulrichs）等，他们都是柏林洪堡大学的农业和园艺学院的员工。还有一批个人性质的研究人员长期从事与都市农业有关的研究，他们的出版物和举办的相关会议可追溯到世纪之交。例如，由霍夫曼在2000年协调召开的“2000年都市农业和园艺与城市规划的联系”国际会议。

从社会的角度来看，各种组织也在进行都市农业的研究：“跨文化慈善组织”（Stifong Interkultur）由克丽斯塔（Christa Müller）领导的小组；霍恩海姆大学（Universität Hohenheim）由安妮·贝洛斯（Anne Bellos）主持的“性别和营养项目”、在柏林自由大学政治和社会科学系工作的伊丽莎白·梅耶-伦施豪森（Elisabeth Meyer-Renschhausen）、德国柏林艺术大学花园文化和开放空间开发系的格特·格罗宁（Gert Gröning）和法兰克福歌德大学（Goethe University Frankfurt）人文地理系的玛丽特·罗索尔（Marit Rosol）正在主持德国相关的城市食物种植项目，特别是关于社区花园和园艺的起源、发展、影响和未来的研究。

在德国本土之外的地方，一些与都市农业有关的研究也如火如荼地开展。例如，在20世纪90年代中期和后期，德国国际开发基金会（DSE）共同资助了一些发展中国家的几个大型农业和园艺项目，这些项目为更广泛地理解都市农业提供了宝贵的想法。作为该项目的一部分，里克特（Richter）、施尼茨勒（Schnitzler）和古拉（Gura）在亚热带从事蔬菜生产的工作经历，促进了我们对都市农业的理解：即不仅是根据地理位置，而且需要根据它与城市食物系统的相互联系来理解都市农业。1999年，DSE还与德国技术合作基金会（Deutsche Gesellschaft für Technische Zusammenarbeit, GTZ）一起，在古巴哈瓦那举办了“生长的城市，生长的食物”国际讲习班。他们在2000年出版了一份至今仍然意义重大的、与那次国际讲习班同名出版物，汇集了当时一些重要的都市农业专家的著作。今天，这些德国/

国际项目中最著名的可能是卡萨布兰卡都市农业项目。这是一个为期8年的项目，项目把都市农业作为城市气候优化促进者。它由柏林技术大学（Technical University Berlin）景观设计和环境规划研究所的恩丁·吉塞克（Undine Giseke）主持。

总之，我们可以概括说，在今天的德国，以社区为导向的都市农业实践非常受欢迎，这种做法对许多城镇的开放城市空间产生了影响。在柏林，以产量为导向或商业实践为导向的都市农业项目正在兴起，有几个项目目前正处于测试或开发阶段。这两种做法的例子将在本章和本书的其他部分介绍。此外，德国主要几所大学或与之有联系的几个研究小组已开始研究都市农业的机制和影响，把具体的实践上升为理论。尽管开展了这一系列活动，但在编写本报告时，德国在食物政策、食物系统规划或都市农业设计方面所做的工作相对较少，国际研究项目的重要成果尚未对德国的空间规划或食物系统产生重大影响。既然一些项目已经开始，我们期待其能产生创新性的成果。我们将在本书中介绍其中的一些项目内容。

总的说来，我们可以得出这样的结论，导致美国或英国之所以更早、更积极地实施都市食物种植实践和建设都市食物体系的那些动机，在德国，要么是没有那么强烈，要么是没有得到强烈的认同。主要原因可能是：

- 对食物安全和与食物相关的生活质量有不同的经验和看法；
- 对食物安全和与食物相关的生活质量的不同愿望；
- 对城市开放空间的不同愿望和感知；
- 由于可用性或使用密度的差异，城市开放空间面临着不同竞争压力；城市周边地区的开放空间也面临着不同压力；
- 都市农业从业人员在与某一地方的公共管理人员谈判时，对使用权利和义务的认识差异；
- 当涉及到食物供应时，对公民权利和责任的不同理解；
- 对自身食物文化发展的不同渴望和不同的参与方式；
- 个人对社会贡献的不同理解，包括对慈善工作和商业成功的不同理解。

德国的都市农业：地理概况

与北半球其他地方一样，在德国的政治、城市规划和社会发展的议程中，同样也没有有关各级食物体系的讨论。尽管现有的食物系统相对较好地融入了日常生活，但这并不意味着它们在改善基本环境或提高食物质量方面发挥了作用。

例如：一方面，德国拥有欧洲最大的有机食品市场，2011年的营业额为60.2亿欧元（其次是法国，33.9亿欧元）和英国（20亿欧元）；但是，与其他欧洲国家相比，其人均支出仅为欧洲平均水平，即每年为74欧元。在欧洲，德国也是最大的有机食品生产国之一。另一方面，德国近一半的农产品在大型有机大卖场（Bio-Supermärket）销售，这些大卖场占有机食品商店总数的17%（BÖLW，2012）。从城市规划和设计的角度来看，这有利于食物系统以及城市空间的使用，但却无法促进可持续的城市生活方式。

这也许是为什么德国的农民或有机食物农民市场的数量相对较少的原因之一，例如，柏林共有7个农民市场（柏林）。相对低于伦敦，伦敦有20个经认证的农贸市场。这影响了德国的人们在21世纪城市的日常生活中，对食物重要性的体验和认识。

然而，这些相关问题已得到关注。近10年来，德国一直努力在国际食物系统和食物生产领域的讨论中逐步壮大自己的声音。许多德国城镇和城市都有都市农业项目，有着各种各样的生产和组织类型，其中大多数项目是由议程不同的参与者自主设立的，就像在其他国家一样。如书中其他部分所述，人们可以看到，社会因素在都市农业实践中明显占主导地位。

我们在此介绍安德纳赫、哥廷根、莱比锡、慕尼黑和维森豪森五个城镇的都市农业，因为这五个城镇都制定了一套独特的、创新的都市食物种植方法。在本书的第二部分，我们将详细地介绍科隆的都市农业；在本章的结尾，我们将详细介绍柏林的都市农业。如前所述，"Gottingen"是德国第一个跨文化花园。该花园是波斯尼亚移民的妇女和市政社会工作者联合起来，通过自下而上的努力于1995年成立的（IGG）。从1998年起，"Gottingen"作为一个注册的慈善机构，这个花园很快成为使用城市公共土地的新方式的典范。今天，跨文化花园是德国社区花园的组成部分，一共有100多个花园位于德国各地。这些花园注重不同文化间的交流，使来自不同背景的人很容易相互接触，同时也促进了多样化的食物文化。除了跨文化花园外，"Gottingen"还主办了其他几个都市农业项目，这些项目最近建立了自己的网络平台"Gottinger Na hrboden"。

在德国，莱比锡的人均分配租地面积最大，这也许是19世纪60年代德国分配租地运动的延续。此外，自世纪之交以来，自下而上发动的一些倡议制定了一些国家级的创新都市农业项目，其中大部分以社会为导向，明确侧重于食物种植。2001年，德国在莱比锡建立了第二个跨文化花园"Bunte Garten"，该花园在一个未使用的市政园艺苗圃里，现在有50名参与者，1公顷可种植食用的植物的土地，还有一个现成的具有商业规模的温室。自2011年以来，当代城市发展倡议（IFZS）作为一种"创意媒介"经营着社区花园"Offener Garten Annalinde"，他们对莱比锡的未来开展了更广泛的讨论。最初由欧盟青年行动方案（the EU programme Youth in Action）资助的社区花园"Annalinde"今天不仅是一个食物种植场所，人们从中可以看到城市空间的参与性使用；它还提供了范围广泛的以食物为中心的环境保护教育场所。除了这两个例子，莱比锡还有其他几个都市农业项目，其中包括一个社区支持的项目。许多人得到了自下而上的居民基金会的支持。该基金会自2003年以来一直致力于改善城市日常生活。他们在都市农业方面最重要的工作之一是制作并在线出版一份名为"Fl achendatenbank"的城市开放空间清单，其中显示了100多个开放空间的相关数据，如地址、规模、所有权等。这些数据有的已经过时，但我们可以暂时使用它作为数据研究。

位于莱茵兰（Rhineland）的安得纳赫（Andernach）也利用城市开放空间开展都市农业工作。自2010年以来，安德纳赫通过以下两种策略成为了德国第一座"可食用城市"：修复城市社区所有的褐土地带；将市政公园的装饰植物换成可食用植物——迄今为止，这在德国是独一无二的。海克·博姆加哈登（Heike Boomgaarden）是一位园艺工程师兼园艺电视节目的主持人，他利用市政当局提供的土地，得到一家社会企业的支持，于2009年在该市边缘地区启动了一项"永续栽培"项目，对长期失业人员进行再培训（博姆加哈登 日期不详）。正是因为这一项目，安德纳赫市认识到都市农业是一种改善其绿地外观、增加当地生物多样性、使公众参与塑造其环境的有效手段。对许多德国城市来说，都市农业还可以降低社区开放空间的维护费用。在市政厅的支持下，安德纳赫市调整了休憩用地规划理念（Grundkonzept der städtischen Grünraumplanung），开始了一个"自上而下"的改造：将基本上已建好的城镇护城河岸改造成水果、蔬菜、草药和花卉的种植区，在河岸边居民可以自由采摘，也可以帮助维护。当然这里的重点是维护生物多样性。例如，2010年该市种植了101种西红柿。此后，许多市政花坛和校园的改建也随之而来，居民们支持他们的城镇换上的新面貌。该市从都市农业中获得的利益如此巨大，以至于该市在2013年举行了一次国际性大会议，向参会的国际观众介绍了其做法。

作为"德国转型城镇运动"（German Transition Town movement）的成员，卡塞尔附近的一个小镇维森豪森（Witzenhausen）也于2013年主办了一次全国性会议，主题是"可食用城市"。都市农业和地方食物倡议在所有6个注册的"德国转型城镇运动"的城市中都发挥着重要作用。在威森豪森，正是因为城市的萎缩，热情高涨的卡塞尔大学的农业专业学生以及当地居民在2009年促成了一个致力于各种活动的，自下而上的基金会。

慕尼黑是德国都市农业实践初步融入规划体系的重要城市。慕尼黑有不少跨文化花园和社区花园，有许多分配租地和大量以教学为重点的学校花园。该市创造了一种成功的“自我收获型”都市农业，德文为“Kräutgärten”。自1989年以来，慕尼黑市政当局与城市农场“Stadtgut Riem”以及该市东部的其他城市农场（München，2012）合作，建立了6个这样的“自我收获型”花园。另有慕尼黑各地还有私人建立的10多个花园。这些花园往往在城市边缘，靠近农村。慕尼黑6个市政的“Krautgärten”一共有近20000平方米的土地，可以向市民提供约400个地块，每块约60平方米。

一般而言，每个园丁平均每块地每季能收获200公斤蔬菜和草本植物（Hennecke，2012）。按这个重量计算，在一年内，这些蔬菜和草本植物的重量大致相当于世卫组织建议的每人每天摄入400克水果和蔬菜的重量（WHO，2005）。这太了不起了。“Krautgärten”已成为该市城市发展规划的一个组成部分。它们是满足当地居民对新鲜和健康食物的需求的一种方式，但慕尼黑也在推行同样引人注目的大规模的都市农业：自20世纪90年代以来，慕尼黑市在其绿化带建立了大约100个城市农场，这些城市农场被称为“Grüngürtelbauern”，目的是发展“适应性农业”。这些城市农场作为生产性的开放空间，维护和开发着335平方公里的市政露天土地。这一战略并不是出于对食物或食物体系的关注，而是为了保护和发展城市的开放空间。今天，在市政支助方案的鼓励下，30多名农民组成了一个直接向城市居民出售产品的生产者网络。除了种植外。生产者网络的其他活动的重点是牛的养殖和加工，建立和维护健康的生物群落，持续的城市生态网络，以及为市民提供休闲设施。所有这些项目都与市规划部门密切合作（München，2012）。两名建筑师和城市规划师组成的跨学科小组主持了一项景观设计实践的“The Agropolis project”项目。这个项目可能是德国目前最雄心勃勃的设计项目，旨在将食物种植和城市食物战略纳入城市发展战略。2009年，该团队提议在弗里哈姆市（Freiham）的边缘地区设计一个能容纳2万人的新的开发项目。该提议和设计在慕尼黑举行的一场城市设计竞赛中获胜。该提议将自己定义为“城市化的催化剂”，提出了一项渐进战略：先在城郊地区引入都市农业，30年后再将其引入到城市住房区域。该提议获得了当地的支持，该市委托该项目小组制定第一建设阶段的临时土地使用方案。

城市设计师倾向于从地方和空间的角度来看待这一主题，这最直接地反映了他们对都市农业设计的理解。有一些全国性的倡议，试图建立总体的或联网的食物种植项目，或向项目提供专门的知识或政治、财政支助，为建立生产性城市景观作贡献。

私人资助的慈善机构“anstiftung&ertomis”自2003年以来开始运作一个名为“Stiftung Interkultur”的项目，该项目关注的是前面提到的以“跨文化花园”。“Stiftung Interkultur”基金会收集现有跨文化花园和社区花园的数据，将其公之于众。它研究和出版都市农业的相关著作，特别是关于社会和社区方面的；它以专业知识和资金的形式资助了许多生活和研究项目。

“Mundraub.org”是新一代德国城市食物活动分子工作方法的范例。该组织成立于2009年，作为一个在线地理定位（geo-tagging）平台，“Mundraub.org”允许游客自由访问其网站上的互动地图和果树收获地点，让公众作为“同行研究人员”而存在。该项目最初是在柏林和勃兰登堡（它周围的县城）启动的，现在已经在德国各地迅速普及，目前已有8000多名注册用户，用户们标记了近7000棵被分类的果树和灌木。

柏林

目前，柏林是德国都市农业实践最为多样化的城市。这可以归因于首都过去50多年的政治历史，它是一个绿色和左翼的要塞，再加上1990年德国统一后，城市的褐色地区突然大量开放，有的今天仍然没有得到充分利用，因为市政府财政拮据。与德国其他城市一样，与食物生产相联系的空间的产生往往有政治动机。发展社会生产力也是柏林都市农业的动力，大多数的都市农业项目是以商业为导向的社会企业项目，通常以实践为基础，自下而上运作，与市政府有着密切的关系。

总部位于柏林的“AG Kleinstlandwirtschaft”（小型农业工作组）与德国都市农业的出现有关。该工作组由一群学术活动家和城市园丁在总结过去多年来的讨论和行动的基础上于1997年成立。自成立以来，“AG Kleinstlandwirtschaft”一直为那些希望在社会和生态意义上更有成效地利用城市开放空间的人们开发一个国家级的平台，积极支持柏林地区的城市食物种植项目。自1998年以来，“工作组”（Working Group）运行了一个在线信息门户，该网络2004年起由柏林的“Urbanacker”继续运作。“工作组”也是“Urbanacker”的创始成员之一。“Urbanacker e.V.”和“AG Kleinstlandirtschaft”是柏林园艺活动分子基层网络中最强大的两个成员。这两者都是由于公共空间使用中产生的实际冲突而建立的，这使得他们各自的观点更加尖锐，同时也影响了市政厅对都市农业的看法。

柏林参议院与园艺活动人士网络之间有长期的沟通历史，促成了几项有希望的实验。其中一项实验是在2008年关闭的前坦佩霍夫机场（Tempelhof Airport）实施的。2010年，一群活动分子在参议院举办的一次竞赛中获得了坦佩霍夫机场一块5000平方米的土地。利用这块土地，这群园艺活动分子于2011年创建了迄今为止最雄心勃勃的公共和社区都市农业项目“Allmende-Kontor”。其创始人称其为“城市农业知识转让和交流的平台”。“Allmende-Kontor”在几百名志愿者的帮助下仅用了三个月的时间就建成为一个社区花园。花园现在是网络平台的物质基础和有形表达，生产着各种蔬菜、草药和花卉，供个别种植者食用。该项目吸引了许多公众和媒体的兴趣，并被参议院作为一系列“先锋项目”的成功范例，在有关废弃机场新用途的城市设计中被高调讨论（Tempelhofer Freiheit）。

社区花园是柏林最常见的都市农业形式。然而，在经济上可行或以商业为导向的花园在城市中所占的空间比社区花园更大，而且它们更注重食物产出。

如前所述，这些商业性的项目总共有10个，并大多自诩为社会企业，这意味着它们在追求社会或非营利目标的同时，也追求财务独立。

在柏林最重要的一些经济上可行的项目已经在这本书的其他地方描述过了，在此简略一提：

- “Agrarb rse Ost e.V.”在城市内经营农场，最大的项目是占地100公顷的“Land-schaftsPark Herzberge”，主要是养羊。
- 社区花园“prinzessinnengärten”，最初于2009年以“游牧都市农业”的形式在城市内一个临时的大型用地上运行。
- “Efficient City”农场项目是大型工业用地“MalzFabrik”整体环境战略的一部分，目前正在计划一个建筑一体化的鱼菜共生复合系统。

此外，同许多城市一样，当地有各种企业主要在建筑物内种植、加工和销售初级食品，这些初级食品包括蜂蜜、蘑菇、草药或芥末等。蘑菇农场“Biopilze”就是一个例子，该农场在一栋建筑的地下室种植有机认证的牡蛎蘑菇（oyster mushroom），并出售给当地的餐馆和个人。

企业“Bauerngarten”是农业活动、环境愿景、商业独立和城市生活方式转变倡议成功交叉的例子。这个都市农业企业由两位生态农学家于2009年成立，在柏林经营着三个场所，为大约500人提供有机蔬菜和草药。企业家们从市政厅租用土地，把土地划分成细块，租给柏林人种植。承租人可以随意参与种植过程，并在生长季节结束时收获庄稼。

柏林的都市农业倡议，无论是商业的还是社区的，都与城市建立了良好的联系网络，但目前它们的实体意义上的网络还没有建立起来。通常，食物种植空间和周围的空间，比如栅栏、大门或道路之间几乎没有空间关系，而个别的食物种植项目之间也没有物理联系。这在世界范围内并不少见。都市农业用地在德国通常是空间分散的和嵌入式的。在研究城市内分配租地的情况时，这一点就显得尤为明显。

分配租地公园“Kleingärten”是柏林按数量和总面积计算的最大城市食物生产实体。然而，对于非直接生产者来说，城市中这些富有生产力和绿色的空间经常被看到，却不能直接体验到。因为有形和无形的社会界限阻碍了公众的进入。增

图1　柏林的都市农业。2011年，城市食品主要种植地点以社区为重点。这张地图是以柏林技术大学的一个小组的研究为基础的，该小组根据现有项目对环境教育、生产性景观、食品网络、地方经济和社区凝聚力的贡献对现有项目进行了调查。［图片：Nishat Awan and Kristian Ritzmann（FG Stadt & Ernährung TU Berlin），2011］

加场址的出入口，方便场所出入已变得非常有必要。增加场所的出入口除了有利于增加基础设施外，还将推动其粮食系统潜力的发展，例如促进更多的农产品交换。

除了分配租地公园之外，市政农场（Stadtgüter）和城市边界内的农场（Stadtbauernhäfe）是德国城市的主要城市食品生产者，直到20世纪50年代才开始向今天的食品工业化生产转变。其中一个这样的市政农场是“Domäne Dahlem”。在15公顷的土地上，“Domäne Dahlem”生产有机认证的水果、蔬菜和动物产品，在当地的商店和农贸市场销售。环境保护和教育也是农场的重要组成部分，每年吸引30万游客。该项目始建于1976年，是柏林最古老的项目之一，现在由一个县基金会和一个关注地方利益的集团联合运营。大约100年前，“Domäne Dahlem”的所在地位于柏林市的边缘地带，它让柏林人想起了当时勃兰登堡市农业活跃的农村腹地的地理位置。

社区支持的农业（CSA）现在在德国刚刚开始。在柏林周围，大约有五个这样的农场。在过去20年中，柏林的农村和城市主动加强了联系，其中典型的例子是“Meine ernte”农场。“Meine ernte”农场是CSA和前文提到的“Krautgärten”或“Bauerngarten”的综合体，在柏林边缘的两个地点运作。“Meine ernte”农场的特点是，外部第三方和专业化的农场合作运营。这些类型的农场，在柏林和德国其他城市有几个。“Meine ernte”农场是注册过的协会“meine ernte e.V.”与专业农场“Gartenbaubetrieb Vogel”的合作建立起来的，在农场的土地上种植和管理单块出租的菜地。柏林人从“Meine ernte”农场租地，并在协会的支持下从事农产品的选择、照料和收获等工作。

“Ökodorf Brodowin”农场是柏林最著名的农村–城市互利的例子。在这种模式下，当地的农村农场为城市居民定期提供农产品，农产品通常被送到居民门口。柏林约有12个此类项目。“Brodowin”农场在距首都60公里之外，占地1300公顷，生产25种类型的蔬菜、土豆、谷物、牛奶、鸡蛋、肉类等。自20世纪90年代中期以来，该农场运营得非常成功，现在每周向1700个柏林家庭和儿童托儿所运送蔬菜盒，并在一家当地商店销售他们的产品。

建设区域食物体系的一个重要里程碑是“冯·海尔”（VON HIER）项目。这是一项关于零售和营销的倡议，旨在增加柏林和勃兰登堡大卖场中本地食品的比例。“冯·海尔”于2007年由当地生产者和零售商在提出地方性的“21世纪议程”的县议会分支机构及其他利益相关者的支持下成立。“冯·海尔”倡议到2020年，大卖场售出的食物中约有三分之一是从当地生产者那里采购的。目前，约有30家当地生产商在这一计划的支持下销售他们的食物。

一些较新的商业举措同样令人鼓舞。最突出的例子是2011年，柏林为数不多的食品市场大厅“Marthalle Neun”的成立。剔除中间商后，“Marthalle Neun”市场给了当地越来越多的小规模生产商在市场日或特别活动期间出售新鲜或新加工产品的机会。一年后，由于人们需求旺盛，市场日从每周一天增加到两天。

鼓励更公平地分配农民市场是柏林多项倡议的目标之一。例如柏林慢食计划（Slow Food Berlin），倡导更多的柏林人能够购买当地农村或城市生产者生产的新鲜农产品。如前所述，这些行动开始在规划发展方面得到考虑。它们有可能被融入规划和设计生产性城市景观中，这不仅将人们与生产联系在一起，而且将提供一个空间框架，为德国首都设想一个可持续的未来。

结论：城市和规划支持下的良好开端

与德国其他地方的情况一样，柏林还没有食物委员会或食物政策委员会。然而，一个当地的“好食物”运动团体即将从柏林慢食协会中独立出来。据其领导人之一帕梅拉·多尔希（Pamela Dorsch）称，该组织正在与感兴趣的合作伙伴、居民共同开展这项活动。

2010年9月，柏林参议院城市发展与环境部公布了德国首都休憩用地规划的“绿色愿景”草案。2009年，一个已经有了两个景观设计实践的团队采用了我们可能称之为“自上而下”的方法，开始推动由一系列智囊团支持的草案。在此活动中，都市农业和生产性城市景观方面的专家对此做出了积极贡献。柏林居民应邀就战略草案发表评论。参议院在充分考虑这些评论意见的基础上，最终通过了《城市景观战略》，并于2012年春季公布于众。虽然该文件的建议无法得到完全执行，但它们为柏林到2050年期间的任何开放空间开发提供了一个彻底的和战略性的方向。该战略的副标题是“自然的、生产性的城市”——这反映了指导城市未来开放空间规划的三个主要方向。该战略并没有单独提到“都市农业”，而是明确地将都市农业作为一种公认的土地用途列在“生产性”的项目下。“Productive”在这里被描述为“城市文化景观与开放空间的诠释，这种诠释来自于设计师与参加者们的共同活动”。将生产空间纳入规划和发展战略的作法，对柏林、德国以及整个都市农业都具有重要意义。

最后，本章中的都市农业实例代表了德国特定的都市农业进程，所有这些例子都非常重要。尽管这些例子是针对当地情况的，但它们却是可复制的。所有这些例子都是关于都市农业的——从定义上讲，是关于生产性城市景观，以及寻找可持续城市未来的途径。

5.2 英国的实践

卡特琳·伯恩和安德烈·维尤恩

本章将继续论述都市农业是如何发展和融入英国的，与德国的方法不同。与德国相比，英国都市农业的理论化程度较低，但在实施方面，英国领先一步，其更广泛的食物政策就证明了这一点。两国都有许多以社区园艺和分配租地文化为基础的项目，但这些项目的理论框架和社会关系却不同：在社区花园方面，德国的主要驱动力是政治因素，侧重于创造跨文化交流的机会；而英国则更多地侧重于环境教育和城市空间的生产。如果比较一下分配租地花园和它们的德国等价物“Kleingärten”，我们会发现两者都有代表自己利益的全国性组织，但德国园丁所拥有的政治影响力远大于英国的，而且可能更为保守。如果不算社区花园的历史，英国有较长的食物倡议传统，即建立广泛的、一气呵成的、自下而上的、与食物有关的倡议。这段历史至少可以追溯到20世纪70年代，威尔士建立了“农村替代技术中心”（Centre for Alternative Technology）。该中心将食物和能源生产置于平等地位来考虑。之后，这些倡议由20世纪90年代在英格兰北部诺丁汉郡的霍克顿住房项目继续推进。“生长的社区”代表着社会企业的最合适规模。最近的城市食物项目包括广受宣传的公共项目“难以置信的可食用的托德登”（Incredible EdibleTodmorden）和“利兹都市农业社会平台”。

前一章我们记录了德国都市农业理论和实践的最新发展，本章则集中介绍在英国最大城市伦敦建立的两个重要的食物项目的具体过程。

伦敦的都市农业发展受益于伦敦食物委员会（London Food Board）和食物慈善机构“Sustain”。他们组织了更好的食物和农业联盟。“Sustain”有一个自下而上国家性的网络，在伦敦非常活跃，特别是在倡导或举办食物有关的项目方面。它是一家慈善和有限公司，代表着一个广泛的食物团体联盟，倡导在英国、欧洲和其他地区发展可持续和更公平的食物体系。伦敦食物委员会是一个自上而下运作，由一个独立的食物政策组织和专家组成的咨询小组。该咨询小组负责于2006年出版的《伦敦食物战略：健康和可持续的伦敦食物》的执行情况，并协调市长的工作，主持关于首都可持续食物问题的辩论。这两个组织都积极参与政策领域以提高城市和机构对可持续食物系统的认识。现在他们已经能够推动都市农业项目的实施。

我们正在研究两个与食物相关的项目，一个是“首都种植”项目，这个项目采用的是创造性的自上而下的方式运行的；另一个是转型城镇布里克斯顿。布鲁克斯顿是在转型城镇运动中发展起来的最活跃的自下而上的项目之一。两者都将都市农业的发展提升到一个新的水平，极大地推动和支持了英国食物政策的讨论和制定。

首都种植

“首都种植”项目是2008年启动的，目的是通过各种措施，到2012年在伦敦建立2012个新的食物种植空间。尽管“首都种植”与2012年举办的伦敦奥运会没有官方联系，但人们普遍认为它是一个“奥运”项目。

关于“首都种植”的概念是由谁发起的这个问题，也有类似的“奥运项目”的叙述。官方的观点是，它的灵感来源于温哥华食物政策委员会制定的“2010年的挑战”项目，其目标是在2010年温哥华建立2010个新的社区共享花园。2007年发布的《为奥运会提供食物的政策的报告》认为，可持续的食物供应应该是组织者创建“最绿色奥运”目标的组成部分，包括承诺创建2012个新的食物种植区。另一个灵感来自建筑师弗里茨·海格（Fritz Haeg）。他在2007年发表了《新的极端夏季活动：奥林匹克农业宣言》。海格的建议首次在泰特现代美术馆（Tate Modern）展出，其作为2007年全球城市展览的一部分，随后于2008年在伦敦市政厅举办的“为伦敦种植食物”会议（Growing

Food for London）期间展出。海格的宣言对伦敦来说是一个乐观和有趣的愿景，在宣言里，他设计了超过6000英亩的有机耕地，将由所谓的“奥林匹克农民”耕种，以满足奥运会的食物需求。随后，他强调，“在2012年夏天之后，伦敦居民将拥有一个四季壮观的城市游乐花园，”而不是像有的批评所说的那样，这些花园是为满足海格在全球的虚荣心而竖立的空壳（Haeg，2007）。

“为伦敦种植食物”会议提出的倡议远不止《奥林匹克花园宣言》。其中还包括纳斯尔和卡密萨创立的项目。该项目涵盖了培训、商业、未来远景规划等主要专题。作为伦敦首批都市农业会议之一，该会议由伦敦食物联盟发起并主办，得到了“Sustain”组织和包括伯恩和维尤恩建筑师在内的一些利益攸关方的支持。

此次会议举办恰逢鲍里斯·约翰逊（Boris Johnson）当选为伦敦市长，他代表保守党获得了胜利，给伦敦食物政策的推进带来了一些不确定性。出席会议的鲍里斯·约翰斯顿宣布，他支持该会议的目标，并支持在伦敦增加食物种植。此后不久，他任命著名的女权主义者兼记者罗西·博伊科特（Rosie Boycott）为伦敦食物委员会（London Food Board）的主席，该委员会就是此前提到的市长食物政策咨询委员会。

大约在同一时间，伦敦宣布了“首都种植”项目启动。项目议题是把伦敦作为全球都市农业的中心、保守的商业中心和城市食物增长的研究中心。“首都种植”项目采取了比弗里茨·海格提倡的不那么激进的方式进行，当时的背景对“首都种植”项目非常有利。这个背景之一就是，班克塞德开放空间信托（the Bankside Open Spaces Trust，BOST）——一个非常活跃的当地慈善机构，在伦敦市政厅和泰特现代美术馆的周围建立了许多成功的以食物为中心的社区花园。泰特现代美术馆和建筑基金会合作，为了迎合2007年全球城市展览，弗里茨海格被委托与当地居民共同创造一个可食用的景观：布罗克伍德可食用庄园。这一项目位于泰特南部布罗克伍德住宅村（Brocwood Home）前的一块未充分利用的草坪上，这一举动为城市食物花园的合法性提供了更多的证据，尽管本地的居民花了一些时间才接受了这一概念。这个新景观现在成为海格的可食用住宅项目的一部分，该项目旨在将国内草坪变成都市农业的生产领域。布罗克伍德食物项目成为“首都种植”大项目的先锋。

虽然伦敦市长为促进“首都种植”项目提供了一定数目的初始资金，但它是作为定向项目资金交付的：用来促进“更好的食物和农业联盟”（the alliance for better food and farming）的发展。在伦敦发展署（London Development Agency）、市长和其他几个与食物有关的组织的支持下，该项目通过伦敦食物联系网络（London Food Link），“Sustain”获得了英国国家彩票的地方食物基金（UK National Lottery's Local Food Fund）的资助，建立一个全面的结构以鼓励伦敦人申请小额资金，建立新的社区食物种植倡议；鼓励受薪工作人员、实习生和志愿人员与“Sustain”/伦敦食物联系网络合作，宣传“首都种植”项目，为资金申请者提供指导和基本培训，并监测他们的业绩。奇怪的是，这种创造性的、自上而下的方法遵循的恰恰是，古巴在苏联解体后，启动一项都市农业项目时所用的方法。这种方法外部压力较小，也更为温和。

2012年，“首都种植”项目实现了新增2012个食物种植点的目标，这在提高伦敦都市农业形象方面极为有效。虽然个别食物种植点的产量有时似乎难以维持，但我们认为这是一项有价值的计划。除了支持社区食品种植和社区建设之外，它还促进了试验性的项目，例如阳台项目等（见本书第二部分）。

“首都种植”项目在2012年后将继续进行，现在项目更加重视提高收益。为了做到这一点，它借鉴了纽约的“Farming Concrete”项目中公民科学家（citizen scientist）[①]所采用的方法。其他的几个

① 公民科学家一词于2014年6月进入牛津英语词典。根据牛津词典的解释，“公民科学家”有两重意思：一是具有公民意识，志愿参与公众活动的专业科学家；另一是指业余科学家，也就是我们通常说的“民科”（民间科学家），没有经过严格的科学训练也不在科研部门工作，但是却从事一些自己感兴趣的科学研究。根据本文的意思侧重指后者。——译者注

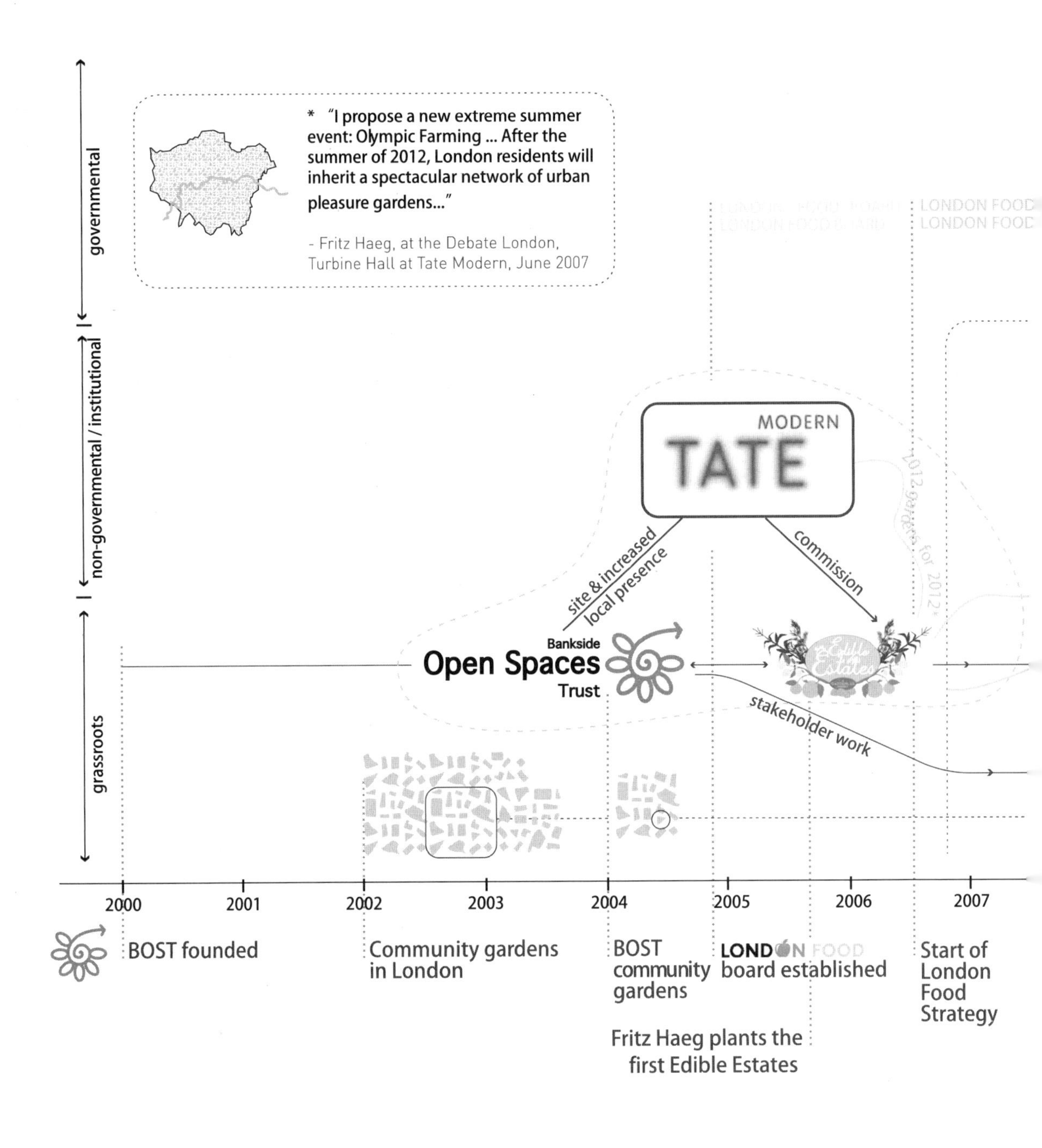
governmental
non-governmental / institutional
grassroots
* "I propose a new extreme summer event: Olympic Farming ... After the summer of 2012, London residents will inherit a spectacular network of urban pleasure gardens..."
- Fritz Haeg, at the Debate London, Turbine Hall at Tate Modern, June 2007
LONDON FOOD
LONDON FOOD
MODERN
TATE
site & increased local presence
commission
2012 gardens for 2012*
Bankside
Open Spaces
Trust
Edible Estates
stakeholder work
2000
2001
2002
2003
2004
2005
2006
2007
BOST founded
Community gardens in London
BOST community gardens
LONDON FOOD board established
Start of London Food Strategy
Fritz Haeg plants the first Edible Estates

图1 “首都种植”项目过程图。图中包括项目的设计、研究、分析以及建立柏林都市农业项目的过程。该项目由技术大学城市与营养系承担。[图片：伯恩和维尤恩，Nishat Awan（FG Stadt & Ernährung TU Berlin），2012]

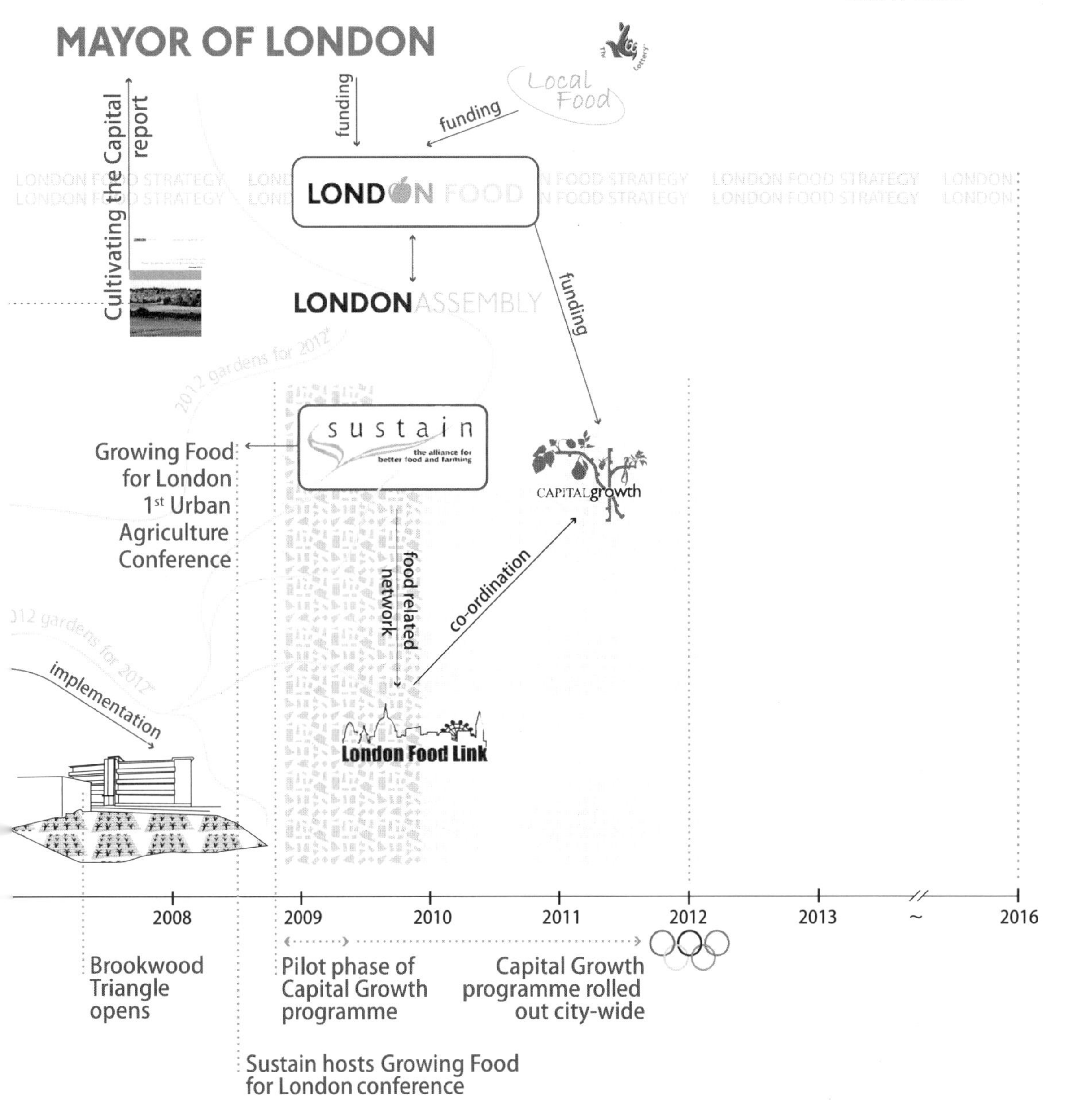

"首都种植"项目的子项目，如布里克斯顿的布伦海姆花园（Blenheim Gardens Edible Estate），被称为"成功的城市食物生产空间"。关于食物种植和奥运会场地方面，我们和撰稿人霍华德·李博士（Dr Howard Lee）在珍妮·琼斯（Jenny Jones）的邀请下，向伦敦前副市长和伦敦遗产开发公司（London Legacy Development Corporation）介绍了将都市农业纳入前奥运场地的战略，琼斯曾于2012年代表绿党出席伦敦大会。

转型城镇布里克斯顿

受益于"首都种植"项目的影响，"转型城镇布里克斯顿"（Transition Town Brixton）组织成立于2008年。该组织长时间密切关注转型城镇运动的发展，或者说，它本身就是转型城镇运动的一部分。2005年，过渡城镇运动起源于爱尔兰金赛尔的罗布·霍普金斯（Rob Hopkins）开办的"永续栽培"课程，该课程为地方议会制定了"能源好计划"（Energy Good Plan）。2006年之后不久，英国"转型城镇托特尼斯"（Transition Town Totnes）的成立意味着英国转型城镇网络的形成。该网络旨在"支持社区为主导的应对石油和气候变化的措施，建设社区的复原力和幸福感"。在建立转型城镇小组时，开展社区行动的共同起点是食物安全和食物主权。到2009年，英国及其他地方一共确立了120多个行之有效的转型举措，包括布里克斯顿的转型网络的措施（Transition Network，2012）。

布里克斯顿是伦敦南部兰贝斯自治市的一个区，它有着丰富多样的历史。布里克斯顿拥有伦敦第一条用电照明的街道——电气大道（Electric Avenue），有1981年布里克斯顿骚乱的不那么美好的回忆。当年的骚乱是由种族紧张的局势引起的，布里克斯顿是一个贫富、种族和文化差异很大的地区。

2007年，在转型网络成立后不久，Lambeth气候行动小组成立了。这个小组的成立，促进了2008年"转型城镇布里克斯顿"的建立。在2007~2008年间，布里克斯顿的学者、艺术家和居民分别采取了不同的方法来发展本土化和生态化的食物生产。

其中，最重要的都市农业倡议之一就是致力于建设布里克斯顿转型的能力，这是由伦敦大学学院（University College London，UCL）发展规划系的学者罗伯特（Robert Biel）和伊夫（Yves Cabannes）发起的。这一项目被称为"ABUNDANCE"（Activating Blighted Urban Niches for Daring Agricultural Networks of Creativity and Endeavour，让具有创造性的农业网络激活受损的城市生态系统）。该项目由UCL的知识转移中心"Urban Buzz"提供一年的资助。这是一项自上而下和自下而上相结合的倡议，由伦敦大学联盟、"转型城镇布里克斯顿"积极分子和布里克斯顿吉尼斯信托房地产协会共同发起，选定的食物种植地就在布里克斯顿。"Urban Buzz"在对其在为期一年的资助期中确定了三个目标：一是，绘制潜在的都市农业用地；二是，种植食物；三是，展示都市农业的实际行动。我们设定了四个文化性的目标：影响地方政府政策；建立社区知识；重新评价城市生活；提供一个转型城镇的实例。在2007年底，"ABUNDANCE"做了一个乐观的预测，认为该项目未来增长点会出现在选定的房地产项目和周边地区。尽管有300多人参加了该项目的启动仪式，而且该项目对布里克斯顿的食物种植和可持续食物生产产生了长期影响。但确切地说，并非所有设想的目的和任务都得到了实现。这种情况在开创性的项目中并不少见。这让我们在反思、评估该项目后，为今后的项目提供经验。"ABUNDANCE"项目中，我们的主要结论是，用一年的时间实施这样的一个雄心勃勃的都市农业项目，时间是非常短的——在英国，这仅仅是一个生长季节。更重要的是，在计划阶段，在项目启动之前，我们需要确认项目所依附的社区是一个有强大购买力的社区。因此，诺伊（Noy）建议对该地区的居民需求进行一次评估，并明确我们现有资源和生产能力。

虽然"ABUNDANCE"生产的食物没有设想的那么多，但后来在"首都种植"项目的支持下，建立了Blenheim花园和Tulse Hill庄园两个种植点。此外，"转型城镇布里克斯顿"建立了该地区食物种植的数据库。"ABUNDANCE"还影响了地方政策的制定，例如兰贝思议会（Lambeth Council）编写了一份《信贷紧缩报告》（Credit Crunch Report），倡导“政府应促进和扩大自治区的食物种植团体和网络”。市议会还在其总体规划“布里克斯顿的未来”中提到了食物种植问题。除此以外，那些开始种植食物的居民的反馈是积极的。

除了具有明确的都市农业议程的项目外，布里克斯顿以艺术为基础的城市食物项目，比如一个叫做“隐形食品”（Invisible Food）的项目，它提醒人们：在城市中，还有很多野生的可食用植物。

“转型城镇布里克斯顿”还设立了若干处理具体问题的小组，如运输组、再循环和能源使用组等。随后，他们还引入了当地货币“布里克斯顿英镑”（Brixton pound），以鼓励自治区内的贸易。2010年，“转型城镇布里克斯顿”继续巩固其在内部的地位，成为一家立足社区利益的公司，目的是促进和支持其成员的目标实现。

随着本书的出版，“转型城镇布里克斯顿”在自治区内仍然非常活跃：新的社区种植区已经建立，食物小组开展了一些活动，以促进可持续的地方食物。“转型城镇布里克斯顿”组织良好、结构良好，重视向所有人开放的网络的建设，并愿意与地方议会合作，从而成功地在伦敦的一个大区内嵌入、展示了关于食物和能源的对话。今后，正如许多其他运动一样，转型城镇的问题是：如何让这一转型成为主流。

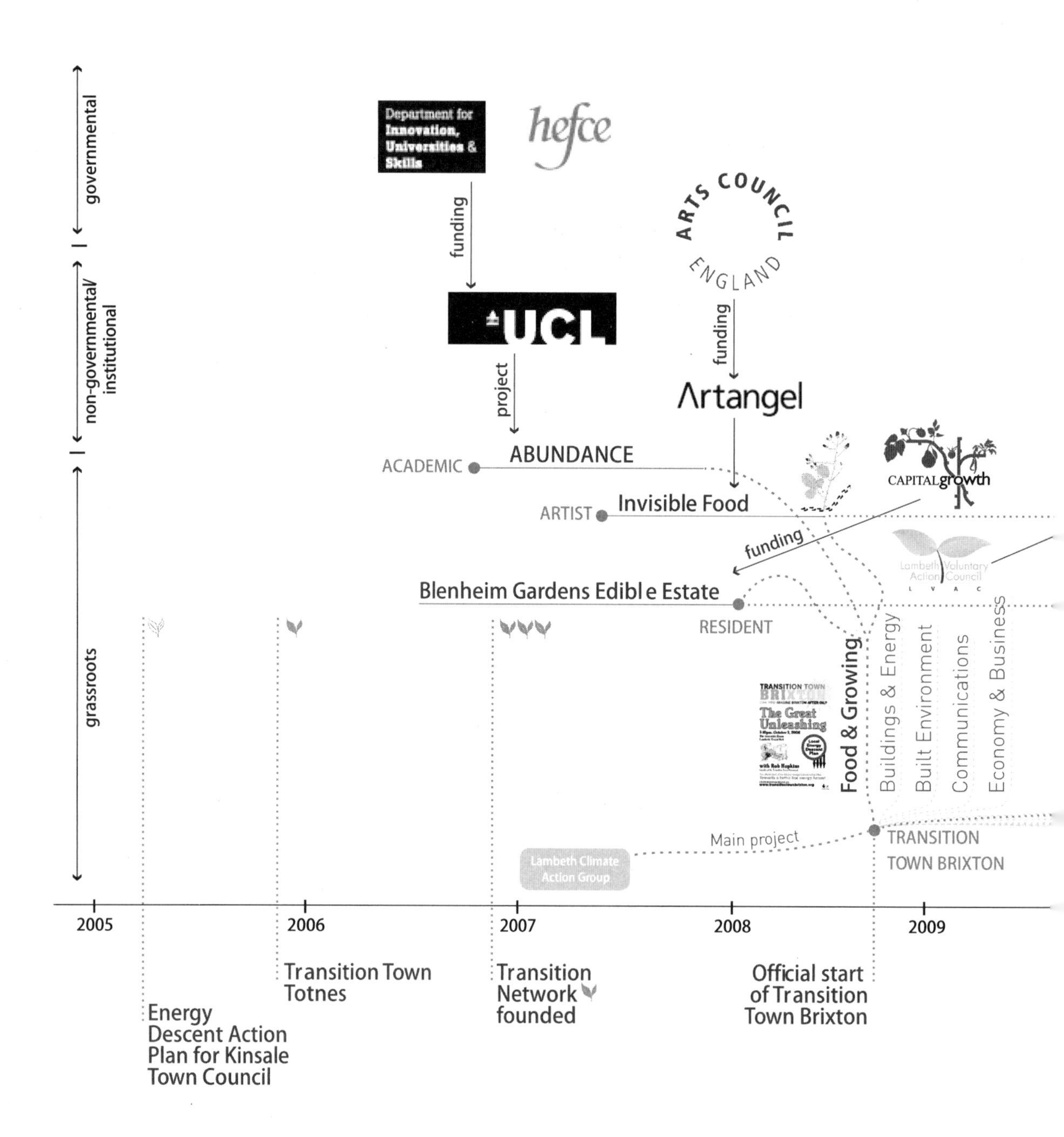

governmental
non-governmental/ institutional
grassroots
Department for Innovation, Universities & Skills
hefce
funding
UCL
ARTS COUNCIL ENGLAND
funding
project
Artangel
ACADEMIC
ABUNDANCE
ARTIST
Invisible Food
CAPITALgrowth
funding
Lambeth Voluntary Action Council
LVAC
Blenheim Gardens Edibl e Estate
RESIDENT
TRANSITION TOWN BRIXTON
The Great Unleashing
Food & Growing
Buildings & Energy
Built Environment
Communications
Economy & Business
Main project
Lambeth Climate Action Group
TRANSITION TOWN BRIXTON
2005
2006
2007
2008
2009
Energy Descent Action Plan for Kinsale Town Council
Transition Town Totnes
Transition Network founded
Official start of Transition Town Brixton

图2 转型城镇布里克斯顿的发展过程图。如果有基层、机构和政府组织的合作，都市农业项目的成功机会就会增加。正如图中展示的那样，布里克斯顿可以从各种不同的、客观的和物理的起点中受益。［图片：伯恩和维尤恩，Nishat Awan（FG Stadt & Ernährung TU Berlin），2012］

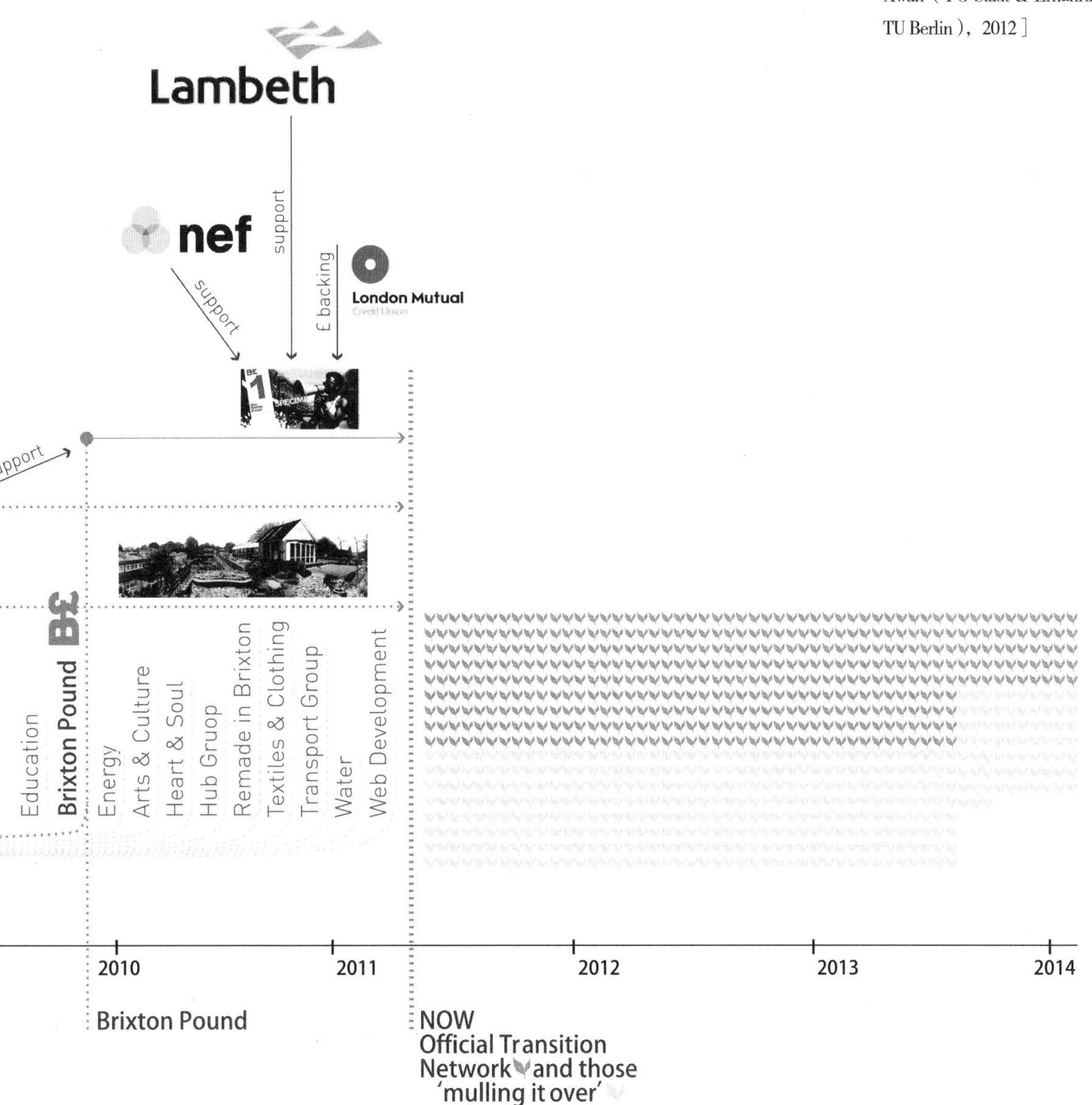

5.3 委托代理：关于生产力的经验思考[①]

尼沙特·阿万（Nishat Awan）

从周边的活动来看，都市农业似乎即将成为主流。这可能是因为人们对环境危机、经济压力以及全球肥胖率上升这些迫在眉睫的危机的认识有所提高。在这危机重重的时刻，重新审视都市农业可能成为何种类型的活动也许是有益的。本文通过对上一次重大危机，即20世纪70年代石油危机以及其他较近期的例子所引发的历史事例的细读，试图探讨生产力问题、自然与文化的人为分离问题、经验性的观念和代理问题等。本文还将评估城市设计在城市食物种植实践中的空间干预作用。本文将特别指出，由于我们今天面临的多重危机造成的综合压力，人们有强烈的、希望能迅速作出改变的愿望，导致早期应对措施中的某些重要方面被忽视了。这些"重要方面"包括自我供给、创造性、将技术作为一种社会实践加以利用，以及以使用价值为基础的经济。

生产力

对于像伦敦这样的大城市来说，一个重要的问题是：土地在承受着极大的压力的同时，如何确保食物种植的区域安全。这个问题很容易地转化为生产力问题：在给定的空间里可以生产多少西红柿？需要多少水？这需要我们对生产力作出更细致的定义，我们不仅不能简单地把生产力等同于产量，等同于可量化的指标，我们还应该考虑到社会生产力，如行为和健康方面的变化。进一步思考生产力的概念也会引发一些问题，比如谁在生产，为谁生产，这种生产体现了什么类型的价值。就资本主义的交换方式而言，如何界定生产力是一项特别困难的工作。正如马克思的分析所揭示的，财富的积累是建立在占有工人的劳动产生的剩余价值的基础上的，这个制度不重视生产食物劳动，也不重视家庭范围内的交换。在马克思主义分析中，"交换价值"，意味着是否可以根据一定数量的货币来量化某物的"使用价值"。后者是关于定性判断的，包含了对事物的使用价值和价值的不同判断。

都市农业包括一系列倡议——从作为企业经营的市场花园到较少涉及食物生产而较多涉及社会空间生产的社区花园，但在城市食物种植方面，区别交换价值和使用价值是重要的，因为这关系到这类倡议的根本优势。随着都市农业逐渐成为主流，在某些情况下，它似乎正在从重视使用价值转向重视交换价值。许多新项目开始考虑规模经济、剩余价值和商品化。人们还常常认为，这在危机时期是正确的：为了实现真正的变革，都市农业需要成为更广泛主流经济的一部分，从而能够在交换方面产生价值。但我们真正需要讨论的是：真正的价值是什么。正如生态的支持者经常重复说的那样，在资本主义以交换为基础的商品化过程常常依赖那些资本不重视的东西，例如空气和水，人们常常认为这些资源是无限的和免费的。因此，对于都市农业来说，我们应该非常重视空气、水、土壤质量等因素的价值，这些东西的价值不应以货币价值来衡量。虽然碳排放税等举措确实试图将我们的共同资源拥有的非货币性价值转换成货币。我们需要的一种更激进的方法，而不是在一个被证明是完全有缺陷的体系内修修补补。我们应该尝试另一种方式。通过了解这些资源的使用价值，我们可以看

① 题目原文为"Agential exchanges: Thinking the empirical in relation to productivity"。"exchange"原来的意思是"交换""调换"，但是根据文中的意思指的是"委托"，建议直接开展都市农业的活动人士的某些事务可以委托专业的代理机构完成；"empirical"一般翻译为"经验的"，"以观察或实验为依据的"，根据文中的意思更侧重于后者，所以这里翻译为"实证"。——译者注

出，有必要建立一种非常不同的评估体系，一种既能在公共层面上又能在全球范围内建立联系的评估体系。在这里，当代关于公共领域的讨论为我们提供了一种重新思考空气、水等问题的方法。我们不应该仅仅把空气、水等看作是资源，而应该看成是关系。我们如何管理这些资源，必须被视为社区和地方之间一系列关系，特别是跨地方关系，这种关系将不同距离的地方和社区联系在一起。

有趣的是，在所谓发达国家中发生的大危机里，20世纪70年代的石油危机也导致了一系列主张的出现。这些主张试图在“公共”的领域内解决问题，特别是在专业性的知识和诀窍方面。许多人认为这是一次机会，我们可以重置与地球的关系。这些主张提出，我们需要转变生活方式，减少对石油的依赖，这与以使用价值而不是以交换价值为基础的新经济模式密切相关。其中最著名的是《全地球目录》（Whole Earth Catalog，简称《目录》）。《目录》在1968～1972年期间定期出版，后来以各种形式出版。《目录》包含了一个系统理论；它是一本手册，也是一本用于解决自我供给问题的地址簿。《目录》中没有任何东西可供销售，相反，它是一个信息库，提供零售商的联系方式、商品价格，便于读者查阅。它的DIY方法通过提供“目录”中的“访问工具”来帮助业余爱好者。通过以列名的方式提供信息，《目录》通过民主化的方式获取知识，预示着创造性的共享资源运动的到来。因此，它被称为互联网的“概念先驱”。1968年版的一系列信息说明《目录》也涉及到了都市农业。该版的《目录》其中一页刊登了一篇关于有机园艺的综合书籍的评论，一篇关于如何在堆叠系统中密集种植蘑菇的说明，以及一些关于如何养蜂的点子。另一页详细介绍了如何制造中国风车，以及如何制造简单廉价的太阳能热水器。正如这些例子所说明的，整个《目录》是创造性的，主张自己动手做事情。作为一个时代的产物，在美国的个性化主张的背景下，《目录》作为反文化运动的一部分，它没有思考这样一个问题：这些个人的努力如何成为“公共的”。除了可以指导人们建立一个自给自足的社区之外，《目录》没有解决的另一个问题是：如何使不同社区之间的关系更加紧密。在这里，关于公共领域的讨论和建立跨地方联系的重要性为我们今后的工作提供了一个起点。

自然—文化

20世纪60年代末和70年代初期间，西方国家产生了许多议题，涉及食物种植、生态以及我们与地球的关系等问题。这些议题，连同《目录》，对我们今天思考如何利用新技术，如何处理生产中的关键问题，都是有用的。在词源上，“生产”被定义为“发展、扩展”或“引导或产生、提取”。到后来，这个词的意思才转向“创造存在”（bring into being）。这是一种重要的转变：“发展”或“产生”是嵌入在我们周围世界中的；“创造存在”则意味着人类具有上帝般的创造力。创造食物，驯服自然，但这些活动却独立于人类活动中的文化活动。

这种自然与文化的分离是拉图尔批判现代状况的基础，也可以说是人与环境的分离，以及主体与客体的分离。对拉图尔来说，这座大厦是通过两套相关的实践建造的，它们被命名为“翻译工作”和“净化工作”（the work of purification）。“翻译工作”创造了自然与文化的混合体，而“净化工作”将自然与文化分离开来——这两种实践共同创造了自然与文化完全分离的现代幻象，同时又以“自然—文化”的形式产生了自然与文化的大量融合。这一分离或融合的过程没有考虑到在自然和文化两极之间发生的“调解工作”（the work of mediation），拉图尔将这一角色赋予了他所谓的“准客体/准主体”。他声称，现代性将自然这个全面的调解员（full-blown mediators）变成了纯粹的中间人（mere intermediaries）。尽管纯粹的中间人被认为是必要的，但他的作用只是传输，传递能量……然而，调解员的作用更基本，他创造了他所翻译的内容以及发挥调解作用。这意味着“调解”实践是植根于我们周围世界的一种知识创造实践。

20世纪60年代后期，最鼓舞人心的做法之一就是自然发挥了拉图尔所描述的“调解人”的作用，即我们承认生态实践中的生产力必须始终以自然–文化的方式进行。新炼金术研究所（The New Alchemy Institute）作为一个研究中心，成立于1969年，由两位海洋生物学家约翰·托德（John Todd）和威廉·麦克拉尼（William McLarney）以及艺术家南希·杰克·托德（Nancy Jack Todd）共同创立。也许正是这几位具有不同的兴趣的朋友在一起，形成了他们的一套独特的工作方法：将详细的科学知识与农业实践、设计和建筑结合起来。最近，在蓬勃发展的环境运动的背景下，他们的工作是基于对现代工业农业过程的批判，试图找到能够与地球和谐相处的高效、综合的生活系统。他们创造了一系列“活的机器”（living machines）。他们从湿地生态中汲取灵感，用最新的技术对湿地生态系统进行了复制。

这些“新炼金术士”开创了许多集约化养殖技术。他们开发了一种可行的水产养殖实践：一个既养鱼又种菜的系统。他们选择使用非洲罗非鱼作为养殖对象——罗非鱼现在很容易获得，但当时却鲜为人知。罗非鱼之所以被选中，是因为它是一种比较好养的鱼，当使用“新炼金术研究所”开发的水产养殖时，罗非鱼能大大增加系统中蛋白质的含量。发展鱼菜共生养殖的具体目的是：在营养不良地区解决营养问题。南希·托德在最近的一次演讲中说，一些非洲国家正在考虑安装类似于新炼金术研究所开发的水产养殖系统。事实上，他们最初研究和实践上的许多想法现在被视为标准的生态设计做法。例如使用堆肥厕所、利用植物净化水、太阳能集热器或堆肥温室。法国用马粪加热玻璃、木块的方法延续了几百年，而上述方法正是对这一传统方法的一种现代应用。

从这些例子我们可以明显看出，人们与技术之间的关系很容易处理，而且没有因学科背景的不同而不同。人们对这些农业实践也慷慨解囊，因为所有信息和技术都是现成的——“新炼金士”们在《新炼金术士杂志》上作了详细说明，希望其他人能够复制和推广他们的实验。

实证依据

都市农业的做法往往在定性和定量之间出现两极分化，但定量农业和定性农业之间的界限往往令人忧心忡忡。无论是学术研究还是实践上，产量、土壤质量等方面的问题都是重要的研究课题。它们与更多的定性信息交叉在一起，这些信息涉及到谁来照看这些植物、多长时间和在什么情况下照看这些植物等问题，我们很难对这些问题进行分类。当然也有例外，例如在CPUL的概念中，人们往往是一方面主张建立社会交流空间，以改变我们的思维方式和我们与环境的关系，而另一方面则试图最大限度地提高产量，将食物种植纳入城市规划。解决这种二分法的困境时，我们参考一下最近社会科学中关于数字能力的研究是非常有用的。在建筑的研究和实践中，实证往往是一些可量化的事情，相当于排序的实践。[①]正如海伦·弗兰（Helen Verran）和其他许多人所声称的那样，数字不仅具有排序能力，而且还具有决定价值的能力。弗兰认为数字体现了“物化关系”，形成了“社会、文化、政治和道德生活中的创造性的前沿”。因此，排序和计数过程本身就是一种变革性活动，数字对我们所要处理的问题会产生影响。

弗兰区分了数字两种不同的含义：作为符号（icon）的数字和作为陈述（representation）的数字。作为陈述，园丁可以用数字来量化特定地区水果和蔬菜的收成，这通常被称为产量。在其他情况下，这些数字在转变为符号性含义时，表达的意义非常不同：由种植者非正式收集的产量数据可以为交易市场提供信息。伦敦哗然取宠的“首都种植”项目将数字像符号一样使用：2012

① 原文是：the empirical is equated with the quantifiable; that is, the practice of ordering。这里“the empirical”并不是指凭个人的经历而作出判断，而是特指“以观察或实验为依据的”，更接近于中文意义上的“实证”，所以译者认为翻译为“实证”更为准确。——译者注

座花园将于2012年建成，与伦敦奥运会同时举行。这些数字已没有太多实际的意义。因为在现实情况下，这关系到如何维持这2012座花园等重要问题。究竟需要多少人照料这些花园，而一旦资金用完，人们的兴趣不再，他们还会继续这样做吗？

对弗兰来说，数字表达的含义主要在于它们所体现的关系，表现为一个或多个，全部或部分。这些关系是“一个数字是否是基数，通过使用一个/多个来表达；一个数字是否是一个序数，通过整个/部分来表达”。这也可以被描述为从多重性到同质性的转变。也就是说，采取一系列具体的实例，并将它们以多重性（一个/多个）组合在一起；或者从另一个角度出发，将个别元素描述为从属于它的整体或部分。例如，就“首都种植”项目而言，我们可以将这些子项目视为一个团体和一个社区的个个努力，也可以将这些项目合并为一个整体，将其视为只有在该项目下才存在的部分。这一点很重要，因为这些子项目是草根的、由社区领导和发起的项目，需要将它们纳入一个整体中。子项目的价值是通过附属“首都种植”项目而被赋予的，而不是通过承认基层倡议的从而制定支持它们的政策才有的。项目是通过参考外部度量来制定排序的，任意提出建设2012个花园的构想，这正是资本主义交换模式的工作方式的体现——不管是弗兰提到的“水系统”，还是这里我们所关心的农业系统。

Atelier d’Architecture Autogerée（AAA）的“R-城市”项目（R-Urban project）是最近兴起的项目的一个例子。该项目利用数字来将关系具体化，而不是仅仅把数字作为符号。该项目是为改造城市以应对日益增长的生态危机而设计的，其理念是“AAA”所称的“回收、再利用、修复、重新思考”。该项目的总部设在巴黎郊区科伦布，正如该项目的名称所示，该项目是作为农村和城市之间的中介而设置的。该项目使用了大量的数据：二氧化碳排放量、创造就业机会的数量、回收废物的百分比或消耗的水量等。在项目中，每次使用数字时，数字不仅执行排序的功能，而且给出了价值指示。在废物、消费、建筑、食物等物质的循环中，该项目最具有预见性的是，这些计数和排序会产生一定的社会、生态和政治影响。在使用数字时，他们充分了解数字在这些关系中的调解能力；数字既不被认为是中立的，也不被认为是被动的——列举数字是为了达到明确的目的。

代理

与价值问题并列的还有代理问题和“R-城市项目”的相关问题。这些问题强调了制定参与性战略的重要性，以及将都市农业视为适用范围广泛的、能涵盖社会和经济方面的恢复性战略。“代理”一词还预示了从业人员的作用，如“AAA”，他们在城市中充当相关战略的发起人或代理人。最近的一本书将“空间代理人”描述为“既不是无能为力，也不是万能的：他们是谈判者，并对现有条件进行部分改革”。虽然这一评论主要是论述建筑师作为空间代理人的作用，但对于那些以某种方式改变空间或以其他方式改变空间的居民来说，可能也是如此。与代理人一起行动意味着拥有一定程度的权力，能够阐明某些居住空间的方式并使之合法化。“代理人”问题还包括谁能在本市采取其他行动的问题。这既包括文化信心（cultural confidence）问题，例如谁享有明显的、其他人没有的特权。它也包括如何获得空间的实际问题。为了建立一个种植的空间，你是蹲在一个空置的地块上等待，还是申请规划许可？谁被允许临时使用，谁不允许？第一个问题涉及主观性问题，第二个则较为技术性。建筑师通常处理第二个问题，为社区建立种植空间。但由于第一个问题未得到解决，项目往往仍未得到充分利用，甚至一些比较困难的项目遭到破坏。[1]

最近，人们采取了一系列举措为自己争取空间，其中一个例子就是德国柏林的佩里沃利花园（Perivoli garden）。该项目始于2002年，发起人是一群年纪较大的希腊妇女。佩里沃花园坐落在大量的“Kleing arten”（分配租地）的中间。“Kleingartenkolonie”在德国很常见，由同样大小的地块组成——通常是相同的长方形地块，拼凑成一个统一的花园，里面的草坪、栅栏和后面的一个大房间或棚屋的排列都很整齐。虽然与英国的分配租地花园相类似，但“Kleingärten”更常见，通常也比英国租地花园更具有装饰性，这体现了某种德国人的生活方式。佩里沃利花园与传统的“Kleingärten”花园有着很大的不同：通过简单的空间移动，佩里沃利花园将个人家庭地块上的栅栏拆掉，这体现了一种关于开放空间使用的不同思维：“公共空间而不是个人空间”。与“Kleingärten”不同的是，佩里沃利公园是一个集体生产的空间，而“Kleingärten”通常不是生产空间，而是放松的空间。

与建筑师主导的创新相比，佩里沃利在一个非正式的层面上工作。它是自我管理的，因为发起它的妇女在很大程度上掌管着这个空间。她们利用她们对小规模种植的知识和经验掌管花园，并将这些知识和经验传授给年轻的成员。这种代际交流的基础往往是依靠牢固的家庭和友谊关系，这在佩里沃利没有什么不同。也许，对于佩里沃利这样的地方来说，最困难的方面是保持开放性，并吸引其他人加入。因为基于共同种族或民族背景的群体本质上是排他性的。当然，这些花园也应该迈向“代理”，特别是在一个多元文化问题仍然存在的社会。佩里沃利现在正处于一个过渡时期：经营花园的女性已经拥有一个代理人，通过代理人把花园从共同的种族转移到共同的利益上，邀请其他人参与进来。事实上，这已经开始发生在养蜂行动中，它需要其他人的技能帮助，而不是当前的团队能解决的。

从佩里沃利花园和“R-城市”项目的例子中可以看出，城市的食物种植计划能够很好地促进生活方式改变，以应对我们的星球危机。但要做到这一点，对它们的理解必须不仅仅局限于食物的种植——虽然这很重要。食物种植也可以被理解为我们与地球彼此之间关系中的更广泛的代理和责任问题。我们与地球是否能够相互依赖通常取决于特定的环境。但我们需要清楚的是，这些环境的情况是不断变化的。佩里沃利花园的妇女们最初是一群社区的边缘成员，现在有了一个“代理人”，她们就可以将其他人纳入她们声称的空间中。而“AAA”则希望，科伦布被边缘化的郊区居民能够参与制定和管理其所在地区的食物战略，从而率先通过跨地方研究中心（Atelier d'Architecture Autogerée，2012 b）对城市进行改造。

委托代理

本文中的大部分讨论都是基于评判现代社会中一系列错误的二分法，其中一方往往被认为比另一方更有价值。使用价值和交换价值之间的区别也造成了一种错误，即商品的生产优先于所有其他类型的生产。在自然和文化之间的斗争中，被掩盖的是对现实进行创造性变革的真正机会。这些机会通过转变我们对所生活的相互依存的世界的混合性质的理解而产生。这一点最为明显的是，将自然和文化之间的区别视为定性或定量的方法之间的区别，这意味着数字能够表现为符号，从而模糊了重要的价值问题。而经验方法在这两种方法之间创造协同效应的潜力却没有被挖掘出来。

在这种情况下，“代理人”的概念也必须重新定义，因为它包含的范围比“人”作为主体更广泛。卡伦·芭拉德（Karen Barad）的“作用实在论”（agential realism）①通过对各种客体——分子、实体等的表现能力强调，将“代理人”概念扩展到了人之外的主体。正如弗兰把数字作为实体关系来理解那样，数字是具有表现性的，“代理现实主义”首先将“代理人”定义为一种关系。它并不存在于个体的主体中，而是通过关系交换而产生的。“新炼金术士”们非常明白这一点：对他们来说，代理人的作用就像鱼和植物之间的协同作用一样，或者说他们作为“代理人”是在通过分发他们的期刊，通过知识共享关系体现的。

① “agential realism”在国内一般翻译为“作用实在论”，具体参见孟强：《作用实在论：超越科学实在论与社会建构论》［J］，科学学研究，2007（4）：604—609——译者注

本章强调科学和文化之间的相互交织关系，并对衡量价值的标准提出了疑问。在一个通过计算产量而达到目标的世界里，人们对数字的本质——作为可执行的社会和物理设备的工具提出了质疑，从而让我们能够更加细致地理解什么是“成功”；有多少产量才算是有成效的。

注释：

[1] 这种动态的一个实例是MUF建筑/艺术，它的Tilbury社区花园和公园项目是在破坏以前的项目的背景下建立的。MUF的长期参与确保了他们的项目在其他项目没法开展的地方能够继续开展（Long，2005）。

5.4 紧缩城市与生产性景观
——基于对菲利普·奥斯沃特的访谈

伯恩和维尤恩

世界正在城市化，尽管发展并不均衡：在全球范围内，一些城市在扩张，而另一些城市则在收缩。然而，一些城市正面临持续的负增长—城市萎缩的困境。这需要的不是临时解决方案，而是开阔的视野和鼓舞人心的机会。从你们的研究中，我们特别感兴趣的是你们研究关于城市萎缩的工作，以及这些城市的当代规划过程是否或如何受到都市农业的影响。

在“紧缩城市”（Shrinking Cities）项目的研究中，我们在几个地点进行了调查。[1] 在跨文化比较中，我们看到对都市农业这一主题的处理方式有多么不同。

以俄罗斯伊万诺沃市（Ivanovo）为例，都市农业是维持生计的农业，即其目标是满足基本的粮食供应。这是俄罗斯两次经济衰退的结果，一次是在20世纪90年代前期，另一次是在20世纪90年代中期。在这段时间里，都市农业是一个关乎生存的问题：一个人将如何生存？整个城市的日常生活节奏都必须适应农业生产周期。在当时的伊万诺沃，一个人无论受过多好的教育，从事什么样的劳动，为了确保有食物吃，他必须离开城市去农村从事重要的季节性劳动，如种植和收获。这一劳动的范围进一步扩大，不仅限于农村的活动，种植农产品等，还包括蔬菜和水果在收获后的保存和腌制。自从经济衰退以来，这一直是伊万诺沃及其周边地区的主要活动，城市的生活节奏已经适应了农业节奏。在俄罗斯历史上，这并非先例。20世纪20年代初俄国革命结束后，大批城里人从莫斯科和圣彼得堡等主要城市逃往农村。在此期间，由于粮食短缺，圣彼得堡半数人口逃离该市。

底特律和伊万诺沃非常不同。美国不是一个提供大量社会帮助的国家。德国战后实施的社会福利制度在美国并不以同样的方式存在的。当然，美国也有一些最低限度的规定。与俄罗斯关于后社会主义历史的苦涩事实不同的是，在美国，并没有出现一个人明天吃什么的问题。即使没有官方形式的帮助，这些困难也被社会所缓冲。

在底特律，就像在美国其他城市一样，都市农业是一种可选择性的社会活动，而不是一种基本的生存必需活动。伊万诺沃的都市农业在很大程度上是由家庭实施的，这不是个人性质的，而是私营性质。在底特律，我们发现都市农业体现了乌托邦理想和人们为建立社会工作所付出的努力。

在底特律，都市农业网络是能够将这种社会理想和社区工作结合的典范。[2] 它将那些享受福利的人、最近从监狱释放出来的人或单身少女母亲纳入表达社会强烈理想和社区工作的项目中。福柯或许会将这些项目命名为“异类”（heterotopias）。[3] 他们构成了美国社会主流模式的反例，并有意识地批评现状，试图在小范围内形成不同的归属感。

这在美国，我们几乎听不到对城市规划和发展的任何批评，也几乎没有相关的公开辩论。但是，至少在底特律，一种反主流的文化确实存在。例如，大学提供大学生能够作为志愿者进入社区设计中心的机会。在这些社区设计中心，志愿者能够在城市的不同地区从事具体项目。邻里和社区团体明白，他们的作用不是批评当权者，而是在具体情况下为人们提供解决实际问题的方法。

在我们所列举的例子中，那些来自俄罗斯和美国的人们都声称自己拥有自己的公共空间

毫无疑问，这些源于某种社会批判的自我理解。然而，这种现象突出表现了人们试图创造自己的东西的愿望。例如，底特律的都市农业网络包括许多不同的组织，其中包括一个基督教组织，它是修道院的一部分，为无家可归者开展各种活动。弗格森学院（Ferguson Academy）是一个未成年少女母亲的教育中心，它的培训计划包括在邻近的花园和田里工作。[4] 长期照顾作物本身就是教育的一部分，因为它传达了对可持续性和长寿的理解。该项目的目的是支持妇女的生计，并利用都市农业来实现这一目的。在这里，农业是实现更高目标的手段。

美国的大多数例子来自纽约的社区花园运动。该运动始于1970年代初，至今仍在继续。[5] 这些花园不是私人的，而是在当时城市不断萎缩过程中发展起来的公共企业。随着20世纪60年代初的郊区化，纽约的公共财政出现赤字，纽约市因经济危机而失去原有的实力。这导致了纽约市有许多空置的褐色地带，这些土地的所有权归市议会所有，因为它们的所有者不再能够支付高额的房产税。社区花园运动是针对这些萎缩地区发展起来的一种反文化运动——不是在私人环境下，而是作为一个社区邻里项目。

因此，只有在城市萎缩的背景下，才能理解都市农业的生产性城市景观的理念？

无论如何，不。不过，在德国，令人吃惊的是，在城市萎缩的情况下，许多都市农业景观都是由政府补贴的景观。其中有两个项目堪称典范：2000年世博会的莱比锡的“Jahrtausendfeld”项目[6] 和德索的“Landschaftszug”项目。[7]

作为莱比锡举办的世博会的一个项目，“Jahrtausendfeld”项目在莱比锡机场的建筑工地上，其中一片空旷的工业用地被填上肥沃的土壤，变成了一块田地。一年来，它被作为一个种植区，而邻近的一个剧院的经营者是其股东之一。我不想批评这个项目，但它确实是嵌入在某种类型的国家组织中的。对于世博会来说，肯定有国家补贴和公共资金来维持该项目。德索的“Landschaftszug”项目是在德国联邦和欧盟的支持下，国际建筑协会（IBA）、德国国际建筑展览会（IBA）作为背景的情况下开发的。

在你列举的德国和美国的例子中所讨论的不同的方法，人们能从不同的方法获得不同的成功机会吗？

在这两个例子中，我们所处的社会环境非常不同，所以很难对不同的经历进行直接的比较。例如，尽管底特律是一个大都市，但其文化方面的支出总额每年高达100万美元，文化委员会有4名员工。这不能与德国的情况相比，德国的每个小镇的文化活动都有更多的国家支持。美国的规划政策也完全不同，形成了一种自由放任的氛围。在美国，公共支出占总支出的比例约为德国的一半；德国为50%，美国为25%。在这种截然不同的政治和经济框架下，在美国起作用的东西不能在德国起作用，反之亦然。像这样的比较确实让人更好地思考社会的个体性和自己的立场。

我对生产性城市景观成功所需的主要方法很感兴趣。您所描述的成功的过程，对公民的自我决定意味着什么？这个过程如果想得到城市空间建设的相关拨款，是个人还是集体倡议更好？

作为项目“都市催化剂”（Urban Catalyst）的一部分，我一直在研究空间的临时用途，我们的一个研究重点是执行的工具和方法。对我来说，这是非常重要的问题。

第一个问题涉及空间的可用性：如何获得土

地？为此，相关部门制定了某些文件：例如许可证协议，协议规定在租赁协议之外作为私人财产使用的部分。在我看来，对空间的控制必须与空间的使用结合起来，而不仅仅是与所有权问题有关。例如，德国宪法对某些权利要求作出了限制，宣布了《埃绅士法》[即，财产意味着义务]。这意味着业主对其财产不是绝对的主权，他的权力适用于某些规则。荷兰立法规定，在荷兰，一栋建筑物空置一年之后，可以合法地被占用。在许多拥有盎格鲁-撒克逊文化传统的国家，或者在巴西，空置的土地被分配给长期使用它的人，从而通过利用土地而获得类似所有权的权利。不使用土地的所有者最终将失去对其财产的所有权。这样，社区不会因为空间的不使用而苦恼。这个问题至关重要，因为它是如何获得空间的先决条件。

除了所有权问题，还有责任问题。在德国，问题往往是双重的：因为业主的债务无法被完全免除，他们可能不愿意提供他们的空间。因此，德国正在试图通过公共当局、私人所有者和用户之间的许可证协议来改变这一状况。这样，国家就可以充当担保人，承担允许第三方使用他人私人财产的责任。

实际的问题是：我们所说的"空间"，它有哪些维度？它的大小重要吗？

这些空间可以是大小不同的，因为这总是取决于城市的情况。发挥作用的不仅仅是区域的大小，还包括它的位置。位于柏林市中心的波茨丹默广场（Potsdamer Platz）3平方米的休憩用地，与位于该市东北部周边的马尔扎恩-赫勒斯多夫（Marzahn-Hellersdorf）的3平方米空间有着截然不同的可能性。然而，对于某些用途来说，它需要特定的最小面积才能发挥其功能，因此空间大小就很重要。在都市农业方面，森林或田地要在经济上可行，规模变得很重要。例如在"IBA"支持下的商业化的林园"Emscher Park"[8]的例子中，规模就相当重要。而另一方面，花园则可能对面积的需求相当小。

建立CPUL所需的基础设施需要在现有的城市结构内进行重大改变，并从根本上重新思考如何利用城市空间，特别是传统的欧洲城市空间。您会不会从再利用、残存或临时用途的角度来理解这些生产性的都市景观？或者，在人口和城市变化的理论中，生产性都市景观是否可以被理解为一种有计划的长期的解决方案？

是的，生产性城市景观当然可以被看作是长期的。这些景观可能是非常具体和真实的，它们有历史先例。19世纪的德国格伦德泽特（Gründerzeit），工业蓬勃发展，建筑密度非常高。但同时，德国也为"Schrebergärten"（租地花园）预留了大量的地块。这些绿地以各种方式补充了格伦德泽特人的建筑发展：一方面，人们需要光线、空气和阳光；另一方面，该市居民的经济和社会状况岌岌可危。租地花园实现了中心城市的功能：为公民提供了好的环境、生存的可能性和潜在的额外收入。

在19世纪末，人们还可以在德国找到城市农场-斯塔德图特。在柏林现代化的早期阶段，交通没有像今天这样便宜，劳动力的分配也不像今天那样灵活，柏林的很大一部分粮食是城市及其邻近的城市提供的，这是理所当然的。从历史上看，这是一种常态。

第二次世界大战后出现的情况实际上是例外。今天，我们有从世界各地运来的食物，并使用大量的能源来维持生计。我们所消费的东西很少是新鲜，但却是无菌的和标准化的。消费者无法与他们购买的商品联系在一起。如今，一个人需要具备大学教授的资历，才能道德地购物；我们必须根据什么标准来判断食物呢？什么对我们有害？什么是社会性的，什么是生态可持续的？在这种完全的隔阂中，一个人需要非常细致的洞察力，并且反应敏捷，才能认真地购物。很明显，这是一个即将结束的现代性阶段。现在已经有了有趣的反向运动。

最近关于都市农业的辩论常常伴随着“行为改变”一词，这涉及您提到的一些方面。在我们现有的背景下，“行为改变”特别是指个人饮食模式的改变，以使消费对自己的健康更有利。人们可能会认为，这样的小变化比试图改变城市食物生产以维持城市可持续发展的宏大目标影响更大。

我们提到的这些概念超越了具体的实践，可以成为推广模式。随着都市农业新形式的出现，我们已经超越了当前消费社会的生产与消费分离的模式。如果你离开这个经典的模型，你也减少了对货币经济模式的重视。因此，诸如交换、捐赠和帮助等社会物质交换形式变得重要起来。

现在的趋势可以用1990年代末出现的“产消者”（prosumer）一词来描述。[9] 该词起源于数字世界，意味着生产者和消费者的界限消失。正如我们放弃了“功能性城市”的概念——也就是空间使用分区的概念，我们逐渐认识到这是一个错误的概念。不可否认，“功能性城市”的概念在现代化阶段具有合法性，但是我们现在已经到了一个必须抛弃传统消费社会的阶段——消费者和生产者完全脱钩的阶段。在我们的日常生活中，我们几乎一无所有，我们除了是消费者之外什么都不是。只有在我们各自行业的狭隘框架内，我们才能成为生产者。

新的理论来源于媒体世界，来自于“开放源码软件”和“共用”等原则。在这些原则中，用户也是生产者。如果我们看一看人类历史，事实本应如此。只是，随着第二次世界大战后的高度现代化，消费社会及其对生产者和消费者的严格划分得到了加强，所有物品都按货币进行评估。如今的商品交换仅仅是通过金钱来调节的，其他的标准已经不再起作用了。价格主宰了我们买的东西，大多数人买的是劣质的商品，往往质量不太好，因为它们更便宜。

通过都市农业，人们可以发展出人类与营养食物的不同关系。每间公寓，无论大小，都可以变成一个农场：从窗台上的五盆药草开始。然而，这种变化并不仅仅是食物的变化，而是在重塑日常生活，重新思考城市空间。然后，都市农业做法可能会延伸到更大的褐色地带，在那里将以大规模的方式生产数量可观的食物。

尽管人们仍然在试验都市农业在经济上和商业上的可行性，但您认为这种新的城市生产方式能融入城市的日常生活吗？

这是一个关于时间的经济问题，因为粮食生产是耗时的。经济上的收益很大程度上取决于生活方式，就好比照看花园或田园需要有人在场。然而，这往往与当今的城市生活方式相冲突。如果一个人一周内不在家，有时一连几个月不在家，那么维持食物生长的可能性就很小了。除非它是共享的，因为其他人会在自己不在的时候照顾作物。

然而，生活方式可能向其他方向转变：在数字化的工作环境中，许多人生活在农村某处，比如勃兰登堡或阿尔萨斯，他们不需要在固定的工作空间为遥远的雇主或客户工作。数字化允许一种新的农村生活形式诞生。

“生产力”一词是一个结构性的复合词，人们该如何定义它？我们对国民生产总值的经典定义中不承认非贸易市场上的商品。国民生产总值不包括直接交换或亲自消费的货物。市场上没有的东西不能征税，没有什么东西不能量化。这就是术语的问题所在。可以说，当苹果从新西兰或南非进口时，其产生的国民生产总值要比你自己的生产的苹果要高。而这些自产自销的产品没有计算在国民生产总值内。在这里，我们可以看到这个术语的问题所在。

还有另一个问题，在生产中使用的大量能源，应在生产力计算中加以评估。通常情况下，所有消耗的能源都会产生负面的生产力。因此，我们必须澄清我们所谈论的“生产力”概念。这里我们对“生产力”的理解应该有变化，因为发展都市农业需要时间，必须计算好如何充分利用时间。正因为如此，也许城市园丁或城市农民不再想着在春天飞往马尔代夫，因为她或他现在对自然有了完全不同的体验。

关于食物种植对紧缩城市的空间影响，这些城市是否需要对生产力和经济可行性进行不同的观察？这一点特别重要，因为正如您前面所说，我们即将结束某种生活方式和经济增长方式。

城市与农业的一体化与个人生活关系密切。在19世纪，城市农场，如柏林的“Stadtgüter”，位于大都市区的郊区。在离城市不远的地方，人们可以找到市场性质的花园和果园。在城市里，人们可以找到农贸市场，那里销售来自周边地区的产品。当我们谈到可持续的食物供应时，我们总是要考虑城市与其腹地之间的关系。但这不是问题：它唤醒了新的愿望。在过去的几十年里，这些愿望已经形成，都市农业的新的利益相关者和空间使用模式已经发展起来。例如自我收获项目：农民种植草莓，路过的市民可以直接从地里购买。在这种情况下，存在着许多混合的参与形式；我们可以选择全年照料一块田地，我们也可以选择仅仅参与收获。

在城市萎缩的背景下，争论的焦点应集中在空间凝聚力、城市内部的统一性问题上。在欧洲，我们对这个问题的讨论与美国完全不同。在底特律，我开始意识到，对城市统一性的理解实际上并不存在，相反，景观可以被利用，然后被抛弃。一般来说，在欧洲，我们希望城市空间融入一个更大的框架。在这里，空间作为一个整体融入社会。

因此，当我们申请空间使用时，我们应该讨论如何将这些空间重新融入城市领域。新的广泛的使用土地的形式必须建立在那些不再有任何特定用途的土地上，这些新的使用形式很可能与农业或林业有关。对于许多地方来说，完全密集性和永久压缩（perpetual compaction）性[①]的空间使用阶段已经结束：今天我们正在研究城市空间的去压过程。土地的农业使用模式允许对投资和人口密度较小的地区进行规划、维持和培育。

在与紧缩城市相对的另一端，像伦敦这样一个日益增长的城市，我们把我们的方法称为“生态强化”，“生态密度化”。我们不仅应该从“每平方米能容纳更多的人”的意义上来考虑，还应该在同一个开放空间中考虑重叠的空间使用类型。这样，休憩用地不仅可用作公园，也可用作办公室或流通路线，也可用作食物生产。

我认为，利用市中心更大的面积来进行都市农业是可行的，但我可以想象它们在使用方面没有高度的竞争性。拿东京来说，在人口稠密的情况下，都市农业只能填补小空间。在像伦敦这样的城市，目前没有必要在城市内强制进行大规模的农业生产。农业可以在郊区进行。相反，在底特律，有许多闲置的空间，这些空间应该在更大的范围内得到有效利用。

然而，为了提高城市生活质量，我们不仅仅是从经济角度组织城市生活，我们必须为都市农业等功能留出空间。如果城市政治仅仅是由资本驱动的话，那么“Schrebergärten”就不再存在于柏林，因为政府可以在市场上以巨大的价格出售这些地块。

伦敦是高度紧凑和增长型的城市，没有迹象表明它会在不久的将来萎缩。然而，根据计算——其中有部分是我们自己算的，人们可以分配足够的空间来生产大伦敦大约30%的所需水果和蔬菜，这部

① 意为在现阶段我们对空间的使用过于密集，永久性的压缩空间意味着我们通过建造一些永久性的，高容积率的建筑来使用空间。——译者注

分水果和蔬菜并不需要从进口获得。所有这一切都不会让伦敦失去任何城市特色。

在这一点上，我想回顾一下你先前的问题：城市的什么景色是创造出来的，或者这些景色的基础是什么？

欧洲关于城市的讨论是非常保守的。欧洲城市的特点是周边街区发展、走廊、街道和有高度限制的屋檐都是按照正统的思想规划的。对于更保守的城市思想家，比如前柏林规划部主任汉斯·斯蒂曼（Hans Stimmann），对于他来说都市农业是不可能的。这样的保守派会认为都市农业是“非城市”的，认为它破坏了城市的公共空间。

然而，这完全是对公共空间和欧洲城市本质的误解。人们也可以以不同的方式来讨论这一事实。在欧洲，人们对城市理解与美国非常不同。例如，在美国，人们认为城市的目的是实现凝聚力，希望能够将城市结构或领土作为一个整体加以规划和设计。这包括对社会平衡发展的考虑。如果我们也对欧洲城市持这种理解，都市农业可以在创造空间和增强社会凝聚力方面发挥重要作用。

城市更多的应该是将其网站嵌入公共领域，并整合到一个更大的统一的责任框架中。例如，实际的实践和如何利用城市，与讨论如何使用走廊、街道等有很大的不同。要使城市空间发挥作用，就必须明确与界定好各自的责任。例如，古典现代主义的一个问题就是“Abstansgrün”——把建筑物的入口与人行道隔开的绿色空间。

都市农业可以这样来理解：它是一种准社会主义模式，在这种模式中，没有人拥有独立建筑上的土地。然而，这从未奏效。在日常生活中，更重要的是界定街道、广场和公园等的公共空间，并创建邻近的、可供公众使用的区域。

然而，这样的“邻近区域”可能会受到非常不同的影响，甚至是产生相反的影响。空间如何在更广泛的意义上保持公开，通过可达性还是通过视线？

周围的环境在视觉上是重要的，但与人身体的互动也很重要。我们对开放空间的研究经验证实了这一点。一块完全封闭的地块，一块贫瘠和不安全的土地，一处可达性良好，完全开放的和管理良好的公园，一块只对某些人开放用于粮食生产的土地，或一块对每个人都开放但只在特定时间开放的地块……每一种不同的情况都为人与环境的互动创造了完全不同的可能性。考虑到这些空间因素，有助于创造一个令人愉快的城市内部环境。

对我来说，欧洲城市内开放的公共空间必须从行人的角度来定义，或者从人们骑自行车穿过城市的印象来看。对于某个空间来说，有什么使用的可能性呢？它对居民的活动和联系有什么潜力？有意义的是，哪些空间是这样一个公共开放区域的边界，以及这些边界是如何向外开放的？公共空间能得到邻近地点的支持和激活，这一点至关重要。在这里，都市农业是重要的，特别当我们放弃了传统的单一管理方式，开始采用集体管理和城市一体化的方式进行管理时，都市农业就变得特别重要的。都市农业不是标准农业向城市的简单移植，而是以整合社会的公共职能为特征的。

欧洲都市农业的发展取决于都市农业能否融入城市空间。而要把都市农业融入城市空间又取决于都市农业能否在不破坏现有的“欧洲城市”结构下融入城市，能否成为“欧洲城市”的关键组成部分。

开放空间的新形式的创造带来了新的使用类型。今天，年轻的、通常是中产阶级的城市居民的需求是50年前无法比拟的。你认为在不久的将来，创造性的开放空间会怎样发展？

我不愿意猜测未来。城市是高度复杂的实

体，有时，矛盾的发展往往出乎意料。经济问题与文化或技术潮流一样，都影响着城市的发展。城市发展的总趋势很难确定。30年前，没有人能够预测今天的城市，而今天我们也处于类似的情况。过去几十年的发展和现状是需要分析的，我们对城市的理解已经过时了。如果我们能不带偏见地看待和理解现在，我们或许能推断未来几年可能出现的某些趋势。但是，我们无法弄清楚城市在30年后会是什么样子。

社会福利问题是从这些发展中产生的，而且今天比以往任何时候都更加紧迫。在过去的两三年里，德国的新自由主义已经失去了信誉，也许是因为我们对接下来可能发生的事情仍然没有一个明确的概念。然而，最近与城市利益相关的结构的改变对我来说似乎至关重要，我想把这与城市空间的临时使用联系起来。

在过去几年中，关于利用临时空间的讨论，在不同地方的城市中，参与的公民都有所增加。建筑物或场地的临时使用调动了截然不同背景的居民，并将他们聚集在一起。这与文化进程有关，也与新媒体有关。到目前为止，这些强大的社会化力量已经导致许多公民采取行动，成为创造城市空间的主体，这些市民往往没有多少金融资本。

各种各样的社会因素促成了这些项目。从社会的中上阶层，在文化部门的从业人员，到那些有移民背景和不同经济背景的人都可以成为项目的主体。当然，并不是每个人都参与其中；这些项目并不是“包容模式”（embracing models），不会对整个社会都包容。城市设计通常伴随着大量的投资，因此，城市空间通常是由那些控制资本的人控制的。有趣的是，在临时使用项目中，除了私人投资外，突然出现了截然不同的主角——他们可能没有资格获得大笔信贷，但他们想塑造自己的城市。他们愿意投入精力和时间，并且有能力这样做。通常，这样的一群人聚集在一起，投入他们的社会资本、时间和其他资源来创造城市空间。城市政客们越来越重视这些新的利益相关者。柏林的“Tempelhofer Feld”的政治决策就是一个很好的例子，反映了这些新的要求。

我们的价值观发生了变化。仅在十年前，城市发展议题中还没有讨论过“临时使用”这个话题。今天，它得到了广泛的认可，兴起了新的讨论。与之同时兴起的讨论主题是：不同类型的利益相关者，谁能够得到长期和可持续的新项目？“临时使用”已成为一种开始医治城市发展病痛的药物。城市的形成与发展并不会遵循固有的范式，城市的形成是社会进程的结果。必须了解城市进程中这些力量的基础，了解经济进程和利益攸关方的群体性。根据这些因素，人们能够意识到城市是如何变化的。如果一个人能成功地让更多的人参与到城市的空间生产中来，那么，对我来说，这就是社会的进步。

注释：

［1］项目详情见："紧缩的城市"项目（2008年），萎缩城市在线：<http：//www.shrinkingcities.com>（2012年5月16日访问）。

［2］项目详情见：底特律农业网络（2006年）：《继续生长的底特律在线》：<http：//detroitagriculture.net>（2012年5月16日访问）。

［3］见：Foucault，Michel（1967年），其他在线资料：<http：/foucault.info/documents/heteroTopia/foucault.heteroTopia.en.html>（2012年5月16日查阅）。

［4］项目详情见：凯瑟琳·弗格森学院（2011年）凯瑟琳·弗格森学院，在线：<http：//www.catherinefergusonacademy.org（2012年5月16日查阅）。

［5］见本书中科恩和梅耶-伦施豪森的章节。

［6］项目详情见：Reinhardt，R.（2003）Das Jahrtausendfeld，Online：<http：//www.jahrtausendfeld.de/>（2012年5月16日访问）。

［7］项目详情见：Stadt Dessau-Ro Liu和Station C23（2008）Leitfaden Landschaftszug Dessau-Ro刘，在线网址：<http：/www.dessau.de/Deutsch/Bauen-und-Wohnen/Stadtentwicklong/Stadtumbau/Konzepte/Leitfaden-Landschaftszug/>（2012年5月16日查阅）。

［8］项目详情见：Regionalverband Ruhr（无年份）Emscher Land-schaftsPark，在线：<http：//www.metropoleruhr.de/Freizeit体育/emscher-landschaftspark.html>（2012年5月16日查阅）。

［9］见：Toffler，A.，The Third Wave，London：Bantam Press，1984。

［10］项目详情见：Tempelhofer Freiheit（日期不详），关于未来城市的开放空间，可在线查阅：<www.tempelhoferfreiheit.de/en>（2012年5月16日查阅）。

6　都市农业实验室

6.1　美国—纽约市

维尤恩和伯恩

2011年，哥伦比亚大学的城市设计实验室发表了一份题为《纽约市都市农业的潜力》的报告。其摘要就是一个关键性的发现：在纽约市，“都市农业可以作为生产性绿色城市基础设施发挥关键作用”。

尽管这一“富有成效的绿色城市基础设施”仍有待实现，但纽约拥有与都市农业相关的多样性、充满活力和激进的历史。迪克森·德斯波米尔提出了“垂直城市农场”（vertical city farms）的建议；一些基于社区的举措解决了城市贫困、就业和饥饿等问题。这座城市拥有世界上最清晰、最有弹性和资源最丰富的社区花园网络之一。在健康、福祉和社区建设方面，这个网络的好处已开始得到人们的认可。经过长期的斗争和一些妥协，社区花园在城市中获得了一定的法律地位。一些出版物提供了城市社区花园的详细概况，所有社区花园都在不同程度上种植可食用作物。

纽约市最新和最显著的都市农业类型是屋顶农场。屋顶农场为本章提供了研究重点，这些都呼应了阿格尼丝·丹尼斯（Agnes Denes）早先的工作。丹尼斯在曼哈顿市中心种植了一块2英亩的麦田。这片麦田是为应对世界饥饿而建造的（Greenmuseum，2010），对许多人来说，它已成为一种新型的城市空间，一种有利于都市农业的开创性发展。

纪录片《麦田》（Wheat field）显示了一片开阔的麦海，背景是高楼林立的城市。近20年后，同样的画面在城市的屋顶农场中被展示出来。

我们将分析其中两个开创性的屋顶农场：鹰街屋顶农场（Eagle Street Rooftop Farm）和布鲁克林田庄屋顶农场（Brooklyn Grange RooftopFarm）。这两个农场都符合CPUL城市行动的四个主题；都实行露天土壤为基础的密集型有机种植；都向公众开放；都有良好的管理体系，都和媒体有良好的关系。鹰街屋顶农场专注于社区内的教育和社会参与，布鲁克林田庄农场则专注于商业可行性。

CPUL城市行动：看得见的成果

在开发CPUL概念时，我们曾假定地基型的都市农业由于易于种植和便于物流，将比屋顶农业发展得更快、更广泛。但是在实践中，屋顶种植也迅速扩大。在纽约，屋顶种植区主要是在皇后区——曼哈顿东河对面的皇后区。城市土地的相对稀缺和高昂的成本是城市屋顶农场普及的直接原因。除此之外，屋顶农场易于控制、安全、边界明确，作为城市上空稀缺的空间资源，其本身就很有吸引力。

空中的有机生物

在空间上，屋顶农场具有古巴的都市农业的许多特征，如我们在“都市农业实验室：古巴”项目中所述。其中最主要的是视野开阔的优势。然而，对于屋顶农场来说，观赏者、田野和周围建筑物的光学布局则有着根本的不同：在古巴，我们可以从上面或边缘观看这些农场里的有机生物，然后向另一边望去。屋顶农场很少是从边缘观看的，而且屋顶农场的主要观察者是在种植地内往外看的。屋顶农场高于周围的地理位置和不被相邻建筑物遮阴的需要，都有助于它们形成岛状特征。进入屋顶农场的经历——经过一段从人行道到屋顶的旅程——被布鲁克林田庄屋顶农场

图1　纽约鹰街屋顶农场。照片是站在农场的所在地纽约仓库屋顶朝曼哈顿方向拍摄的。

的建筑师杰瑞·卡尔达里（Jerry Caldari）描写下来。当被问到，他对这个农场最惊讶的地方是什么？他说，就是“人们来看它时普遍表现出孩子般的惊讶——不管这些人是谁。”

屋顶农场是“世界内的小世界”，是城市内的“第二自然”。这些特点有助于屋顶农场成为一个避难和放松的地方，城市中一个私人的、视觉上广阔的开放空间。纽约的屋顶农场有着荷兰建筑师阿尔多·范·艾克（Aldo Van Eyck）在撰写建筑空间设计的文章时所称的“合适的尺寸”（Eyck，1962）。但是我们却没有一个硬性的“合适的规模”指标——因为环境原因，包括使用空间的人数等不确定因素。纽约屋顶农场的面积通常可以与有机生物的规模相媲美，或者主要适合于19世纪或20世纪早期的城市街区。从我们的“都市农业实验室：美国”的观察来看，如果屋顶农场至少有一个线性尺寸在20～40米之间，并且有一个或多个可供10～20人使用的聚集地，这就有助于实现一种亲密和开放的关系，就被认为是“适当的规模”。鹰街屋顶农场就是一个很好的例子：它是一个耕种密集但规模相对较小的农场，其规划面积约为15×20（平方米），包括一个可容纳十几人的小座位区，步行穿过田地即可到达。从座位区可以看到东河向曼哈顿延伸，视野非常开阔。

面积大得多的布鲁克林田庄农场有两个指定的聚会空间：一个是由脚手架部件构成的长餐桌区；另一个是大楼高架水箱下的“找到的空间”，为人们提供了一个休息和放松的阴凉地方。

我们在2005年的《连贯式生产性城市景观》一书中确定了利用都市农业用地作为“庆典空间”的潜力，这在纽约得到了证明。在纽约，屋顶经常被用作庆祝活动的场所，例如婚礼、周年纪念和生日聚会等。出租活动场地的租金为城市农民提供了重要的额外收入。

CPUL城市行动：城市容量清单

CPUL城市行动认识到，仅凭空间和设计本身不足以启动和维持都市农业的发展。每个项目都需要不断的管理和维护。纽约和许多城市一样，受益于一大批有进取心和受过教育的都市农业人，他们为都市农业提供了巨大的社会活动能力、管理能力以及创业活力。

鹰街屋顶农场成立于2009年，是一位经营舞台设计公司的业主和绿色屋顶承包商合作的结果，两者共同出资建造屋顶农场。农场本身在许多层面上运作：出售农产品；作为资源方与当地慈善机构和教育机构合作；每周举办一次市场集会，为城市农民开办学徒计划培训；并成为参观的地方。所有这些方案的执行都由一名受雇的农场经理负责。在运营的第一年，两位经理经营着农场：安妮·诺瓦克（Annie Novak）和本·弗拉纳（Ben Flanner）。2009年底，本·弗拉纳离开鹰街，建立了布鲁克林田庄屋顶农场。

伯恩和维尤恩主持的“都市农业实验室”项目所进行的一系列研究：电子邮件通信、与工作人员和志愿者的对话以及实地访问等，是我们对布鲁克林田庄屋顶农场进行研究的基础。由五名能干的、有见识的年轻毕业生组成的核心小组发起了布鲁克林庄园项目。他们坚定了建设该项目的决心，并在现有的财务和法律上建立一家新企业。这尤其令人感兴趣，因为他们的目标是利用有机农业经营一个商业上可行、独立的农场。该项目在无法获得大量资本支持的情况下，还必须支付律师、会计师、工程师和建筑师等的相关费用。

作为一家商业企业，该农场利用了包括“私人股本、贷款、草根筹款和人群融资平台”在内的全方位融资。农场在第一年就收支平衡，第二年增长了40%。在第三年里，他们将农场扩大到其他的屋顶（布鲁克林海军基地3号大楼），这将带来更大的增长。该农场计划在未来几年继续扩张。在田庄和海军基地的屋顶上，10年和20年的租约为农场提供了必要的安全保障，使其能够安顿下来，并使投资有所值。

在建立布鲁克林田庄屋顶农场的过程中，发起人寻找那些支持该项目并能够提供财政投入或直接投入精力和劳动的“汗水股本”（sweat equity）的投资者。一些顾问，如建筑师Bromley Caldari，成为合伙人/投资者，另一些顾问则要求支付顾问费用。目前，所有利润都被投入到了企业中。一旦企业盈利，顾问工作都是付费的而不是“汗水股本”，投资者可能会做得很好。

除了五个创始合伙人投入的劳动力外，布鲁克林田庄屋顶农场还依赖实习生和志愿者的劳动力。在项目实施一年后，一些合伙人依靠外部“租赁工作”来补充农场的收入。

保持在线和建立自己的媒体对于招聘实习生、志愿者和客户至关重要。布鲁克林田庄屋顶农场和鹰街屋顶农场自成立以来就一直依赖网站来详细介绍活动，并为感兴趣的各方提供大量背景材料。

图2　布鲁克林屋顶农场。目前是“世界上最大的屋顶土壤农场”，这个农场位于纽约市皇后区的中心地带。

CPUL城市行动：变化研究

这两个项目有许多可研究和推广的经验。在这方面，我们会集中进行初步设计研究，包括把屋顶农场纳入建筑物，以及它们所需的有形基础设施的特性（这是另一项城市容量）。我们的结论是基于对几个屋顶农场的个人观察，以及2011年8月对布鲁克林田庄建筑师杰里·卡尔达里（Jerry Caldari）的采访而得出的。

屋顶农场的设计挑战包括材料的选择、地形处理和对空间的定义——这些都是景观设计面临的微妙挑战，但这些挑战在城市屋顶的尺度上尤为突出。这些问题在多大程度上得到解决，将取决于对公众准入程度等采取的态度。除了粮食种植外，还考虑到辅助商业活动的数量。环境、结构和实际的设施在确定哪些屋顶适合耕种方面发挥着重要作用：有充足的日照时间、有充足的水和雨水的供应、有实际进入屋顶的良好通道（最好也可以通过货物升降机）、建筑物有足够的结构强度、有将土壤弄到屋顶上的可能性、有在“办公时间”进入屋顶的可能性，以及有地下储藏室可以利用等。以布鲁克林田庄屋顶农场为例，从找一个合适的地点，然后谈判一份合同，大约花了9个月的时间。

一旦确定了合适的地点，设计师的职责就是确定种植地区和道路等位置，处理屋顶的防水问题，并确保排水系统等细节，以便种植介质不会导致下行管道的堵塞。流行的观赏性和“非生产性”种植屋顶建设简化了研究和规范过程，因为专卖店里的防水层和排水系统都是现成的。种植屋顶被划分为“粗放型”（extensive）或“集约型”（intensive）。前一个术语是指在一个比较薄的生长介质中，不需要维持和自播种的地面，如景天植物种植区。对于非水培种植的屋顶农场来说，土壤的最低深度是必需的，这些较厚的屋顶被称为“集约型的绿色屋顶”。建筑的结构条件将决定土壤的深度。但令人惊讶的是，对于非根作物，如豆类或稻谷等，它们所需的土壤却如此之少。在布鲁克林田庄屋顶农场，屋顶是由200毫米厚的钢筋混凝土制成。植床由所谓的“蘑菇柱”支撑，之上是加厚的落地板。落地板围成的植床中心区约6.7米。这个屋顶有能力承受每平方米19牛顿的额外负荷，这样为种植区就可以放置180毫米深的土壤。

在布鲁克林田庄屋顶放置土壤，需要有专有的防水层。防水工程到位后，工人们用移动式起重机将大包的土搬到六层楼的屋顶上，然后使用手推车和铲子将土壤移动到它的最后位置。这项工作花了六天时间，这就需要建筑周边有足够的空间让起重机和运送土壤的车辆工作。

一旦农场投入使用，日常工作使用的屋顶通道对工人来说是必不可少的，对于供应诸如堆肥

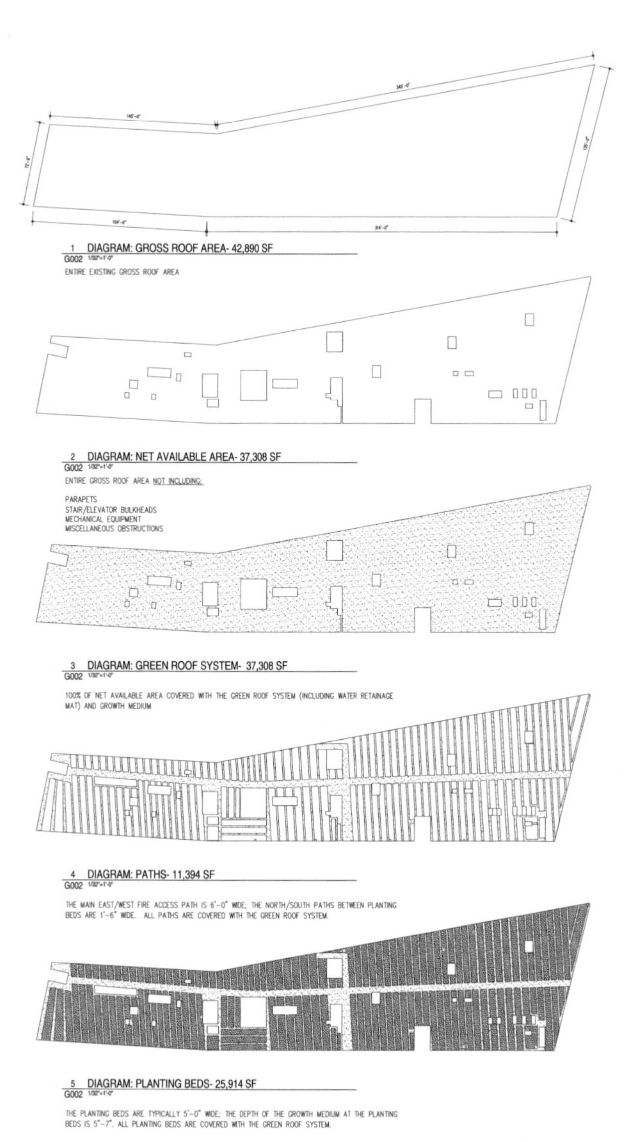

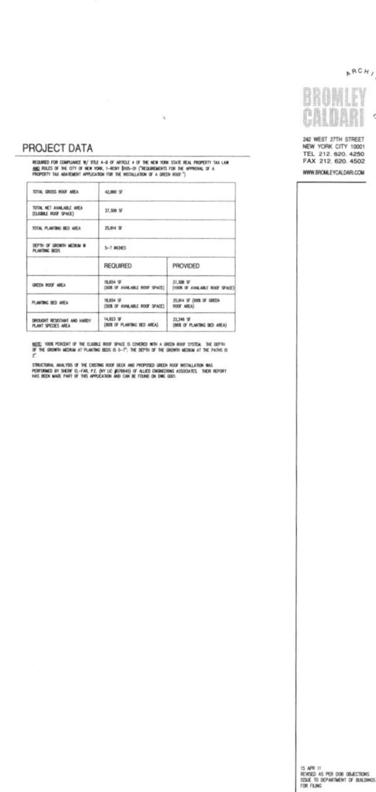

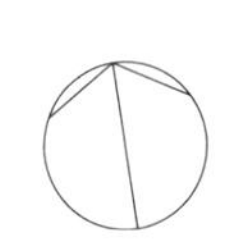

图3 都市农业设计。该设计图为布鲁克林的建筑部门准备发展都市农业提供了更好的计划，图中屋顶总面积的60%是耕种区。（图片：Bromley Caldari Architects PC，2011）

之类的材料和货物，以及收获季节分发收获品也是必不可少的。布鲁克林田庄屋顶农场种植面积与布鲁克林田庄相似，约为2.3公顷，需要长期使用大型货运电梯。在布鲁克林田庄，有一部现有的货物升降机，但是它离屋顶还有两层楼就停住了。因此，2011年夏天，作为租赁协议的一部分，电梯被延伸到屋顶层的出口。在此之前，农场出售的产品和来自餐馆的大量堆肥废物只能用电梯运送到屋顶下两层，最后两层要靠人工背上去。

CPUL城市行动：自下而上和自上而下

在构思这两个农场的时候，纽约市刚刚为业主推出了绿色屋顶税收抵免优惠政策，作为缓解热岛效应和减少暴雨后雨水径流的整体环境可持续性政策的一部分。令人惊讶的是，屋顶农场没有被归类为“绿色”，但流行的粗放型的景天植物式的屋顶却被归类为“绿色”，尽管后者可能吸收的水要少得多。为了从税收抵免中获益，市政当局要求对绿色屋顶进行为期三年的维护，这对于屋顶被农场长期租约这并不是难事。建筑师布罗姆利·卡尔达里（Bromley Caldari）向有关当局提出了布鲁克林田庄屋顶农场是“绿色”的理由，认为屋顶上的可食用植物应该被归类为“绿色”。2011年夏天，他们的论点占上风，市政当局根据整个屋顶面积3809平方米，包括覆盖了保护层的人行道在内给予税收抵免。这一税收抵免对于考虑建设生产性屋顶的业主来说是一项重要的激励措施。

考虑到屋顶农场被评为绿色屋顶所涉及的自下而上的挑战，人们可能会认为，面对气候变化带来的暴风雨天气，这些农场没有复原力。这种担忧似乎是毫无根据的，因为鹰街屋顶农场和布鲁克林田庄屋顶农场自成立以来就经受了包括热带气旋在内的多场风暴的袭击。

此外，与美国其他一些城市不同的是，纽约没有将都市农业定义为一种得到特别认可的土地用途。杰里·卡尔达里（Jerry Caldari）表示，作为将都市农业纳入日常规划进程的一部分，现在他将申请将布鲁克林庄园的屋顶重新命名为“已被占用的生产空间”。

在与城市开发有关的规划和一般监管框架内，使屋顶农场正常化的进程并不复杂，但重要的是与有关当局建立工作关系，使当局了解屋顶农场的概念，并建立地方先例和程序。在规划框架和实际设计参数方面，在设计阶段规划一个屋顶农场要比改造现有建筑物容易得多。如果我们积极主动，在设计阶段就考虑屋顶的种植，这为未来的屋顶农场建设降低了边际成本。

除了规划框架和商业计划之外，一些个人之间和组织之间的松散的联盟正在记录纽约的城市农场的产出和影响。大学、城市植物园、公园部和市长办公室通过各种渠道进行交流，这些渠道往往是根据共同的利益和目标而建立的个人联系。这些利益范围从重大的政治和选举问题，如社区花园的未来，到更广泛的与饮食有关的公共

图4　将建筑改造为农业用途。布鲁克林的志愿者在大楼的货物升降机被延伸到出口的水平之前铺设混凝土屋顶板。

图5　定制的空间生产。布鲁克林水塔下面的空间被用作非正式厨房和休闲区。

卫生问题。许多参与者提供相关证据和衡量标准，以决定特定类型都市农业的未来，他们正在与学术研究或其他行业的专家同时开展这项工作。其中一个自下而上的项目叫做“耕种混凝土”（Farming Concrete），参与记录社区花园每年实际生产的水果和蔬菜的数量。另一项名为“看到绿色”（Seeing Green）的项目，记录了屋顶农场的雨水保持能力。

屋顶农场的项目及运作模式

在布鲁克林庄园，支持者、邻居和公众可以通过在线活动或通过一系列活动参与农场的运营。布鲁克林庄园面临的挑战之一，是参观团、采访的媒体等要进入农场的要求应接不暇，所有这些都有助于建立农场的关系和声誉，但也需要消耗工作人员的时间，因为他们需要从事农场的核心业务——水果和蔬菜生产。农场希望在促进替代环境议程的同时成为一家有利可图的企业，对于这两个相互冲突的目标，农场有着两种经营方式：一种是严格商业化的方式，另一种是通过提供志愿服务的非商业化的方式。

为了更好地理解这一点，维尤恩参加了2011年的一次志愿者活动，活动由农场的主管安娜斯塔西娅（Anastasia Cole Plakias）领导。活动在星期六上午10点到下午4点之间进行。在轻松的气氛中，志愿者做了他们想做或能做的工作，没有相互指责，志愿者可以花时间拍照或四处走动。另一方面，安娜斯塔西娅不停地工作，营造了一种“我行我素”的气氛。除了带领约8名义工外，她还接待了十多名老年妇女，向一位准备在农场屋顶为“非常富有”的家庭准备一顿饭的厨师做了简单介绍，并铲了很多泥土——尽管她一只受伤的脚还戴着夹板。

对于志愿者来说，这一天的工作首先是除草，然后是浇水。完成之后，我们下了两层楼梯进入大楼，把一些装着堆肥材料的箱子从当地的食品市场背到屋顶。这是一项繁重的工作，一名农场工人需要两名志愿者的协助才能把一箱堆肥材料放在他的背上，然后再背到屋顶上。其他人则需要两个人的力量才能把一个箱子搬到屋顶。之后，我们将一些砖块搬到屋顶上，用来将裸露的防水隔膜固定下来，这样屋顶上就开出了一条通道，以便将现有的货梯延伸到农场的地面。在没有电梯，而我们又需要把物品搬到屋顶上时，我们对电梯的需要变得很迫切。

中午午饭休息时间，我们坐在屋顶高耸的水塔下，这是交谈的时间。这些志愿者来自许多地方：一位荷兰研究生设计师、一位计划建立一个城市农场的玻利维亚人、一位最近从美国建筑系毕业的毕业生、两位姐妹和一位年轻的网上书商。下午，两位中国客人加入了我们的行列。大多数志愿者来了一天，但大约三分之一是常客。非正式讨论使每个人都能很好地了解农场是如何运作的，同时也提供了建立联系的机会。在这次访问中，接受采访的志愿者主要是年轻人，有的是学生，有的是新近毕业的。

布鲁克林庄园屋顶农场的扩张计划，包括在布鲁克林海军造船厂建设第二个更大的屋顶农场，以及一些与餐厅直接对接的项目。这表明人们对开发具有商业可行性的屋顶农场越来越感兴趣。当北半球地区的日常食品价格继续处于历史低位时，这些项目却正在蓬勃发展。北半球其他国家就像纽约的情况一样，由于漫长的寒冷冬天，没有受到保护的作物的生长季节非常短，这促使了人们对生产空间的潜在的渴望，这一愿望超出了实用主义的范围。这些开拓性项目对食物生产有着非常重要的意义——尽管这些项目生产的食物在城市整体食物消费中所占的比例可能很小，但对于未来，它具有重要意义。

结语

当代纽约拥有一个成熟而充满活力的食物生产的社区花园网络，同时也出现了越来越多的屋顶农场。屋顶农场的发展非常迅速，将有助于都市农业理论和实践的发展。

除了已实现的项目外，一些设计和研究正在进行中，其中建筑师迈克尔·索尔金（Michael Sorkin）正在进行一项雄心勃勃的研究。当鹰街屋顶农场和布鲁克林田庄屋顶农场还在建的时候，索尔金的工作室就在2010年威尼斯双年展上展示了他们的项目“纽约州”。这一项目恰当地将都市农业置于更广泛的政治和经济背景下，但是它的结论——即世界可能恢复到自治和自给自足的中世纪模式——如果不是与事实相距甚远，也是令人沮丧的，除非我们共同向往这样的未来。然而，索尔金的设计不必与未来某一特定的经济和社会情景挂钩，他的项目可以更好地提高城市生产力，并有助于实现把环境的质量效益设想为更广泛的国家和国际治理体系中的一部分。事实上，在城市边界内实现100%自给自足的理念并不是CPUL城市概念所设想的。CPUL城市概念是通过与内地建立更有效的交流来提高环境效益，我们在纽约州进行了产量调查，这些调查与2005年《CPUL》一书中提出的现场产量概念密切相关，其目的是最大限度地提高某一场地内可再生资源对收获的最大贡献。在索尔金的项目中，目标是在纽约政治边界内确保能源和粮食自给自足。最初的设计是要在单独的城市街区内实现100%的食物自给自足。但这个方案很快被建筑师拒绝，因为这个方案将对通常的公共空间，日光的获得和城市质量产生压倒性的负面影响。在评估都市农业的“适当规模”的各种选择时，索尔金得出结论，“甜蜜地带”（sweet spot）将是都市农业粮食生产自给自足达到30%的地区。这一数字与伯恩和维尤恩十年前的书《1999城市自然塔》中提到的混合开发的数字相同。该书认为将横向和垂直的食物种植景观结合在一起，能达到440人共享1平方米食物种植面积的密度。

纽约的例子证实，生产性城市景观对城市的贡献不仅仅是食物；它们有更高层次的目标：长寿和其他更多的创新。虽然理论研究显示出都市农业食物产量的潜力，但已实施的项目超越了这一点：提高了社会福利，提高了人们的生活质量，让人们获得了一些或许不太容易表达的乐趣，正如鹰街屋顶农场和布鲁克林田庄屋顶农场这样的城市空间所证明的那样。

6.2 都市农业实验室：美国—底特律

维尤恩和伯恩

纽约和底特律——内文·科恩（Nevin Cohen）的一个简短的比较：

与纽约市一样，底特律拥有丰富而广泛的都市农业网络，拥有超过1000个社区花园，其中包括几个大型非营利农场和许多后院花园（Postukuchi 2011：59）。底特律的粮食生产空间、社区发展空间，教育和社会正义空间，得到基于社区的都市农业倡议的支持。其中包括"底特律黑人社区食品安全网络"（Detroit Black Community Food Security Network）、绿色底特律（the Greening of Detroit）和土方城市农场Earthworks Urban Farm，以及来自密歇根州立大学的韦恩州立大学的"种子韦恩"（SEED Wayne）方案和推广服务。然而，与纽约不同的是，由于几十年的去工业化、失业和人口减少，底特律面临着严重的经济挑战。由于经济和人口的损失，底特律人口从1970年的大约150万下降到2010年的71.4万。[1]据估计，底特律市区范围内约有40平方英里土地处于闲置状态，靠近市中心的某些街区实际上几乎荒无人烟，很多街区只剩下一两栋房子。大量的非生产性土地导致城市服务的巨大人均成本，削弱了底特律市政府满足城市许多长期需求的能力。在撰写本报告时，密歇根州正准备任命一名管理人员接管该市的财政，这又造成政府的不确定性和混乱，并将注意力从其他市政事务中转移开来。

你将很难找到比底特律更好的地方来说明在沉重的经济压力下，一个城市是如何实施都市农业的。底特律都市农业的从业者和倡导者之间的财富、经济能力、社会地位、种族、政治倾向和年龄等方面的差异巨大。都市农业用地的规模也各不相同，从小规模的社区花园到个别城市农民和企业雄心勃勃地要创建的"世界上最大的城市农场"。所有这些创建都市农业项目的努力的唯一共同特点是，至少就目前而言，它们都是基于"地面"的。就像在古巴一样，底特律的城市农民在地面上种植作物。但是，如果有新计划投入运行，这种情况在未来也可能发生变化。

任何关于底特律的讨论，都必须承认底特律是一个不断萎缩的城市，也有人就底特律的人口是否稳定进行了一些辩论。底特律人口减少的极端程度是不可否认的。这座城市因工业萎缩和就业机会丧失而备受困扰，种族之间的紧张和不平等加剧了这一问题。在20世纪的100年里，在亨利·福特（Henry Ford）大规模生产的推动下，底特律见证了一场惊人的转变：福特使得汽车成为了日常消费的对象。这座城市所取得的工业、社会和物质上的成就是惊人的。就底特律而言，这座城市的衰落速度与上世纪初最初的扩张速度一样快。

尽管底特律有着广阔而杂乱无章的郊区边缘地带，但它有一个相对狭小而紧凑的城市中心，有一些早期建成的宏伟的摩天大楼，还有许多空荡荡的办公大楼和废弃的城市地段。它的郊区，主要由简朴、独立的木结构房屋组成，有的房屋被遗弃、被拆毁，留下大片空旷的空地。对于一个游客来说，很容易看到这种景象：大自然正在接管并重新占领这座城市；郊区看上去就像一片乡村景观，到处都是小房子。这个城市的问题是，一些人仍然生活在这些孤立的家庭住房里，没有配套服务，而且在许多情况下这是一些没有工作的人。如何解决这些问题几乎没有简单的答案。约翰·加拉格尔（John Gallagher）的著作"重塑底特律：重新定义美国城市的机遇"（2010）全面概述了这座城市的历史及其面临的复杂的当代挑战。

丹·卡莫迪（Dan Carmody）是一位经过培训的规划师，经营着底特律蓬勃发展的东部（食品）市场[Eastern（food）Market]。他描述了底特律的食物形势：

底特律有机会——因为它比美国其他城市更破——制定一些新规则，并尝试一些其他地方不愿

> 尝试的东西。我们应该大胆试验，看看什么是有效的，什么是无效的，底特律应该开放给试验。底特律面临的许多问题都是美国其他地区也要面对的问题。底特律的情况再也不会更糟了。在某种程度上，这取决于整体经济运行情况，美国其他地区可能看起来也很像底特律。食物是典型的城市核心要素之一。粮食是正义、经济活力和环境可持续性的交叉点。如果没有正义、经济活力和环境可持续性这三样东西，一个城市就不可能长久……我们不应该有这样一个食物体系：经济收入低端的20%的人只吃顶层人所吃的新鲜水果和蔬菜的七分之一。因为他们的饮食很差，社会负担不起这些底层人们治疗糖尿病、高血压和冠心病的医疗费用。作为一个社会整体，我们必须想出一种方法，让所有收入的人都能负担得起，并获得健康的饮食。东部食品市场在这个地区很受欢迎，因为它是食物和场所汇聚的地方。因此，欢乐是非常重要的……因为这里有好的食物，市场会影响到我们的饮食，影响到该地区人们的健康，也影响到整个国民的饮食。
>
> （Broder，2011）

尽管政治和经济背景不同，底特律的情况与古巴“特殊时期”的情况有相似之处：两者都可以理解为面对食品稀缺的情况。它们发展都市农业的模式可能不是那些出现在“高峰时代”的社会的人们所想要的理想模式，但在设计和规划方面，这两个地方提供了许多关于新食品系统如何创造更好的生活和场所的经验。

在古巴，都市农业是由市民自发和出于需要而发起的，然后政府和当局系统地引入了都市农业。政府和市政当局迅速制定了培训准农民计划，确定合适的土地和总体协调生产的计划。底特律的都市农业没有得到系统的实施，许多不同的群体和个人正在探索不同的种植方式。它们往往侧重于个别地向特定的用户群体提供服务，尽管底特律已经建立了促进水果和蔬菜市场种植者农产品协调销售的机制。根据在古巴和底特律的观察，底特律的都市农业在生产规模和管理目标方面都有更大的多样性。

直到2012年，底特律还没有修订出规划条例，以直接支持都市农业。尽管如此，都市农业仍在沿着几条路径发展。其中一个例子是底特律黑人社区食物安全网络（DBFSN），它面向如何解决社会正义和食物安全问题。该网络经营占地数英亩“D镇农场”（D-Town Farm），提供教育培训服务和实施青年发展规划，通过城市的几个市场分发其产品。同样，一些草根食物组织的主要目标之一是将食物正义与社会、经济和环境正义联系起来。底特律食品政策委员会一直致力于在人与资源之间建立联系：资源为食品加工增加了价值，并使食品相关企业得以启动。在这种情况

图1 “有食物的地方就是聚集的地方”（Dan Carmody）。在集市日，底特律的居民占据了东部市场前的街道。

下，东部市场正在建造一个社区青年厨房，其中还包括一个3英亩的农场，该农场正在通过遍布整个城市的农场摊位销售农产品。

底特律的另一种都市农业模式的规模要大得多，其既有社会目标也有商业目标。非营利组织"自助戒毒所"（Self-Help Addiction Rehabilitation SHAR）提出了一项集食品生产、加工和零售业务于一体的项目，名为"复苏公园"（Recovery Park）。该项目将为SHAR的会员创造就业机会，并为该组织提供收入。另一项提议由汉茨农场（Hantz Farms）提出，该公司希望在底特律建立一个商业农场（在该公司的网站上描述为"世界上最大的城市农场"）。该计划已从拟建的水果和蔬菜种植农场拓展到种植圣诞树。根据汉茨农场目前的提议，他们将购买200英亩的空置城市地产，用于种植橡木和其他硬质树木，这些树木今后可作为木材采伐。

在空间上，底特律这座城市已经提出了建设景观走廊——"绿道"（greenways）建议。第一条建成的绿道是沿着德金德路（Dequindre Cut）建造的，这是一条废弃的铁路线。它的战略定位是要连接城市中一些最重要的地方，包括城市河边的公共空间、建筑遗产、替代交通网络、食品市场和城市农业用地。如果按照设想进行扩展，这些绿色通道有可能成为CPUL城市的典型组成部分。

本章的目的是介绍底特律每个都市农业项目的案例研究，但根据2011年夏季的一次扩大的实地研究访问，我们在该市发现了这些项目的不同动机和组织方法。我们所提到的每个项目都拥有丰富的实际知识，积累了丰富的经验；大多数项目的网站都提供联系方式和详细的项目信息。虽然并非所有项目都实现了自己的目标，但每一个项目的做法都推动了该市的都市农业的持续发展。它们是CPUL城市概念的重要参考资料，而CPUL城市概念本质上需要在其生产景观网络中容纳各种类型的都市农业。我们认为，不同类型的基于土地的都市农业的运作方式，在世界各地的许多城市是通用的。我们的目标是阐明这些发现，使规划师、设计师和实践者能够看到不同的

图2　生态农业的微型企业。卡罗琳在销售、运输和培育方面的做法。

方法是如何一起工作的，从而形成一个整体。投资规模本来是一个分类的过滤器，但它有时候与不同个人和群体的目标毫不相干。例如，生态农业农民可以在窗框大小或几公顷的土地范围内经营。因此，我们的三个关键定义是松散的、重叠的；而且在某种程度上，参数是主观的，主要的操作方法和性质取决于种植者的目标。

底特律的都市农业类型

生态农场和微型公司

动机：主要是出于环境的和伦理上的动机，公司还有一定的商业目标。

特征：一般是由个人或家庭经营生产，都市农业用地通常是再利用废弃的住宅用地，面积适中，约200平方米。农场作为个人或家庭社交网络的一部分，例如在家庭和朋友的帮助下进入市场；促进有弹性的社区建设。家庭房屋通常离农场很近，并有冷藏库。农场、市场和客户之间的距离将决定其可行的销售模式，例如在食品市场销售或就在农场大门销售。

挑战：如何获得廉价土地和市场

例子：这些微型（合作组织）企业一般在相对较小的土地上经营，从业者以最低的价格或免费获得土地，有时甚至是非法擅自占用。此外，农场邻近的住房成本较低，但一般需要进行重大翻修。据报告，5000美元左右的价格可以在这些地区购买一栋废弃住房。经营着微型企业“崛起中的菲萨农场”（The Rising Pheasant Farm）的卡罗琳·莱德利（Caroline Leadley）和她的合作伙伴正在翻新一所房屋，这所房子的状况非常差，毗邻她的农场，她的农场就建在郊区一片荒芜的土地上。这种方法类似于已故的德国/英国建筑师沃尔特·西格尔（Walter Sigal）所倡导的做法：市政当局以低成本向自建者提供“比较棘手”的土地（awkward sites）。都市农业用地位于郊区，或者建在屋顶上都不成问题；问题是，它的成本必须对应一个人可能产生的收入。

我们应重视以这种小规模经营的都市农民，因为他们通过生产食物对实现更广泛的社区目标作出了贡献，它们还提供了城市堆肥市场、改善了城市的生物多样性，提供可持续的排水。“崛起中的菲桑农场”在致力于一种对环境低影响的生产方式，堪称典范。例如使用自行车进行交通运输，在一个以汽车闻名的城市里，这种做法有些不同寻常。古巴农民同样使用自行车向城市市场运送货物。“崛起中的菲萨农场”使用了三辆左右的自行车，每辆都拉着定制的2米长的轻型拖车。虽然大多数农民都有一辆足够大的卡车，可以装上卖一天的货物，但莱德利的自行车需要帮手把她的产品运到市场上。我们可以看到，她的销售模式是一种网络化的销售模式，在这种方式下，个人之间的相互依赖是明显的。

城市农场的位置决定了与顾客接触的容易程度。在最简单的情况下，如果城市农场位于一个人口充足、交通便利的地区，城市农民就可以在农场门口摊档销售。我们可以想象，城市农场如何利用火车站和公交车站把农产品销售出去。小规模的城市农场一旦收获作物，也需要凉爽的储藏空间；在莱德利的例子中，她的农产品包括水果、蔬菜和鲜花。她住在她的田地旁边，这非常方便。

法人性质的都市农业

动机：有两种由商业主导的发展都市农业的方法：一种是大规模生产，能够最大限度地扩张；另一种是旨在造福雇员和实现公司在公共领域的责任。他们的动机不一定源于改善食物系统，而主要是基于与食物有关的商业机会考虑。

特征：法人性质的都市农业涵盖所有的规模和各种就业形式（有偿工作或志愿服务）；他们要么致力于实现利润，要么致力于为社会、雇主和雇员福利提供资金。这类项目正式与该市及其各主管部门和恢复计划（regeneration schemes）合作。他们一般都聘请专业的专业顾问和项目经理。

挑战：如何确定进入商业计划的土地区域？如何获得社区支持和尊重？

例子：经营一家大型金融服务公司的约翰·汉茨（John Hants）正试图发起一家雄心勃勃的大型商业都市农业企业，名为底特律汉茨

图3　企业办的都市农业。在底特律商业区的中心地带。

农场。汉茨农场采用最传统的自上而下的经营方式。他们发现很难就城市内的土地使用权进行谈判，这可能是因为他们与底特律的农业社区、规划部门或更广泛的人口统计部门之间都没有密切的联系，也没有合作。

底特律的另一家公司“Compuware”采取了一种不同的做法，在城市商业区中心的一个空地上建立了一个非常显眼的公共花园，名为“拉斐特·格林”（Lafayette Greens）。它在规模上不那么雄心勃勃，代表了公司和城市之间互利解决方案的愿望。它对生产不如对文化和行为变化那么重视。种植食物成为满足城市复兴和企业需求的手段。这个约2000平方米的土地是由“Compuware”公司的员工，在一位富有经验的城市农民格温·迈耶（Gwen Meyer）的指导下自愿耕种的。迈耶以前曾在新兴的野鸡农场工作过。来自花园的农产品要么由该公司计算机软件部的志愿者使用，要么被送到社区食品银行。“拉斐特·格林”是底特律为数不多的由专业的景观设计师设计并采用上乘材料高规格建造的都市农业用地之一。

作为社会企业的都市农业

动机：对社会的、伦理的和环境的关注

特征：为社区服务。通常在邻里或城市范围内运作；食物生产被认为有重要意义，并与社会效益有关。通常与利益集团和个人合作；利用数字技术进行通信和联网；定期安排社区参与的活动和讲习班。隶属于较大的正式或非正式的区域、国家或国际网络；活动积极。为活动和工作人员提供核心资金。

挑战：过于依靠基金会或类似机构的外部资金；方案可能受到资助者目标的驱动。如何建立社区对其的信任和提升管理能力。如何保持跨机构、跨组织、跨学科之间的联络。

例子："土方城市农场"（Earthworks urban Farm）是最综合、最本地化的公司之一。它成为了一个更广泛的社会网络的一部分。该网络与卡普钦汤厨房（Capuchin Soup Kitchen）合作。厨房是卡普钦兄弟（Capuchin Brothers）建立的，就在修道院附近。"土方城市农场"由几个地块组成，位于梅尔德鲁街（Meldrum Street），也就是厨房所在的地方。虽然它被称为"城市农场"，但就像许多城市的都市农业用地一样，更准确地说它是"郊区"。该农场包括一个社区果园、一个青年花园和一片高产的农田，坐落在郊区的、之前是住宅用地的地块。农场的一些房屋和一些商业活动地点就分布在农场和厨房之间。

由于底特律的空间特别充足，使得"土方城市农场"能够占据三个街区，生机勃勃地发展着。这对于底特律这样不断萎缩的城市来说，这种空间条件才是可能的，其他城市除非在当初在制定城市发展规划时就规划出足够大的土地来发展都市农业。当然，这也得益于"土方城市农场"能把遇到的情况都转化为有利因素，能将其立即纳入社区发展倡议。与该城市的其他都市农业举措相比，"土方城市农场"的各种食物活动——包括厨房的活动和农场本身的活动都与广泛的社会支持系统（social support systems）密切相关，以更好地帮助陷入困境的个人。那些得到帮助的人们塑造了他们的社区——不是根据地理位置或哲学来定义自我，定义社区，而是根据他们所处的环境来定义，把所有的参与者都包括在内。

图4　土方城市农场。今天下午早些时候，这里展示了一个生产景观的特点：背景是保护性种植区，农场的自行车修理车间毗邻厨房和商店。

另一个特别关注个人康复的组织是上文提到的"自助戒毒所"（SHAR）。1969年，它在该市实施居民康复计划。自2008年以来，SHAR开始扩大其康复的项目，包括提供工作培训和创造就业机会。SHAR利用底特律广袤而人口少的郊区建立了都市农业生产区和食品加工场。SHAR提议了一项名为"复兴公园"的拓展项目。虽然"土方城市农场"从地理位置上更接近卡布钦修道院，但是"复兴公园"项目采取了以社区设计为主导的方法来确定都市农业的潜在发展地点，并为该修道院提出了一个长远的建议。

"复兴公园"计划把一个12公顷的农场，其中有2～3英亩的土地组成的集中生产基地作为其发展的起点。"复兴公园"为大规模的城市农业经营提供了一种新的模式，在关注规模效益的同时，也关注邻里关系和个体农场工人的利益。建立这样一个大型项目将会面对什么样的挑战，只能在未来作出判断。

与较新的"汉茨农场"和"复兴公园"的提议不同，非营利性组织"绿色底特律"有着悠久的历史。1989年，该组织利用都市农业作为振兴人口锐减社区的工具。阿什利·阿特金森（Ashley

图5 规划鱼菜共生系统。复原公园组织（Recovery Park Organization）主席加里·阿肯（Gary Subm）正在考虑将一处被废弃的老人之家作为一个鱼菜共生中心的地点。

Atkinson）负责本组织内的都市农业实施，建立了一个非常有价值的实践方案。它的核心理念是与当地居民合作，共同设计，以帮助社区的发展。这一过程拒绝了传统的自上而下的方法——在传统的自上而下的方法中，一些人主张社区的发展与建筑师和规划师是分不开的。依靠社区，“绿色底特律”广泛促进社区建设和生态可持续发展。这一提议需要一个非常明确的方案来管理社区发展和选择能够有效合作的社区。

“绿色底特律”将其提议变成一个不断发展的过程，而不是仅仅停留在提议层面。正是这个过程中，设计师可以从中学习相关的方法，并希望参与社区建设。“绿色底特律”虽然有能力支付外面请来的专业设计人员，但人们对设计师的作用持怀疑态度。这无疑是因为该组织认识到与这些承受严重压力的社区合作需要广泛、长期和坚定的居民参与。

对于城市农业项目，阿什利·阿特金森制定了初步选择标准，以确定与之工作的社区：第一，社区应该多样化；第二，需要剩余住宅的最小密度，空置率最好不超过50%；最后，这些地区零售商店无法进入，成为所谓的“食物沙漠”。后一种情况在底特律几乎是普遍存在的，那里的一元店主要销售摆置在防弹玻璃后面的酒精和垃圾食品。

“绿色底特律”不是以外部输入的方式解决食物问题，他的目的是要建立基于社区和个人的食物分配系统，他们称之为“带着你自己的盒子”计划（bring your-own-box” schemes）。该计划鼓励人们进行交流并相互了解。这计划就像“脚踏实地的慢食运动”（grounded Slow Food movement）一样，在自己的背景下独立运作。也许比确定选择标准更重要的是，从讲习班和外联活动的参与者中吸收新生力量，因为他们最终有望成为城市农民，种植大量土地。

事实证明，如果人们要长期参与社区发展计划，固定的食品生产车间和课程是很重要的。这类的主题和内容是由一个社区内部驱动的，它决定了在社区花园中种植什么。人们在他们的社区花园里种植各种各样的作物——大约有70种。如何种植这些作物的知识都来自于社区内部。总之，在社区里，人们具有相当多的地方性知识，任何社区的“食物生产车间”的内容往往是地方性知识的“前沿”。

“绿色底特律”每年在全市举办许多活动，数百人次参加，规模不断增大。他们定期举办聚餐。食物是在自己社区内生产的，内容“开放”：把快餐和传统食物混合在一起。经验表明，孩子们会吃他们自己种植的东西。这些聚餐活动成为了教学、分享收获和烹饪课程相结合的大型公共聚会。2011年，阿什利·阿特金森估计底特律约有1350名社区园丁，其中80%的园丁都参加过教育项目，60%的园丁还参加了相关的社区活动。在参加城市农业讲习班的邻里居民中，约有30%的居民继续参加领导能力培训方案。阿特金森认为，参与者认为他们确实是“这场运动的一部分”。也正是这些邻里团体寻求更多发展机会，不仅作为农民，而且还建立诸如自行车、艺术和教育项目。大约10%的社区园丁种植农产品出售，约2.5%的参加最初的讲习班者建立了市场花园，通常每英亩能赚约10000美元。阿特金森估计，一个家庭可以管理1.2公顷的土地。

在底特律，都市农业举措与其他绿色基础设施项目相结合，不仅旨在改善环境，而且还旨在稳定社区、重建社区的威望、将社区与资源连接起来和发展就业。不同大小的项目已被开发，其经验以供参考。这些经验中最简单的一种方法叫做“创造性割草”（Creative mowing）：把被拆毁的房屋地块上的杂草割平，使它们看起来是有人照看的，而不是被遗弃的社区。这一行为使人想起CPUL城市概念，即通过在单个地块之间创建物质生产上的连续性，为城市景观营造一种连贯性的感觉。

注释：

[1] <http：//quickfacts.census.gov/qfd/states/26/2622000.html>

6.3 支持都市农业的政策：纽约和底特律的经验教训

奈文·科恩（Nevin Cohen）

在美国，都市农业政策的制定一般包括重新分区规划——这是使农场和食物生产、加工和分配等相关基础设施成为都市农业系统一部分的第一步。美国各城市（如波特兰、奥克兰、明尼阿波利斯）正在进行的重新分区规划工作通常涉及农场规模、经营或业绩标准的制定，农产品销售点和温室的辅助用途等问题。一些城市的重新分区规划是由土地调查结果决定的，他们根据调查结果确定新的粮食生产地点。一些城市还试图处理新出现的都市农业形式，包括规模不断扩大的园艺花园和农场、新型屋顶和商业农场；其他形式的建筑一体化农场、临时而灵活的农业种植项目、畜牧项目和养蜂项目；以及水培等多种种植技术。

美国城市的政策倡导者和决策者还在继续争论都市农业是否以及在多大程度上是对城市土地的合理利用？都市农业对社会、经济和环境有哪些潜在影响？本章介绍了纽约和底特律的情况，并为其他有兴趣支持新兴都市农业的城市提供借鉴的经验。

纽约市

纽约拥有丰富而强大的农业网络，是美国农业网络最大的城市之一。截至2011年，全市有700多个种植粮食的农场和花园。相比之下，西雅图著名的“P-Patch社区园艺”项目大约有85个；旧金山有大约65个城市花园。纽约市教育部门资助了近350个学校花园，其中包括63所学校有“校园-花园咖啡馆”（gardento-school café program）项目。“校园-花园咖啡馆项目”将学生种植的农产品纳入学校午餐。此外，纽约还有数十个非盈利的和商业的农场，包括几个屋顶农场。纽约市的农民和园丁使用各种不同规模的种植技术，在五个行政区生产粮食。

政策和规划背景

纽约之所以能够支持如此庞大和多样化的都市农业系统，主要有两个重要因素。首先，它有非常宽松的公共政策环境。与其他许多美国城市不同的是，纽约市的分区法令允许都市农业（包括园艺和农业）在城市中广泛发展。卫生部允许城市里养鸡和蜜蜂。2010年，该市通过了一些法则，向社区园艺团体颁发在城市共有的地产上经营花园的年度许可证，规定如果变更这些花园的用途必须符合的条件。这意味着，如果城市想要驱逐园丁并开发这些花园，需要进行一个复杂的公共审查程序[1]。

纽约市还有一个支持园丁和农民的广泛网络，这个网络包括技术援助提供者、宣传组织、慈善机构和私营企业。这个网络经营着农民市场，销售城市种植和饲养的食品，组织社区堆肥项目，设计和建造花园和鸡舍，提供培训和技术援助，提供园艺工具，并倡导支持都市农业的公共政策。纽约有一小部分餐馆老板支持都市农业，他们从城市农场购买农产品，提供有机废物用于堆肥，以及种植自己的食物。一些组织开办了一所城市农场学校，以培训未来的农民，帮助有农业技能的移民获得农田，并规划一个城市农场孵化器。

纽约市最近的战略计划和政策文件也强调都市农业对城市可持续发展的价值。纽约市长制定的《2011年对全市可持续发展战略的更新》（2011 update to the city wide sustainability strategy），即《PlaNYC》，支持都市农业的发展。纽约市的当选官员（elected officials）编写的另外两份食物政策报告也持同样观点。

城市可持续发展战略：PlaNYC 2030

《PlaNYC 2030》指出，纽约市将“致力于促进社区花园和其他形式的都市农业”，并为扩大的城市花园和农场提供了若干保障：

- 纽约市住房管理局将在住房管理局的土地上至少创建一个城市农场和129个新的社区花园。
- 公园和娱乐部将在城市拥有的地产上确定农场或花园用地，“城市绿色拇指园艺”项目（Green Thumb gardening program）注册的园丁人数将增加25%，并在社区园地建立五个新的农贸市场。
- 该市的棕色地带清理计划（Brownfield Cleanup program）将在一个经过补救的褐色地带建立社区花园试点。
- 教育部每年将注册25个新的学校花园。
- 卫生司将恢复树叶和庭院废物堆肥，并评估生活有机废物堆肥的可行性。
- 城市规划、建筑、公园和娱乐等部门将审查法律法规，以减少对都市农业的阻碍。

虽然《PlaNYC 2030》阐明了广泛的目标，并承诺各机构采取具体行动，但这只是本届政府和现任市长的一份战略文件，而不是一项必须执行的计划。

政策规划

城市当选官员编写的两份文件——由公民、利益相关者和政策倡导者一起编写——提出了支持和培育城市花园和农场的建议：一份是曼哈顿自治区行政长官于2010年2月发布的白皮书：《FoodNYC：可持续食物系统蓝图》（FoodNYC：A Blueprint for a Sustainable Food System）；另一份是2010年11月纽约市议会发言人克里斯蒂娜·奎因（Christine Quinn）发布的一份报告《食物工作报告》（Food Works）[①]。尽管这两份报告都不是正式的城市规划文件，但它们已经产生了效果，提高了某些问题的重要性，建立了对都市农业方案的支持机制，并通过了新的地方法律。

《FoodNYC》呼吁纽约市“到2030年将城市

图1　乔木屋。这一市政住房项目由蓝海房屋开发商团队开发，其中包含一个商业温室，预计一年可产出8万～10万磅的新鲜农产品。（图片：Bernstein Associates，2012）

图2　乔木屋。商业屋顶的生产温室将出售给这栋建筑里的居民，以及供应纽约布朗克斯的当地市场。（图片：Bernstein Associates，2012）

① 该报告被誉为全市有史以来最全面的食品报告。它涵盖了农业生产、加工、分销、消费和消费等五个关键领域。具体可参照http：//healthmediapolicy.com/2011/01/06/new-york-city-council-speaker-christine-quinn-unveils-her-goals-for-food/——译者注

食物生产作为个人、社区或商业发展的优先事项”。它提倡大规模的都市农业计划和支持政策，以促进屋顶农业温室的建设。《食物工作报告》则寻找适合农业使用屋顶的城市自有建筑，为屋顶农场提供财政奖励，并支持开发新的都市农业技术。《食物工作报告》已经通过了几项当地法律，这些法律要求纽约市跟踪并公开有关食物系统的信息，在可行的情况下公布适合都市农业的闲置土地的在线清单，并购买纽约州生产的食物。

纽约市的政策创新也离不开各种非政府组织的共同努力。纽约市社区园艺联盟（The New York City Community Gardening Coalition，NYCCGC）为加强保护城市共有的花园进行了游说；正义食物组织（Just Food rallied）成员成功地游说使养蜂业合法化；公共空间设计信托基金（the Design Trust for Public Space）发布了政策创新建议，以解决从业者、倡导者、资助者和政府官员提出的问题；“耕种混凝土”组织帮助城市园丁跟踪他们种植了多少农产品；以及“596英亩”项目帮助居民获得布鲁克林的农场空地。

都市农业的新兴形式

屋顶农业：纽约有许多屋顶农场和温室：一些非营利性组织，如“佐治亚的地方”（Georgia's Place），“在布鲁克林为以前无家可归的成年人的辅助生活设施”（An Assisted Living Facility for Formerly Homeless Adults in Brooklyn）等都利用屋顶空间建设治疗性花园。一些住房开发商，例如蓝海开发公司（Blue Sea Development）正将他们的住宅项目的屋顶建设温室。[2]一些企业开办了商业屋顶农场，例如鹰街屋顶农场、布鲁克林田庄屋顶农场（Brookyn Grange 2012）。一些企业也开办了销售都市农业产品的杂货店，例如“Eli Zabar's”杂货铺。一些餐馆也正在他们的屋顶上种植食物，例如“Bell，Book and Candle”餐馆。纽约市发展屋顶农业的潜力很大。纽约市估计有1200公顷平坦的屋顶。这些屋顶在没有重大结构改动的情况下，很可能能够支撑屋顶农场的重量。

纽约市有两项政策使建筑物更容易容纳屋顶温室。纽约市2011年第49号地方法律修订了建筑规范，屋顶结构不计入建筑物高度限制，如水箱和通风设备等，如果温室占用的屋顶面积不足三分之一，温室也可以不计入建筑物高度。[3]另一项政策旨在解决建筑物大约1200英亩的屋顶空间问题，这些建筑的屋顶面积超过法规所允许的建设温室的最大面积。为了使这些建筑物的业主能够安装屋顶温室，纽约市城市规划局（the New York City Department of City Planning，DCP）修改了该市的区划，将这些商业建筑物上的屋顶温室排除在被限制可建设屋顶面积和高度的地段之外。那些有资格建温室的商业建筑必须执行严格的标准：不建在有住宅单元的建筑物上；只能用于种植植物；温室不得超过25英尺的建筑高度限制；有透明的屋顶和墙壁；如果超过限制的高度，则必须从周边至少后退6英尺；纳入雨水收集和再利用系统。

建设一体化农业：纽约市提出了关于都市农业的创新性的提案：为都市农业提供财政支持，以鼓励经济适用房开发商将农业纳入其开发项目的屋顶和建筑足迹范围。例如，纽约市住房保护和发展部（the City's Department of Housing Preservation and Development，NYCHPD）发出了一份征求建议书，要求答复者考虑如何将获得营养食品、健身会所和社会聚会场所纳入住房发展。

一个名为“Via Verde”的大楼，拥有151套出租公寓和71套合作公寓，其中包括屋顶花园（包括一个小苹果园）。该大楼屋顶花园为居民提供种植水果和蔬菜的机会，为娱乐和社交活动提供空间，同时还提供雨水控制和建筑物保温设施。通过与非营利组织“GrowNYC”合作，“Via Verde”大楼的开发公司设计了加高的花园植床，并为建筑使用者提供现场园艺、食物准备和品尝工作坊。

纽约市住房管理局（The New York City Housing Authority）是北美最大的公共住房管理局，管理约179000套公寓和40万多名居民。该局将布朗克斯公共住房项目的一块土地出售给开发商，以建造124套经济住房。[4]该开发项目开始于2013年2月21日，该项目的最大特点是在屋顶建设了一个占地8000平方英尺的水培温室。该温室由私营公司

“天空蔬菜公司”（Sky Vegetables）经营，该公司将为周围的低收入社区人群生产商业化的蔬菜。布朗克斯区当局（the Bronx Borough President）和纽约市议会的财政支付了该公司购买和安装温室的费用。[5]

农业作为绿化的基础设施：和美国其他城市一样，纽约市也得到了联邦和州的授权，以减少雨污混流（CSO），也就是要避免雨水和污水混合物未经处理就直接排放到下水道并泻出淹没污水处理设施。2010年，负责供水和下水道基础设施的纽约市环境保护局与州和联邦官员谈判达成了一项共识：允许其使用低技术，景观设计技术等“绿化基础设施”，减缓排水系统的流量，并允许水流通过透水表面吸收到地面，从而减少流入下水道系统的雨水量。为了实施这一计划，DEP承诺在未来四年投资1.87亿美元用于此类绿化基础设施，并在2030年投资达到24亿美元。作为该项目的一部分，DEP资助了几个新的都市农业项目：一个是提供社会服务的非营利性屋顶花园；另一个是戈瓦纳斯运河（Gowanus Canal）附近的菜园，该菜园已被联邦超级基金项目宣布为有毒地点，因为它遭受了CSO的污染；还有一个是布鲁克林一座工业大屋顶上的一个商业屋顶农场。通过将城市农场和园林用地纳入这一方案，纽约市同时解决了CSO的问题和其他一些与都市农业相关的多层面的利益问题。

底特律

政策和规划背景

底特律于2013年1月完成了一个名为“底特律未来城市”（Detroit Future City）的多年综合规划过程，该计划解决了城市中都市农业的角色问题。“底特律未来城市”是一个长远的计划，聚焦于城市领域未来的政策建议和实施战略。作为规划过程的一部分，“底特律未来城市”发布了一系列的“政策审计”，“审计”了被认为对城市未来很重要的问题的相关观察、信息和初步想法。其中的一项政策审计涉及都市农业，大致描述了底特律的都市农业状况，介绍了底特律的粮食政策、发展都市农业的主要建议，以及介绍了其他类似规模大小城市的都市农业政策和规划先例。

该计划最后建议将都市农业纳入城市，包括认定整个都市农业用地归为“创新生产”的土地使用类别。在“创新生产”区，目前空置的土地被设想用于种植粮食和森林；目前受污染土壤的农田将得到美化、清洁化，并将用于测试新园艺思想的研究用地以及作为水产养殖设施。该计划还呼吁建立绿色住宅区——包括单户和多户住宅，以及生产景观——如花园和农场。这种绿色混合社区将把社区花园和森林以及绿色基础设施和城市居住地融为一体，纳入中等和高密度的多家庭住房区。“底特律未来城市”计划还设想将小规模的城市花园、农场、当地农民市场与大型城市农场联系起来，并将其纳入就业区、食品工业和现有食品分销网络相联系，包括东部市场，这是该市历史上著名的公共食品市场。

为了适应都市农业的发展，底特律不得不修订其区划条例。与纽约的农业友好型分区不同，底特律的分区条例直到2013年4月才对都市农业或城市粮食生产做出定义。经修订的条例界定了不同类型的都市农业和相关基础设施：从农场、花园到水产养殖、水培和水培设施，到温室和农民市场。该法规允许农业在所有住宅分区中享有权利，在所有其他地区也有一些限制性的权利。它要求农场通过土地规划审查，并符合农业的使用标准。它也规定之前存在的农场如果不符合农业实用标准，是不合格的。虽然该条例允许在农场和花园里建立基础设施，但禁止饲养农场动物和种植入侵物种的树木，以及某些被认为可能吸引啮齿类动物的作物，如燕麦、小麦和黑麦等。

与纽约市相比，底特律在都市农业上的问题主要在于底特律的经济困境，城市内有大量空置和废弃的房产，城市长期处于萎缩状态。底特律的一些都市农业倡导者认为，园艺和农业是一种低成本、相对短期的恢复战略，将空置的土地重新投入农业生产用途，作为实现粮食主权和地方经济发展的一种手段。倡导当地管理都市农业用地的主要组织之一是“底特律黑人社区粮食安全网络”，这是一个由致力于在底特律的非裔美国人社区建立粮食安全的组织。该网络专注于通过自身的力量去实现食物主权和食物正义。该组织还经营“D镇农场”，这是底特律西区的一个7英亩农场，拥有有机蔬菜地、蘑菇床、四个蜂箱、四个用于全年食品生产和堆肥用的拱形温室。

相关的政策问题

在前一章我们指出底特律的都市农业沿着不同的轨道发展的程度：一种是以社区为基础的，另一种是大规模的。然而，无论是以社区为基础还是大规模的商业都市农业，仍有两个尚未解决的政策问题，特别是考虑到底特律目前面临的经

图3　底特律未来城市。战略框架计划明确将“创新性生产”定义为一种新的土地利用方式，包括食物种植、粮食生产、花卉种植和生态服务。可以说，底特律已经采取了一种新的城市发展策略。（图片：底特律未来城市，2012年）

济危机。其中一个问题涉及社会公正和城市资源获取的不公平问题，如低成本土地和城市官员享有的优惠待遇。另一个是对城市土地的长期控制问题。底特律粮食政策界的个人，特别是底特律黑人社区食物安全网络的成员，担心城市会把空置土地卖给开发商。2013年3月，底特律任命了一名负责城市运营和预算的紧急财务经理，这位经理可能会努力将全市的空置土地出售给外部投资者，以迅速增加收入，减少城市空置地块的库存。都市农业的拥护者认为，这样的土地出售不利于那些希望扩大基层都市农业投资的底特律居民，并会使得以城市社区为基础的都市农业系统难以规划。

城市规划师的经验教训

从事都市农业的规划者

虽然纽约的可持续发展战略中有关于发展都市农业的设想，但却没有向社会明确承诺能够将城市土地用于都市农业，也没有为都市农业部门的基础设施建设提供预算支助。在底特律，农业如何融入城市景观的问题可能在“底特律未来城市”规划中得到解决，但经费问题尚未得到解决，而且这个问题可能由于该市目前面临的金融危机而变得复杂。这两个案例表明，有必要像2011年明尼阿波利斯市所做的那样：除了重新规划分区之外，还要将具体的政策和方案转变为全面的都市农业规划。

一项都市农业计划将改善城市的治理结构、农业实践，并能扩大市民对都市农业政策制定的参与，提供市民更公平地获得物质和财政资源的机会。具体而言，都市农业计划本身将是一个进程：一个城市由确定发展都市农业的目标和目的从而认识到城市生产食物的潜力、使用可耕种土地的机会成本以及为满足不同社区的食物需要的潜力。一项好的计划同时也是评估未来十年各种城市农业土地和屋顶空间需求的工具。实施计划也是一个过程，在这个过程中我们可以确定需要多少长期资本和年度运营预算，以更充分支持都市农业计划。“底特律未来城市”确定了能够支持都市农业发展的土地，但仍有待制定进一步的资金计划，以处理空置的地块，并为其转化为生产性休憩用地。

将都市农业纳入区域食物体系

纽约市和底特律正在兴起的商业都市农业项目的经验之一是，城市园丁和农民不仅应该在城市内建立横向联网，而且应该与区域食物系统和更广泛的食物系统中的农民保持联系，并建立它们之间的整体关系。为了支持商业和相关机构里的城市农民，城市可以促进与城市以外的商业农民的关系。这将有助于城市农民通过与拥有较大土地的商业农民建立伙伴关系，扩大其生产能力，有利于他们与专注于生产和销售的农民分享商业和农业建议。社区园丁也应该与乡村农场建立工作关系，因为在许多情况下，城市销售农产品的场所通常位于乡村农场附近的农贸市场。为了降低乡村农民参与这些市场的成本，城市可以投资建设“食物中心”，从而使聚集、加工和分销食物成本更低。底特律的东部市场就是一个例子。当然，在其他城市，不同的模式和规模可能会更合适。

解决都市农业中的种族和阶级差距问题

在纽约和底特律的都市农业系统中都存在着显著的种族和阶级差异，对都市农业项目的实施产生了负面影响，更不用说那些最直接受这些差距影响的个人和社区。慈善捐款、城市资助和实物援助往往不是所有都市农业从业人员都能平等分配，因为有关的信息往往掌握在已经与供资网络建立联系的组织手里。在纽约市，城市农民和园丁认为，捐赠的资金经常流向新形式的都市农业，如屋顶农场，因为它们形式是新颖的；由年轻人，主要是白人年轻人经营，他们更容易接触媒体和资助者。在底特律，正如上文所指出的，基层活动人士对大规模商业农业的提案感到担忧。

解决这些问题的关键一步是确保全市所有都市农业从业人员都能充分获得资助机会和资助方案方面的信息。公平竞争意味着，各机构和慈善组织需要积极寻找和协助从来未能成功赢得捐款和商业合同的组织，并为这些组织提升组织能力建设提供资金，使它们能够更好地竞争筹资机会。解决不平等问题还意味着各机构如何在城市农业社区之间建立联系，以促进更公平地分享知识和资源。

数据收集对于都市农业的参与者和政策制定者至关重要

食物系统直到最近才成为规划过程的一部分，很多城市几乎没有关于食物体系的基本参数，如：城市居民购买食物的来源、可生产粮食的城市土地（包括屋顶）、健康食物的可获得性和食品管理的误差等。许多城市设立的都市农业的基本项目就是为了收集、组织和分析相关数据，管理项目，建立进展评估的基线。一些当前财政困难的城市通常将该信息收集工作交由非政府组织完成，而不是城市机构来完成。一些城市需要外部资金支持该项工作。

本书的一些参考数据是由测量城市食物产出的组织提供的。最近在底特律进行的一项研究估计，都市农业有潜力满足该市对蔬菜的很大一部分需求。这样的研究可以作为评估都市农业项目生产能力的基准。当然，食物生产只是都市农业许多重要指标之一。除了产量外，我们必须跟踪研究教育方案、对园丁和农民饮食的影响、生态数据和其他方面的数据，以便为支持都市农业的政策提供依据。

为了给资助者和设计方案的政府官员提供所需要的数据，一些园丁与农民组织已经开始跟踪这些数据。一些金融机构提供贷款支持，使中介组织能够更好地跟踪和评估其方案、项目的影响，为各组织本身改进其方案提供宝贵的意见，并为慈善界了解其供资的影响提供相关的信息。

将农业纳入多目标任务

城市政府的许多方面都受到食物系统的影响，也影响到食物系统：从食物采购到旨在减少肥胖的公共卫生项目；从分区、规划和城市财产管理，再到废物处理。然而，很多城市章程却没有将食物指定为任何城市机构的明确责任。食物系统规划面临的一项挑战是，如何确保增强各机构的权能，鼓励它们积极处理食物系统的可持续性问题，并确保制定创新的食物系统政策，以支持特定都市农业组织的任务。像底特律这样正在进行全面规划的城市，或者像纽约这样有可持续发展计划的城市，在某种程度上已经能够将食物系统纳入城市章程。

很多城市都有机会将食物生产纳入城市业务或物质发展的各个方面，鼓励各机构和组织考虑都市农业如何帮助它们解决各种问题——从负担得起的住房到废物管理。都市农业应被视为一个贯穿各领域的问题，应在政府机构层面的整个规划过程中加以考虑。这意味着，从环卫到城市规划，再到管理和预算，城市政府机构应该将都市农业的思考纳入他们的计划和长期战略。纽约市绿化基础设施项目的例子表明，都市农业不仅可以实现增加食物产量的目标，还可以满足一些与食物系统无关的机构的实际需要，例如供水公司对低成本雨水管理技术的需要。都市农业的多方面好处可能会增强那些将都市农业视为其职权范围一部分的机构的权力。

结论

纽约市和底特律的经验表明，都市农业的规划和政策的制定应注重分区发展；大力支持城市现有的花园和农场网络；更全面地评估都市农业的新兴形式、规模和结构，以及支持这些新类型的前瞻性规划；将这些新建的花园和农场纳入到城市管理机构的管理范围。都市农业政策还应该让城市农民、园丁和基层倡导者参与到城市规划进程中去，这有利于确保不同选区对新形式都市农业的支持，也有利于解决都市农业项目中存在的种族和阶级差异问题。都市农业政策应该支持开发可持续生产性城市景观，包括大型城市农场和花园，以及由小型花园、建筑一体化农场和其他形式的可食用绿化基础设施组成的城市食物网络。

注释：

［1］注意在“纽约市规则正式汇编”中增加了新的第6章。

［2］关于新闻稿，请参阅：<http：//www.prlog.org/11833817-oldcastle-precast-helps-construct-green-affordable-housing-forfamilies-in-chus.html>。

［3］下载该文档请参见<http：//www.nyc.gov/html/dob/downloads/pdf/ll49of2011.pdf>。

［4］详情见：美国住房和城市发展部公共和印第安住房办公室，纽约市住房管理局：PHA最终计划：2012财政年度计划，pg.7.2012年1月20日，访问网址：<www.nyc.gov/html/nycha/downloads/pdf/FY2012-AnnualPlan.pdf> on 20 Jan, 2012。

［5］关于以规划和住房为重点的报告，见：<http：//www.nyc.gov/html/nycha/html/news/new-york-cityand-state-officials-join-blue-sea-development-to-celebratethe-opening-of-a-new-healthy-and-energy-efficient-affordablehousing-development-in-the-bronx.shtml>。

6.4 柏林和纽约的社区园艺：新的生态-社会运动

伊丽莎白·迈耶（Elisabeth Meyer-Renschhausen）

在北半球，当地的政治家和城市规划师正面对一种新现象：在世界许多地方的主要城市，人们对社区园艺都抱有着高昂的热情。社区园丁、游击园丁和跨文化园丁们正在为他们的社区和园艺活动开垦共同的土地。这种新现象的兴起使得媒体也随之而至。在柏林，没有摄影师或研究人员在场，就不可能开展社区园艺活动。无论是有意为之还是纯属巧合，城市蔬菜种植已经成为了一种潮流。

这种我称之为“都市农业”的新形式——继史密特之后，成为一种象征和积极抗议的形式：反对各种形式的土地掠夺，反对开发商所主导的公共政策。如今集体种植蔬菜已成为反对食物专政的标志。这种食物专政在没有征求人民的意见下，给世界带来的是传统生态农业的毁灭、破坏和基因工程。

如今独立建成的社区花园和农业项目，不仅让人们回想起过去的厨房式花园及其布置，而这些东西最初都是女性在进行家务劳动过程中所形成的。还记得柏林所谓的“瓦砾女性”（rubble women）吗？在二战后，又是谁充当着城市重建的主力军，同时还在公园种植土豆呢？在危机时期，例如在“三十年战争”时期和之后，非正式、临时的工作和自救活动在城市中重新出现。在今天的环境下，我们——特别是年轻的一代，开始重新寻找自己的生存和生活的价值和乐趣；尤其是在失业率不断上升的时期，我们更要寻求个人和整个社会的发展。

在后现代社会，社区园艺已经成为一座无形的大学。在城市杂草丛生的荒地中种植蔬菜的同时，人们开始反思自己的饮食习惯，反思对气候友好的“为小行星[①]节食”活动（diet for a small planet）。像法国菠菜、传统马铃薯或瑞士甜菜这类长期被遗忘的蔬菜，开始重新出现在大众视野下。新的自由职业者、独立艺术家和经常转换职业者教导我们如何在很少或根本没有钱的情况下过上美好的生活。他们还教导社会上被排斥和无业的人群如何收回公有或集体所有的土地。

过去的30年，由于全球性无情的私有化政策导致的贫困全球化，社会上产生了新的城市贫困阶层。由此，兴起了“夺回公地”（Reclaim the Commons）的社会运动[②]。同时，游击园艺也成为了反对土地投机政策的一种流行手段，这些土地投机政策有时容忍甚至支持左翼政党和极左政党。人们通过不断争取他们已经开垦的土地的权力，维持现有的社区花园，以前被边缘化的人们再次成为公民，新的园丁们则把自己看成是致力于保护世界公平的积极分子。这是一场争取食物民主和食物独立的运动。然而这场运动受到商业利益的威胁，尤其是那些大型跨国种子生产商们的威胁。

根源：国际社会运动及其成就——以柏林为例

随着失业率的上升，城市开始萎缩。如果西方社会的经济继续萎缩，城市萎缩将成为越来越普遍的现象。

---

① 这里的“小行星”指的是地球。——译者注

② 卡尔·林恩（Karl Linn）把对心理健康、公民健康和公共花园（公共用地的最后一部分）的理解结合在一起，形成了对社会利益的综合处理方法。多年来，林恩负责建立许多这样的花园，特别是在那些被认为没落的地区。他从亲身经历中了解到，建立和维持一个公共花园对于建立邻居之间的关系和促进人们的心理健康是有潜力的。由此，他发起了“夺回公地”运动，防止开发商和市政当局对“公地”的私有化。关于林恩和他的“夺回公地”运动请参照他的个人网页www.karllinn.org——译者注

从这一点来看，柏林是一座奇怪的城市，因为目前除了出现新的园艺运动外，柏林在其他方面从某种程度上看并没有什么变化。我喜欢将柏林称之为“幸存艺术家”（survival artists）的大本营，虽然它最近才成为社区园艺的首都。但是，正如我将要解释的那样，柏林一直与森林、花园和社会运动有着很强的亲和力。

大柏林地区的第一个花园建于1893年，它位于柏林的北部，它的建立是为了让失业者能够自给自足。第一个策划的花园社区，位于市政铁路线尽头的柏林郊区奥拉尼恩堡附近，之后被称为“Obstbaukolonie Eden”。它最初是一个素食合作社（其基金会计划在夏洛滕堡建立的一家素食餐厅），并在“咆哮的20年代”，演变成了一种“北阿斯科纳”（Northern Ascona）[①]。在那里，具有不同生活方式的人、社会改革家以及艺术家住在一起。1932年，那里还举办了世界素食运动大会。

1899年，英国的社会学家兼土地改革家埃比尼泽·霍华德，在阅读了爱德华·贝拉米（Edward Bellamy）的《向后看》（Looking backwards）一书，以及在1880年访问了当时主要是为纽约市民所建立的夏季避难所——长岛之后，他出版了《明日的田园城市》（Garden cities of tomorrow）一书。霍华德的想法是为工人阶级和中低阶层社区创造更加健康的生活方式。1899年，第一个田园城市协会在英格兰成立，并在1902年，在伦敦附近建立了莱奇沃思田园城市（Letchworth Garden City），随后是1920年建立的韦林田园城市（Welwyn Garden）。

德国第一代田园城市的第一个是“Rüppurr花园”。它是由著名作家保罗（Paul Kampffmeyer）于1907年在卡尔斯鲁厄以南的Rüppurr村（今天是卡尔斯鲁厄的一部分）创立的。另外一个田园城市“Hellerau花园”也是一样，它由家具制造商卡尔（Karl Schmidt）于1909年在德累斯顿市东部的Hellerau建立的，如今Hellerau已属于德累斯顿。大约在1910年左右，柏林周边地区建了大量新的田园城市。例如，在1913年，社会学家和土地改革家弗朗茨（Franz Oppenheimer）在柏林西北部Spandau附近的Staaken建立了田园城市“Staaken花园”。如今，Staaken和Spandau都属于柏林市。令人惊讶的是，许多田园城市成立于1913年，也就是一战爆发的前一年；然后它们都在20世纪20年代施工完毕。这些田园城市的建立为战争中的伤残者、失业者和工资微薄的人提供了属于他们自己的家园，让他们能够依靠在家庭花园种植食物来养活自己。这些田园城市，其中有一些是由著名的建筑师所设计的，例如布鲁诺（Bruno Taut）在柏林布里茨设计的城市花园“Hufeisensiedlung”，大约完成于1925～1933年之间。

在这个时期，一些花园爱好者离开了小镇，成为小规模花园的农民。其中包括罗森塔尔（Henny Rosenthal，1885–1944），她是美国著名的社区园丁卡尔·林恩（1923–2005）[②]的母亲。罗森塔尔从柏林第一青年女性大学（the first college for young womenin Berlin）毕业后，成为了第一位在柏林证券交易所工作的女性。后来，她辞去工作，从一个土地改革社团中购买了一块土地，这种土地名为“Rentengut”，是一种小农所有地。土地改革社团购买土地为的是将其出售给自给自足的农民、失业人员以及爱好园艺的理想主义者。罗森塔尔在她母亲的帮助下，在德绍（Dessow）附近建立了她的小农庄。德绍是一个村庄，这座村庄的车站距离柏林的北边约一小时路程。在一战期间，她的农场主要种植果树：苹果树，樱桃树和梨树。除了果树，她还饲养鸡、猪和奶牛。此外，她还利用农场给犹太女孩们传授一些园艺上的技能，并和他们一起生活在基布兹式社区。

1920年，柏林市几乎将所有周边城镇都纳入其中。在战后许多革命性的社会改革中，这座新的大柏林成为了一个绿色城市，城市有18%的地表被森林覆盖。1930年，柏林有大约400万居民。由于许多人长期失业而且当时没有

① 阿斯科纳（Ascona）是瑞士提契诺州Locarno区的一个自治市，其因为城市萎缩而重返第一产业即农业，其中以其北部尤为典型。——译者注

② 也就是前面提到过的“夺回公地”运动的倡导者。——译者注

任何社会保障，柏林大约有6%的土地是租地花园。[1]早在1919年，柏林出台了一项新的法律，即《Reichskleingarten-und Siedlungsverordnung》，它有力地支持了租地花园的建立，该法律由于德国的十一月革命而成为可能。根据这项法律，每个有需要的人都有权在市政当局提供的土地上建立所谓的"Schrebergarten"。在内战期间，人们对社区园艺的热情和在第一次世界大战前一样强烈。20世纪的二三十年代是20世纪的第二次园艺浪潮时期，在柏林，许多屋顶花园都是在20世纪20年代创建的，其数量之多在此之后都是难以达到的。我的祖父辈老人中至少有一个在城市后院里种植过蔬菜，你的祖父辈也一样。

在美国的大萧条时期，政府为失业者建立了田园城市。例如，1937年，纽约鼓励失业纺织工人搬到新泽西州特伦顿附近的泽西家园，这座花园在1945年改名为罗斯福花园。两次世界大战期间，特别是第二次世界大战期间，英美许多城市都建立了所谓的胜利花园。

第二次世界大战后，无论在东德还是西德，无论是在农村还是在大城市的郊区，都为来自西里西亚、波美拉尼亚和东普鲁士的难民们建立了新的定居点。我们可以把这些定居点看成是花园城市的第二代或者第三代，也可以看成是田园城市的一种变体，因为它们为定居者提供了独立、半独立或梯形的小房子。这些房子都有很大的花园，从而能够使他们实现粮食的自给自足。在战后的艰难时期，柏林、莱比锡、汉诺威、汉堡、不来梅和科隆等城市，成千上万的租地花园都在为饱受饥饿的人们提供食物。而在战后的美国，战时的胜利花园很快就成为了房地产业开发商的"囊中之物"。然而，在德国、波兰和奥地利，大部分位于市内的租地花园至少能够存活到20世纪90年代。

第二次浪潮：社区园艺——以纽约市为例

20世纪70年代初，正值越南战争所引发的世界金融危机，美国的一大批社区园丁接管了大城市的许多空地。利兹·克里斯蒂花园（The Liz Christy Garden）则是1973年在曼哈顿下东区建立的第一个社区花园。[2]

在欧洲，类似的"占领运动"（squatters movement）也开始兴起，这个运动的出现是对投机性房地产和土地空置率不断上升所产生的社会反应。这些擅自占领者占领了空地之后，他们在伦敦、阿姆斯特丹、哥本哈根和柏林建立了所谓的儿童农场。后来，他们成立了欧洲城市农场联合会（the European Federation of City Farms，EFCF）。在柏林，这些儿童农场的最初创办者往往是有孩子的年轻妇女。这些妇女种植树木、花卉和蔬菜，为孩子们饲养山羊、绵羊、马、猪、兔子和鸡。在没有任何政府帮助的情况下，她们创造了美丽的绿色之地。在那里，德国母亲可以非正式会见来土耳其或自其他国家的母亲及其家庭成员。

由于20世纪70年代爆发的世界金融危机，北美的税收制度把经济衰退的负担转嫁给了城市，工业失业率的上升导致城市的衰落。1975年，号称"国际性都市"的纽约面临破产。由共和党领导的中西部城市郊区中的那些中上层阶级，以及中等城市主导的国家政府拒绝提供帮助。当时强加给这个大都市的是不受欢迎的、严酷的"结构性计划"（structural programmes）。从实际上来讲，这个所谓的"结构性计划"与20世纪70年代初以来世界银行和国际货币基金组织强加于南美洲和20世纪80年代初以来负债累累的发展中国家的计划没有什么不同。于是，纽约市的许多地方成为人们所忽视的地区：窗户破碎，房屋空置，街道和公共交通维护不善。这其中包括曼哈顿下东区、布朗克斯的大部分区域、哈莱姆区和布鲁克林区的部分区域，如东纽约、雷德胡克和威廉斯堡。对于白人来说，这些区域太危险了，他们无法居住，有时甚至无法在其中正常行走。许多区域，包括纽约东部区域，都变成了贫民窟。这种情况下，濒临破产的纽约市不得不与私人投资者合作，从而增加税收。因此纽约在公开补贴房地产投机者的同时，也成为了排斥穷人这一悲惨事件的先驱。从那时起，市政政策就一直由银行家主导的咨询委员会来决定。1975年，为了挽救该市的财政危机，这个委员会强迫民主党市长艾德·科赫（Ed Koch）通过了一系列措施。咨询

图1 Allmende-Kontor的社区花园，位于柏林郊区的前坦佩尔霍夫（Tempelhof）机场。

图2 在纽约市布鲁克林联合花园召开的社区支持农业会议。

委员会建议该市取消一长串的社会项目，并从整个地区撤离，从而让这些地区衰落。例如，在纽约东部，政府停止了修路和植树，公共财产无人保管，垃圾也随处可见。正如纽约市规划师沃尔特·塔比特（Walter Thabit）在研究纽约东部时所说的那样，这造成了大片的“无人区”来迎合大规模投机活动。2000年后不久，高价新房的建造使此地的业主和承包商陷入困境。

这只是故事的一面，如此严重的危机也带来了新的机遇。一个无力维持的市政府必须尊重和支持公民自救的努力。如果政府无力阻止城市的日益萎缩，那么支持市民在空地上建造花园，让市民实施自救是符合其自身利益的。因此，即使像纽约这样大的市政府，实际上也形成了一种自救观点。这是一个涉及日常生存的问题，自救的观点在政府内部受到了青睐，因为这种新型的自救被看作是防止城市衰败和犯罪活动增长的有效方式。市长们意识到社区花园能够促进社会和平，因为它们为市民提供了极好的保护，同时还减少了攻击和暴力，给人们身体和灵魂提供了疗养的场所。

不幸的是，政府关于社区花园的政策仍然存在着矛盾。社会上的其他几个利益集团，包括短期、中期和长期的利益集团，他们之间仍然在相互竞争。社区花园在一些地方得到支持，而在其他地方受到反对，矛盾变得十分明显。在城市中，在那些经济衰退，没有人对其投资感兴趣的地方，自发的自救是受欢迎的。但是一旦人们成功地改善了他们的居住环境，投机者又出现了——我们可以从中产阶级化的过程中看出来。然而，为了为空地找到有意义的用途，为了居民的需要，为了解决住房成本爆炸，同时收入却在减少的矛盾，费城、波士顿、底特律、芝加哥和许多其他城市的当局承诺扩大该地区的都市农业。我们的目标在过去和现在都是：把空置地变成空气新鲜、阳光充足、阴凉和有鸟鸣的开放绿地。

从1975年开始，纽约市颁布了开放空间和空地的绿化方案，这是环境理事会为支持社区花园而制定的两个绿化方案。今天，该委员会仍然由赞助商资助，但是由市长直接领导。利兹·克里斯蒂（Liz Christy）作为第一个城市社区花园的创始人，被选为理事会咨询委员会的第一任主席。环境理事会除了防止废物扩散，促进环境教育，建立新的农民市场之外，还推进新空地的绿化活动。

图3 作为柏林的都市农业发展项目的普林泽辛花园(Prinzessinnengärten)。

此后不久，1978年，纽约市的主要组织“绿拇指”(Green Thumb)举行了“绿色拇指”行动。这一行动的主要任务是帮助社区创建新的社区花园，为园丁与城市当局之间建立沟通渠道。1995年，“绿拇指”组织成为公园和娱乐管理局的一部分。把“绿拇指”组织纳入市政厅，这表明联邦政府和地方政府已经认识到，社区园丁不仅为自己，而且是为每个人改善着城市的环境。事实证明，园丁和支持他们的人为更健康的生活条件做出了贡献。一片小小的绿地能够减少汽车尾气污染，为所有人提供快乐、健康的工作场所和休息空间。城市绿化可以减少人们的心理压力，树木和灌木能够减少城市噪音，让人们在炎热的夏天里耳目一新。社区花园作为全球环境运动的重要组成部分，可能也是最有效的组成部分之一。1992年里约热内卢的“21世纪议程”协议上，当市政当局承诺为减少温室气体做出贡献时，这是实现可持续环境政策的一个里程碑(Svendsen，2009)。

在这一系列开放空间的生产中，其最新发展是商业式屋顶花园，如在纽约布鲁克林区的屋顶花园。

第三次浪潮：种植蔬菜——以柏林为例

在过去的20年，第三次社区园艺运动首先在北美城市兴起，运动占据了越来越多的开放空间。20世纪90年代，第三波社区园艺运动在伦敦兴起；到了90年代末，欧洲大陆的一些城市才开始纷纷效仿。与早期开展的社区园艺的意图相反，在这一新浪潮中，社区园艺的重点转向到了蔬菜种植。在美国，这些种植蔬菜的社区花园的建立和运营往往在贫困的街区，即所谓的“贫民窟”。现在大多数的北美园丁都是有色人种，这些园丁由于经常性的长期失业或收入太少，因此无法作为公民参与到社会的公共领域。

1997年，洪堡大学成立了“AG Kleinstlandwirtschaft und Gärten”(小型农业和园林工作组)研究小组，这一研究小组在促进德国首都的社区园艺方面发挥了重要作用。

今天，柏林的官方失业率约为15%，意味着每五个居民就有一个居民是穷人，这些人需要获得某种形式的国家福利资助；低收入的第二种人是一些自由职业者，如自由职业艺术家、香肠摊贩和载着游客游览城市的人力车司机。柏林人的平均收入是其他德国城市居民收入的一半，这意味着他们一年收入大约18600欧元。在人口密度很高的拥挤的贫困地区，如柏林纽科林，它位于前坦佩尔霍夫机场以东，有60%是有移民背景家庭的男孩，他们既没有完成学业也没有接受职业培训，这意味着他们永远不会进入正式的劳动力市场。

1990年柏林统一时，柏林有350万居民。当时住在东柏林和西柏林的纳税居民中有一半已不再住在那里，他们搬到西德找工作或到柏林郊区寻找更绿色的居住地。他们空出来的地方被来自世界各地的新移民所取代，尤其是那些来自波兰和东欧的新移民，其中许多人是为了逃离“灾难资本主义”(disaster capitalism)带来的影响，如高失业率、贫穷、独裁和寡头政府，以及日益增长的种族主义。然而，柏林市不能提供足够的就业机会，这些新移民不会自动成为高收入的纳税人，他们中的一些人还带着年迈的父母，尽管他们常常挣不到足够的钱养活自己。因此，新移民需要花园，尤其是新建好的社区花园，这能让年长的家庭成员做一些有意义的事情：他们可以为家庭提供蔬菜，多的话也可以出售。甚至在相对富裕的柏林西部，低收入的人群包括学生、艺术家和来自土耳其的移民，已经开始种植马铃薯和其他蔬菜、水果来维持生计。

1996年，德国在汉诺威以南100公里的哥廷根市建立了第一批主要种植蔬菜的社区花园。这些社区花园是由来自波斯尼亚战争的难民、波斯尼亚黑塞哥维那的妇女及女性社会工作者建立的。最初其被称为“哥廷根国际花园”，几年后改名为现在更常用的术语，即“跨文化花园”。“哥廷根国际花园”从当地的新教教堂获得了种植蔬菜的土地。2000年，在柏林Neukölln自治市南部边缘成立的“Perivoli Garten”社区花园，作为德国—希腊妇女项目的一部分，后来向整个移民社区开放。2001年，莱比锡建立的另一个这样的花园是以北美社区花园为模板建立。这个名为“Bunte Gärten Leipzig”（莱比锡七彩花园）的花园专为来自阿富汗、伊拉克、苏丹和其他地方的难民和寻求庇护的人们而设立。这里的园丁将他们收获的一部分种植物出售给当地的农贸市场，并把收入付给语言教师。

2003年以来，柏林已经成为德国快速增长的社区园艺之都。同年，第一个官方的“跨文化花园”在柏林-科涅克的武勒河附近成立。在2002～2003学年的科涅克研讨会期间，“Stiftung Interkultur”组织成为“anstiftung&ertornis”基金会的新成员，其主要目的是在全国范围内推广跨文化花园。位于慕尼黑的“anstiftung&ertornis”基金会办公室支持创建新的花园，十多年来协调了120多个花园的建设。基金会有力的协调工作也是德国社区园艺得以快速发展的重要因素。“Stiftung Interkultur”每年组织一次全国性的网络会议。当然，社区花园的成功在很大程度上仍然取决于那些20多年来在全国各地从事志愿工作和组织圆桌会议的社区园艺活动家。

如今，柏林已有80多个社区花园（Madlener, 2009）。除此之外，柏林还有其他各种正在进行的都市农业项目。通常，这些项目为发起者和其他人提供了食物和资金。其中最著名的项目是位于柏林—克鲁兹堡的“Prinzessinnengärten”项目和位于坦佩尔霍夫旧机场的“Allmende-Kontor”项目。

图4　街坊花园“Rosa玫瑰”花园不得不从现在的地点搬到柏林的一个新地点。

自1995年1月世界贸易组织成立以来，欧盟和欧洲各国政府所谓的“紧缩政策”给城市社区、国家和各州的发展带来了很大的困难。1995年，在冷战期间，柏林作为“最受支持的城市”（best-supported city），被彻底剥夺了早期的补贴。结果，柏林市陷入了债务危机，虽然起初他们没有任何过错。更糟糕的是，这个时期的执政的政治家们陷入了腐败风波，他们让柏林的一家银行“Landes Bank”担保大型住房项目的投资者，最终导致债务、金融灾难的发生。2012年，柏林已经耗尽了所有的财政资源，国家实施的私有化政策剥夺了其行动的自由。柏林政客们仍然不清楚如何处理一个非常重要的新的空置地，即坦佩尔霍夫旧机场，该机场在冷战开始时，以美国的“葡萄干轰炸机”在苏联封锁期间为柏林提供空运食物而闻名。2009年6月，经历了夏日狂欢之后，数千名擅自占地者与数量相当的穿着防暴装备的警察发生了冲突。擅自占领者试图说服政府为柏林公民开放这个地区。如今，人们被允许临时使用该机场领域，大约有10个不同的园艺项目被批准为官方的“先锋项目”。这些社区园艺项目中最大的项目是前面提到的“Allmende-Kontor”项目。该项目由13名活动人士组成的一个小组管理，支持800多名园丁在占地面积5000平方米的300多张植床上种植食物。“AG Kleinstlandwirtschaft”是该项目的创始组织之一，该组织在这个领域内创造了更多的“Allmende-Kontor”花园。市民们对该机场的园艺项目的兴趣是巨大的，并且正在不断增长。政府是否能足够快地面对这一现实，并帮助核心组织融资和管理这个位于萎缩地区的巨大社区花园组织?

几年前，联邦政府（具体点说是私有化的铁路公司）和柏林Gleisdreieck地区的行政区之间发生了一场争夺大片城市荒地的不愉快的拉锯战。当地公民支持“AG Gleisdreieck”组织在Gleisdreieck的大片空地上创建跨文化的社区花园。公民同时呼吁保护现有的分配租地花园。经过多年的谈判，这块大面积的空地被精心设计，同时融合了两种不同类型的花园：一种是有社区特色的花园，另一种是由市政委员会发起的、著名的城市公园。

结语

社区花园不再是乌托邦，它们为解决资本主义市场经济和社会差距日益扩大带来的问题提供了解决方案。社区花园运动属于城市的未来，是边缘化人群和废弃城市居民的自救活动。今天，在南半球以及北半球的城市贫民区，“都市农业”这一术语意味着食物种植。在欧洲，都市农业是自1989年以来城市一直面临着紧缩政策的结果。在柏林，城市废弃土地向公众绿色开放空间和公共园艺空间的转变仍然非常地缓慢，这需要城市花园活动家们有足够的耐心。但在过去十年中，很多事情都发生了变化，特别是在北美和德国。社区园艺最重要的变化是，它成为了不同文化、不同种族和不同社会群体之间新的合作形式，这些不同背景的人们共同努力从“开发商”中拯救他们的土地。在许多情况下，例如像纽约这样一个几乎半数人口不参与投票的城市，社区花园成为了当地人们进行社区参与和公民参与的新形式。除了工业化的北半球，其他国家一些地区被剥夺权利的社区园丁不仅在他们自己的国家成为了积极的公民，而且在整个世界都成为了活跃的

图5 Allmende Kontor项目。城市园丁在个体种植园种植的庄稼。图片中间的空地被作为公共用地来使用。（图片：Bohn & Viljoen，2011）

公民。

可以肯定的是，正如史密特（Jac Smit）在《养活自己的城市》（cities that feed themselves）书中曾说的那样，社区园艺现在已列入城市政治议程，而不仅仅只是联合国粮食及农业组织的议程。

注释：

[1] 今天，柏林2.9%的土地被分配租地花园覆盖。

[2] 这座花园最近被列入2012年威尼斯建筑双年展“共识目录”（the CommonGround catalogue）（Krasny，2012年）。

第二部分

可持续生产性（CPUL）城市实践

1 导论

伯恩和维尤恩

生产性景观所倡导的内容比都市农业更丰富，但是农业仍然处在中心位置；让农业重新返回城市，规划和设计都市农业仍然是根本的。在许多主要城市，如旧金山、温哥华、鹿特丹、柏林、伦敦等，发展都市农业并不是什么新鲜事了。也有一些城市开展了零星的、社区性质的都市农业实践。但是要想让生产性城市景观变得真正具有可持续性和广泛性，仅仅在思想和行动上进行概念上的转变并没有多大意义。

因此，人们通过升级CPUL城市行动工具包，让CPUL这一城市概念得到了扩展，为这一概念的扩展提供了一个全面、多尺度、跨学科的行动战略框架，从而让长期形成的本土化粮食系统能够得到有效的实施。CPUL中这四项截然不同的行动将与建筑、城市设计和规划专业密切相关的各种工具进行了分类，这些行动体现了粮食系统规划中存在着复杂的相互关系，但与此同时，这种情况的存在也有助于在个人能力范围内明确特定的任务。我们将这些行动统称为“CPUL城市四叶草”，即这四项行动必须同时开展，其中每一项行动可以根据不同的情况、不同的规模和形式来进行。

目前，都市农业在相关政策、计划以及设计指导上出现的不平衡的局面，并没有妨碍CPUL在全球范围内开展有成效的行动，而且这些行动有些已经成为有关都市粮食种植方面的许多典型案例了，其涉及的范围包括建筑一体化农业、雨水的收集、土地边界的规划和种植、种子收集的技巧、城市农民合作社的建立以及食品政策委员会等。

有关建筑和规划行业发展不平衡的原因是复杂多样的，其中包括：

- 城市食物系统的复杂性。
- 在不同的国家、城市、地区以及个别区域内都存在着不同的情况，其中包括饮食文化、物理位置和物流的条件以及商业上采取的模式。
- 即使在同一座城市内，都市农业的开展也存在着不同的实践活动和组织结构。
- 除了都市花园和社区花园这些已有的项目，在都市农业项目上仍然缺乏长期性的经验。
- 缺少对可比性项目的评估，同时在可转让知识的传播上也不一致。
- 在城市扩大时要与商业开发商竞争城市内的宝贵土地；在城市萎缩时又缺乏建设城镇基础设施的资源。
- 对都市农业的城市用地是否具有合法性持有怀疑态度。

在许多方面，实践远远胜于政策以及其他具有战略性的城市发展规划，个别项目和城市体系的进步可能具有很大的偶然性，且通常项目之间或者城市之间的相关性较小。在某些情况下，底特律是一个很好的例子。不同的发展战略和方法可能会形成一个高度激烈的竞争环境。在这样一种环境下，食物主权、政治方法以及经济理论的问题会使人们在意见上产生两极分化（Gallagher，2010）。

到目前为止，已经有各式各样的关于发展都市农业的指导意见，这些指导意见侧重于将有用的知识从一个项目转移到另一个项目中去，同样也将其传播给未来的城市农民。然而，在如何用更具战略性的方式来建立、设计、运行以及思考都市农业项目，使其能够促进和推动项目长期在北半球存在，这方面的指导意见却很少。

一些CPUL城市行动与其他的城市行动在方式和思想上有相似之处。例如在过渡城镇项目中，《地方食物》（Local Food）一书主要是关于

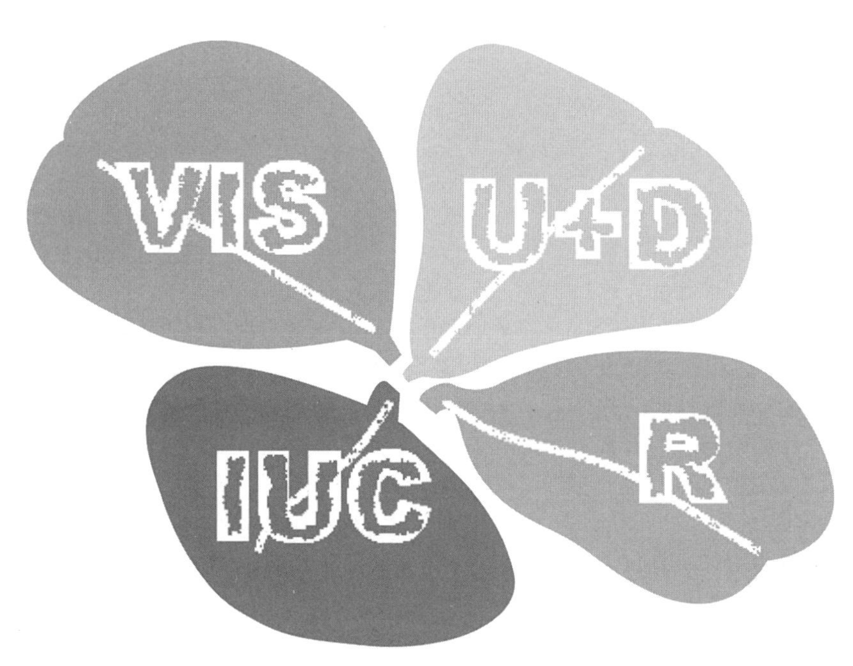

图1　CPUL城市三叶草。四项联合行动能够成功地实施生产性城市景观：行动VIS=可视化的效果：让都市农业对城市生活的贡献可视化；行动IUC=城市容量清单：仔细研究城市里每个地点发展都市农业的容量和机会；行动U+D=自下而上+自下而上：形成粮食种植者、地方议会和社区之间的合作；行动R=研究变化：不断研究最佳作法以适应不断变化的环境。

如何处理实际的、可转达的信息，这些信息主要针对以上提到的所有社区活动。除此之外，在过去几年出版的一系列“专业”指导书籍当中，它们要么适用于特殊的地区，要么适用于特殊的学派。在英国，其中有一本由一群作者编写的《前院种植食物手册》(the Manualfor Growing Food in Front Gardens)，这些作者分别来自利兹城市大学、“由后向前社区”团体(the Back to Front Community Group)、利兹市议会、转型城镇布里克斯顿的种植者协会。这本手册的前半部分叙述了如何有效改造社区，其后半部分侧重于提供如何在伦敦南部的布里克斯顿建立社区花园的一些实用性建议。这种指导型的书籍在美国可能10年前就有了，这类书籍通常运用于特定的项目或场所，例如用于都市食品项目的《城市种植者手册》(Cather 2003)，或者是用在具体实践方面上的《城市合伙人：可行性分析和前景》，该书建议宾夕法尼亚州委员会在费城进行农业项目。在德国，由于其都市农业历史并不长，这个国家采用的是一种学术性的方法来制定指导手册，并通过分析实际案例来得出适用的结论，正如柏林的ZFarm项目在研究生产性屋顶中所使用的方法。

另外，如今这三个国家都有“经过实践检验”的案例研究汇编。这些汇编可以使项目的信息具有可比性，从而间接地为不同类型的都市农业提供指导意见；如果从业人员和政策制定者要了解现状以确定项目的发展方向，那么这些案例研究则是必不可少的。“Die Produktive Stadt”是一场关于柏林和慕尼黑现有食物种植项目的展览，于2011年在德国的多个城市举办。“首都种植 2012”项目的在线数据库提供了伦敦食物种植空间的资源。北美的“胡萝卜城”项目成功跨越了战略和实际案例研究收集之间障碍。该项目研究了100多个国际案例，其中许多案例提供了实用性的信息以及有关规划都市农业的远见卓识。该项目的数据库分为五大部分，从城市设计到详细组件都可以通过在线获取，数据库选用的案例都被收录在了《胡萝卜城：为都市农业创造场所》书中。

CPUL城市行动旨在通过聚焦有关都市农业所必需的关键策略和实际步骤为开展都市农业提供清晰的思路，以此作为设计和规划生产性都市景观的一部分。通过参考国际案例研究和现有信息，这一行动能在更大的框架内开展。无论开展行动的规模、地点和目的是怎么样的，这些信息都会精确到与每个项目相关的四个点上：即可预见性，具体化，可沟通性和时代性。

CPUL城市行动可以以“本地化议程”的形式来开展，但是我们也明确认识到，这需要一致的市政和区域规划框架来管理基础设施的实施。在本质上，CPUL设计的粮食系统必须比当地的粮食系统具有更宏观的视野，目标应该是最大限度地发挥都市农业对城市粮食系统的贡献。正如上文中三个案例所证明的那样，需要为参与规划和建设生产性城市景观的人提供系统的、可行的、生动的以及灵活的指导。无论都市农业的任务会是什么，我们都建议同时开展这四项行动。这些行动包括活动家、城市农民以及设计、规划和治理方面的专业人员，他们能够为作为城市基础设施组成部分的生产性城市景观提供需要的管理和战略指导。

在本书的这一部分，我们与参与开发和实施都市农业项目的一些专家讨论了这四项行动。为了从实际上反映CPUL城市行动的要求，我们介绍了一些案例研究，其中大多数案例是我们在自己工作中参与过的项目，在本书这一节的末尾提供了行动摘要。

“U+D”行动 =自下而上+自上而下

基础设施和单个粮食生产项目一样，都需要自上而下和自下而上同时并行，以及综合的设计和规划。

都市农业项目能够依靠当地主动或被动的支持者们所形成的强大群众基础，这些支持者们逐渐能够与那些影响他们生活的利益方进行谈判，例如地方议会或粮食分配系统。这对于都市农业项目的长期成功非常有利。一个项目规模越大，其对基础设施的需求也就越多，CPUL也是一样，它的开展需要创建更多的相互关系。

20世纪90年代，古巴的“organoponicos”项目、70年代纽约的“绿拇指”项目，以及伦敦的“首都种植”项目，无论是过去还是现在，在代表开拓性成功方面都是很好的例子。从社区主导到企业主导的举措中，可以明确一长串自下而上的动机。在这些动机中，我们可以对其进行进一步的区分，例如社区主导的项目是由增加权能和包容性所驱动的。比如密尔沃基的“生长的力量”公司；德国的跨文化花园，或者在更加富裕地区所开展的项目，比如伦敦的富通绿色基金或柏林的Domäne Dahlem庄园；这些项目通常旨在提供更加广泛的教育和生活方式上的选择。以企业为主导的项目类似于那些倡导小规模但个别可行的市场花园，如伦敦的社会企业“成长的社区”，或者柏林的“自我收获”商业性项目“Bauerngarten”，以及采用了“企业”式方法建立的底特律“Hantz Farms”项目。

詹姆斯（James Godsil）在他所写的“每个城市都应该有甘甜的水和生长的力量”中指出，在众多美国都市农业项目中，最近备受关注的“混合企业实验”“甘甜的水”在许多方面上采取了共同建立和共同运行的模式。从这一行动的意义上来看，他将“甘甜的水”项目描述成了“社会商业与创新中心”的基地，与此同时他还将养耕共生（一种新型的复合耕作体系）比作“一种食物生产的生态模式”，并且称这是对粮食安全挑战的一个重大回应。

在社会设计团队“Urbaniahoeve”的工作中，类似的关系仍在探索当中，德布拉和马里斯卡在“Urbaniahoeve：基于事件的实践和都市农业”

一章中进行了评估。作者从众多项目中了解了项目参与者的工作，比如他们在海牙的“Foodscape Schilderswijk”项目，即“在公共空间中集体建造可食用性景观，这些景观最后形成了城市内的生态框架”。这一项目被称作为“以实践为基础的经典案例”。在这一项目中，居民、资助者和当地议会一起对生产性景观的建设进行沟通，转变了他们所有人对所处环境的态度，因为“Urbaniahoeve”坚信，“粮食对活动的进行有很大帮助”。

当研究“自上而下”以及“自下而上”的都市农业实施方法时，研究那些还尚未找到通过粮食种植议程从而积极融入当地环境的动力和方式的社区是非常有意义的。因此，一些“局外人”可能会认为联合建设一个生产性城市景观将有利于那些特殊的社区。在这种情况下，开展行动并投入资金，就可以成功地获得来自地方政府或机构的支持，例如伦敦要建立2012个食物种植空间的“首都种植”项目，或者柏林的社区更新项目“Spiel/ Feld Marzahn”。在米德尔斯堡的都市农业项目中，股东、居民和理事会代表们共同参与了庆祝食物、食物种植地和食物消费的活动。

如今所需要的是政治上的变革，为实行多种“自下而上”的都市农业举措提供支持，并在“自上而下”决策的互利框架内为能容纳这些举措提供保障，从而丰富都市农业发展经验、增强城市修复力以及提升城市的空间质量。为了实现这一目标，就需要将生产性城市景观变得可视化。

“VIS”行动=可视化结果

都市农业和生产性城市景观（CPUL）的质量和目标需要可视化，以便为决策者提供信息，提高公众的意识。

将想法和概念可视化是建筑师、规划师和设计师们的主要技能之一。通常，这需要通过讨论想法中的原型设计来完成，从而去预测和探讨其潜在的结果；这包括对空间、用户、环境或财务的预测。在将这种方式运用于生产性都市景观的建设，行动主体将扩大到包括城市的农业专家和从业人员在内的一系列人员。这一行动不仅包括公众，还包括传播思想、数据以及实践的人员，他们的工作主要以展览、在线、纸质或现场演示的形式来进行。在这里，设计专家们成为了“改革的推动者”，尽管有时会遇到困难，但他们作为面对未来挑战与机遇的先驱者，延续了《建筑宣言》的悠久传统。目前人们可以大致确定两种主要的方式，有时也可以两种方式并用，来实现生产性城市景观的结果可视化：这两种方式就是创建新的思维图像和构建1：1的工作原型。

例如，2009年首次在纽约 Exit Art艺术展览上展出的“垂直花园”项目。这一展览汇集了一系列由国际建筑师设计的大部分未完成项目，在考虑城市粮食种植的情况下，这些项目欢迎游客们提出自己的想法。艺术家安装团队“myvillages.org”打造了一座临时建筑“Salatfeld”，它能使参观者们体会漂浮在柏林的一片人造池塘上的感觉。自2011年以来，伦敦的“农场-商店”将一个店面露台改造成了食品生产的工作区，将它作为研究建筑一体化封闭系统都市农业的原型。

扎比内（Sabine Voggenreiter）在她的一章中首次描述了CPUL如何通过艺术实践让德国科隆地区的各个利益方关心食品问题。她设计的项目“Quartier Ehrenfeld”的一个出发点就是坚信“分享视野意味着首先要处理常见的图像”。为了处理这些图像，扎比内策划了一个由艺术家、建筑师主导的具有参与式风格的工作室和装置的组合，这样在社区花园中就能进行实际生产。在艺术史学家扎比内看来，“城市的创造力与绿色生产力之间有着密切的联系”，因为“这两个过程都需要很高的效率，且都是社区进程中的一部分”。

这种参与性的方法可以在较短的时间内快速推广，例如搭建临时的公共设施和开展连续野餐的活动，或者也可以先建立一个大概的原型然后在几年内加以完善，例如在科隆-埃伦菲尔德创立的参与性项目“Urbane Agrikultur”。不论哪种情况，这种城市转型的目的都是为了引起公众对城市开放空间的关注，从而为综合的规划讨论奠定基础，并最终根据要求来变更生产性景观的实际用途。在这里，生产性都市景观的可视化可以让人们在1：1比例的模型中获得感官上的体验。相反，“Urban Nature Shoreditch”这一项目解释了建筑可视化如何克服都市农业从业者与设计专家之间的沟通障碍。

虽然品质的可视化对于都市农业案例赢取支持很重要，但对实际空间进行定量评估将为它们在环境、社会和经济方面上的成功整合奠定基础。因此，在进行任何生产活动之前，对所选单个或多个场地进行盘点是最优的做法。

“IUC”行动=城市容量清单

每个地方都需要一份清单，特别是有关空间、资源、利益相关者和管理能力的清单，从而能够帮助当地把握好发展机会。

在北半球地区，都市农业的历史相对其他地区较短，且在刚刚起步。都市农业的重点放在确定位置、使用状态、可用性、所有权和地理条件，如太阳方向、土壤质量、污染、水、受风情况、靠近市场和肥料等方面。例如，在波特兰市的《可挖掘城市报告》或对伦敦的《大象与城堡的研究报告》（the Elephant & Castle Study for London）。近年来，利益相关者的管理和维护能力变得非常重要。此外，在规划和执行生产性都市景观项目时，需要记录现有的资源并将其有系统地纳入项目当中。

一些不同的方式正在出现，例如，伦敦的“Bankside Open Space Trust”通过积极的社区包容工作提高了当地的增长能力；在柏林，Lichtenberg政府和Agrarbörse的城市农民通过共同持股的方式增强了当地都市农业的维护能力。虽然可用的空间通常是有限的（我们有时忽略了这一点），但可以通过增加利益相关者和提升管理能力的方式来克服空间有限的问题。有一个已经被证实有效的“自上而下”的方法：扩展融资资金，并侧重于发展农业和提升管理技能。这种方法在古巴特别有效。

在“记录未被记录的”这一章节中，玛丽特·罗索尔介绍了柏林的社区花园中以利益相关者为中心的清单根源、过程和见解。为了理解如何利用城市空间，罗索尔主要着眼于“花园发展的动机和个体环境”。她明确区分两种战略，一是“如何找到地块”的战略，即空间清单，同样重要是如何处理空间中其他生产要素的战略，如利益相关者和管理能力。在柏林的案例中，她强调，“即使市议会提供了大量的土地和资金，未来的享用者有可能仍然感觉不足”。

作为CPUL城市行动的例子，我们即将讨论的以下三个案例研究，它们旨在显示在编制“城市容量清单”时方法的多样性。密尔沃基是美国众多城市中之一，如今它被作为“都市农业的实验室”进行研究，它展示了一系列成功的项目，大多是由活动家主导的项目，这些项目通常是与清单一起制定的，这份清单包含有详细的选址、利益相关者或商业/管理潜力情况。在“伦敦的泰晤士河口区”项目的可行性研究中，任务是找到既相互连接又能大量种植粮食的地点，并将研究重点明确放在空间规划上。“都市农业的帷幔”一章的工作则完全不同：这一章认为重要的是要对从生产到消费，再到回收的小型食品系统的大部分量化要求做出调整。

建立一个城市容量清单并考虑清单中的不同的部分，如目录中某项资产或某些资产的比重，又是一个超越传统边界的跨学科行为。这样的工作过去经常是计划者、活动家、城市农民、设计师、议员和社会调查者等人的工作，现在还将是他们的工作。当清单被相关项目所涉及，被最新的以及顶尖水准的研究所支持的时候，清单内容将会更加全面。

“R”行动=对“变化”的研究

为了应对不断变化的环境，需要对生产性都市景观项目进行持续的研究、发展和巩固。

社会和环境条件可以在地方、区域、国家和全球迅速变化。为了跟上这种发展变化的步伐，同时也为了检验CPUL城市行动等概念的成果，都市农业项目必须经受反复的评估和改进。理论与实践上的需要，要求我们通过了解过去和预测未来从而去适应变化。为了改进各种生产规模的不同程序、空间、用户和商业模式，也需要对它们进行短期和长期的研究。目前可以确定三个研究的主要方向：第一，设计/处理上的研究，主要是处理生产性景观的有形后果，如由纽约“Sun Works”设立的温室项目；第二，可量化研究，为都市农业提供生态、经济和植物论据的研究，如James Petts为英国慈善机构“Sustain”和世界卫生组织撰写的关于伦敦的文章。第三，教育和社会研究，这类研究与用户需求密切相关，比如柏林城市园艺中的专业培训和网络项目活动。这一活动合作的主要人员一些来自大学或其他研究机构的多学科专家和研究人员，另一些是工作中的城市农民。

霍华德（Howard Lee），史蒂芬（Stefan Jordan）和维克多（Victor Coleman）在“魔鬼在细节里”（The devil is in the detail）描述了解决食物安全问题的必要性，以及食物安全问题是如何影响英国哈德罗学院教职工们的工作。正是有这类众多的细节，才将生产性景观和都市农业的想法和概念转化为了现实。在注意到“由于缺少文件记录，因此对城市和城市周边食品生产基地的大致产量了解有限”之后，这些作者接着从理论上调查研究城市和城市周边地区的情况。他们的文献和研究在结论时强调，“最重要的是向当地人们进行展示”，同时“对于那些对种植蔬菜或饲养鱼类知之甚少，但又关心并希望改善食品安全的人来说，有必要为他们建立起信心。”

布鲁诺里（Gianluca Brunori）和弗朗西斯科（Fran-cesco Di Iacovo）以“替代食物网络是食品转型的驱动力”为题介绍了他们的研究。他们认为，提供精确的产出量可以带来视角与价值观念上的创新，从而发展替换食物网络。据这些作为农业经济学家的作者们所说，当替换食物网络和他们自身作为社会改革家和经济活动家的双重身份结合时，就会推动城市食物体系朝着更加可持续的未来发展。这一行动将替换食物网络看作“用户群”，这意味着他们像测试创新的社会技术子系统那样，考查替换食物网络是否能够在更高层次整合社会资源，从而去推动社会走向更大的舞台。

CPUL 城市概念从一开始就旨在通过一个具体的研究体系来巩固其“愿景”。例如，生长型的原型设计和原位测试是评估设计方案的两种最有效的方法。我们发现，展览品和装置物似乎为简单的设计方案提供了一种良好的初始设置。正如来自哈德洛农学院的专家已经开发和测试溶液培养的生长的阳台。受到“可食用的校园”项目开创者麦吉尔大学的鼓舞，在布莱顿大学，该项目在学生的主导下正在开展并不断扩大。“可食用的校园”项目使学生能设计、研究一种小型的生产性屋顶和社交空间。在布莱顿，通过类似的、基于事件的非锁定空间装置和社区聚集等项目，这一研究已经扩展到布莱顿社区当中了。

目前的行动将导致未来的基础建设

本书这一部分列举的行动案例都是这个进程

的开始，它们也将继续探索与城市相关的未来战略。这些案例研究可能很快就会被适用范围更广泛的都市农业案例所取代，如果都市农业继续以过去十年的速度去发展的话。如果能够建立起经济和社会的基础设施来支持这些案例，我们就可以建立比“自我发展”这一浪漫概念所设想的要丰富得多、意义重大得多的东西。那么，都市农业也将能够朝着以更少的花费提供更多经验的方向发展。

2 行动联盟：都市容量清单

2.1 都市农业实验室

密尔沃基，美国，2011年至今

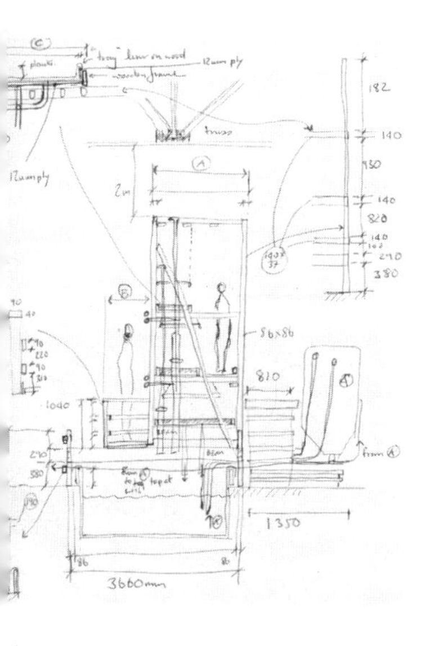

基于田野调查，确定密尔沃基[①]能支持都市农业的人力和空间能力。

- 空间和组织：实地访问。具有社区性质或商业性质的都市农业用地的相关文件（包括图纸和照片等）。采访从业人员和市政府官员。
- 资金来源：布莱顿大学、伯恩和维尤恩建筑事务所
- 团队：伯恩和维尤恩建筑事务所团队
- 食物生产类型：根据项目需要而采取不同的类型，包括露天田野、垂直立面、室内、水培和鱼菜共生系统。
- 产品的使用：根据项目而定用于公共用途还是商业用途。
- 主办方：布莱顿大学、伯恩和维尤恩建筑事务所

上图　甘甜的水有机物的水动力主机。测量图提供了施工记录，为今后的设计开发提供了范例，也为教学提供了参考。在这里，作物的多层种植需要大量的人工照明。

右图　甘甜的水有机物，2011年9月。密尔沃基的大型实验性的鱼菜共生系统（鱼场和水培蔬菜的组合生产）位于一个废弃的铁路维修棚。此视图显示了大约一半的装置，这些装置是为了迅速扩大规模的鱼菜共生系统而设置的。IBM和哈佛商学院分别独立报告了系统的生产潜力，城市提供了有利的贷款，条件是创造就业岗位。“甘甜的水”项目设置在建筑里并不理想，因为室内环境日照相对较低，植物和鱼缸需要大量的人工照明；密尔沃基漫长的寒冬也要求鱼缸需要相当多的能源来加热。由于项目的规模问题和实验的程度，作为企业，它的生存是极具挑战性的。2013年，该组织停止了交易。

① 美国威斯康星州东南部港市。——译者注

上图　“生长的力量”。威尔·艾伦开创的都市农业项目“生长的力量”公司。该公司正在不断地促进其产生能力，不仅仅通过自己的力量而且并越来越多地通过在美国甚至更远的其他地方的咨询和外联活动。该公司独创的城市农场、市场和多功能的集约化耕作系统都采取一种低技术的生产方式。目前他们正在引进太阳能系统和雨水收集系统，以升级传统的温室。

左图　为生长而建造。2011年9月，“甘甜的水有机物”组织建造新的日光环箍式房屋（聚乙烯Poly隧道），以改善鱼菜共生系统的加热的采光问题，通过利用太阳能来达到能量平衡。最大化地使用可再生资源（即日光，太阳能加热和天然的、未加工的鱼类饲料）对于建立一个封闭的能量循环系统是必不可少的。

上图　Fondy市场。这个新鲜食品市场由Fondy食物中心管理，市场提供了一个基础设施，使小型农场主能够通过在当地销售他们的农产品谋生。

评注

密尔沃基是一个中等规模的城市（总人口约50万），拥有丰富的各种潜能，这些潜能被认为是发展都市农业所必需的。在一定程度上，由于过去的工业发展，尽管该市都市农业的发展空间不总是理想的，但起码是可用的。利益相关者的能力包括由威尔·艾伦的组织“生长的力量”建立的实验性的食物生产社会企业。这座城市本身就是一个主要的支持性的利益相关者，如汤姆市长对现有的、风险更大的都市农业项目的支持。从业者通常会慢慢地积累管理技能。在这里，非营利性的民间组织，如复原城市中心或食物中心等。越来越多的项目在启动中提升自己的管理能力。就资源容量而言，该市有大量有机废物可供利用。信心也可以被认为是一种资源。2011年，IBM智慧城市评奖小组（IBM smarter cities award）得出结论认为，开发“鱼菜共生系统”将是“明智的”，这证明了它的积极影响。正如“甘甜的水”实验表明的那样，如果寻求创新，就不可能消除风险。

实地考察证实，自下而上和自上而下的联系对于促进都市农业至关重要。在密尔沃基的例子里，都市农业的顺利进行是因为城市没有设置不必要的障碍来阻止其实施。从业者的不断研发是非常明显的，包括技术（共生体系）、社会（即小规模生产者的非营利能力建设）和政治（伸张正义倡议）。发展不明显的是，如果生产性景观完全融入城市的结构，那么系统的空间和城市的外观将是什么样子？

我们发现，鱼菜共生系统的重大挑战在于如何建立封闭式的“从摇篮到摇篮”的循环系统（即鱼饲料和人工照明方面），以及如何拓展收入来源以实现经济上的可行性。

左下图　爱丽丝社区花园。这个社区花园是由非营利性组织“复原城市中心”与社区活动分子共同设计的。它为居民提供食物种植地和文化活动场所。我们可以确定社区花园的三种发展潜能：花园（空间、土壤等）、活动积极分子和园丁、社会性公司。

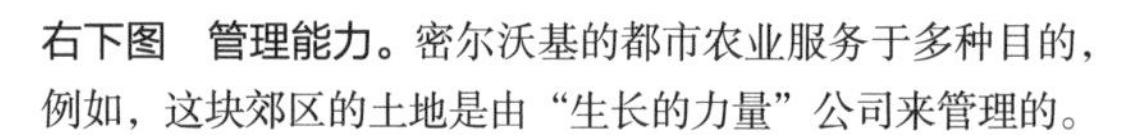

右下图　管理能力。密尔沃基的都市农业服务于多种目的，例如，这块郊区的土地是由“生长的力量”公司来管理的。

上图　为所有人种植食物和正义。墙上的壁画由参加2011年密尔沃基年度活动的参与者创作。这些反种族主义和赋权的主题运动是在2008年由“生长的力量”建立的，代表了世界上最强大和最独特的能力建设活动之一。

左图　鱼菜共生系统。“生长的力量”的“低技术”鱼菜共生系统领先于“甘甜的水”组织的系统，该系统与几种不同的有机耕作方式相结合。

下图　制作堆肥。利用从城市收集到的有机废物来堆肥是“生长的力量”的“从摇篮到摇篮”计划的核心。

2.2 都市农业的帷幔

伦敦，英国，2009年

上图和下图 用于种植的装置。图为用于工业化标准水培生产的沙拉植物、中草药和蔬菜的装置。

一个功能齐全的小规模/小空间建设一体化都市农业原型，它是都市农业展览的一部分。

- 空间和组织：垂直农场，封闭环式室内食物系统；
- 食物生产的类型：水培种植沙拉蔬菜、草药和其他蔬菜；
- 产品的使用：直供产地所在的咖啡厅；
- 主办方：Jackson Hunt（管理者），伦敦建筑中心；
- 资助：伦敦建筑中心，哈德洛农学院；
- 项目团队：伯恩和维尤恩（得到了Marcel Croxson和Jack Wates的支持），哈德洛（Hadlow）农学院。

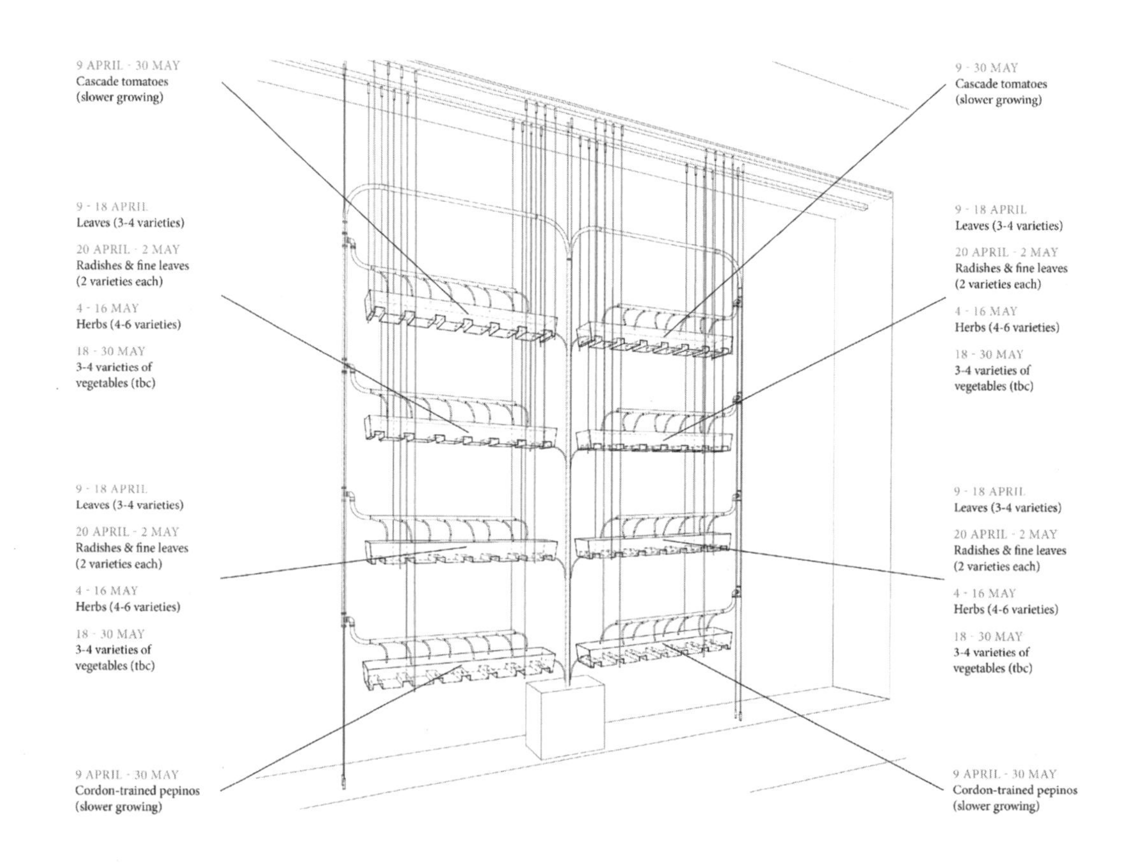

左图　室内种植原型。都市农业的帷幔为公共咖啡馆和街道提供了一个交界面。交界面为植物生长提供充足的阳光和日光，但是却使咖啡馆内的自然光减少了。室内种植的位置要有充足的阳光；如果光照少了，就成问题了。

左上图　支撑结构的详细说明。该室内种植原型机采用了专有的悬挂系统。装置使用行业化标准托盘和管道，唯一需要定制的零件是托盘的铝制支架。所有这些部件之间的连接处的设计和安装时间都进行了仔细的安排。

右上图　在室内和室外工作。这个装置为展览做广告，测试垂直系统，生产农作物，并帮助公众宣传建筑一体化都市农业的质量，提高了该地区的城市食品种植能力。

种子在温室里发芽

都市农业中的水培作物

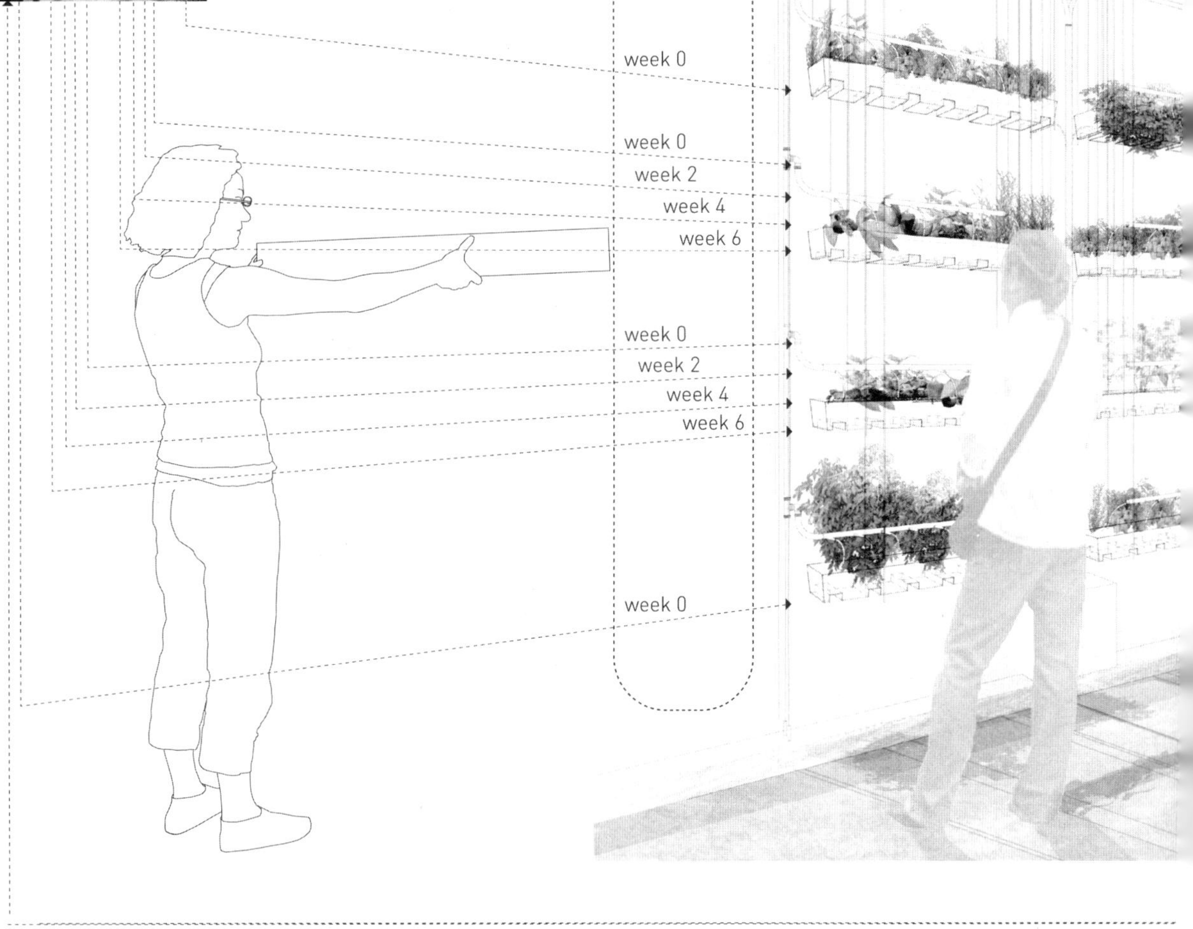

PLANTING

week 0

week 0
week 2
week 4
week 6

week 0
week 2
week 4
week 6

week 0

有机废料堆肥在温室中的应用

评注

“建设一体化都市农业的潜力是什么，需要什么能力来支持它？”我们与伦敦建筑中心和哈德洛农学院一起合作，尝试用水培方法种植作物，以便在伦敦建筑中心的餐厅使用。该中心的管理能力直接关系到实际的设计和相关决策，例如作物要在温室外发芽；作物的品种要可以每两个星期就能采摘一次。维持水培系统相对简单，说服餐厅工作人员使用这些产品也不难。把作物无法使用的部分拿去堆肥相对来说较难。在城市种植容量方面，最大的挑战将是找出阳光充足的地点，使作物能够茁壮成长，而不需要人工照明。另一个实际的设计问题是如何方便地收获作物，因为利用这套水培装置来种植蔬菜需要移动的梯子和移动的平台来摘采蔬菜。

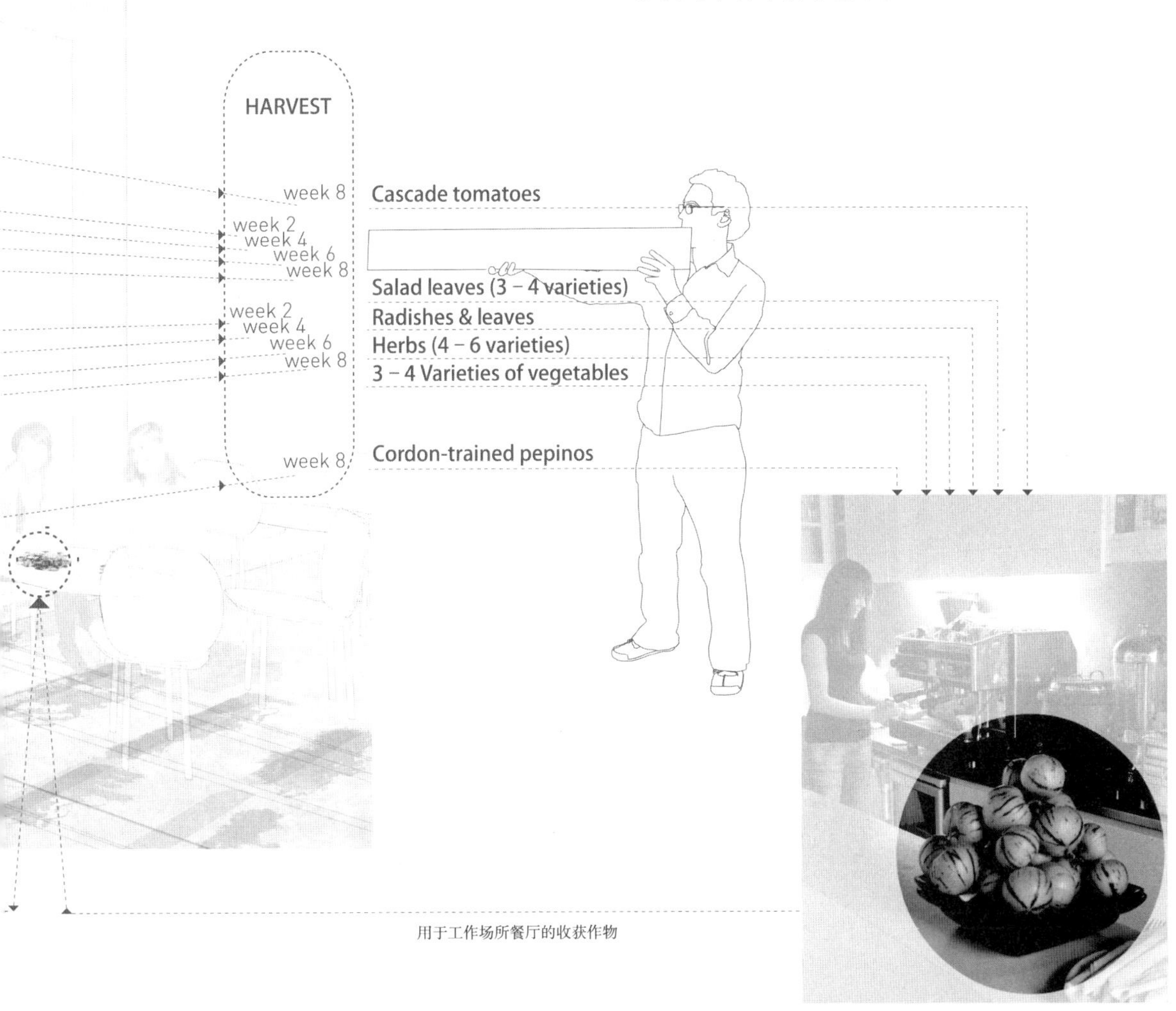

用于工作场所餐厅的收获作物

上图 改变咖啡馆的空间质量。都市农业的帷幔是“伦敦收益”（London Yields）展览的一部分。该系统由哈德洛农学院开发，生产用于建筑中心餐厅的作物。

上图　详细的室内视图。相互作用的支撑系统、冲洗管和种植容器视图。每个种植容器包括两个托盘：上层托盘是保持作物和生长培养基，下层托盘是水和养分的贮存器。这个装置也简化了两周一次的植物交换。

2.3 伦敦的泰晤士河口区

伦敦，英国，2004年

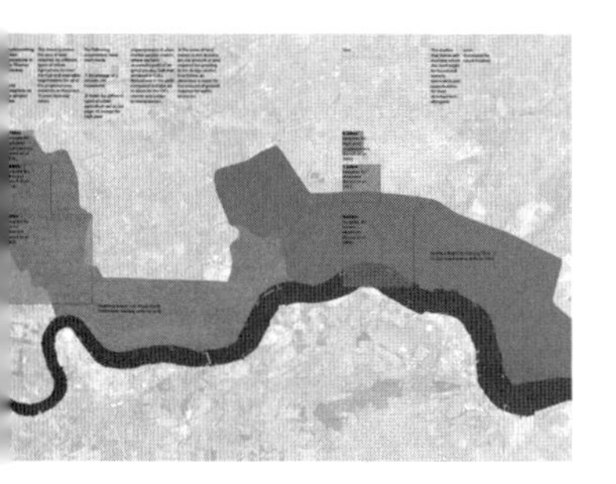

上图 空间需求。第一项研究计算出所需的种植面积，以满足在两个泰晤士河口区（Thames Gateway）项目地区的新居民的水果和蔬菜的需求。这些区域是为不同类型的都市农业计算的，从高产的、专业的市场花园到低产的休闲花园。

可行性研究，探索都市农业融入伦敦绿色网络的潜力，并计划向东扩展。

- 空间与组织：CPUL；
- 食物生产的类型：露天田野和融合基础设施生产；
- 产品的使用：供应当地居民食用；
- 主办方：建筑和都市化研究所（Architecture and Urbanism Unit）；大伦敦管理局（The Greater London Authority）；
- 资助：布莱顿大学，大伦敦管理局，伯恩和维尤恩建筑事务所；
- 项目团队：伯恩和维尤恩（得到了Michael Aling, Alice Constantine, Kabage Karanja, Katja Schäfer的支持），CUJAEHavana（Jorge Peña Diaz）。

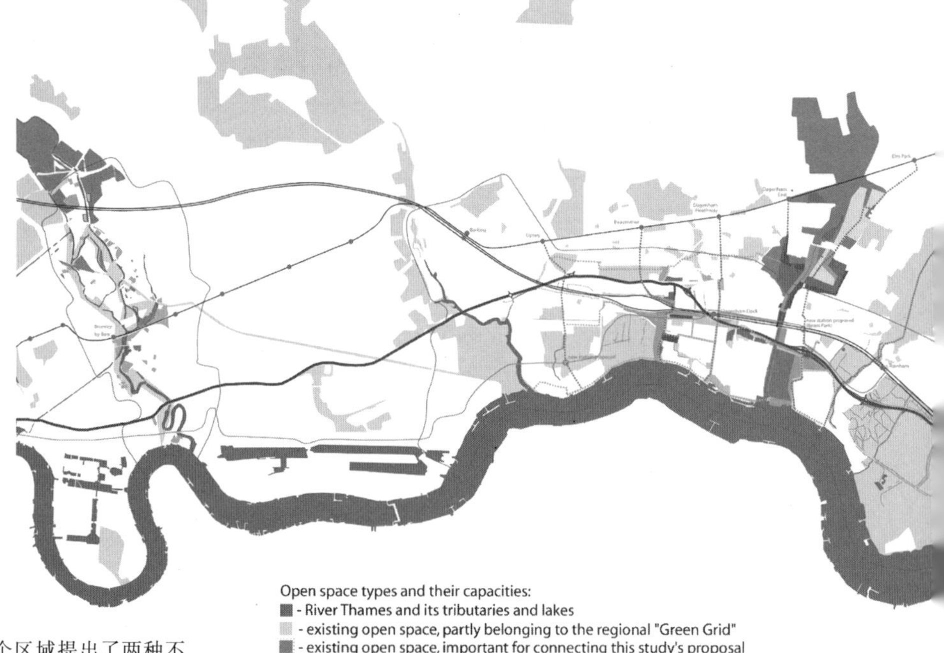

右图 CPUL战略。对两个区域提出了两种不同的策略：下河谷区和伦敦河滨区。而伦敦河滨区（图中的右手侧）则将自己改造成一个CPUL区域，而较低的河谷（左侧）则允许个体开发成生产性的“秘密田”或让其成为生物多样性的垫脚石。

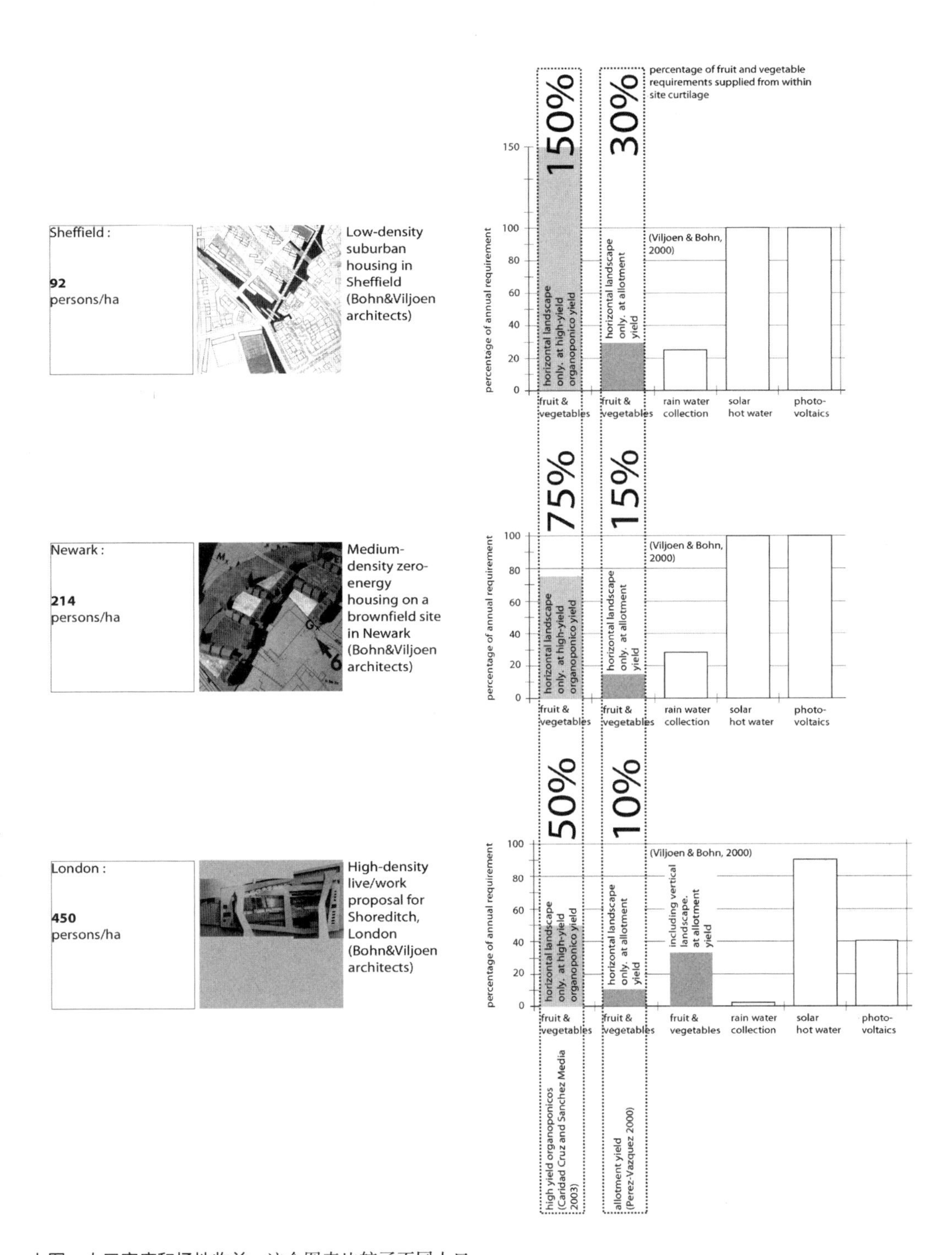

上图　人口密度和场地收益。这个图表比较了不同人口密度的都市农业种植区所能满足居民的水果和蔬菜需求的百分比。这些图表也表明了都市农业以及太阳能和雨水对满足居民需求所做出的贡献。我们称之为“场地收益”（site yields）。

上图　伦敦河滨区，CPUL提议。高产市场花园以黄色显示；浅绿色表示计划作为绿色网络一部分的区域。CPUL引入了许多新的联系和各种其他的用途：步行场，边缘地区用于初级贸易，休闲，教育活动和CPUL广场。

左图　电缆塔公园市场花园（Pylon Park Market Garden）。一个占地约12公顷的高架场地可以规划成一个密集型的市场花园和公共公园，其中有一个市场广场、野餐、游乐和观景区，以及田地上的空地。该地块毗邻大型住宅开发项目，确保了农产品的市场。这个公园有自己的地面，但后来由于大量的电缆穿过而没有被开发。

评注

这项研究是对城市容量的全面调查，重点放在都市农业可用的空间上；这是一项复杂的活动，原因是多位土地所有者和开发商对该地区感兴趣。这项研究是建筑和都市化研究所承担的。该研究所正在推动关于将全伦敦绿色网络作为城市开放空间的一个附属网络，尽管城市农业并没有被明确命名为其中之一。但在此之后，该研究所对绿色网络战略进行了修正，以“促进可持续的粮食增长”。我们的研究强调了这样的大型项目采取自上而下和自下而上的协调方法的必要性。然而，在撰写本报告时，伦敦的战略仍在很大程度上不受欢迎。发展新技术的一个主要障碍是缺乏能够执行统一空间规划的单一法定机构，战略仅限于“促进”阶段。2005年，为了处理规划问题，伦敦设立了一个伦敦泰晤士绿色网络开发公司，但2013年初开发公司被取消，规划退回原点。

上图　生产性基础设施。现有的基础设施被连接到CPUL的步行和自行车网络中。火车站和公交车站成为了网络的节点。图中的A13号高速公路是“伦敦”仅有的一块土地。还在建议中的步行和自行车道设在A13路下方，并作为一个人造景观连接其他孤立的和难以到达的景观区域，以形成景观的连续性和连贯性。

上图　高架的A13公路。提议中的步行和自行车道位于高架13号公路桥的下方和市场花园之间，它在靠近车站的西边接触地面，为城市提供了一种新的快速交通系统。南边高架公路可以改造成垂直景观，景观下面的空间可以用作储藏空间、市场和会议场所。

右图　编进《城市容量清单》的土地。这项可行性研究的一个主要部分是对开放空间的可用性进行详细研究，同时要考虑到它的许多其他用途和使用限制。因此，研究必须反复调整项目的初始空间布局，以适应这一战略和网络的总体可行性。实地访问，与规划者进行的会议和照片分析使我们能够确定个别地点的制约因素和机会，从而产生可行的办法。如果把高产量的市场花园纳入其中，我们估计可以满足该区域人们对水果和蔬菜的需求。为了使这一设想成为现实，2016年之前，我们为研究中的这一地区规划了新的住房用地。

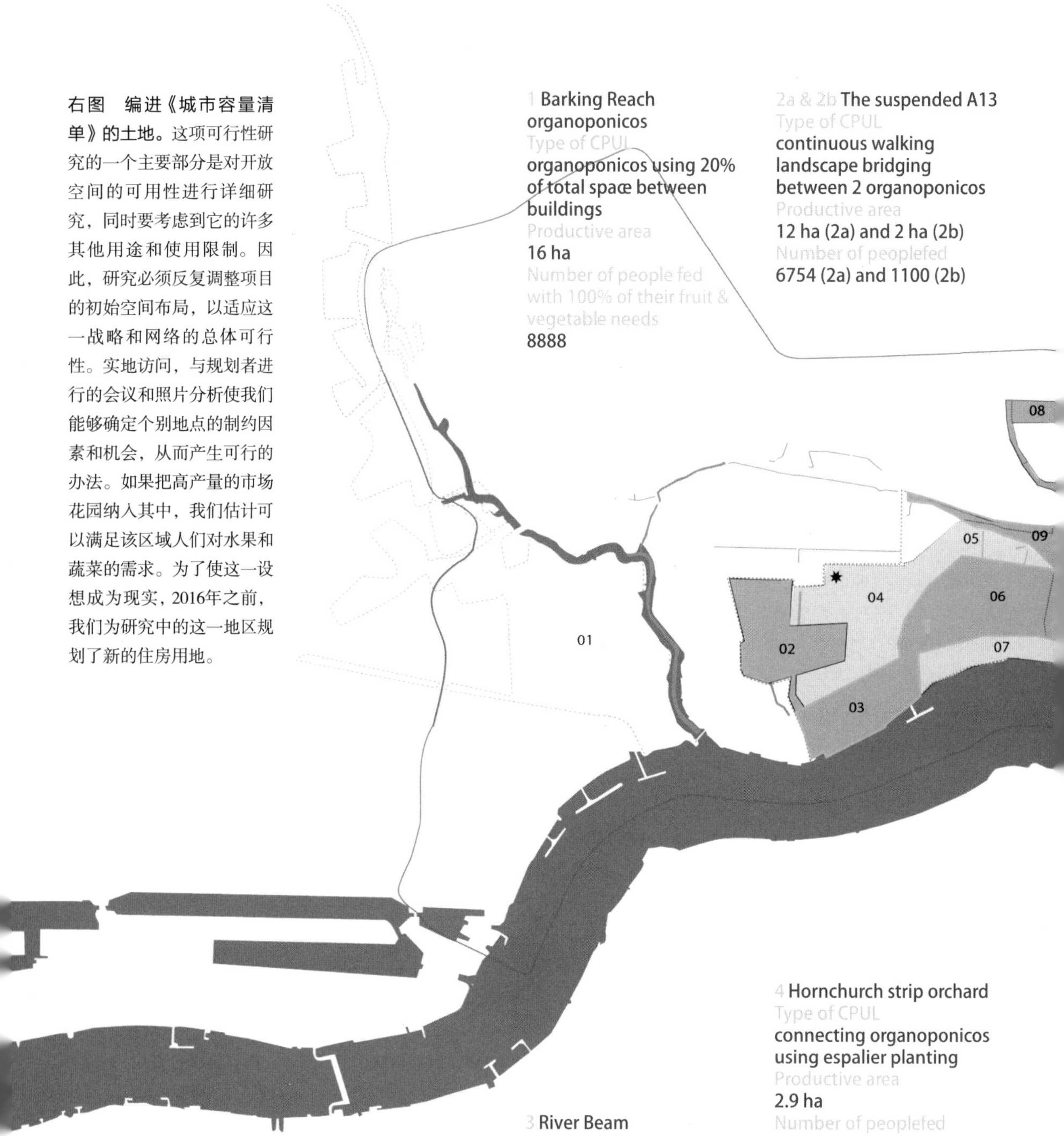

1 Barking Reach organoponicos
Type of CPUL
organoponicos using 20% of total space between buildings
Productive area
16 ha
Number of people fed with 100% of their fruit & vegetable needs
8888

2a & 2b The suspended A13
Type of CPUL
continuous walking landscape bridging between 2 organoponicos
Productive area
12 ha (2a) and 2 ha (2b)
Number of peoplefed
6754 (2a) and 1100 (2b)

3 River Beam organoponicos
Type of CPUL
parcels of organoponicos and productive edges placed within a country park
Productive area
35.4 ha
Number of peoplefed
19667

4 Hornchurch strip orchard
Type of CPUL
connecting organoponicos using espalier planting
Productive area
2.9 ha
Number of peoplefed
1636

5 Rainham vineyard
Type of CPUL
organoponicos on a south facing slope
Size
3.1 ha
Number of peoplefed
1744

Site research for implementing a CPUL

- Areas not possible to use
- Areas open for discussion
- Focus areas
- Outlines of other proposals

01 Possibility for continuation of CPUL strategy into Creek Mouth and Barking
02 Possibility (to discuss within Maxwan proposal)
03 Possibility (to discuss within Maxwan proposal)
04 Not available (build on, info B&V)
05 Not possible (highly toxic, info LBB&D)
06 Possibility (to discuss within Maxwan proposal)
07 Not available (scientiflc interest, info LBB&D)
08 Possibility (to discuss with LBB&D)
09 Possibility (to discuss within Maxwan proposal)
10 Not available (Innogy, info GLA)
11 Possibility (to discuss with GLA)
12 Not available (Innogy, info GLA)
13 Possibility (to discuss with GLA)
14 Not useful any longer (as route impossible, info GLA)
15 Not available (Ravenbourne, info GLA)
16 Possibility (to discuss within Mac Creanor Lavington proposal)
17 Not available (SETS, info B&V)
18 Possibility (to discuss with GLA)
19 Not available (Ford, info GLA)
20 Not useful any longer (as route impossible)
21 Possibility (to discuss within West 8 proposal)
22 Not available (info GLA)
23 Possibility (to discuss with LDA)
24 Possibility (to discuss with GLA)
25 Not available (info GLA)
26 Not available (flood defense / reedbed, info LBD&B)
27 Slight possibility (to discuss with Havering Council)
28 Slight possibility (to discuss with Havering Council)
29 Not available (flood defense /local nature reserve, info LBD&B)
30 Possibility (to discuss with Havering Council)
31 Slight possibility (to discuss with Havering Council)
32 Not available (part of Beam Valley Park, info LBD&B)
33 Possibility (to discuss with Havering Council)
34 Rainham Arc (possibility of CPUL strategy)
35 Possibility (to discuss within Latz+Partner proposal)
36 Not advisable (north slope)

2.4 记录未记录的：柏林的社区花园清单

对玛丽特·罗索尔（Marit Rosol）的访谈

你把“社区花园”这个术语翻译成德文，由此也为德国的城市定义了一种新的都市空间。

在我的博士论文中，我研究了柏林的社区花园，在这个过程中我创造了“Gemeinschafts-gärten”这个词。我从来没有彻底查阅过我是否是第一个用这个词的人，但我确实出版了关于这类城市花园的第一篇博士论文和一本书。我的研究是在2002～2005年期间进行的。我查到了许多花园的项目，当时还没有名字。这些花园并不称自己为“Gemeinschaftsgärten”，它们没有任何定义。要发现柏林所有的花园项目，其工作量相当大。当时这些花园项目之间还没有建立起相互联系，当时不同文化之间的基金会（Stiftung Interkultur）还不存在。因此，我不得不推出新的词，而不是把我所看到的归纳到一个既有的概念上。我发现那些在公共场所植树的人，他们大多是自愿的，有时得到城市的支持，或者作为城市倡议的一部分。

我不把重点放在种植特定植物上。在我的案例研究中，很少有以粮食生产为主要目标的都市农业项目。我研究的项目中种植水果和蔬菜主要是为了教育：向儿童展示或证明这在城市中农业是可行的。我研究的项目展示了各种形式的创造性地使用开放的公共空间。我意识到，尽管各个项目之间有很大的不同，但它们实际上与纽约的社区花园相似，也许是因为受其启发的缘故。

定量研究在你的研究中起什么作用？

定量评估对建立模型和预测非常有用。因为一个都市农业项目是否能够成为现实，取决于经济和政治决策。例如，我们不可能只因为在理论上可行就决定一块地的用途。我们还必须考虑到权力的分配、政治上执行的可能性。对此，我只能使用定量数据分析来研究不同的情况。首先，我研究了公民在参与城市规划和创造自由空间时所发生的角色变化。另一个参照点是，是否可以在开发花园的地区发现规划或城市建设方面的不足。在这种情况下，我不禁开始怀疑这些花园计划是否符合当地的城市规划或造成了城市设计中的缺陷。特别是在最后一个问题上，我分析和解释了在何种方式上城市提供的绿地应该是严格定量的。这涉及（A）有哪些绿地，它们的分布、位置和大小，以及（B）这些地点在何种情况下相互关联，官方对这些地区的景观规划有何看法。有趣的是，这些社区花园不仅出现在城市范围内——那里绝对没有开放空间；而且出现在郊区——那里有足够的绿地，人们还有私人花园。当我们更仔细地研究这些花园项目时，可以清楚地看到，启动这些社区花园项目的动机和理由各不相同。所以，花园所在的位置是非常重要的。然而，我既没有收集任何定量数据，也没有解释任何统计数据。我想要解释的主要是社区花园发展的动机和背景。我在定性案例研究中描述了这两个因素。

定量研究和定性研究之间的相互作用对我们来说是非常重要的。它与我们工作的目标相对应，这些目标是定性的：在城市组织中创建具有生产性的城市景观。然而，我们的经验是，需要定量研究才能达到定性的目标。举一个例子：为了发展这样的城市景观，我们首先记录一份收集特定城市的城市容量清单。然后，这些数据可以被用来说服市议会将该地点让给城市农民，因为他们在这些土地上的工作将改善土壤质量和生物多样性，食物生产和促进社会包容性，或在更广泛意义上减少温室气体排放。

我对这种现象本身很感兴趣：那是什么在发展。我在一所负责处理绿地和城市生态问题的城市生态学研究所读博士。然而，研究所研究的重点主要是自然科学问题、城市或气候中的动植物问题。我的研究主题是绿地的使用。我确实打算根据统计数据来发展我的论文。但在我的工作过程中，我发现各种不同形式的空间用法更有趣。一些由用户自己创建的空间，没有成为私有的，仍然对公众开放的空间。我很好奇，除此之外还有什么其他的空间使用形式。因此，我研究了这些项目面临的机遇和风险，并根据不同的标准对结果进行了分类和展示：一方面，我们要评估土地在规划、生态、政治、社会和经济问题上的各种可能性；另一方面，我们要意识到问题和风险的可能性。我的目标是给出各种项目的总体情况：是什么促使人们开始一个项目？他们为什么参与该项目？哪些观念在现实中有效，哪些不可行？可能会出现什么机会和问题？我的最后一步是制定建议，作为类似项目的指导。然而，我在附录中发表了研究结果，因为严格地说，它们不是我的主要关注点。我的目标不是编写工具包，也不是想出版一本有说服力的小册子。

我没有考虑到商业性的都市农业；我研究的主题是严格的无偿工作——自愿的、公民参与。在城市园艺方面，你和我的工作都有重叠之处。然而，你的重点是强调策略，比如“我如何找到很多的地块”和“如何说服市议会”。我没在这上面下功夫。

然而，我确实谈到了使用这些策略的好处：我的研究表明，自上而下的策略在自愿项目中并不是十分有用。即使市议会提供了完美的土地和全部的资金，可能用户还是觉得没有解决问题。理想的情况是，那些正在寻求地块发展都市农业项目的人们直接与市政府或土地所有者沟通。如果这两个因素中有一个不适用，我们必须在这个过程中付出更多的努力：要么，在没有土地的情况下，一个想要发展都市农业的团队必须继续寻找地块；或者，一个非常敬业的市议会必须找到想要发展都市农业的团队。

这种情况发生在柏林的Friedrichshain区：政府官员们投入了大量精力，为Dolziger Stra E3周围的休耕土地寻找想要开发的人们。他们在Samariterviertel附近指定了三个花园用地，不仅提供了土地，而且还邀请人们在周围散步。他们在筹资和确保项目安全以吸引园丁方面非常有创意。为了促成都市农业的发展，至少有一方必须采取积极的行动。

在你看来，这些关于城市空间的生产能力的见解是突然出现的，还是人们早就已经知道了？

这就是现在我的第一本书和我在2002～2005年间所做的研究的不同之处[1]。当时都市农业的现象仍不为人所知；几乎没有人研究过都市农业和社区花园。柏林议会的公园和花园部门对都市农业仍然非常怀疑，因为如果人们自愿在公共土地上工作可能会产生许多问题：从保险问题到确保连续性和标准的问题等。因此，市议会针对都市农业提出了部分反对意见和担忧。此外，对都市农业感兴趣的人们不知道如何去做，也不知道该找谁。一切还是很不协调。现在，仅仅十年后，去市政厅说你打算种植一个花园就变得不那么困难了。在过去的几年里，都市农业项目已经被证明是有效的，市议会对都市农业变得更加接受。

在我的研究中，亲自访问项目地点这一作法是非常有帮助的。我飞往多伦多和西雅图，考察了北美相关的项目并进行了采访。参与这些项目的人们鼓励我，向我解释他们是如何克服困难的。他们还表示，即使项目在五年或十年后夭折，我们还可以在地块上种植草坪。毕竟，这块土地作为园林使用的时间内他们并没有什么损失，即使它们可能偏离公园和园林部门的规定。

你所列举的美国的例子，是不是提倡可以把临时的使用作为避免失败的措施？

处理临时使用是矛盾的。一方面，我们要向市议会解释临时使用没有什么不对；但另一方面，种植一个花园需要长期的过程，因为一个花园的生长和发展需要时间。特别是当我们种植一个多功能的花园和种植不仅仅是季节性的蔬菜的时候，它需要更多的时间。

自20世纪90年代末以来，在柏林，如何暂时使用户外空间一直是一个不断受到关注的话题。它是由某些团体推动的，市议会对此表示欢迎。到目前为止，临时使用已被更多地接受。暂时使用并不是坏事。然而，从根本上说，应该有一个长期的计划。否则，可能会产生许多问题。如果只向园丁提供一份为期一年的短期合同，通知期为4周，他们就不会真正有动力参与其中。临时使用可能是有问题的，园丁们经常拒绝这一选择。这是我研究的重点。如果是种植蔬菜，人们可能对一个生长季节的合同感到满意。然而，当试图建立一个不仅仅是蔬菜生产的花园时，情况就不同了。

通常情况下，我们需要的不是一个伟大的总体计划或工具包，而是需要对政治环境作出现实的判断：有多少钱可用？城市有哪些利益？市政当局是否优先保护都市农业？

例如，在柏林已经提到的Samariterviertel社区，用户同意在他们的合同中使用短期通知期。他们对这个条款不太满意，总是希望市政府能买下花园所在地。原则上，我们支持在这个人口稠密的地区创造和维持一个绿地。从城市的角度来看，考虑到参与者的热情，如果城市能够获得这块土地，并进一步将其作为绿地使用，那就太好了。然而，这座城市并没有这样做。尽管Samariterviertel项目非常成功，但目前已经停止。花园所在地的业主拥有开发权，他们开始在花园所在地上建房。如果城市想要确定园丁的使用权利，就必须购买这些地产，并向业主支付高额的补偿。这座城市不能——或者不想负担这样的钱。这是一个不可预测的政治起决定性作用的例子。在这个例子中，尽管我们进行了所有数量的评价，但只有通过定性的研究，我们才能发现这些因素。然而，定量模型是展示总体优势和可能性的好方法。社区居民对土地利用情况、人口和需求的统计调查，对了解居民的需求是非常有益的。

从表面上看，柏林的社区花园似乎是这个城市都市农业的一个非常有特色的组成部分。在北美，都市农业类型似乎以产量来区分。

我提出了柏林如何生成“其他”开放空间的问题，以及如何从用户的角度创建独立的开放空间。毕竟，这仍是很多人关心的主要话题，当然，这也是我关注的焦点。此外，我关注的问题还有教育方面的问题和教学方法，以及与生态和政治相关的思想，关于食物系统和基因改造的想法。

我在多伦多实习的时候，进行了一些采访，参观了许多城市农业用地。我的研究主题与营养、食物安全和健康食物分配的公平等问题密切相关。只有当人们不能够公正平等地获得健康食物的时候，在菜园内生产食物这一话题才变得重要。在多伦多，“食物沙漠”和“食物银行”与社区花园有着密切的联系。在这一网络中存在着交叉点：通过对食品银行的捐赠，社区花园为有需要的人生产优质、有营养的食物。在柏林，很长一段时间以来，这类问题并不足以成为一个关注点，尽管现在人们对这些问题的讨论越来越频繁。

你在柏林已经做了将近10年的研究，你是否可以说说现在的发展趋势？

从我最近在柏林收集的资料来看，食物生产一直在跨文化花园中扮演着重要的角色。[4]食物生产帮助减轻园丁的经济负担，跨文化花园也被用来种植不常见的植物。因此，这些花园与遗产有关，与文化根源有关。

在德国，2005年引入新的社会福利制度“哈茨第四次改革”（Hartz IV）之后，情况发生了根本性的变化。现在，“Tafelgärten”建立起来了：这是专门为食物银行和依赖粮食捐赠的人提供农产品的花园项目。[5]这类变化使人们重新注意到粮食生产，就像粮食生产在危机时期是一个重要问题一样。

然而，今天柏林著名的Prinzessinnengärten是经济上可行的水果、蔬菜和草药生产中心。[6]在这里，都市农业之所以能够实现，是因为它在经济上是可行的。Prinzessinnengärten以一种新的、富有成效的方式解决了土地的临时使用问题。他们使用游牧战略，让土地有了新的灵活性，在任何时候他们都可以搬到另一个地点。这是其他花园项目尚未做到的。Prinzessinnengärten对土地的临时使用，已成为一个时髦的政治主题。

早些时候，你提到对公共开放空间的“创造、分配和使用”感兴趣。乍一看，这三个术语似乎描述了类似的活动。它们的细微的差别在哪里？

它们之间有很大的区别。通常，法律在一定程度上允许公众对城市空间的使用。比如：允许居民骑自行车穿过城市，躺在公园里或踢足球，甚至在城市环境中烧烤。尽管如此，开放空间的使用受到限制。创造自己的空间、改变事物、种草、种果树或建篱笆通常是不允许的。通过园艺活动，空间被创造和改变。当然，这些利用形式是占用空间的一种方式：这种空间的使用和占有方式不同于普通的开放城市空间。这与私人花园形成了鲜明的对比，私人花园也许是按照自己的理想布置的，但社区花园却没有这样的可能性。

我最近看了一本关于纽约下东区社区花园的书。作者从城市的贵族化、城区的升值和居民结构的变化等方面论述了这些社群花园。她指出了一个有趣的现象：在20世纪90年代末，这些花园有被出售的危险。它们中的很多被拯救了，但少数却不能。社区花园有不同的组织模式，其中绝大多数是为了提供营养食品和保证自给自足而规划的。

许多花园是由某些族群（ethnic groups）经营的。例如，来自波多黎各的拉丁美洲人在发展社区花园中发挥了重要作用。对他们来说，花园也是一个公共客厅，一个舒适的空间。由白人中产阶级经营的花园通常都有景观设计，它们被规划成“风景如画”的花园，吸引人的目光，能让一个局外人也非常喜欢。在整个社区花园的救援行动中，后者被拯救的机会要大得多，因为白人的花园能够赢得更大的游说团体。供特定群体使用的花园并不是为了愉悦而设计的，而是经过优化，以满足非常特殊的需求，并只对一小部分面对面的交流群体开放。这些花园很难维持下来，为了维护它们，相关的游说团体不得不进行艰苦的斗争，但最终的结果往往不太理想。

在纽约，似乎目前更普遍更流行的关于花园的观点被更广泛接受。这与我们在谈到社区花园中的都市农业时所持的农业观念相冲突。

同样有趣的是，让我们看看谁在管理花园，谁在制度上支持他们，谁是他们的游说团体。将花园合法化的要求提交给市议会时要注意这些花园有非常不同的需求和要求。如果边缘化的群体的需求不同，或者不那么熟悉，他们往往会失败。城市花园的有趣之处在于，它们能够满足不同的需求：种植作物和粮食生产的需要，社会生活的需要，改善气候条件的需要，动植物群的需要，生态优先事项的需要等。然而，所有这些都与社会互动相结合。

要实现一定的社会目的，花园的样子并不那么重要。然而，对于其他方面来说，外观就很重要了。重要的是仔细判断花园是为了谁，谁参与其中，以及为什么这些需求应该得到满足。

如何才能更好地记录这些需求？你认为合适的工具是什么？

我通常的做法是：与人交谈，采访他们或进行人种学研究。“人种学”意味着在实地停留更长时间，参与、观察他们的活动——这与文化人类学或部分社会学的方法相同。通过观察，可以发现利用和创造空间的模式，以及谁在使用空间、为什么使用以及使用频率等问题。通过询问，参与者的动机变得清晰，更能明白花园有什么重要意义。用与不用花园的人们都可以询问，以便找出通常可能缺少的内容。

在柏林的实地考察中，我明显地发现，常常很难从空间类别上区分社区花园、临时土地使用、休闲地的使用或邻里花园。这种空间和社会的相互关系是最重要的。花园创造了一个人们无法破解的空间范畴。他们措手不及，不知道是否允许他们进入花园，他们是否可以参与其中，是私人的还是公共的，允许他们在花园里做什么，以及花园是属于城市还是属于个人。这些问题还不是很清楚。有时，这些问题会导致利用花园的方式不同。然而，这种不可预测性并不是件坏事。重要的是要找到一个适当的答案。构图说明和信息公开无疑是解决这种不可预测性的两种方法，可以帮助解释花园的用途。

一方面，社区花园为居民创造了新的空间，但另一方面，也存在着国家转移特定责任的危险。为什么你认为这可能是一个问题而不是一个机会？

我的书里清楚地描述了社会的变迁催生了社区花园的兴起。随着这些变化，人们对国家的作用有了新的理解，对公民在城市中能够做什么也有了新的理解。这是一个机会，要求公民积极改变和创造空间，真正赢得自由空间。与此同时，有的人担心，目前由公园和花园部门管理的公园，在某种程度上，可能会部分移交给市民管理，仅仅因为这样的社区花园是一个伟大的典范。

然而，这可能会出现一些问题。例如，有些活动是人们喜欢做的，因为它涉及到实现自己的想法和愿景。相反，诸如除草之类的工作就没有人愿意去做，人们主要担心的是，社区园丁可能被理解为廉价的劳动力。用无报酬劳动代替有偿劳动是危险的。这意味着以牺牲他人为代价。例如，在新自由主义社会发展过程中，公共当局试图裁员。一部分熟练手工艺者受到威胁。然而，社区园丁往往不具备与受过培训的园林园丁相同的技能。我们的目标应该是使专业知识和用户的利益更紧密地结合在一起。现有的花园应该实现这一点。

城市当局也知道公园的移交是把双刃剑。一方面，当局确实是想给人们更多的开放的空间。另一方面，市议会根据资金需求行事。市政当局，特别是柏林，受到严格的紧缩财政的约束。由于他们没有多少钱可花，所以他们不得不去找。然而，将管理公园的责任外包给非营利组织或自愿工作的人并不是好的方式。这会让这些团体和个人负担过重。他们过着自己的生活，有自己的工作，尽管他们可以积极参与社区活动，但他们不能负担起管理公立幼儿园、公共游泳池、公共交通和公共公园的责任。认为自愿工作和公民承诺可以填补公共预算中财政削减所造成的所有空白的想法，是一种幻想，在政治上是不合理的。

这样一来，供应的不平等将变得明显，有些群体比其他群体更有能力阐明自己的需要。例如，中产阶级有一种独特的语言，能够更好地维护他们的利益。为了维持生计而兼顾三份工作的人没有多少时间从事志愿工作，这是他们负担不起的奢侈品。如果说城市内的居民愿意从事志愿工作，参与住宅绿地的维护，那么在贫困社区根本行不通。社区花园是应该得到支持，但应该作为一个额外的选择而受到支持。

社区花园是都市农业的一种变体。关于都市农业，我们主要指的是由从事农产品贸易的城市农民经营的城市用地。

我的研究并没有真正涉及商业都市农业，因为它不是关于志愿工作的。然而，作为一名城市地理学家，我知道在一个城市里，任何形式的利用都想获得最高的利润和收益。最有可能的情况是，农业没有实现这一准则——或者说，如果实现了这一准则，那么只有最密集的农业类型才能做到这一点。在这种情况下，我们就要决定，我们是把土地交给可以支付最高租金的农民还是满足生态或有机需求的人。因此，应该有优先事项。单凭经济利益行事是危险的。我们必须确定我们想要如何在城市里生活；我们如何保证生活质量。

我的假设是，都市农业，至少在某些地方必须得到补贴。任何形式的发展都比农业使用更有可能得到更高的回报。这正是都市农业减少的原因。在城市以外的任何地方，粮食生产都更加有利。然而，当考虑到其他优势时，例如交通路线和距离，城内的生产就开始有意义了。

所以，我们应该继续我们的研究？

当然！

3 行动 U+D：自下而上（BOTTOM-UP）和自上而下（TOP-DOWN）

3.1 都市农业项目

米德尔斯堡[①]，英国，2006-2007年

上图 城市周围的农场。从伯恩和维尤恩所作的都市农业发展机会地图中提取，根据Dott团队的要求，"孩子必须能理解"的要求做了修改。

这是一项由个人、团体和组织发起的自上而下、全市范围的参与性活动，它为建立城市食物种植提供了思路和经验支持。

- 空间与组织：CPUL+社区花园，校园花园，家庭花园和窗台；
- 食物生产的类型：露天田野，种植容器和室内种植；
- 产品用途：食物庆典活动（城市聚餐），各种食物加工、烹调活动；
- 主办方：约翰·撒克拉（John Thakara）（DOTT07 的项目主管，英国设计评论家），米德尔斯堡的市民、米德尔斯堡市政当局；
- 资助：设计委员会，东北1号（One North East），米德尔斯伯堡政当局（实物资助），米德尔斯堡初级保健信托（Middlesbrough Primary Care Trust），米德尔斯堡"确保好的开始"组织（Middlesbrough Sure Start）[②]，基础南球座（Groundwork South Tees），米德尔斯堡环境城市和土壤协会；
- 项目团队：约翰·萨卡拉（John Thakara），大卫·巴里（David Barrie），David Barrie & Associates（执行者）；尼娜·贝尔克（Nina Belk），Zest Innovation（执行者）；黛布拉·所罗门（Debra Solomon），Culiblog（执行者）；Robert+Roberta Smith（顾问）；伯恩和维尤恩（顾问）；米德尔斯堡的市民。

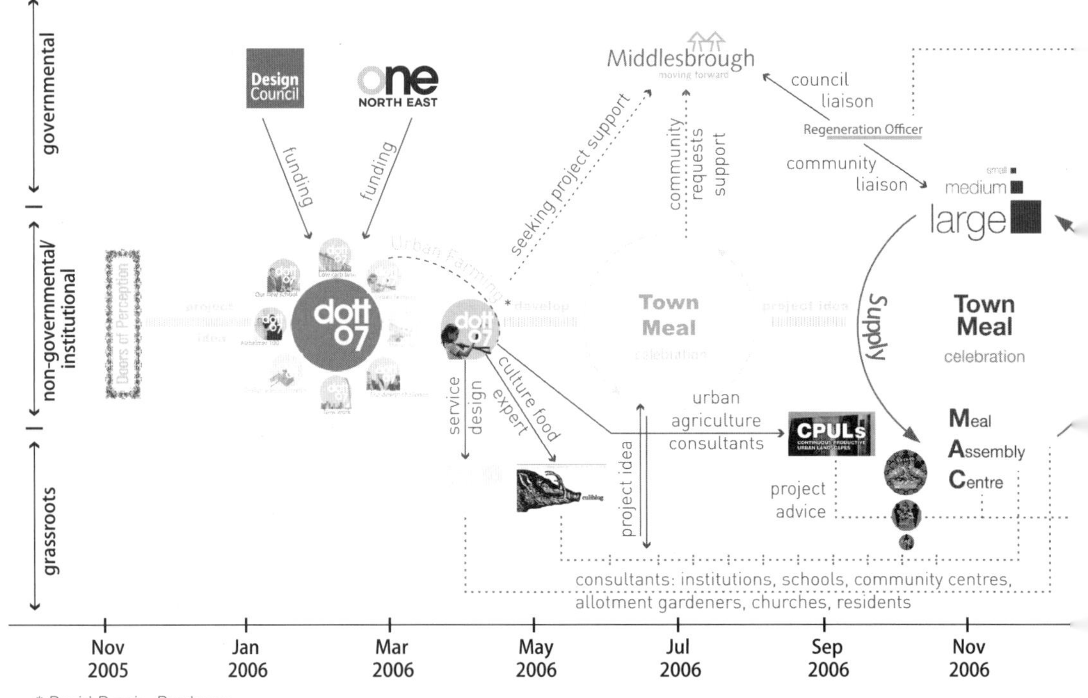

* David Barrie, Producer

上图和右图　S-M-L。经过两年时间的种植，整个城市的人们都在200多个专门设计的小型（S），中型（M）和大型（L）的容器中种植食物。（图片：David Barrie，2007）

上图　讨论生产性城市景观。该项目不仅提供了个别的粮食种植机会，也为生产性城市景观的规划和发展提供了一种战略。

下图　跨线工作。都市农业项目因其对米德尔斯堡人们的深远影响而受到全国的赞扬。它的成功得益于从一开始就进行了大量的城市容量研究，当地居民和地方政府之间建立了良好的关系，并进行了广泛的社区协商。

① 英国中部城市，坐落在提兹河的南岸。——译者注

② “确保好的开始”（Sure Start）是英国政府发起的一项倡议，由英国财政部执行，目的是通过改善儿童保育、早期教育、保健和家庭支助，“让儿童在生活中有尽可能好的开端”，重点是推广和社区发展。该倡议最初旨在支持从怀孕到儿童四岁的家庭，目前已扩大到14岁以下的儿童的家庭，或16岁以下的残疾儿童家庭。——译者注

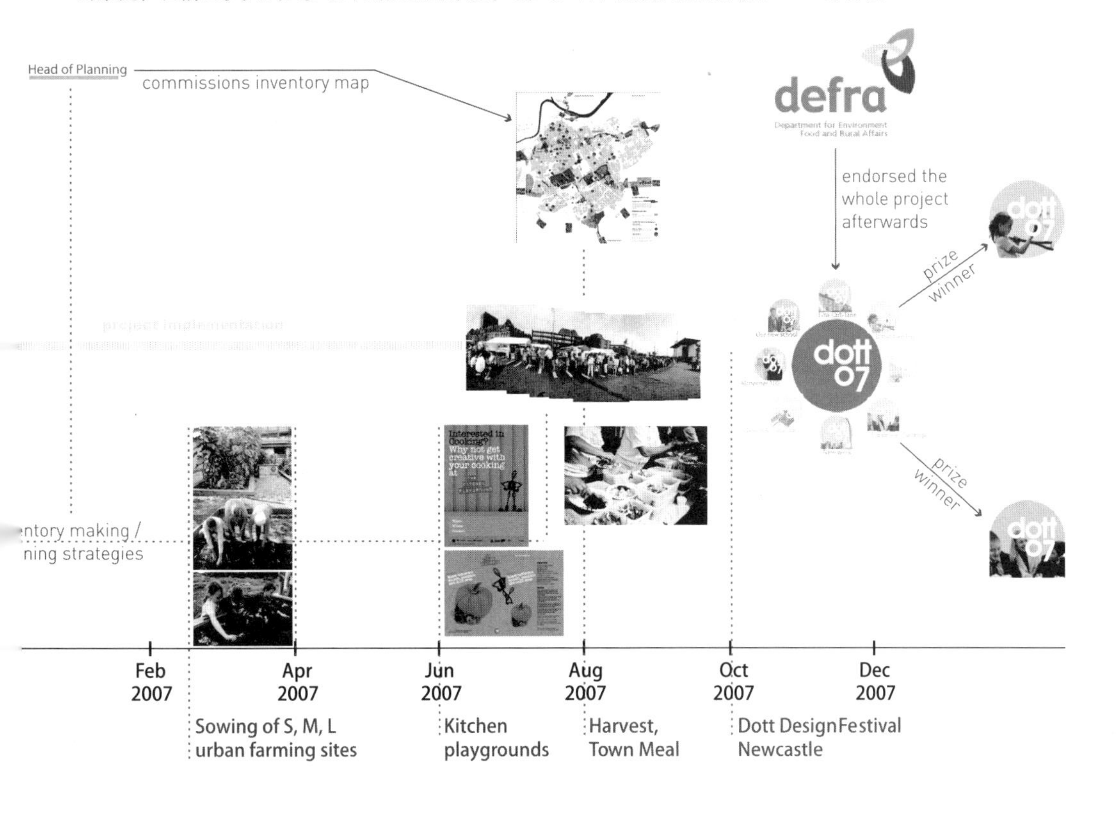

上图　为公众活动而种植的食物。许多都市农业的种植点是由学校或社区组织经营的。农产品被采收并用于邻里聚餐，或用于大型户外“城市聚餐”（town meal）。自那时以来，城市聚餐已成为米德尔斯堡每年一度的盛事。在市政厅管理的公共场所种植食物受到了居民的欢迎，并且这些公共场所的花园最有利于展示商业性的市场花园会给城市带来什么。（图片：David Barrie，2007）

右图　食物种植和个人健康。通过举办一系列的当地的聚会，可以让我们对该项目进行反思、招募参与者、学习种植和烹饪技能。收获、烹饪和食用当地所种植的农产品，为当地社区和个人提供了机会，使他们有机会获得更好的食物，并让他们与当地农产品的季节性和伙伴式的种植者重新联系起来。由于有利于健康饮食和减少肥胖，该项目对健康的积极影响已得到承认，并被纳入2008年提出的《健康城镇倡议》（Healthy Town Initiative），之后还获得了400万英镑的国家卫生服务奖。（图片：David Reach，2007）

评注

米德尔斯堡都市农业项目（The Middlesbrough Urban Farming Project）是英国设计委员会（the UK Design Council）所作的为期两年的倡议《设计2007》（DOTT 07）的一部分。该项目提出了这样一个问题："如果……的话，那不是很棒吗？我们可以按计划生活吗？"这个项目是由大卫·巴里（David Barrie）管理和制作的，他与包括所罗门（Debra Solomon）、伯恩和维尤恩建筑事务所在内的团队一起提出了最初的设想。

2006年期间，该项目与当地的社区团体、个人、企业和机构建立了联系，所有相关人士都被邀请参加项目，并被咨询：他们是否希望参与种植点的设立和其他活动。2007年，该市主要的食物种植活动高峰是在城市聚餐中进行的。经过一系列的活动，许多当地市民已经开始了城市食物种植计划。这个城市的重新振兴项目的执行人（Director of Regeneration）蒂姆·怀特（Tim White）和他的团队支持了这个项目，这对项目的成功至关重要。

伯恩和维尤恩建筑事务所和该项目的团队一起制定了项目的参与性的战略，其中包括开发小型、中型和大型的食物种植点。这项战略使各种各样的合作伙伴得以加入。"各种各样的合作伙伴"包括市民个人和城市的公园管理部门。公园管理部门采取了激进的行动，在市中心种植大量的水果和蔬菜，而不是观赏植物。特别令人感兴趣的是来自公园管理部门的反馈意见：第一，一些市民故意破坏种植花园不是重大问题；第二，都市农业公园的维持费用并不比观赏植物公园的高。

从一开始，"米德尔斯堡都市农业"项目就打算将作物用于当地消费，并确保该项目成为城市日常生活的一部分。该项目向人们介绍了城市食物的种植；组织了一系列活动：从参观园艺工作坊到举办烹饪和饮食活动等。可持续发展组织"南方纽卡斯尔和纽卡斯尔"（Groundworks South Tyneside and Newcastle）被项目组雇佣，为项目介绍种植者和提供植物。所罗门发起了非常有效的"厨房操场"（Kitchen Playground）活动，在全市的一些社区中心开办烹饪班。他们鼓励不同年龄段的人们参与，鼓励人们一起共同回忆"祖父母的食物种植记忆"。作为该项目的一部分，最雄心勃勃的活动是"城市聚餐"。该市约2000名新的城市农民为于2007年8月在米德尔斯堡中心城市广场举行的共享社区宴会生产水果和蔬菜。它与艺术家鲍勃和史密斯的"真正的超级市场"活动同时进行，把艺术和食物结合起来，宴会一开始就吸引了大约8000名参与者。

上图　厨房操场。定期举行烹饪活动，共同加工和消费种植的产品。（图片：Nina Belk，2007）

2013年，我们再回过头来反思Dott07项目，在一次个人通信中，城市的振兴小组写到：

在最高峰的时候，包括孩子在内的2000多名居民，多所学校和8个社区中心参加了"城市聚餐"，一共向2500多名居民提供当地种植的食物。该项目激发了米德尔斯堡人们的想象力，人们接着举办了一些部分或延续性的活动，也创造了活动的新机会。特别是，"机会地图"帮助我们找到了更多可以种植食物的绿色空间。2008年，更多的市民参与进来，尤其是学校。学校认为这是一个让孩子们了解健康饮食和可持续性发展的机会。学校也鼓励学校食用自己生产的食物，从而

左图　向大众展示都市农业项目。该为期两年的在米德尔斯堡进行的项目以在纽卡斯尔举办的“Dott 07设计节”结束。在这里，所有五个Dott的主题都在一系列的公开会议上得到辩论。

右图　一张米德尔斯堡的机会地图。由城市的复兴团队委托制作，这张地图结合了战略远景地点和项目的实际地点。在地图中，公共开放空间、都市农业用地和生物多样性网络在战略上取得了一致性。

Dott **07 Opportunities**
for a green and edible
Middlesbrough

01 An urban design concept
* plant continuous open space corridors (CPUL) thereby connecting the city with the rural, the wild
** benefit from this new landscape productively in a variety of ways:

02 movement
* improve non-vehicular movement and access by foot or bike throughout the entire town
** reroute traffic

03 energy (economics)
* use the ground more effectively in economic terms, esp. through new types of urban farming sites
** provide employment and invigorate districts through productive elements of the new landscape

04 school
* offset the building density with extra large open space to provide children with healthy and self-sufficient activity options
** improve safety for children with play space weaving through their town

05 health
* offset industrial/noise pollution with contrasting calming and oxygenising open space
** improve air flow in and out of the city through open corridors

06 food
* plant urban agriculture sites in the heart of the town producing organic and local food
** improve the sense of place, the food and eating culture by providing space for food production and processing

07 An urban lifestyle
* preserve the greenbelt by offering the rural on the urban doorstep (within a CPUL)
** enhance people's relationship with and enjoyment of nature, the year's seasons and weather

The DOTT 07 Urban Farming Project
in
Middlesbrough

represents the first practical testing of a concept for continuous productive urban landscape (CPUL). Individuals and organisations participated by growing fruit and vegetables in small, medium and large containers. Over 200 containers were distributed across the city. There was and is a positive acceptance and enthusiasm for urban farming, evidenced by the number of participants who wish to continue growing fruit and vegetables next year and several who wish to expand the area under cultivation. People enjoy being close to edible landscapes.

When imagining how Middlesbrough may develop the CPUL concept in the future, it is important to realize that it does not require everyone to grow their own food. It rather proposes that commercially viable market gardens would form part of the city's network of open urban spaces. In this way, the city would significantly reduce its ecological footprint while at the same time enhancing its urban environment. CPUL provides more experience with less consumption.

减少碳足迹。另一项新的进展是在格林舍姆邻里管理中心进行的。这项进展是为“Whinney Banks”（米德尔斯堡西部的一个居住小区）居住小区的“白菜俱乐部”（Cabbage Club）提供了更多的资金保障。Dott 07项目的成果和团队的工作是显而易见的——这个项目在六年后仍然在运行，“城市聚餐”仍然是该市一项年度活动。目前，DOTT 07项目现在由米德尔斯堡城市环境组织（Middlesbrough Environment City）管理，这是一家旨在促进健康和可持续生活的环境慈善机构。

英国建筑和建成环境委员会（The UK's Commission for Architecture and The Built Environment, CABE）观察到，采用“项目主导的方法”而不是“战略主导的方法”对空间和社会设计干预起了主导作用。这类似于CPUL城市的另一项行动（CPUL City Action）——可视化，它为利益相关者提供了相关战略的极其重要的定性经验。

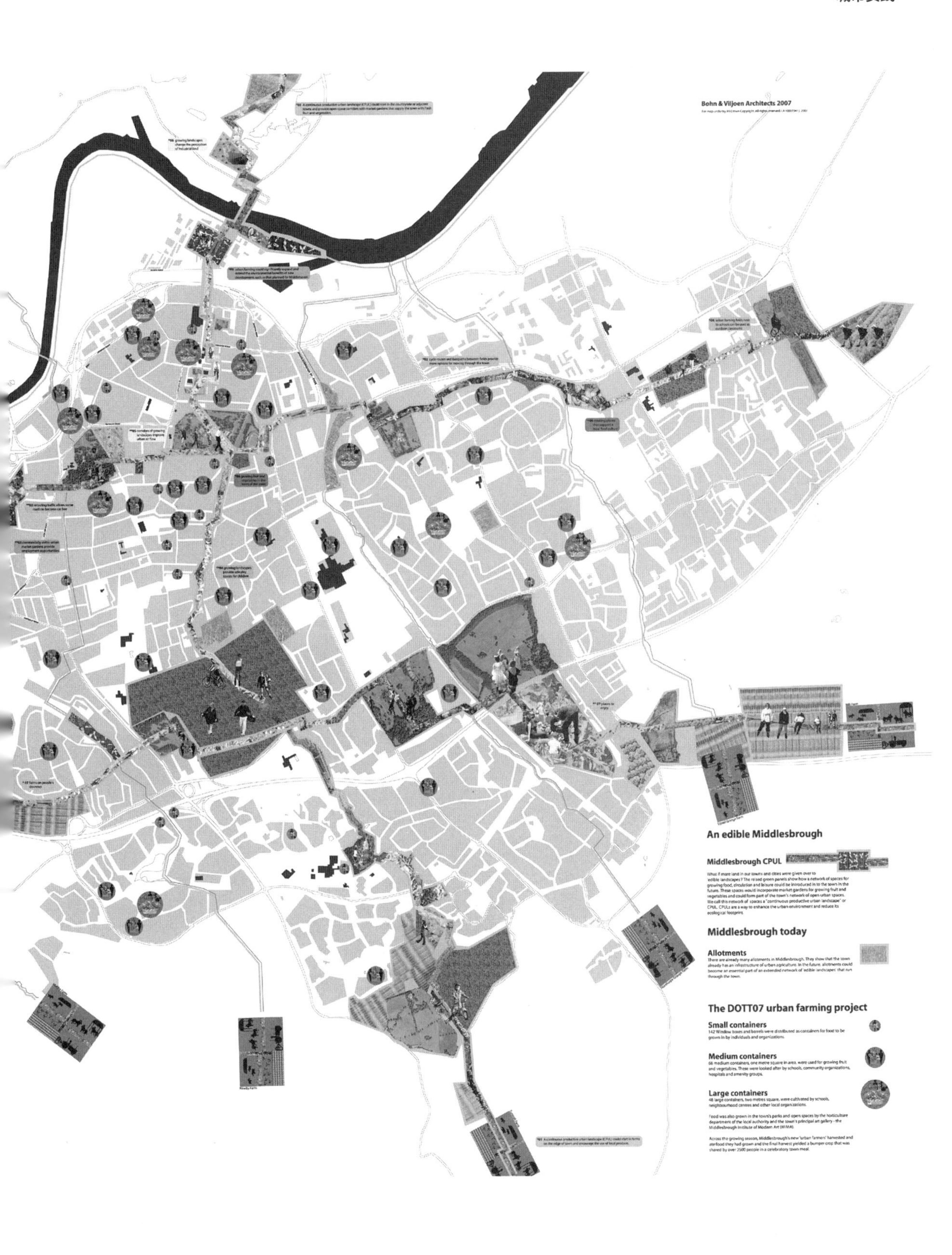
Bohn & Viljoen Architects 2007
An edible Middlesbrough
Middlesbrough CPUL
What if more land in our towns and cities were given over to 'edible landscapes'? The raised green panels show how a network of spaces for growing food, circulation and leisure could be introduced in to the town in the future. These spaces would incorporate market gardens for growing fruit and vegetables and could form part of the town's network of open urban spaces. We call this network of spaces a "continuous productive urban landscape" or CPUL. CPULs are a way to enhance the urban environment and reduce its ecological footprint.
Middlesbrough today
Allotments
There are already many allotments in Middlesbrough. They show that the town already has an infrastructure of urban agriculture. In the future, allotments could become an essential part of an extended network of 'edible landscapes' that run through the town.
The DOTT07 urban farming project
Small containers
142 Window boxes and barrels were distributed as containers for food to be grown in by individuals and organizations.
Medium containers
68 medium containers, one metre square in area, were used for growing fruit and vegetables. These were looked after by schools, community organizations, hospitals and amenity groups.
Large containers
48 large containers, two metres square, were cultivated by schools, neighbourhood centres and other local organizations.
Food was also grown in the town's parks and open spaces by the horticulture department of the local authority and the town's principal art gallery - the Middlesbrough Institute of Modern Art (MIMA).
Across the growing season, Middlesbrough's new 'urban farmers' harvested and ate food they had grown and the final harvest yielded a bumper crop that was shared by over 2500 people in a celebratory town meal.

3.2 Spiel/Feld Marzahn项目

柏林，德国，2011年至今

上图 Kräuter德语的意思是"草本"。图中标志是该项目的标志，最初是为了让居民知道它的意图，后来是为了让居民知道食物种植事件。[图片：Kristian Ritzmann（FG Stadt & Ernährung TU Berlin）2011]

一个功能齐全且充分发挥作用的原型——鼓励城市食物种植，建立适当的、长期的城市食物种植地点。

- 空间与组织：一个社区和学校的花园合并而成的综合种植系统，花园里有一个堆肥系统；
- 食物生产的类型：露天田野和容器种植；
- 产品的用途：个人食用和邻里间的食物加工和消费活动；
- 主办方：柏林Marzahn-Hellersdorf自治市的规划主管；
- 资助：柏林参议院（Senate of Berlin），柏林技术大学；
- 项目团队：柏林技术大学的Fachgebiet Stadt & Ernährung（Katrin Bohn，Kristian Ritzmann），建筑景观系的学生核心团队，当地居民；
- 合作机构：Peter-PanGrundschule，Alpenland Seniorenheim，AG Freie Gärtner，Gaststätte Fuchsbau，Kindergarten Felix，Agrarbörse e.V。

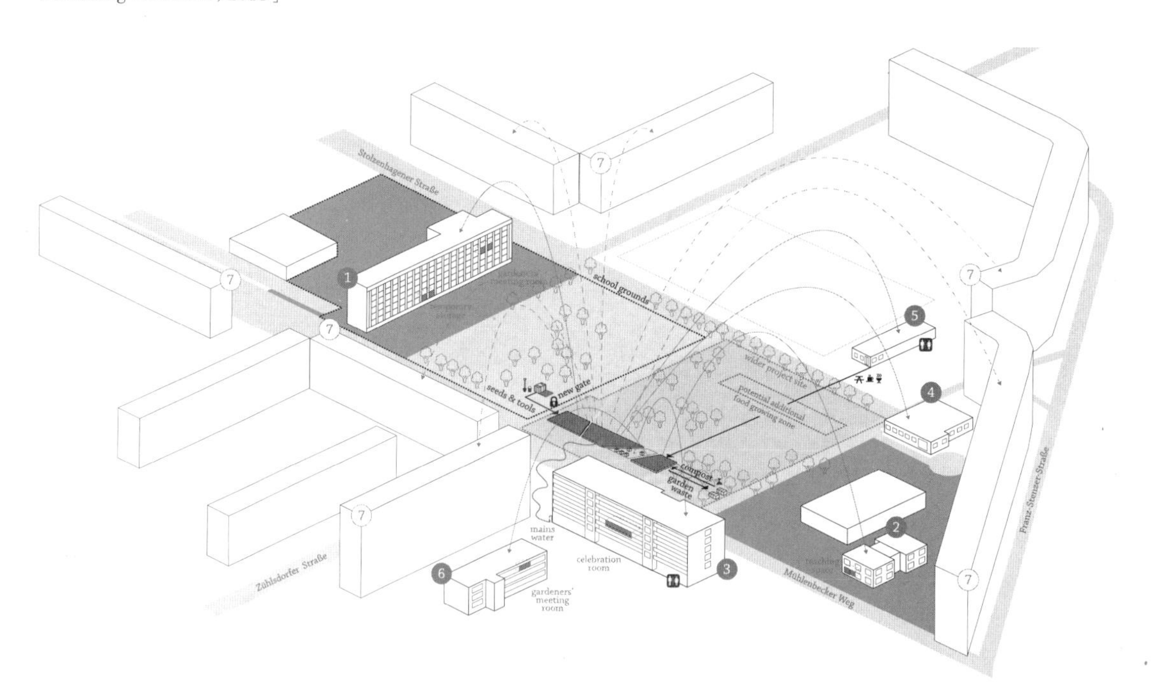

上图 让我们一起种植食物。2012年第一个季节之前，景观设计系的学生将该场地的合适种植事物的部分改建成一个不断扩大的种植区域，与此同时，感兴趣的当地居民和邻近的机构也开始建立食物种植网络。[图片：Nishat Awan，Kristian Ritzmann and Susanne Hausstein（FG Stadt & Ernährung TU Berlin），2012]

左图 标记空间特质。在项目的试验阶段，我们临时标记了一些记号以强调这片褐色地带所特有的空间特质。

下图 为春季种植做好准备。这片种植区域沿着一所20世纪70年代的学校的边界而建。它既提供了过去使用的记忆，又提出了未来使用的愿景。

底图 该种植点全年对公众开放。以前由居民创造的道路被保留下来，并与新的田地交叉。

上图　公众咨询。在任何都市农业项目开始建设之前，备选方案展示在工地旁边的人行道上。之后，在现场的公共活动中会讨论到这些问题。

下图　秋季，冬季，春季和夏季。从邻近的老人家中看到的生长的田野。随着季节的流逝，人们可以看到不断变化的景色。这片开阔的土地将成为柏林食物生产景观的开端。[图片：Kristian Ritzmann，2011（左图），Any Paz，2012（FG Stadt & Ernährung TU Berlin）]

评注

Spiel/Feld Marzahn是一个都市农业项目，目的是在棕色地带进行有效的食物生产，同时加强当地社区与居民的参与性，提供当地的生活方式。在编写本书时，该项目包括一个600平方米的食物种植园、一个专门建造的商店和温室、一个堆肥系统和一个在建的地方食物花园集团。

柏林的Marzahn-Hellersdorf自治市发展压力较低，但是对多余场地的维护成为了地方当局的一项负担。当局的自然和环境部（Nature and Environment Department）推出了一项全市农业策略，旨在将有兴趣的都市农民与有价值的土地匹配起来。Spiel/Feld Marzahn项目为该地区的特定类型的农业用途安排了优先的空间。而且，该项目还让当地群众牢固树立了这样一个观点：城市食物种植可以作为一个有效和理想的空间利用方式。

Spiel/Feld项目所在地区失业率高，家庭收入低。尽管该地区居住着许多人，但休闲活动的选择相对较少。邻里参与发展倡议的比例也很低——虽然人们对自己的家园有着积极的认同。

因此，Spiel/Feld作为自上而下的参与项目，由大学团队担任调解员，协调社区内部的关系和决策制定。Spiel/Feld项目目的不仅是为了促进具体的土地开发，而且开始就地方规划问题进行建设性的公众讨论。该项目的重点是生态教育，例如与邻近小学的当地学童密切合作，为园丁提供聚会机会和讲习班。

Spiel/Feld Marzahn项目试图通过可视化的设计质量和过程参与的方式加强都市农业场地的空间布局，从而提出一个能够让本地居民和官员都积极接受的解决方案。

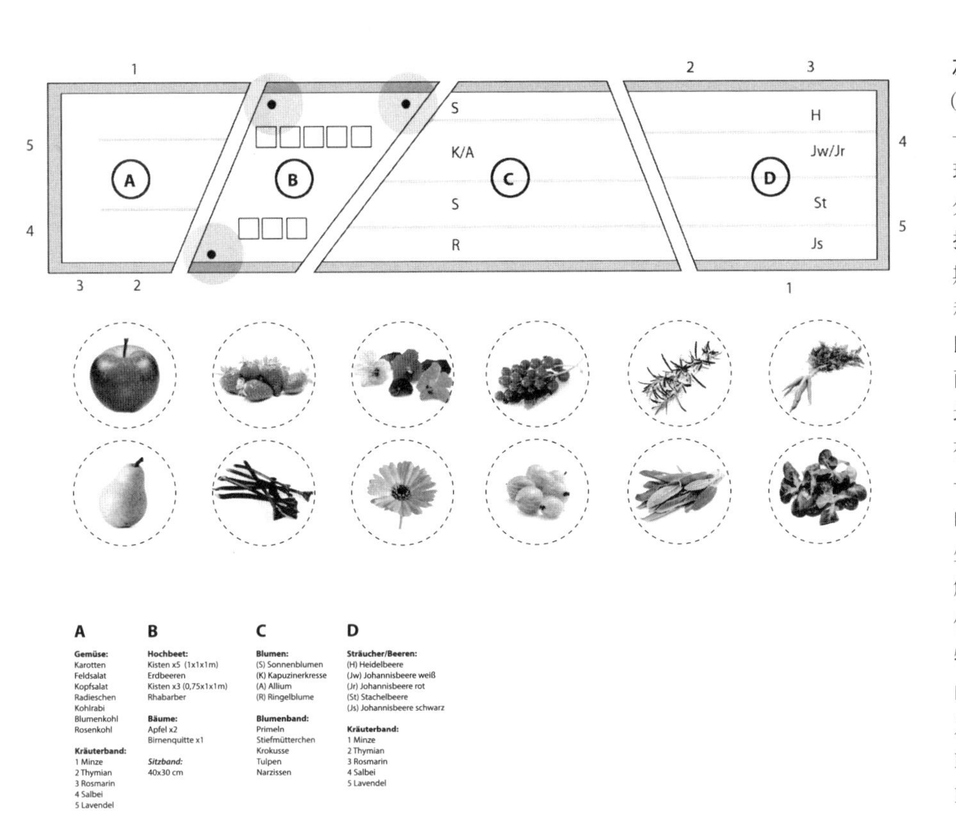

左图　种植计划。“大农田”（Big Field）的种植计划和第一年种植的作物选择。根据现有的人行道，田地自然，分为四个区域，为动态景观提供框架。在第一年的耕种期间，A区由一个儿童中心和一个校外俱乐部耕种；B区是一个公共聚会场所，里面种有果树和邻近老年居民培育的种植床；C区是居住在小区内的个别居民开垦的一些地块；D区供邻近学校的学生和柏林技术大学的学生使用。随着人们更多地了解到如何使用该场地，哪些作物不适宜种植以及哪些作物需要更好地种植，该地块的使用模式和用途也不断发生变化。［图片：Michael Keil（FG Stadt& Ernährung TU Berlin），2011］

右图　交流方式。作为设计过程的一部分，不同邻里组需要参与该项目的讨论。年幼的学童们画出了他们自己想象中的交流方式。［图片：Sunny（当地学校的儿童），2011年］

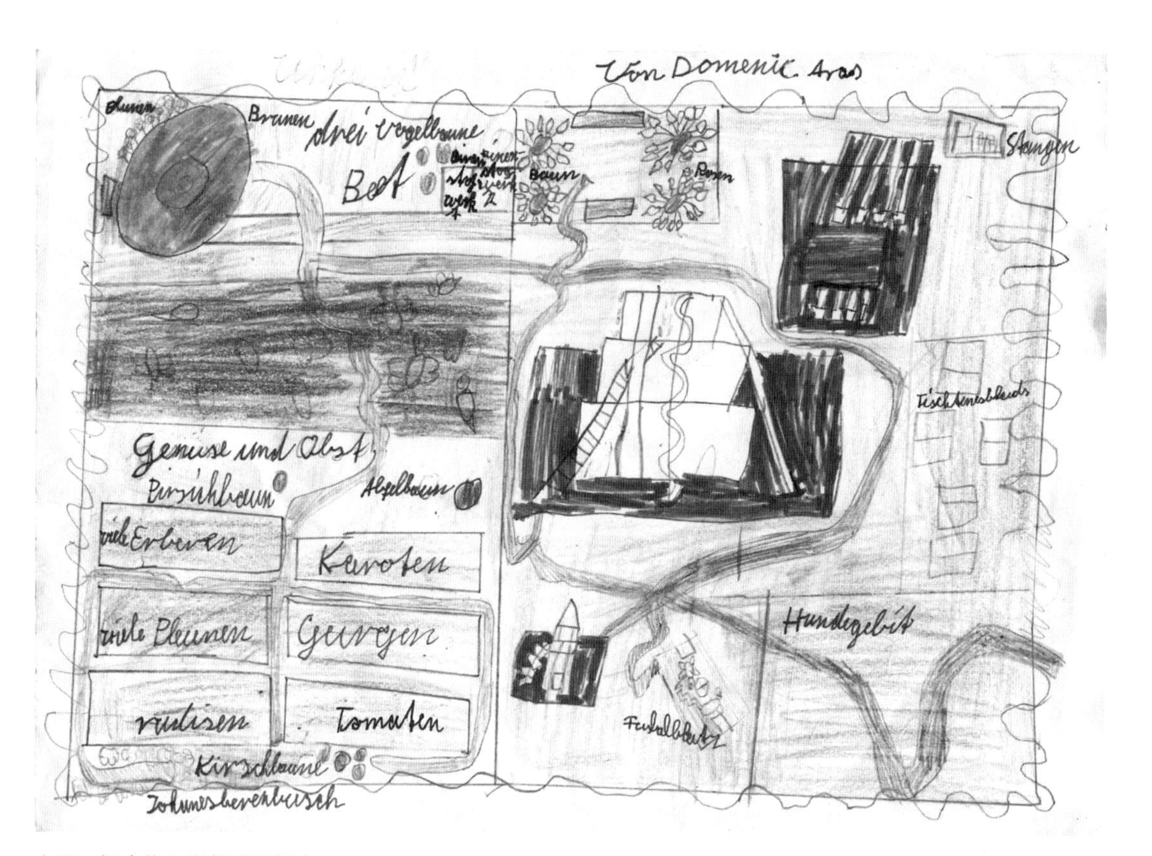

上图　把食物和学校联系起来。学生的这幅画清楚地表明了他们对学校和田野之间联系的理解。［图片：2011年（当地学校的儿童）］

两年后，值得注意的是，虽然有越来越多的居民使用该种植网点，但是他们还没有准备好承担日常管理的义务。项目的大多数决定都是根据城市容量清单制定的，提高城市农业容量是该项目的主要行动之一。

右图　不同的种植类型。这是由伯恩为领导的柏林技术大学城市与营养系的学生和工作人员设计的工具棚和温室。这将成为居民们使用城市农业用地的重要基础设施。它位于邻近学校的安全场地内。除了提供储藏和育种的地方，它的台阶式的设计还为园丁提供了休息的空间。

下图　生态素养的教学。图为特定的学校班级和个别对食物种植感兴趣的学校儿童帮助种植作物和维护种植床。

3.3 每个城市都应该有“甘甜的水”和“生长的力量”！

詹姆斯·戈德希尔（James Godsil）

“甘甜的水”（Sweet Water）是一项新兴的、混合型的企业实验项目，是一个社会商业，也是一个创新中心，它旨在推动鱼菜共养技术的商业化、民主化和全球化。鱼菜共生技术是一种生态的食品生产方法。但是，“甘甜的水”提供的不仅仅是食品和蛋白质的生产。“甘甜的水”是一个科学实验室，一所学校，一个生态旅游地，一个艺术家的工车间，一个社区和一个新的企业中心。“甘甜的水”希望能支持城市农民，绿色科技创业企业，绿色社区和有机城市。

备受瞩目的鱼菜共生实验

一系列的事件激发了我与一个合作伙伴网络发起了“甘甜的水”实验。我第一次有这样的想法是在2005年，当时在威斯康星州最成功的“融合邻里”（integrating neighbourhood）——密尔沃基河西部社区举行的一次公开会议上，年轻公民要求社区对“黑人对白人事件、直持了当地对同性恋”的暴力事件作出建设性应对，而不是要敲响种族愤怒的鼓点。这促使我去看看威尔·艾伦的“生长的力量”组织。我听说，他们其中的一位是非洲裔前职业篮球运动员，他通过收集城市垃圾堆成肥沃的土壤，在上面种植食物，供城市青年团队使用，由此他也将空置的土地变成社区花园。我被“生长的力量”深深吸引住了。我决定在“密尔沃基文艺复兴”的网络平台上大力宣传威尔的团队。我的工作导致了威尔在当地另类周刊《牧羊人快车》（The Sheperd Express）上的头版报道，我也成为了“生长的力量”委员会的一员。

上图　生长的力量。威尔·艾伦在生长力量总部密尔沃基与来自“种植食物”和“种植正义”组织的代表们交谈。（图片：伯恩和维尤恩，2011年）

我关注的是“生长的力量”模式，包括食品和生产系统，特别是蠕虫养殖和鱼菜共生技术，以及混合模式下的“社区+农民”的方法，其目标是通过标准的市场销售实现多种创收。此外，“生长的力量”还有来自讲习班、旅游、基金会、捐助者和公私伙伴关系的资金。

一些其他方面的发展为“甘甜的水”鱼菜共生实验室奠定了基础。2006年春，国家文化专员迈克尔·梅西（Michael Macy）为密尔沃基的都市农业运动增添了巨大的光彩：他策划了威尔·艾伦的伦敦之行。艾伦在皇家艺术、制造业和商业促进协会（the Royal Society for the Encouragement of Arts，Manufactures and Commerce）发表了讲话。2007年秋季，“伦敦农民”组织对密尔沃基进行了访问。之后，“伦敦农民”组织发表了《可食用城市报告》，其中包括密尔沃基、芝加哥和纽约“生长的力量”项目。密尔沃基都市农业网络既是一个鼓舞人心的教育联盟，也是一种基层政治力量。2008年3月，Muan组织了一次非常成功的国际都市农业会议，密尔沃基市发展部主任Rocky MarCoux自豪地宣布密尔沃基为美国都市农业中心。一个月后，在密尔沃基登，都市农业第一次作为主题上了头版新闻。该新闻报道了湖水研究所的弗雷德·宾考斯基（Fred Binkowski）与“生长的力量”合作，在威尔的鱼菜共生系统中饲养了1万条鲈鱼。JonBales的城市水产养殖中心将威尔和宾考斯基拉到了一起，并认为社区应该提高对城市养鱼可能性的认识。2008年9月，威尔获得了梦寐以求的麦克阿瑟天才奖（MacArthur genius award）。我的女儿雷切尔·戈德希尔（Rachel Godsil）是一位法律教授，也是奥巴马政府城市政策小组的召集人。她向我介绍了该政策小组的一些领导层，他们越来越关注基于石油为基础的、不健康的和污染性强的工业农业系统的缺陷。我的商业伙伴乔希·弗朗多夫（Josh Fraundorf）带领我们的屋顶修复公司帮助"甘甜的水"修复屋顶，获得了4万美元的利润。弗朗多夫的朋友和商业伙伴提供了15000美元的租金作为资本，再加上价值2万美元的"汗水股权"，成为了"甘甜的水"公司的合伙人。伊曼纽尔·普拉特（Emmanuel Pratt）是哥伦比亚大学（Columbia University）规划与建筑系的博士生，也是电影制作人，也是威尔·艾伦（Will Allen）的亲密伙伴，他帮助"甘甜的水"推进社会商业化发展，打造民主化和全球化的发展前景。乔希和史蒂夫都专注于"甘甜的水"的商业升级。

一个"大联盟"正在显现！2008年12月31日，市长的城市发展主管洛基·马库克斯（Rocky MarCoux）与威尔·艾伦一起承诺，将为"甘甜的水"的大胆实验提供支持。

上图　甘甜的水。人们在"野花面包房"（Wild Flower Bakery）分享甜蜜的水的愿景。威尔·艾伦坐在中间，詹姆斯（James Godsil）坐在他的右边，洛奇·马尔库坐在他的左边。

密尔沃基：地球友好型、科学/工程促进型食物生产的沃土

密尔沃基是一座历史悠久的城市，这让"甘甜的水"项目成为可能。很多人认为，企业、农场和学术机构都有足够的金钱、时间来建立"甘甜的水"实验室，它们的工作和"甘甜的水"相关性较高，它们的员工在情感和精神上也支持投资"甘甜的水"。"甘甜的水"植根于一个地区性的社区，该地区的积极的领导人非常出色地为"甘甜的水"铺平了道路。密尔沃基是威斯康星州主要的工业和商业城市，是自然环保主义者约翰·缪尔（John Muir）、阿尔多·利奥波德（Aldo Leopold）和地球日创始人盖洛德·纳尔逊（Gaylord Nelson）的家乡。密尔沃基以其食品和饮料工业（即奶酪和啤酒）、机床制造业、医疗技术企业，以及对教育、文化和公共福利的支持而闻名。例如著名的奥姆斯特德公园或"下水道社会主义"项目。该项目是市政府倡导的公共卫生项目，从20世纪50年代开始，40年来一直坚持到现在。威尔·艾伦对"甘甜的水"非常重要。他带领了一群先锋支持者们在社会上创造出来了一种不一样的政治氛围。促使各级城市政府调整城市法律和分区规则，以尽量减少这种新的"生物技术"进入陈旧工业城市的障碍。他们将他们的"生物工程系统"整合到发展都市农业的建筑中，利用蠕虫养殖技术和鱼菜共生技术生产食物。

密尔沃基的互联网资源

虽然密尔沃基丰富的人力资本和有利的社会结构是"甘甜的水"创建的必要条件，但早期互联网的力量是其发展的基础。电子邮件交流和wiki网络平台资源在构建"大联盟"方面发挥了至关重要的作用。充分利用互联网联系各方面的能力，正是"甘甜的水"成功联系社会部门、社会群体和机构的关键。"甘甜的水"网站上的信息和图片得到了或多或少的传播，这为该组织的发展提供了新的可能性。通过电子邮件和网络合作平台进行的互联网交流最终进入了当地的传

统媒体视野，“甘甜的水”在都市报、“华尔街日报”、“纽约时报”、“NPR”和“NBC晚间新闻”上找到了一条非常重要的发声途径。此外，像塔夫茨大学的“ComFoodies”这样的国家合作平台也对“甘甜的水”的发展发挥了重要的作用。“甘甜的水”早期面临的挑战主要是如何找到一个有合适的光照环境的地方；如何找到合适的植物品种等问题。如果当时创始人被连接到现在的一些国际共享网站，比如“鱼菜共生花园”（Aquaponics Gardening）和“后院鱼菜共生设备”等网站，那么当时鱼的高比例死亡率是可以避免的。由于互联网的神奇力量，“甘甜的水”筹款等活动得到广泛宣传，同时也加强了“甘甜的水”和政府、银行、投资者之间的联系，这给“甘甜的水”带来了更多的“便利”。最近，“甘甜的水”在数据设计和图形展示方面的发展使一些复杂的概念、假设和模型在实时会议和跨国交流中变得更加容易理解。

2011年，IBM的一部记录电影称，“甘甜的水”的实验可能成为“有机城市革命”的中心。其附带的报告指出，密尔沃基可以通过城市农业和效率高的鱼菜共生系统将废弃的工厂和空置的地块改造成饲养鱼和蔬菜的城市农场，从而使其在经济上更加可行，并帮助世界养活城市人口。

上图　甘甜的水。詹姆斯在周日的巡回演讲中向游客介绍“甘甜的水”工程。（图片：伯恩和维尤恩，2011年）

多重底线和收入流

“甘甜的水”在“概念上证明”了世界上第一个鱼类和蔬菜农场是可以在一个重新利用的厂房里得到可持续发展，这也使当初不同的观点得到了调和。“甘甜的水”不断扩大其合作伙伴的规模。这些合作伙伴认为，出售罗非鱼、鲈鱼和其他产品将使“甘甜的水”有足够的收入来验证该系统的合理性。“甘甜的水”鼓励不同规模大小的推广和复制。

另一些人则认为，“甘甜的水”是很有意义的研究项目和开发项目，但是其中却有太多未知因素，无法指望其能够迅速获得经济回报。“甘甜的水”被视为一个科学实验室，一所面向21世纪的“无墙”学校，一个生态企业孵化器，一个新兴的社区中心，可能还是一种城市发展模式。“甘甜的水”将重点放在多个目标的实现上，例如生态和公平，以及多渠道收入来源，例如鱼类和农产品销售，也包括堆肥、蠕虫养殖、小块地密集花园、旅游、城市农业和水产设施等。

一些人主张“甘甜的水”采取一种混合性商业模式，建立一个非营利组织，即甜水基金会，将研究项目和开发项目中来之不易的经验纳入学校和社区的教育和激励中。“甘甜的水”将受益于都市农业/鱼菜共生系统的良好愿望和不断扩大的合作伙伴网络。

为了所有人的“甘甜的水”

自2009年以来，“甘甜的水”第一次挖掘容纳超过25000条鱼的6000加仑鱼池之后，“甘甜的水”彻底改造了这座建筑已经有了一个世纪之久。该建筑是占地2.5万平方米的被废弃的工厂。“甘甜的水”将废弃的工厂改造成为鱼菜共生系统的作法成为了都市农业的主流作法，并激发了大量的、大小规模不同的复制。《经济学人》（Economist）在回应《哈佛商业评论》（Harvard Business Review）对“甘甜的水”的赞许时，认为“甘甜的水”是“美国做对的一件事”。《华尔街日报》、《纽约时报》、《NBC晚间新闻》和《NPR晚间新闻》都对此表示赞同。IBM已敦促密尔沃基投资数百万美元建立一个新的鱼菜共生创新中心，利用密尔沃基新已成立的淡水科学学院相关的研发，建立一个像“甘甜的水”和威尔·艾伦的“生长的力量”那样的都市农业的学习、示范的平台。

“甘甜的水”目前由“甘甜的水”有机公司和农场、“甘甜的水”基金会、学术机构和全球化的商业机构的“大联盟”等组成。“甘甜的水”的重点是为当地社区提供新鲜、安全和可持续的食物。该组织的学术机构通过参观、讲习班和可持续城市农业培训班等，让人们获取终身学习的机会和学习地方性知识。新兴的全球性的“甘甜的水”大联盟是一个网络合作伙伴联盟，包括IBM、联合国全球契约城市（UN Global Compact Cities）、主要的大学、市政府和商业协会，以及芝加哥和密尔沃基的40所小学和中学、退伍军人和社区园艺团体、创业合作社和家族企业，还包括对地方、国家和国际合作感兴趣的各方人士。世界上10%的家庭和学校将从这些微型的水产养殖场获取知识和食物，这是许多“甘甜的水”合作伙伴的共同愿景。这个愿景的实现依赖于“水族馆”之间的全球知识共享网络平台，以及每个城市的大型水产科技创新中心。密尔沃基工程学院教授沙扬·约翰（Shajan John）和12名威斯康星大学（University Of Wisconsin）的学生、“甘甜的水”创始人和他在印度的合作伙伴卡莱拉（Kerelea）一起策划了一项鱼菜共生系统创业合作项目。卡莱拉的愿望是到2025年，全球共建成1亿个微型鱼菜共生系统。“甘甜的水”基金会的教育工作者伊曼纽尔·普拉特（Emmanuel Pratt）、杰西·布鲁姆（Jesse Blom）和吉尔·弗雷（Jill Frey）透露，美国农业部将向教师提供鱼菜共生系统的课程，这不仅是为了提高学生们的科学、技术、工程和数学能力，即STEM能力，而且是为了让学生形成更高层次的生态和全球公民意识。“甘甜的水”的学术机构最近赢得了价值17.5万美元的麦克阿瑟数字媒体生命知识竞赛奖金。

以资产为基础的经济和社区发展

“甘甜的水”的创始人认为，利用他们现有的资源就能满足人们的时代需求：“在粮食中”的愿景。他们将启动一个自组织过程，这个过程将带来新的合作伙伴和新的资源组合，在这个进化和增长的良性循环中又会带来更多的合作伙伴，拥有更多的资源。

该项目最初的一些资源是：

- 一栋占地10000平方英尺的庞大建筑，大楼内有3个用混凝土砌成的地下鱼池，只要通向这三个鱼池的铁轨一修好，这三个鱼池就可以投入使用了；
- 一英亩僻静的土地。这块土地可以在不打扰任何邻居的情况下进行大规模堆肥（附近有铁轨和不常使用的工厂）；
- 该项目的合作伙伴“社区屋顶”在最初的六个月里，创造了大约5万美元的启动资金；
- 一个由工匠、机械师、园艺学家和鱼类科学家组成的广泛网络。该网络广泛存在于密尔沃基的各种城市农业项目中，例如“生长的力量”、大湖水研究所、密尔沃基城市农业网络、城市生态中心、UW延伸项目，胜利花园倡议，核桃路，爱丽丝花园，未来绿色等等组织和项目；
- 在过去五年或更长时间里，与林德纳/社区项目的复杂的合作经历；
- 与主流媒体的紧密联系，吸引地方、国家和国际相关部门和组织提供帮助的互联网平台。

最新消息

2013年，雄心勃勃和实验性的“甘甜的水”有机水产农场由于财政困难而停止交易。“甘甜的水”基金会继续开展教育工作。

3.4 Urbaniahoeve：基于事件的实践与都市农业

德布拉和马里斯卡（Debra Solomon and Mariska van den Berg）

2010年，荷兰建立了都市农业社会设计实验室（Urbaniahoeve Social Design Lab）。在荷兰语中，“Urbaniahoeve”的意思是“城市（作为一个）农场”。“Urbaniahoeve”旨在开创城市公共空间的农业，在现有的城市绿地中创造一个连贯式的、壮观的、肥沃的，当然也是可食用的生态框架。“Urbaniahoeve”与当地居民合作，将视觉上的绿色空间转变为社会空间，生产免费的、有机种植的水果、草药、花卉和蔬菜等。他们的活动框架在于空间规划和公共空间的使用，他们认为自己是食物系统基础设施的生产者，他们希望在城市中创造出类似公园的食物生态系统。

“Urbaniahoeve”由艺术家德布拉、艺术历史学家马里斯卡和艺术家安妮特（Annet van Otterloo）发起。他们经验丰富，善于利用事件为基础，在市政政策的支持下，实现艺术家干预公共空间和实现城市再振兴的愿望。

我们的工作是询问一个集体建设的食物景观如何为社区服务，以及当地社区是否能够维持它？艺术家和设计师能与当地的食品企业家合作，为一个疲惫的城市户外农产品市场注入新的活力吗？一所小学能维护自己的可食用景观作为学习平台吗？

他们在海牙的“Foodscape Schilderswijk”项目，是一个集基础设施的、经验的、物质的、社会的和生态的实践于一体的例子。艺术家把他们的作品称为“批判性的空间实践”。它展示了构建“人-城市-自然”复合体的方法，对真实的城市公共空间的定性进行了重新考虑，而不是仅仅对其使用情况进行统计和定量调查的应用。

该项目可以追溯到2005年，当时他们在阅读《连贯式生产性城市景观》一书。德布拉的灵感来源于这本书所提出的理念：城市可以用生产性的绿色的植物把城市空间像墨迹一样种植成走廊，为城市提供食物。她记得曾读过这样一篇文章：

> CPULs还不存在。
> 在类型上，它们将是新的；
> 在类型上，它们将是生产性的。

德布拉认为，“CPULs很快就存在了”。2007年，德布拉有幸成为食品领域专家和“DOTT 07都市农业”设计团队的一员。该设计小组与伯恩和维尤恩建筑事务所合作，启动了一个临时的CPUL项目，该项目种植无核小水果和蔬菜，作为英格兰米德尔斯布鲁克的一个都市农业项目。[1]

2007年晚些时候，德布拉受艺术家发起的“自由之家”城市复兴项目的委托，绘制荷兰最大的露天市场——鹿特丹祖德的Afrikaandermarkt现有的食物系统基础设施的地图。这项工作促使了“幸运密斯财富”免费厨房（Lucky Mi Fortune Cooking Free Kitchen）[2]将易腐烂的食物、过剩的食物（例如，来自阿根廷的无数箱蓝莓或一箱过熟的梨）转化为用途更广泛、更持久的食品，如果酱、糖浆、泡菜、饮料、汤和美味小吃

上图　食物景观Schilderswijk。密集化种植部分，包括半矮化果树（如李子）、悬钩子系植物、花蜜植物（例如钟穗花属植物）和多年生草本植物（例如薰衣草）。

等。将现有食物设施与社会基础设施连接起来的想法是受到《连贯式生产性城市景观》一书的启发，这本书描述了城市中绿地之间的动态融合。

“食物景观”一词指的是一种城市景观，不仅包括规划不足的绿地，还包括未充分使用的专业厨房和露天市场，以及那些难以进入的城市“社会景观”，例如邻居群体、高中生物学生群体及其忠诚、灵活的教师群体，或者是一个有花园俱乐部的老年群体等。将CPULs的景观扩展为一个食物景观，这样既可以容纳复杂的现有城市规划层，也可以将社区一级的各种形式的社会工作包括其中。这一层意义上，CPULs确实存在，因为“Urbaniahoeve”和海牙自治区自2010年以来一直在公共空间建造可持续城市景观。

从2010年起，在与艺术和建筑中心Stroom Den

下图　可持续生产性城市景观。手工绘制作为一个可持续生产性城市景观的海牙Schilderswijk地图。（图片：Debra Solomon Jacques Abelman，2010）

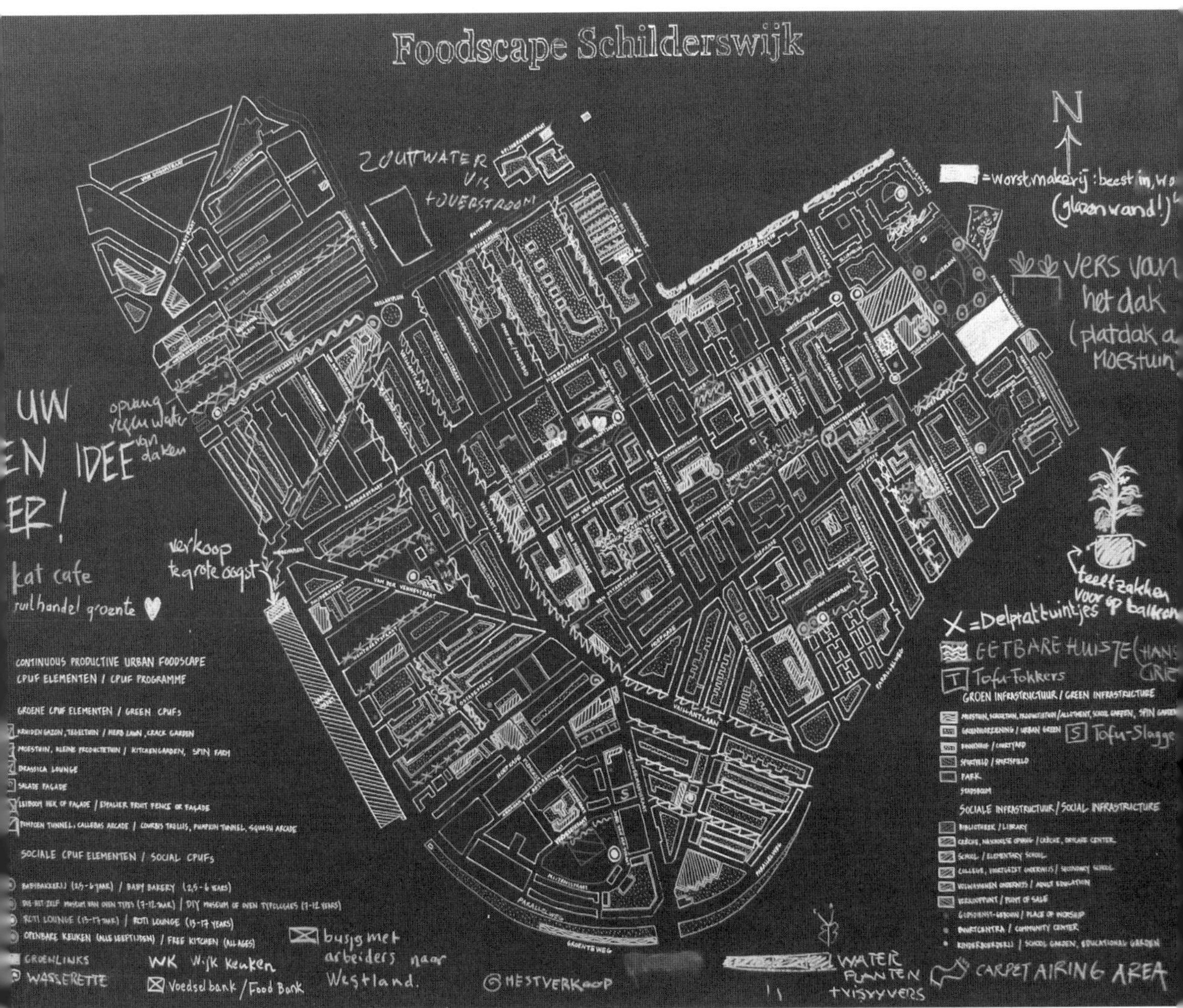

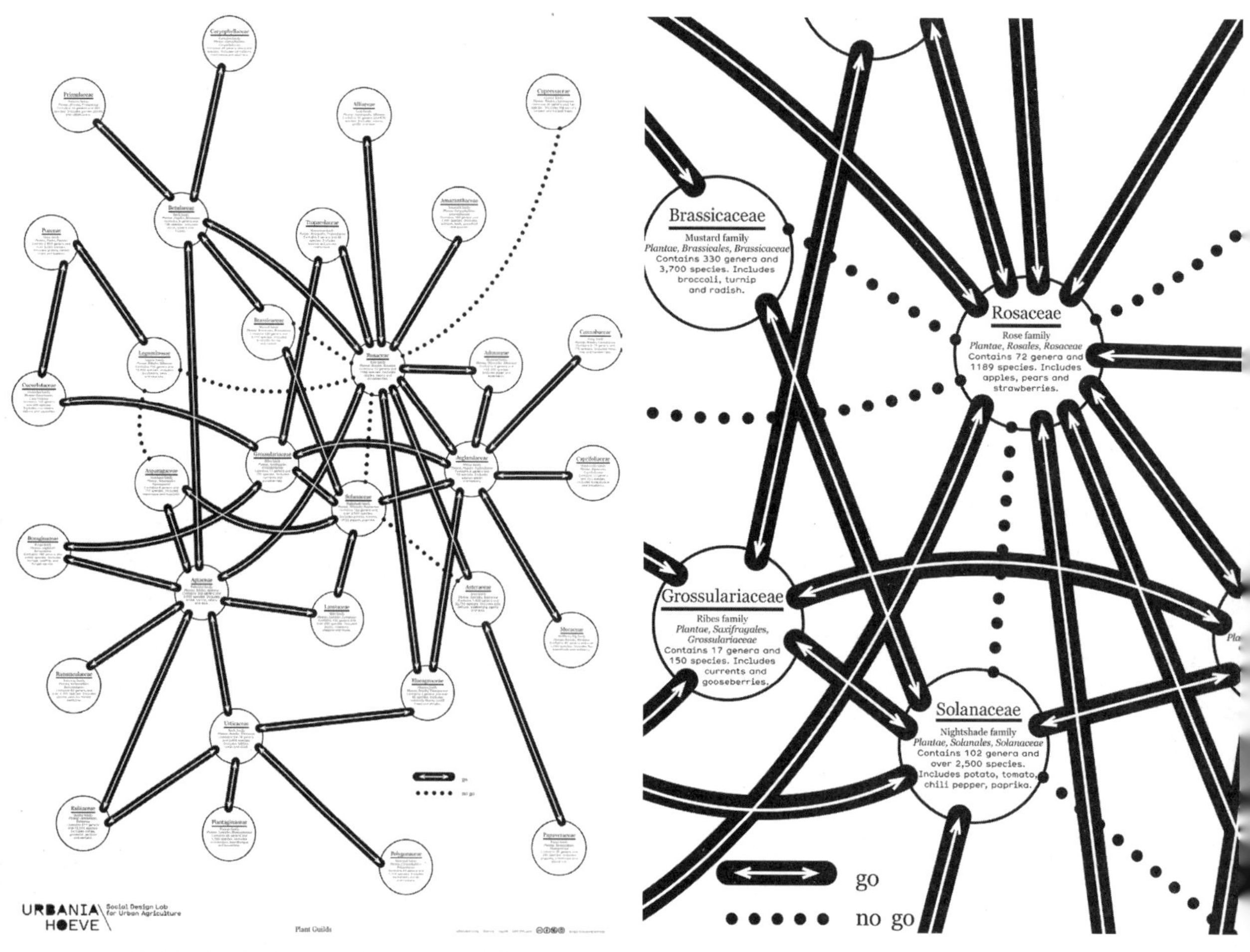

上图　种植指南。图表显示了各种食物和花蜜植物家族之间的协作关系。（图片：Debra Solomon and Jaromil Roio for Urbaniahoeve，DYNE公司DYNE.org，2012）

Haag[3]的密切合作下，“Urbaniahoeve”团队一直在研究“Foodscape Schiderswijk”，这是一个在现有绿色基础设施中构建可持续生产性景观的项目，该项目与该区的邻里社区和一些非政府组织一起工作。“Foodscape Schilderswijk”是一系列公共空间的果园，由该市内许多不同的地方团体种植和维护。这正是“Urbaniahoeve”提倡的都市农业活动实践的经典案例，即集体构建公共空间的可食用景观，这些景观最终将形成城市内的生态框架。这些地方收获的水果、浆果/软果、洋蓟、大黄、多年生草本植物和花卉等是公共和免费的选择。这一项目更为“抽象”的收获，是公共空间的规划、增强社会凝聚力和社区团结，以及生物多样性和居民幸福感的稳定增长。

“没有讽刺意味的现实乌托邦主义”是“Urbania hoeve”美食项目海报上的标语之一。这种含糊其辞的表达强调了他们合作实现可食用景观的意图，这些景观构成了我们真正想要的都市农业的工作范例，即：在公共空间中，公园就像是城市生态框架的重要基础。

Urbaniahoeve：都市农业的社会设计实验室

海牙的Schiderswijk是在20世纪80年代荷兰城市更新浪潮中设计的。该地区人口众多，人们支持规划良好的公共空间。现有的公共绿地的设计主要是“防御性”的，例如围栏、单一景观屏障等。在“Schilderswijk”项目中的都市农业活动要想取得成功，就必须对城市的生态、社会和营养层面的复原力产生积极影响。“Urbaniahoeve”的团队在Schilderswijk和阿姆斯特丹[4]的社区的实践和经验告诉我们，种植营养的粮食作物和支持它们的社会环境对邻里社区来说远比生产和销售消费级食品更有价值。“Foodscape Schilderswijk”社区[5]既没有从有机产品中获益的手段，也没有获益的雄心。在这些街区，人们认识到当地种植的水果和蔬菜的价值、健康的生物圈和与邻居的融洽关系的重要性，只要这种“产品”在消费和参与方面都是免费的，人们就会很容易地认识到这一“产品”的价值。

“Foodscape Schilderswijk”项目的种植、收获和烹饪活动的项目参与者多种多样。参加者包括儿童（8~12岁），以及他们的母亲在孩子放学后直接带孩子参加；高中学生；父亲的团体。一个对支持修剪感兴趣的市政绿化园丁专家小组甚至每年一到两次参加活动。除了“Urbaniahoeve”项目协调员（当地人，在艺术家发起的城市复兴运动方面非常有经验）之外，他们还与一名当地专门从事社会工作者、养蜂者和一名当地栽培专家合作。

可以说参加“Schiderswijkers”项目的人们是因为他们对都市农业感兴趣，或者是由于对生态、将耗尽的资源的关注，或者只是想要获得当地生产的有机水果而已。参与的儿童可以通过小学课程认识到这些生态问题。在这个项目的早期，我们选择蔬菜和水果作为主要的作物，是因为一个被忽视的果园在它最糟糕的时候也是充满诗意的；而一个被忽视的菜园则是一场灾难。而且，这些水果作物只需要很少的维护，这样核心团队就可以启动相邻地点作为新的项目地点，以确保社区参与，建立社区参与机制。“Foodscape Schilderswijk”项目实施两年后，这些果园在没有精心照料的情况下照样茁壮成长。如果有人决定今年从事农舍香水或香精油行业，这些地方生产了足够多的薰衣草。大黄的收获也是如此之多，以至于他们特地开办了烹饪课程，教导参与课程的荷兰高中青少年如何食用大黄；而“Foodscape Schilderswijk”则分发食谱以鼓励人们食用大黄。到第三年，他们不仅会收获大量的浆果，而且还会有足够的浆果枝条，他们不再需要为新开发的种植点购买植物枝条。大黄、浆果和洋蓟的收获也将会很不错：一旦你把这些植物带到附近，明年你就可以在这些地方插枝繁殖了！

促进“Foodscape Schilderswijk”项目成功的一个重要因素是他们与公园和绿化团体“Groen Beheer”[6]有密切的工作关系。在下一个种植季节，他们将进一步加强这种关系，为该项目制作工作模板，鼓励非政府组织之间的进一步

上图　Schilderswijk的食物景观。儿童参与者为邻里种植区准备标牌，标牌上写着：“让植物生长，它们是由邻里的孩子们种植的。这是来自Safia，Youssef，Oumaima和Sara的问候。”

合作。这些非政府组织之间不仅可以用植物材料、劳动力和技术知识相互支持。在“Foodscape Schilderswijk”的早期发展阶段，“Groen Beheer”成果说服了持怀疑态度的官僚政党，这证明了该团体是一个有价值的盟友。“Groen Beheer”还提供了当地的战略性宣传。

与“Groen Beheer”签订的维护协议的一部分是，“Foodscape Schiderswijk”可以在任何公共空间工作，只要能够表明有足够的能力来完成种植和维持。在研究了潜在的项目位置并与邻居和相关机构取得联系后，“Urbaniahoeve”简单地与“Groen Beheer”口头讨论后，就可以继续他们的工作。到目前为止，他们已经非常熟悉市政当局的想法，就像“Groen Beheer”熟悉“Foodscape Schilderswijk”的想法一样。

公众反应

不是所有的邻居都对“Foodscape Schilderswijk”持积极的态度。一些少数族裔以消极的态度对待该项目，他们认为公共空间的参与式景观会影响市民的行为。沿着汉内曼·胡克（Hanneman Hoek）河西南面的墙[7]，这里靠近7个被批准的狗便区。当地小学的母亲和孩子们种了一些梨树在那里，旁边还有醋栗树和大黄、洋蓟。当地的高中生物学生组织沿着分界线种植了芳香的植物，以覆盖附近的排泄物气味。经过一年的时间，汉内曼·胡克地区获得了巨大的收获，为邻近地区带来了食物，邻居们到这来的次数也越来越多。曾经口头上否定食物景观的邻居们现在公开承认食物景观在这个位置上是成功的。

2012年春天，我们在前往狗便区的路上，与36名当地热心的儿童志愿者一起，在一个新的地点种植了由“Groen Beheer”捐赠的大型果树（苹果、梨和李子等）。虽然四个月后，一些植物被偷，一些养狗人仍然允许狗在草莓上拉屎，但我们确信，在一年之内，这种行为会好转的，就像在其他地方一样。如果不良的公民行为没有改变，我们将用简单饲养蜜蜂或者长得高一点的软水果代替草莓。尽管少数持怀疑态度的人可能不这么认为，但根据我们的经验，食物的存在似乎会鼓励慷慨的行为。我们要强调的是，“Urbaniahoeve”提供了社区可食用景观设计的例子和事件实践的经验。虽然每个新的发展地点一开始都受到怀疑，但是一年之后，每个“Foodscape Schiderswijk”的种植点都会被当地社区采纳、接受和赞赏。

小规模活动实践中的都市农业基础设施的结构问题

当地文化团体为“Foodscape Schilderswijk”提供了两年的资金之后，现在是市政当局对其可连续性食物景观进行投资的时候了。在撰写本书之时，“Urbaniahoeve”花了四个多月的时间为2013年筹集资金，并在工作时间内接待了60多名议员和地方政客。在一个特别严峻的资金筹集时期，“Urbaniahoeve”希望三个不同的组织（一个地方政党、一家当地房地产公司以及社会工作基金平台）平均支付他们的开支。经过几个月的讨论，通过对提案和预算进行了仔细研究，“Urbaniahoeve”发现，其中两个组织计划提供只占我们总预算的十分之一的资金。这个过程浪费了“Urbaniahoeve”的时间和精力；而且，都市农业基础设施生产活动是季节性的。现在，已经过了6个月，“Foodscape Schiderswijk”的项目是否能继续还不确定。

2011年，荷兰少数民族内阁宣布对文化活动进行严厉的资金削减，当时，有艺术背景的项目都受到严重的影响。而这项目正是荷兰以文化驱动的都市农业和城市复兴计划的强大代理人。如今项目运营变得岌岌可危。和其他当代“自下而上的基础设施生产者”一样，“Urbaniahoeve”也积极拓展生存空间，在文化部、农业部、基础设施部和环境部之间建立战略联盟，希望能实现都市农业的愿景。

荷兰少数民族内阁把城市公共空间看作食物景观的生产地，认为它们是一个富有生产性的、社会-自然性的城市重要组成部分。然而，除了上述维护城市绿地的“Groen Beheer”团体、地方教育框架（DSB/NME）和公立学校系统等参与者外，“Urbaniahoeve”目前运作的体制框架在理解我们的愿景方面还是不够的，更不用说要实现他们的长期目标了。在紧缩时期，当真正的“社会-环境”成本仍然隐藏时，都市农业活动可以提供一个平台，促进都市农业的深化；都市农业不仅仅是城市食物基础设施的生产者，而且还是“社会—环境”关系新概念的产生者，以及“萎缩城市的创新者”。

注释：

[1] 项目详情见：社会设计网站（2007年）DOTT 07城市农业项目，在线：<http：//www.socialdesignsite.com/Content/view/150>（2013年4月10日查阅）。

[2] 项目详情见：Culiblog.org（2008年）Lucky Mi Fortune Cooking，在线：<http：/culiblog.org/class/lg-mi-Fortune-烹饪/>（2013年4月10日查阅）。

[3] 详情见：Stroom Foodprint Program（2009年）Stroom Den Haag Foodprint Weblog，Online：<http：//stroom.typepad.com>（2013年4月10日查阅）。

[4] 项目详情见：URBANIAHOEVE项目（2010年），城市农业社会设计实验室，在线：<http：/www.urbaniahoeve.nl/project-locations/? lang=en>（2013年4月10日查阅）。

[5] 按照荷兰的标准，阿姆斯特丹尼欧西部，阿姆斯特丹诺德，鹿特丹南非荷兰人维耶克是低收入，文化多样性的行政区。这些行政区代表着不同的人口和城市类型。

[6] Groen Beheer是一个荷兰语，用来描述一个（市）公园和绿化部门。

[7] 汉内曼·胡克是一个多层次的多文化果园，由学童和他们的母亲一起种植，是Foodscape Schilderswijk的一部分。

上图 Hügelbed. DemoGarden的志愿者从原地的木材垃圾和当地废物中编造“Hügelbed”。在Hügelbeds地区种植城市食品的优势是，减少城市土壤的潜在污染，大幅增加种植地表的碳和水含量，对大量的城市废物进行很好的利用。（图片：DYNE.org for Urbaniahoeve，2012）

4 行动活力：可视化的成果

4.1 肖尔迪奇①的都市自然

伦敦，英国，1998年

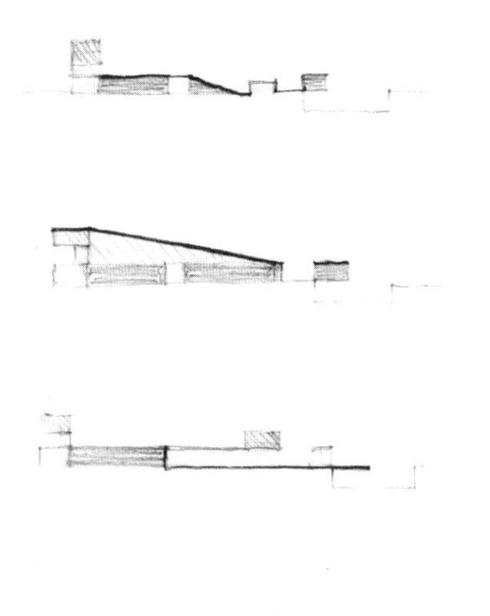

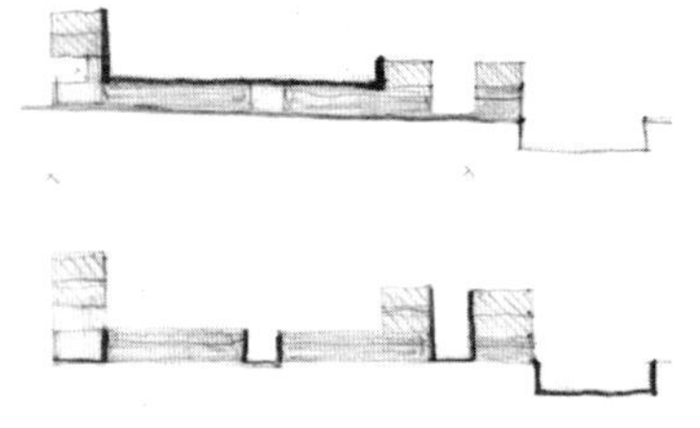

上图 地形学研究利用斜坡和水平变化，以控制公共和私人空间（包括市场花园）之间的视觉连续性和物理分离。

《建筑设计建议书》（Architectural design proposal，1999）被扩展为2009年的一个国际展览，探讨在高密度城市环境下食物生产的建筑–食物景观的一体化。

- 空间和组织：在伦敦市中心的高密度、高层、混合用途的建筑，垂直和水平的田野、市场花园；
- 食物生产的类型：商业或自用，利用露天田野和建筑混合生产；
- 产品的用途：供给邻里食用；
- 资助：无；
- 项目团队：伯恩和维尤恩，在1998得到了伊娃·本尼通（Eva Beniio Benito）和露西·陶西（Lucy Taussig）的帮助；在2009年得到了乔纳森·加莱斯（Jonathan Gales），约翰·希贝特（John Hibbett）和Áine Moriarty的帮助。

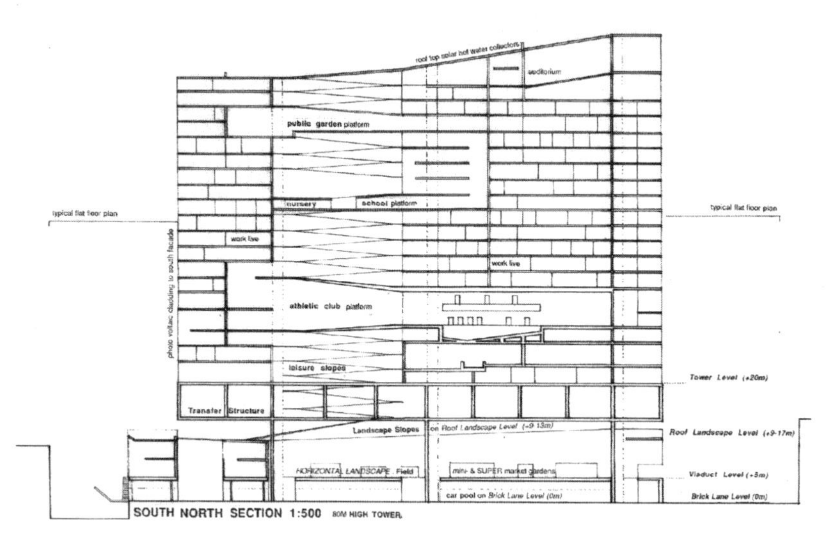

上图 穿过其中一座塔楼的部分。通过垂直方式，塔楼可容纳多种用途的设施，包括公共和私人空间，如公寓、办公室、商店、托儿所和游泳池。这种混合用途虽然很少实现，但却是可持续、高密度城市发展概念的核心。我们的一个主要目标是实现一座高层建筑的自然采光和通风。这决定了这座建筑的狭窄部分。平面图中的弯曲剖面图有助于提高结构的硬度。

① 肖尔迪奇（Shoreditch）位于伦敦东部，早期的肖尔迪奇是遍布废弃工厂的工人阶级聚集地。1998年，随着传媒行业的兴起，在布莱尔首相的推动下，提出了“创意产业”这一新概念，此地也成为了创意文化产业的重要根据地。20多年的不断改造中，废弃厂房被改造成时髦的工作室，越来越多的艺术家、音乐家、设计师汇集于此。见https：//www.sohu.com/a/233368422_418811——译者注

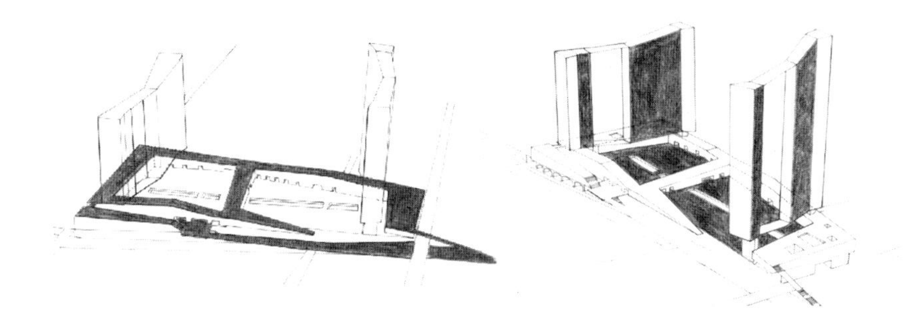

最左图　景观是分层的，在上层，一个线性的公共公园连接到一个更大的人行道和自行车道网络。

左图　垂直和水平的生产性田野对所有人都是可见的。但是，改变水平线，也是一种商业或私人种植的安全措施。

上图　鸟瞰图。显示公共公园如何设计成为都市农业用地。

右图　个性化的都市农业。在立面上垂直种植，采用立体果树，为种植者提供季节性作物以及与自然的一种重要联系方式。保护性的水培植物放置在室内种植，主要是色拉作物和草药。这种设计创造了内部和外部景观之间的连续性。

下图　从1999年起，由伯恩和维尤恩建筑事务所提出的都市农业原型。该原型采用了生态集约化的原则，将食物种植、雨水采收系统、太阳能热水器、光伏和太阳能系统有机地结合起来，使建筑的日光和通风一体化，使建筑的生态足迹集中在一起。该设计于2009年由“出口艺术”公司在纽约主办和策划的垂直花园展览中再次展出，后来由美国建筑师学会在旧金山展出。

评注

“都市自然”（Urban Nature）项目试验了高而薄的建筑物如何通过自然照明和通风种植食物。项目把建筑的主要立面设计成垂直的“田地”，并利用地面和屋顶的空间种植作物。

这项设计是对1999年出版的《城市工作队报告》（Urban Task Force Report）的回应和挑战。该报告是受英国政府委托编写的，目的是确定城市再振兴的可持续战略。在这份报告中，城市食物系统并没有被考虑。我们自己的研究表明，在偏远的地方生产食物会对城市产生严重的负面环境影响。在“都市自然”这个项目中，我们想要把都市农业和城市的发展结合起来，计划每公顷种植面积能向450人提供食物。

建设都市自然塔可以被看作是垂直都市农业的第一个提议之一，对其管理最重要的一点是需要为植物提供阳光，以避免使用能源密集型的人工照明。它可以在城市、建筑和个人等不同的规模上发展，它向我们展示了CPUL城市是什么样的。需要我们进一步研究的问题包括垂直农场的可调的防风系统，室内采光和自然通风的最优化。

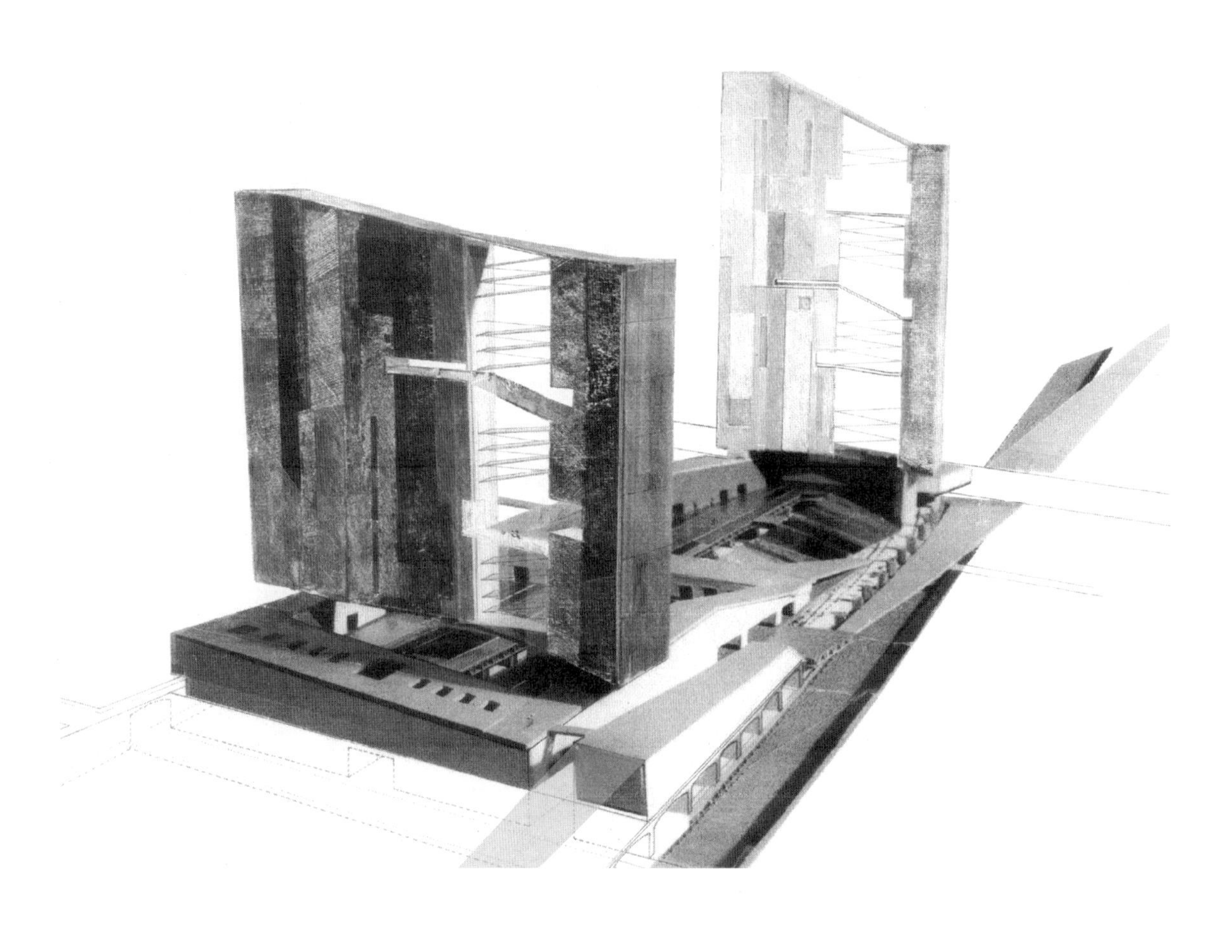

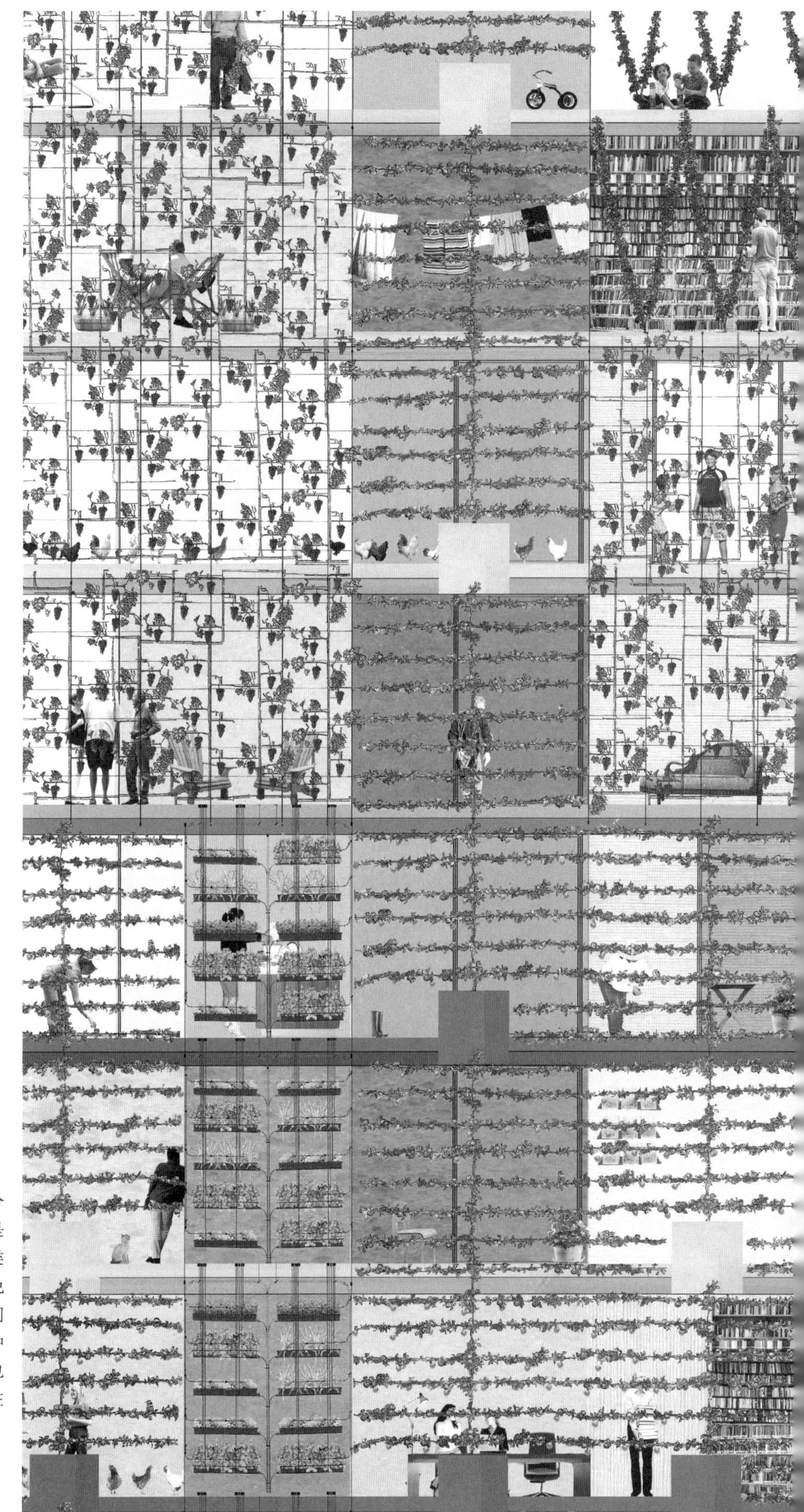

右图　垂直花园。部分立面显示了垂直花园是如何形成和根据作物类型而变化的。花园避免了复杂的机制，使人们能够直接收获作物。种植既可以集中管理，也可以直接由建筑的居住者管理。

4.2 连续性野餐

伦敦，英国，2008年

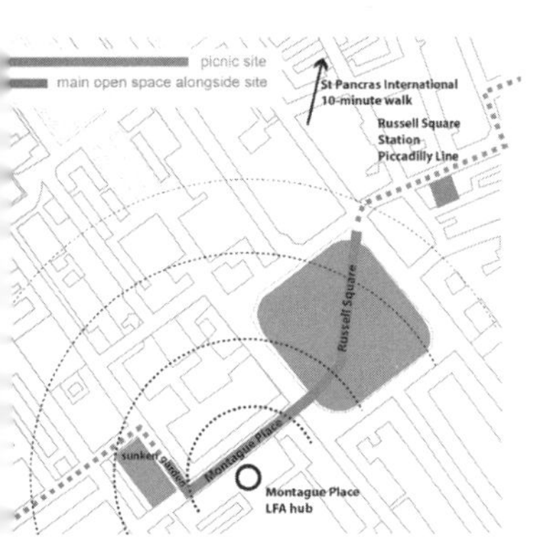

上图　一个连续性的景观。野餐地点在现有的休憩空间之间建立了物理连接。

这个为期一天的公共活动是伦敦建筑节的一部分。活动中有人提问："伦敦是如何养活自己的？"我们论证了如果生产性城市景观被采用的话，伦敦的主要公共空间将发生怎样的改变。

- 空间与组织：CPUL；
- 食物生产的类型：个人生产和社区耕种；
- 产品的用途：用于公共的野餐；
- 主办方和资助：伦敦建筑节，并得到了以下单位的额外资助：艺术委员会，伦敦发展机构（The London Development Agency）和伦敦的卡姆登自治市；
- 项目团队：伯恩和维尤恩建筑事务所，并得到了以下个人和单位的帮助：Studio Columba，Charlick+Nicholson Architects，大卫·巴里，安德烈·斯达克（Andrew Stuck），艾比·陶宾（Abby Taubin），乔·福斯特（Jo Foster），乔纳森·加莱斯（Jonathan Gales），麦基·汤姆金斯（Mikey Tomkins）和布莱顿大学建筑系二年级的学生们；
- 合作伙伴：SEED基金，Global Generation，The Calthorp Project和活动当天提供帮助的人们。

下图　伦敦建筑节公共活动。

右图　种子包。这种种子包被用于公众的野餐，并促进对伦敦饮食体系的讨论。我们与有机种子供应商合作，为种子包装设计了新的标签，这些标签被分发到野餐地点周围的商店中，并作为一些种植比赛的奖品。

上图：挑战开放空间的感知。野餐者利用反向市场前的空地进行野餐。通常，这片空地没有被纳入市场，而是被用作道路。（图片：Clare Brass SEED Foundation，2008）

下图　野餐正在进行中。在伦敦建筑节期间，大英博物馆的正后方，一条公共汽车停放的道路被变成了CPUL。

下图是项目过程图。图中是提供协作行动的交互网络，如“连续型野餐”的工作网络。

评注

连续的野餐被设计成一天的庆祝当地食物和城市的活动。活动在2008年7月5日星期六位于伦敦市中心的布卢姆斯伯里（Bloomsbury）举办，活动占据了大英博物馆后面的拉塞尔广场。在活动中，建筑师、社区园丁、设计师和热衷于食物的人们合作，该项目旨在让伦敦人和游客就城市食物生产和开放空间的替代使用这两个主题进行对话，讨论在未来如何将两者结合起来。

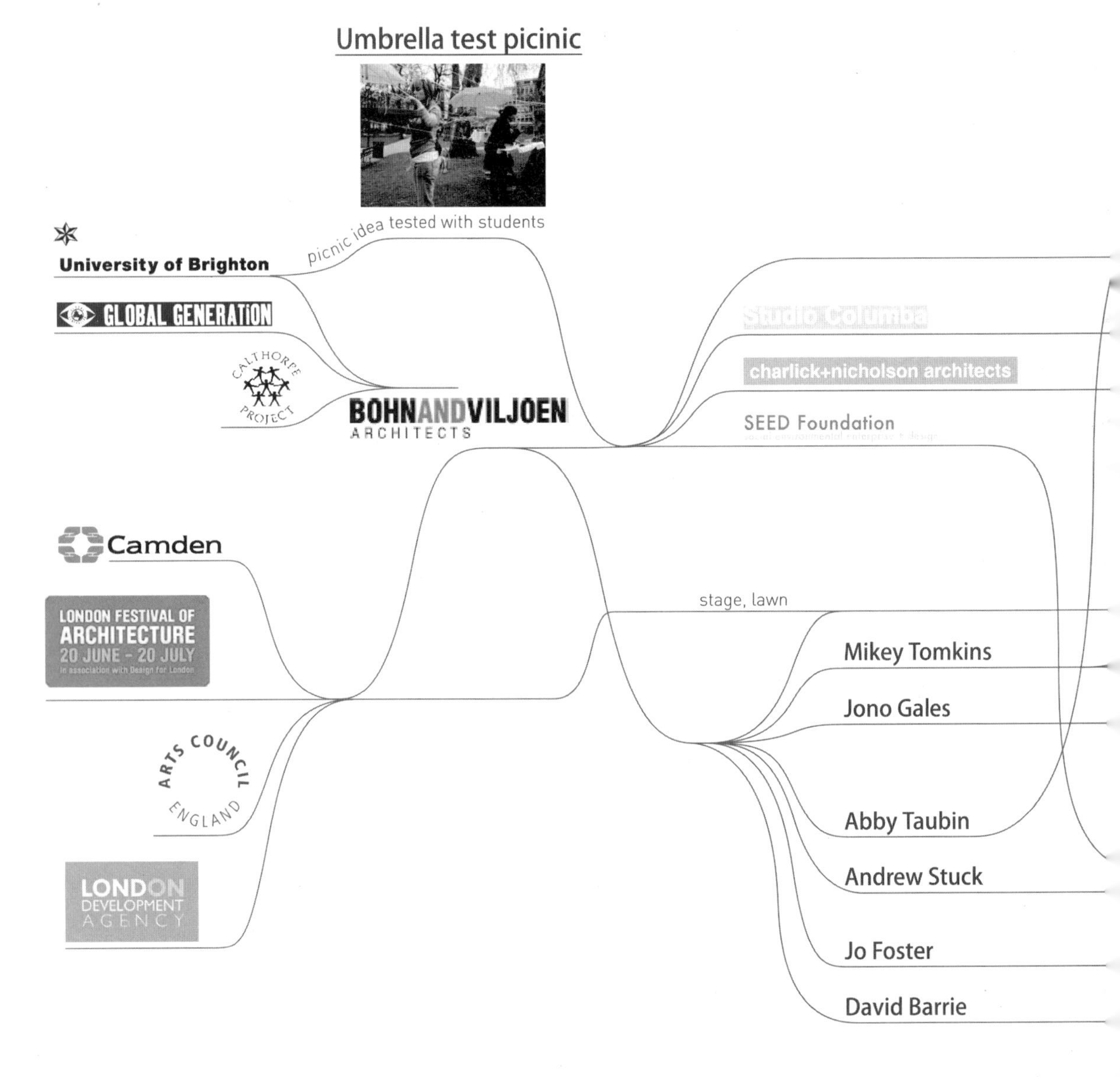

这次野餐活动被宣传为："与众不同的野餐：一个新鲜食物的市场设施，随后在伦敦市中心最美丽的一个地方举行大型公共野餐……一个让交往有无限可能的连续的野餐和新鲜的食物事件……一次免费的庆祝好食物和好伙伴的户外活动。"

这一天从清晨的反向市场（Inverted Market）①开始，这是一个150米长的新鲜食物市场设施。"反向"这里的意思是，市场主办方呼吁公众将自己

下图是项目流程图。尽管规划和设计是自上而下进行的，但是活动的成功与否取决于社区团体、社会企业以及公众自下而上的积极参与。

① 反向市场，原为期货市场用语，指现货价格高于期货价格。这里以为买方和卖方的反向。——译者注

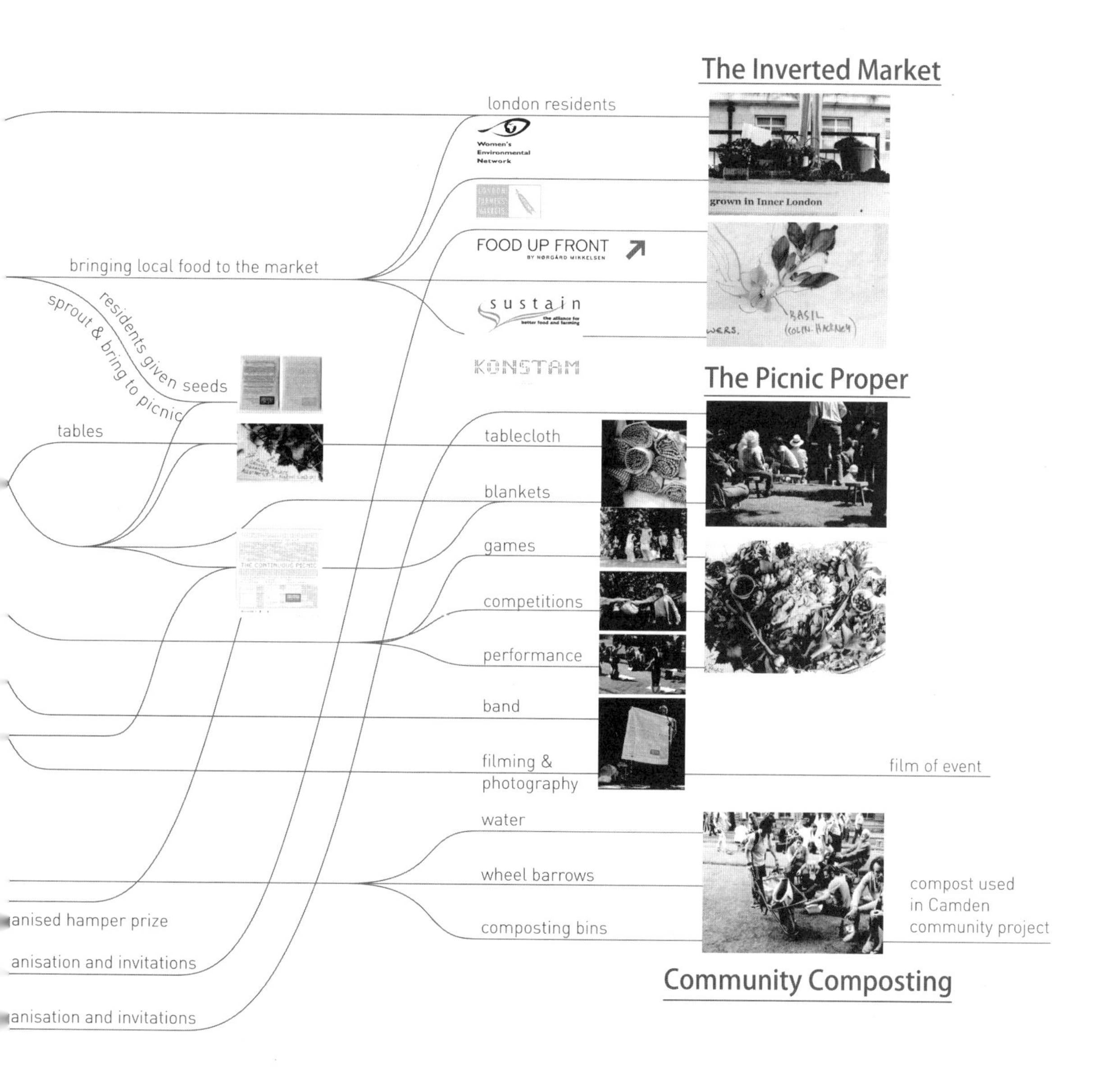

种植或在伦敦市中心购买的食物带到市场上。带来的食物可以摆在市场的桌子上，以供专业人员直观地记录食物种植地点和产地之间的距离。

上午10点左右，在传统的夏季农产品博览会比赛中，举行了一些新鲜水果和蔬菜比赛，这些比赛都是由伦敦本地和可持续食物运动领域的主要实践者当评委评判的。比赛分类包括：由理查德（Richard Wiltshire）评奖的“分配租地奖”（The Allotment Award），由分配租地种植户参赛；由盖茨（Louise Gates）评奖的“食用花卉奖”（The Edible Flower Award）；“卡尔索普项目”（The Calthorpe Project）主办的，由本·雷诺兹（Ben Reynolds）评出的“食品里程奖”（The Food Miles Award）；由塞布·梅菲尔德（Seb Mayfield）评出的“混凝土上种植奖”（The Grown-on-concrete Award）；由奥利弗·罗（Oliver Rowe）、康斯塔姆餐厅评出的“伦敦生态厨师奖”（The London Eco Chef Award）；由简·里迪福德（Jane Riddiford）评出的“学校都市农业奖”（The Schools' Urban Agriculture Award）；由

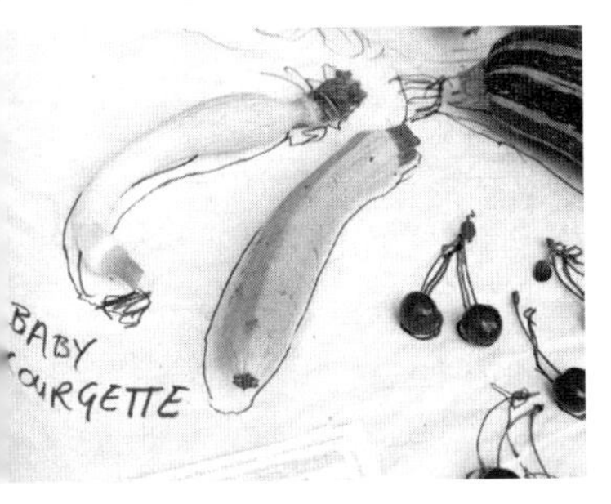

上图　反向市场。在伦敦种植的农产品被运到市场，记录下它们的食物里程之后会被消费者消费。在纸质的餐桌布上标出每项食物的生长情况、空间种植类型、分类、食物里程、当地农产品和生物多样性。

下图　方向市场。市场的桌子会根据活动的不同阶段而重新安排不同的用途，例如用来展示食物，准备食物，在某些情况下作为餐桌。

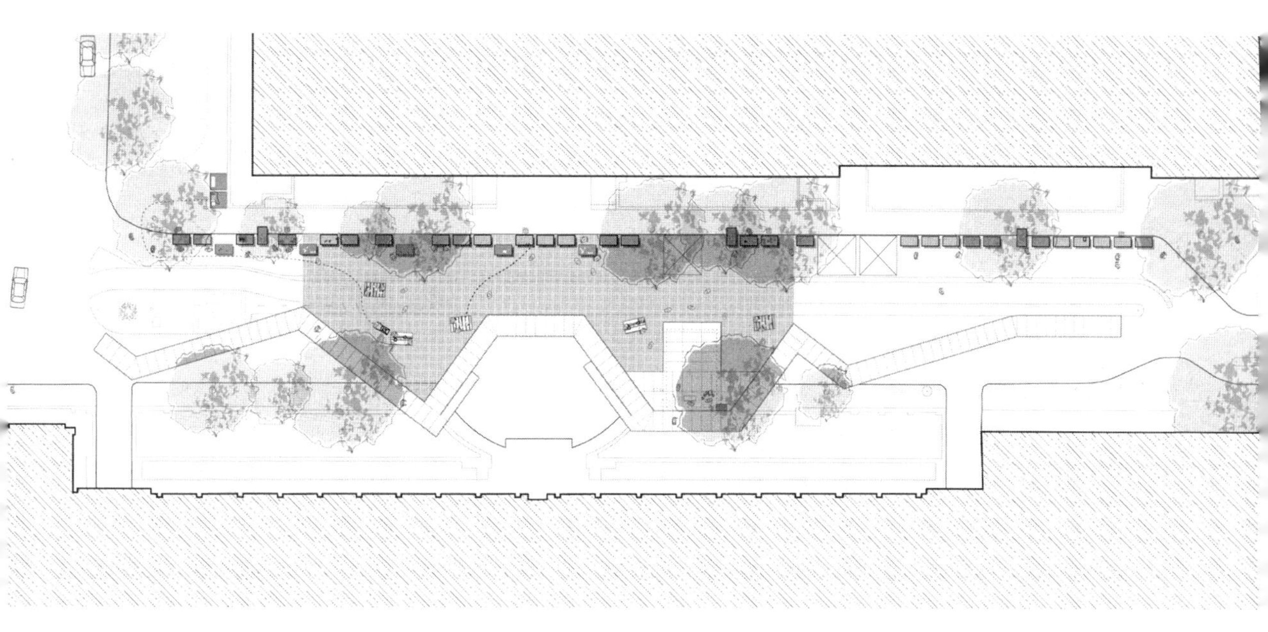

上图　连续野餐地点。活动地点的规划。150米长的反向市场位于北面；由建筑师们把一条临时的高架人行道延伸到公路的南侧。（图片：Bohn&Viljoen使用由Carmody Groake提供的规划图，2008）

卡姆登环境教育网络主办的、由克里斯汀（Christine Haigh）评出的“你永远不会相信你能在伦敦获得种植奖”；由妇女环境网络（The Women's Environmental Network）主办的，由Bompas & Parr，The Jellymongers评出的“Jelly-It奖”（The Jelly-It Award）。颁奖典礼实际上成了伦敦食物系统中的一种不规范的、非正式的活动。伦敦前副市长詹妮·琼斯（Jenny Jones）介绍了这次公众对话。

野餐开始于中午，允许参与者食用反向市场准备的产品。作为补充的是由伦敦的一家提倡有机和伦理的面包店“Flour Power City Bakery”提供的新鲜面包，以及其他一些可供选择的野餐食材也为这次野餐增色不少。

这次野餐活动还包括“社区堆肥”。野餐活动结束时，所有的食物残渣都被收集起来，并带回当地社区进行再利用。

在野餐的同时，一些工作坊、表演和儿童食物游戏也进行了一天。尽管人们不得不应付潮湿的大气，但野餐一直持续到晚上，直到“社区堆肥”活动之后结束。

“连续野餐”活动的成功举办证实了城市人们对CPUL空间的渴望，这种渴望就体现在白天停留在CPUL空间的人数上。这次活动在建立城市容量清单方面不太成功，即在记录伦敦已经种植的作物的数量和品种方面不够完善。对于这么大的任务，这个项目显然太小了。因此，将都市农业的结果可视化与研究它们之间的差异变得非常明显。

4.3 科隆—埃伦菲尔德的都市农业

科隆，德国，2010—2011年

上图 埃伦菲尔德，你在吃什么？该项目的纸质版的第一张地图，由居民绘制，显示该市食品的种植或加工地点。

以艺术为主导的都市复兴计划。

- 空间与组织：CPUL 城市战略用于后工业景观；
- 食物生产的类型：露天田野和容器种植；
- 产品的用途：社区耕种，用于邻里间的食物加工和消费；
- 主办方：Plan 10项目组，DQE，科隆市；
- 资助：欧洲区域发展基金（European Fund for Regional Development），贸易与工业部（Department of Trade and Industry North Rhine-Westphalia），科隆市，GAG Immobilien AG。
- 项目团队：伯恩和维尤恩建筑事物所，Dirk Melzer景观设计与环境工程师。

上图 图中的篮子代表了Ehrenfeld的食物街道地图。篮子里的食物是根据其生产地点而放的。（图片：Dirk Melzer，2010）

评注

科隆市已被确定为举办建筑双年展的城市；2010年的双年展名为“Plan10”，其中包括了“Ehrenfeld，你在吃什么?”项目。这个项目探讨了都市农业如何对Ehrenfeld社区的再振兴做出贡献。该项目催化了欧盟资助的大型项目“Urbane Agrikultur in Köln–Ehrenfeld”（科隆–埃伦菲尔德的都市农业）的产生。“Ehrenfeld，你在吃什么?”项目运用了许多不同的技术，采用了多种不同的参与方式，提出了邻里改造的CPUL总体战略，指出三项都市农业发展方案：果园、低直线公园和城市葡萄园。在撰写本书时，所有这三个发展方案都与居民，城市和开发商合作，成为试点项目。

“Ehrenfeld，你在吃什么?”项目的成功，是由于在初期工作中就采用了“自上而下”和“自下而上”战略的结合，把邻里间的种植愿望和技能作为项目发展的基础。换句话说，就是建立在现有的城市容量之上。

下图 “Plan10”和“设计季度Ehrenfeld（DQE）”项目。DQE项目在一个空置的工业建筑中进行。这一独特的空间成为科隆市建筑双年展“Plan10”期间的焦点，多种活动在这里开展，展现了Ehrenfeld现有的食物网络和新兴的城市生产性景观战略。该建筑设置了会议、制作、烹饪和展览等空间，融合了多方利益相关者的设计。［图片：伯恩和维尤恩以及 Nishat Awan（FG Stadt & Ernährung 柏林技术大学），2012年］

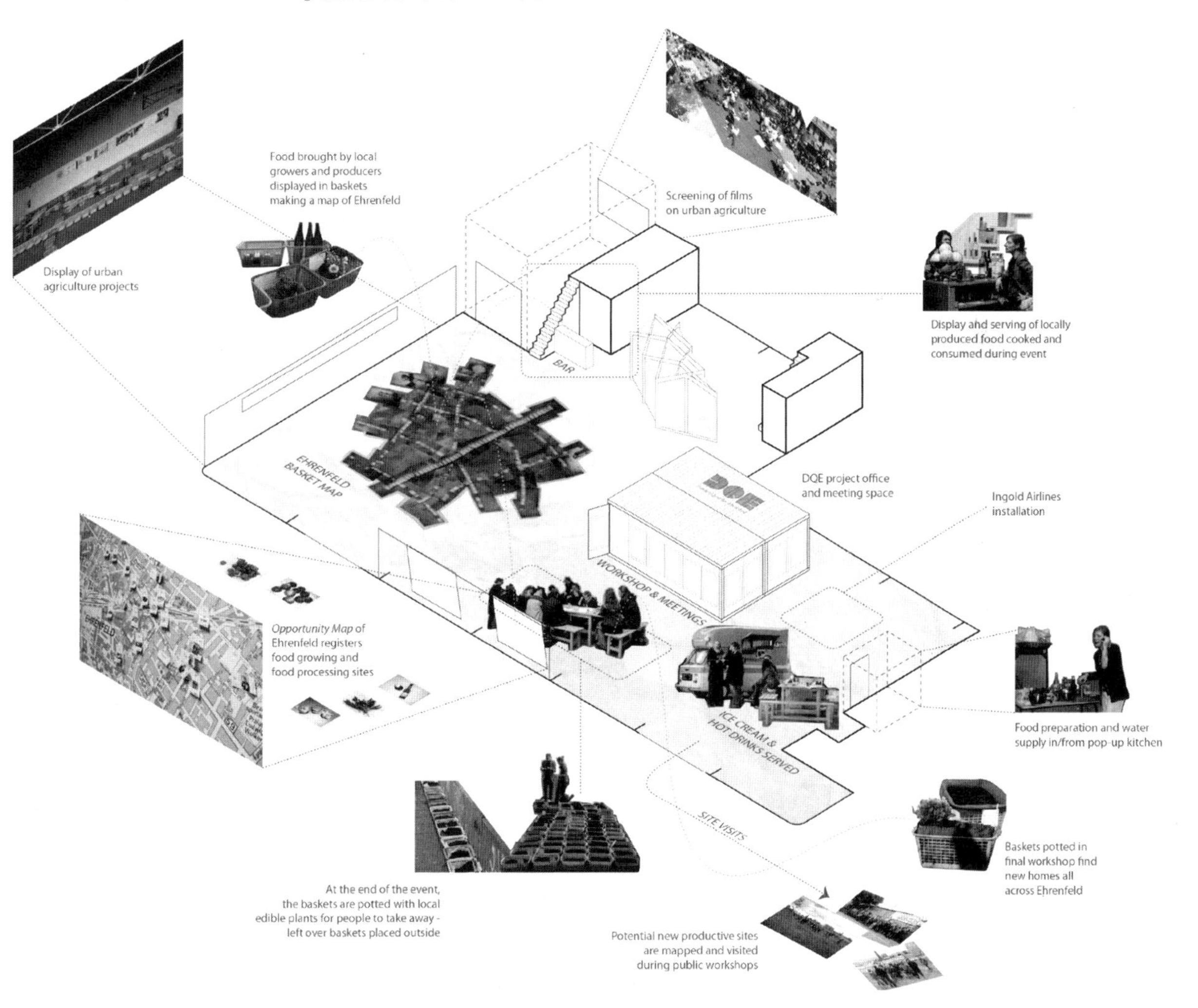

右图　发展愿景。在DQE总部的场地总览。通过设计战略会议和粮食种植讲习班之后，该项目制定了一项可持续生产性城市景观战略，如下所示。（图片：Dirk Melzer，2010）

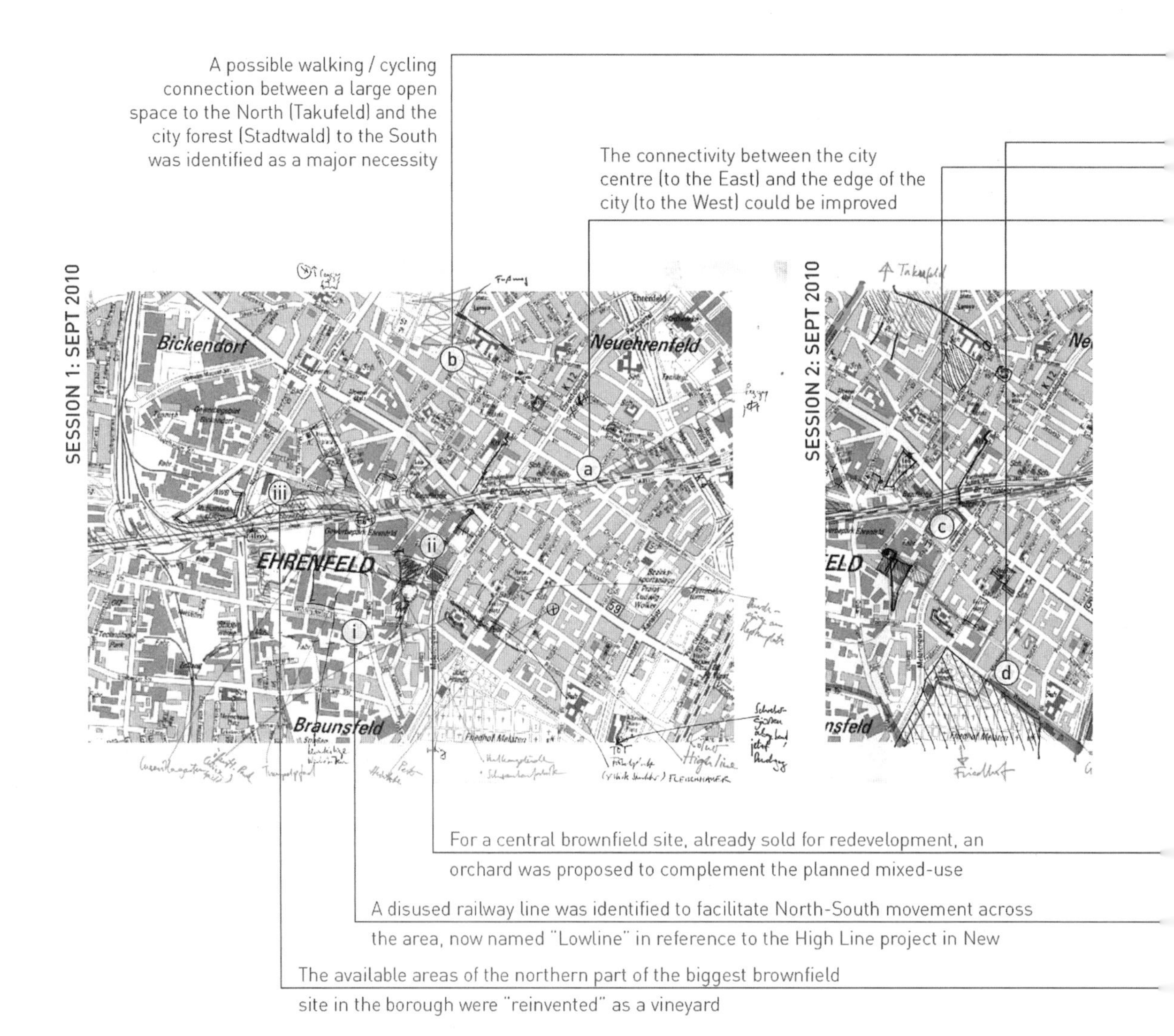

下图　科隆-埃伦菲尔德（Köln-Ehrenfeld）的机会地图。这是按照时间顺序排列，在三个讲习班上绘制的地图。这三幅地图显示了某些战略决策及演变。[图片：Bohn&Viljoen，当地居民和Nishat Awan（FG Stadt&Ernahung，柏林技术大学），2012年]

The four most desired urban strategies engaged with during workshops

a East to West productive green connector

b North to South productive green connector

c Redevelopment of the Heliosquarter

d North-West to South-East green connector

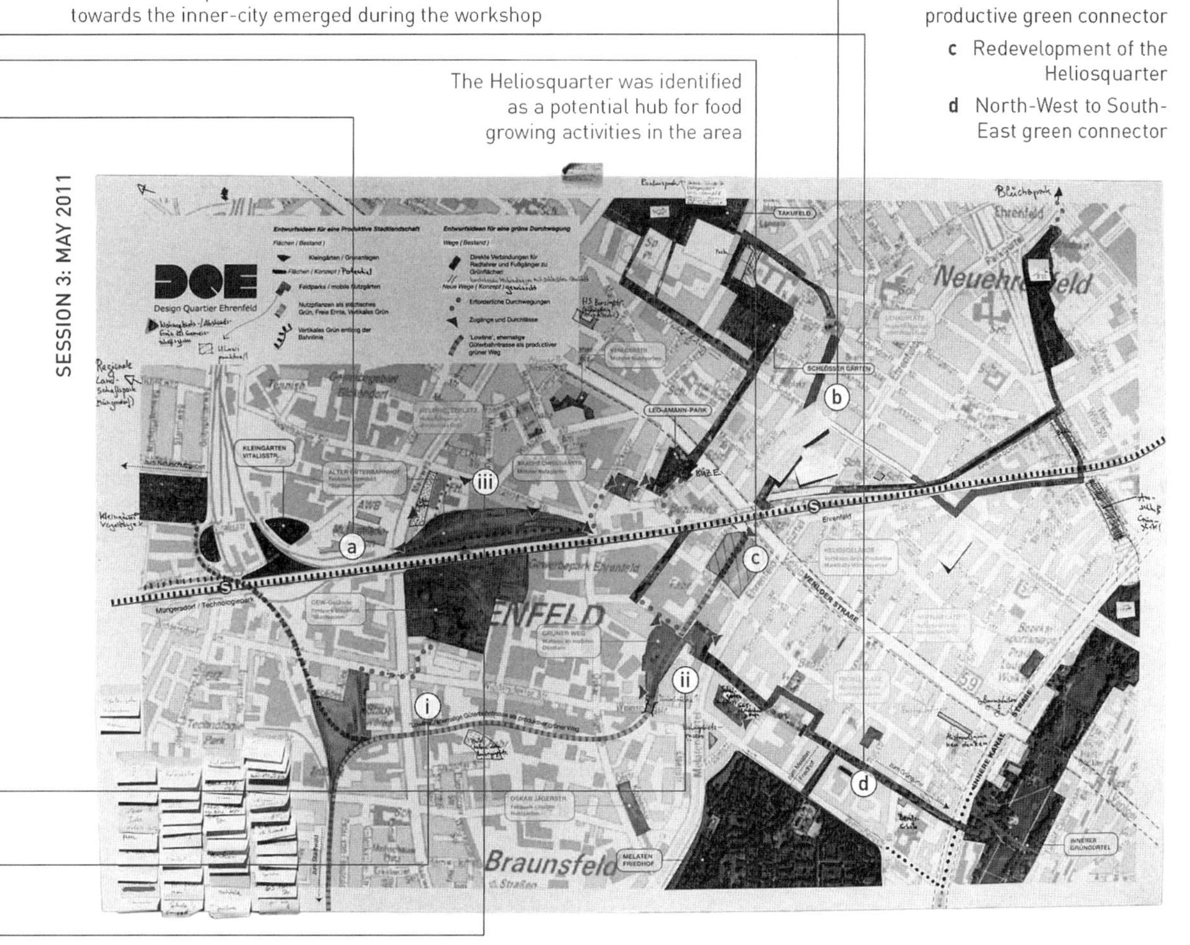

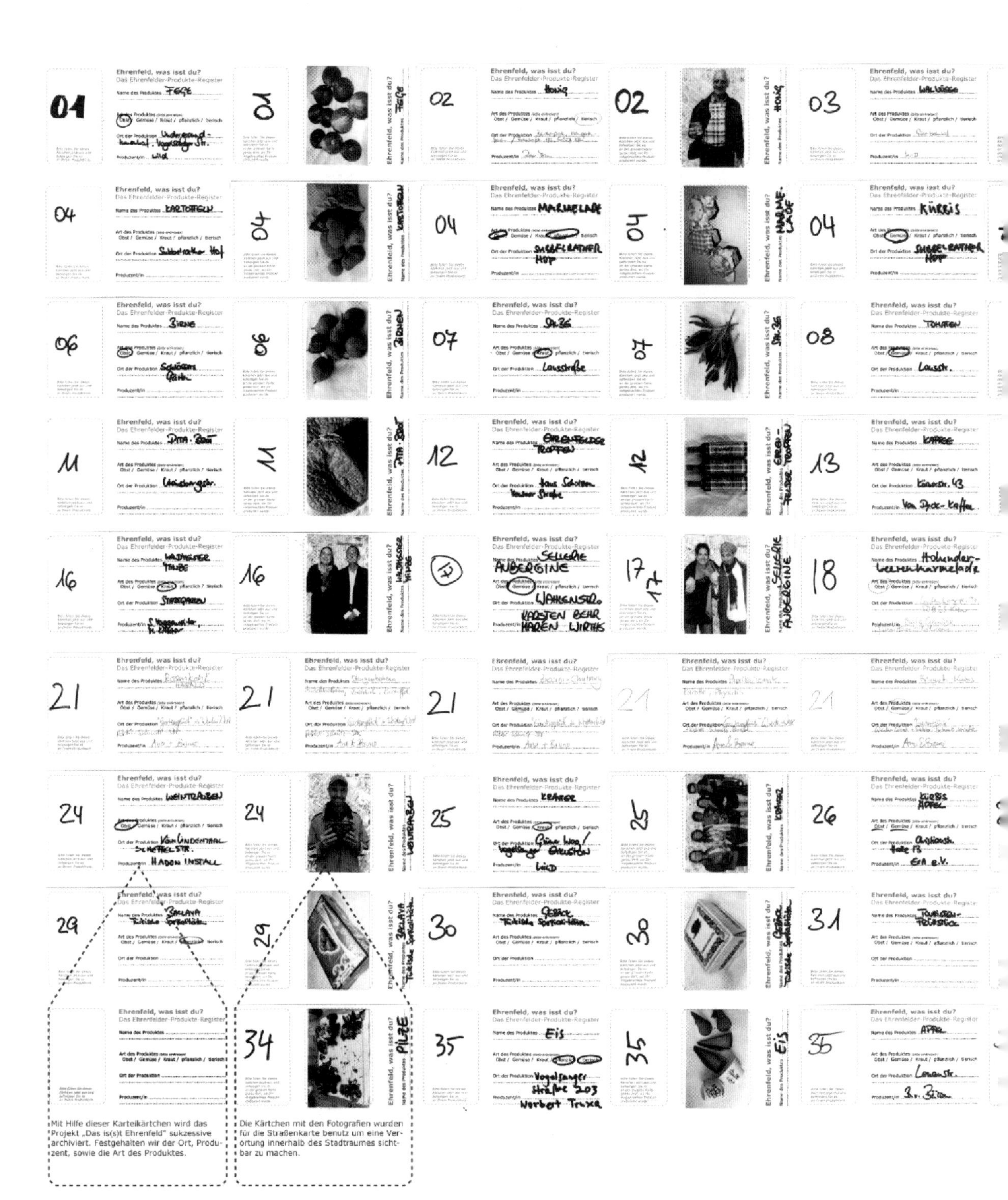

Mit Hilfe dieser Karteikärtchen wird das Projekt „Das is(s)t Ehrenfeld" sukzessive archiviert. Festgehalten wir der Ort, Produzent, sowie die Art des Produktes.

Die Kärtchen mit den Fotografien wurden für die Straßenkarte benutz um eine Verortung innerhalb des Stadtraumes sichtbar zu machen.

左图 “Ehrenfeld，was isst du?”项目的一个登记卡的样本。从登记卡我们可以看到在埃伦菲尔德食物的生产和消费状况。登记卡记录了附近种植或加工的食品，之后这些实际的产品随后被放入在DQE总部设立的一个装置中。工作人员会根据登记卡登记的食物绘制出附近的食物地图。为了让过程视觉化，一位厨师用当地的农产品做了一顿邻里餐。总体而言，这项工作是城市容量清单的一部分，为后来的CPUL战略提供了信息，在建立更广泛的都市农业邻里利益网络方面也同样重要。

4.4 最初的CPUL：都市的再生

对撒宾·博根雷特（Sabine Voggenreiter）的访谈

当你在规划Köln-Ehrenfeld的DQE项目时，你为什么选择都市农业作为起点？

当我们开始规划Köln-Ehrenfeld的DQE项目时，我们决定不只是设定个人的“创造性”主题，而是希望参与社区日常生活，实现社区驱动的都市农业。

DQE——即设计四位体的埃伦菲尔德，旨在开发一个富有创意的科隆市区。该项目的前身是名为“Create.NRW”的一项获奖项目。该项目由北莱茵河-威斯特伐利亚贸易和工业部（North Rhine-Westphalia Department of Trade and Industry）组织，代表欧洲联盟（the European Union）参赛。DQE项目探索了在空间的概念上构建埃伦菲尔德地区的构想，并设想将这个以前的“工人阶级社区”转变为一个创意城市空间和创意产业中心。我们认为城市和经济可以像生物有机体一样生长。例如通过花园里的实践，我们发展了以下概念：城市设计、可持续性、空间品质、与地方历史的联系、区域经济、新的生活和工作环境、邻里关系、经济和政治的伦理、增长的“本质”等。

我们认为，在规模小、易受影响的城市里，社会互动式的规划将帮助城市长期保持活力；而创造性的微观经济是欧洲城市可持续发展的引擎。像我这样的文化科学家能够通过实践进行研究，以实现这一项目，这在过去是很难得的。我认为这与城市规划面临的新课题有关。传统的总体规划方法已经无法解决这些问题。城市对新空间的兴趣和新空间的需求，提出了新的问题和挑战：如创造认同感、创建城市和公共城市空间，以及共同建设社区等。我们的工作也促进了知识性、创造性实践的产生。

一方面，我们与城市创意人员合作创建了一系列文化活动和项目。大约有600名创意人员参与这一活动。我们举办了“设计埃伦菲尔德健身跑道”的活动，在埃伦菲尔德各地有大约79个场馆，一周内约有6万名游客。此外，我们还举办了流行设计节，以及有关流行和设计文化主题的活动形式，其中包括一个时装节和一些自行组织的活动和走秀。

另一方面，我们发起了一场名为“Urbane Agrikultur Ehrenfeld”的运动。在“Plan10”举办的背景下举办了一次研讨会和几次活动，这使我们能够通过将不同的艺术活动联系在一起，以增加协同效应。

“PLAN”是在科隆举办的两年一次的分散式展览，主要讨论建筑、城市和艺术之间的相互作用。在过去的15年中，在德国，人们对建筑、城市、城区和郊区空间的分析、解释和评价都发生了巨大的变化。城市规划师和建筑师所采取的近乎艺术的方法来处理这些问题，艺术家和文化理论家对这些主题也表现出极大兴趣，设立了许多主要是暂时性的项目。这些项目都带有象征性的或隐喻性的，但同时也带着非常精确、务实的政治取向。尽管各自的立场和意图不相同，但几乎所有人都有共同的观念基础：以不同的方式看待建筑/城市结构中的地点、空间和区域，并得出不同的结论。达成这方面认同感的“最佳方式”仍然是艺术方法以及相应的策略。对于“Urbane Agrikultur Ehrenfeld”项目具体作法而言就是，2011年，在“Plan10”活动之后，我们在Ehrenfeld开设了一个工作坊项目“Ehrenfelder Frühling”；在DQE总部附近的埃伦菲尔德开设了我们的第一个“城市花园”；并在一个后工业的褐色地带“Obsthain Grüner Weg”上建立了另一个“城市花园”。

DQE项目的目标是在埃伦菲尔德建立一个“创意”区。你认为都市农业如何帮助实现这一目标？

埃伦菲尔德的都市农业中心项目是“Obsthain Grüner Weg”项目，这是DQE与当地住房公司“GAG ImMobileien AG”[1]合作开发的一个果园，这个果园拥有30棵苹果树和梨树，大多数的果树的品种较老。果园于2011年5月开放。从那时起，它成为了休闲活动、学习和生产园艺的场所。埃伦菲尔德的园艺爱好者在那里培养了各种各样的食物，种植了各种罕见的水果和蔬菜，还种有草药甚至养蜂。该项目目前有大约130种不同的有用植物。花园所在的地块属于GAG公司，也是“Grüner Weg Wohngebiet”项目的场地。这是一个正在建设中的住宅小区，今后将保留这些果树。随着工程建设的进展，目前在移动植物容器中生长的果树将逐步迁移到它的最终位置。因此，这个花园最终将成为新居民居住的社区花园。这是一个非同寻常的新住宅建设项目：首先建设的是花园，而不是房子。

在这样的项目中，除了要具备农业知识和经验外，一个重要因素是在社区内外发展出一个社会网络，让食物种植园成为一个放松的空间、一个教育空间和所有年龄组的聚会场所。在这方面，与其他社区花园的合作和联系也很重要。例如我们于2012年3月在柏林与“Prinzessinnengärten”项目的倡议人举行了一次交流会[2]。在会上，他们分享了他们成功的经验。这为基于地点分析，我们如何规划和发展类似的社区花园提供了方案。这也为科隆的三个项目“Neuland”、“Pflanzstelle”和“Obsthain Grüner Weg”提供了发展模式[3]。

两年后，我们的项目在“Plan12”期间向所有感兴趣的个人做了详细介绍。我们使用Sybille Petrausch的视频文件《科隆-埃伦菲尔德的都市农业和生产性城市景观》向观众做了介绍。在2012年9月22日和24日举行的“花园会议”期间，柏林技术大学的卡特琳·伯恩的学生们在科隆-埃伦菲尔德举办了关于“生产性城市景观的设计研究”的展览，伯恩也在2012年9月23日那天就这一主题

图1 种子项目。作为Ehrenfeld“Plan10”项目—“Ehrenfeld, was isst du?”的一部分，在DQE总部举办的种植活动。（图片：Bozica Babic，2010）

图2 Kölner Palme。作为Ehrenfeld“Plan10”项目—“Ehrenfeld, was isst du?”的一部分，DQE总部的屋顶上可移动种植有一种土生土长的田园沙拉—Kölner Palme。（图片：Bozica Babic，2010）

发表了演讲。参会的嘉宾还可以在格吕纳·韦格的果园品尝蜂蜜。都市农业运动在科伦-埃伦菲尔德蓬勃发展。

我刚刚在DQE项目网站上看了一部短片，讲述了科隆-埃伦菲尔德的都市农业项目。影片中说，“参与就需要被接受”。这似乎非常接近我们的CPUL城市行动之一，我们称之为“可视化成果”。请您从DQE项目的角度详细阐述这些策略好吗？

如果我们想用必要的想象力和创造力改变和进一步发展我们的城市，我们就必须不断发展新的观察形式。从这个意义上说，这也是你们多年来一直在研究的“生产性城市景观”的概念。你们的工作试图将城市园艺和农业实践提升到城市结构层面，并希望确立为一种总体设计方法，从而对城市生活产生广泛的积极影响。这种变化需要参与，而参与则需要能够分享到一个共同的愿景中。这样的理论实践就是上面描述的公共果园“Obsthain Grüner Weg”。创立这个项目的想法源自于一个题为“Ehrenfeld，was isst du?”（德语，意为“埃伦菲尔德，你在吃什么？”）的研讨会。这个研讨会就是你们和景观设计师德克·梅尔泽（Dirk Melzer）在“Plan10”期间组织的。在2011年的后续研讨会上，当地居民制定了一个埃伦菲尔德的绿色规划，同时也发展出一些或大或小的农业用地。这个绿色规划是在“Karte der guten geleenheiten”（德语，意为“好机会地图”）的基础上制定的。在该地图中，除了绿色休憩区外，还有“绿色小径”，将埃伦菲尔德与邻近地区连接起来。停运的货运铁路线，可为行人和骑单车的人士提供一个“曲径通幽型的公园”[①]。我们可以加入环境教育的主题。到目前为止，已经有700多人参加了与“Ehrenfeld：was isst du?”类似的园艺工场和公园活动。

如前所述，“Obsthain Grüner Weg”项目所有的设计方案和实施过程都可以在“Plan12”期间展出。但最重要的是，我们主办的研讨会使埃

图3 Obsthain Grüner Weg。社区花园的夏日派对是当地居民的都市农业规划工作坊的基础上发展起来的。（图片：Pauline Rühl，2012）

图4 本土知识。社区花园植物繁殖咨询和研讨会。（图片：Pauline Rühl，2012）

① Low line linear park可以只以为“低线性公园”，以为公园是沿着线性的道路、河道或者海岸线而建，而且周围的景观高于公园的位置，与之相对的是“高线性公园”。沿着低线性公园的小路漫步，有一种中文语境中“曲径通幽”的意境，所以这里以为“曲径通幽”型公园。——译者注

伦菲尔德的三个“分支”新果园得以联合规划和启动，从而实现了分散式的自给自足果园的扩展。这项工作中的一部分是分析每个地区的具体特征，并准备一份“微型可转移性研究”。所采用的方法是“空间的、地理的和组织化的制图方法”，这些方法将随着“曲径通幽型的公园”的概念和规划工作的继续而进一步发展。该研讨会的第一批成果已经在整个“Plan12”周期间，以“正在进行中的工作”为主题展示。此外，活动期间与居民和专家也进行过公开介绍和讨论。

“参与需要接待。”

我想成功的接待意味着我们的想法正在向前推进、扩展和成长。既然DQE项目已经接近尾声，我们将继续做些什么呢？我们正在提出“分支”的概念；其中包括在上一次研讨会研究的“开放空间三角形”，以及在较早的一个研讨会确定和绘制的一个乡村棕地。Obsthain社区花园的养蜂人小组已和我们签约，将在未来几个月内开展相关的环境教育项目，特别是与当地儿童一起开展环境教育项目。社区花园的园艺小组的工作在当地的一部小型电视连续剧中被展示出来。这些果树将于明年被种植到其最后规划的种植点。我们现在正和房地产公司GAG一起规划他们的“Mietergrten”，即与住房有关的居民花园。我们首先是要建立一个园丁协会。在Grüner Weg公路上，“曲径通幽型的公园”的第一部分将从2013年开始进入为期两年的试验阶段。我们的工作得到了科隆市和埃伦菲尔德地方议会、房地产公司GAG和环境慈善机构的支持。

在广泛意义上，您的工作主要涉及艺术专业和艺术实践。你如何看待艺术家在都市农业中创作、感知和传播作用？

在城市或社区中，创造力与绿色生产力之间有着密切的联系：这两个过程都是高效的，都可以包括在社区进程中。创作工作唤醒了人们对食物种植的生产工作的积极态度，因为它意味着沉思、团结、分享知识和经验，所有这些都是建设创意社区和园艺社区所必需的。园艺社区也鼓励了个人在城市中直接设计和规划自己的生活领域。此外，两者都设想在一个社区内或在一个

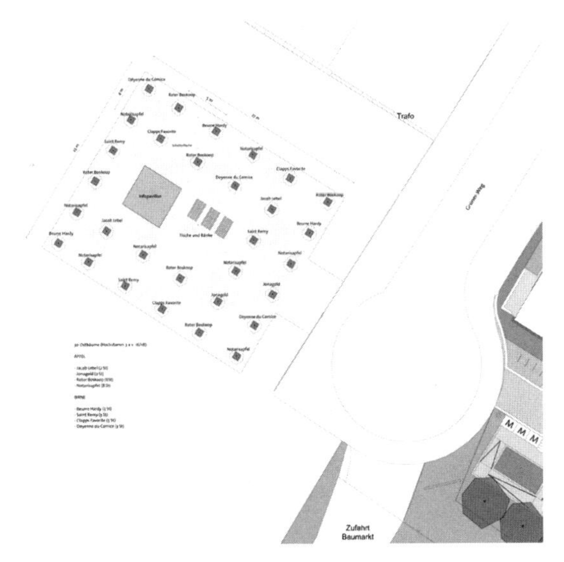

图5　Obsthain Grüner Weg。DQE项目的场地规划，由scape Landschaftsarchitekten所作，并作为GAG住房协会开发项目的一部分。（图片：GAG ImMobien AG，2011）

图6　本地资源。社区花园的养蜂场被用来生产蜂蜜以及传授关于蜜蜂和养蜂的知识。（图片：Pauline Rühl，2012）

小规模城市的四分之一的不同社区内进行负责任的、民主的自下而上地发展；促进不同社区的创意人员、移民、老年居民之间的互动，两者都考虑到城市发展与“好生活”之间的关系，及其对每个人的重要性。

在DQE项目中，共同行动是由共同经验推动的。“自己动手”的理念推动了新的经济理念、替代性工作的开展，并在非正式学习和非正式的社区建立工作中发展出新的工作模式和生活伦理。

我们同时关注创造性城市的理论和都市农业的社会和政治实践。DQE项目非常关注一些特殊的、现实的情况，这些情况我们可以通过经验或者想象的模型加以辩证地分析。在开始行动前，设想是必要的。分享“愿景”意味着首先分享共同的设想。因此，我们的经验是，共同的设想比逻辑的对话更有说服力。这不仅是因为我们以这种方式创建创意社区，而且更重要的是，广大公众和市政当局，“Alltagskreativit t”项目，富有“日常创造力”的社区居民，都认同这样的方式。

都市农业有前途吗？你认为“Köln-Ehrenfeld”会有怎样的未来？

DQE项目的第一次研讨会就是“Ehrenfeld，was isst du?”，现在研讨会的设想已经成为现实：房地产公司GAG的社会住房项目“Grüner Weg”的开放空间将是一个城市花园，为居住在那里的人们提供苹果、草药和蔬菜。我们在最近的工场中以1：3的比例展示了在埃伦菲尔德附近推广生产食物的社区花园的方法。在这个季节里，城市园丁的运动非常活跃有力。最后，我们在原工业铁路沿线开发了社区驱动的项目“曲径通幽型的公园”。

未来会怎么样呢？“Grüner Weg Wohngebiet”所在地现在被视为一条旧铁路线的起点，我们希望将这里改造成一个为社区的生存和福祉作出贡献的生产性公园，并成为整个社区的示范项目，成为埃伦菲尔德生产性城市景观改造方案的一部分。这两个网点可以共享一个社区食品中心，协

图7　低线性公园。可持续景观规划工作（图片：PaulineR-inghl，2012）

图8　可移动种植。在Obsthain Grüner Weg的可移动马铃薯种植园。（图片：Pauline Rühl，2012）

助建立食物网络和外联网络，并为利益攸关方的能力建设提供空间。“曲径通幽型花园”的步行和自行车道的开发将为埃伦菲尔德的居民提供一条绿色和安全的道路。通过这些道路，人们不需要汽车就能到达科隆绿化带（500米距离）和布劳恩斯菲尔德邻近的200公顷的Stadtwald公园。生物数量的增加一方面可以通过保护景观而增加；另一方面，可以在利用有机厨房废物为格吕纳·韦格的住房项目生产能源或堆肥的过程中增加。埃伦菲尔德将制定一个“种植和气候行动计划”，这个计划将同时参考其他试点项目的经验和教训。这一计划将在社区居民的参与下制定，并会根据DQE项目研讨会已经取得的成果制定。

我希望我们已经在居民的头脑中开创了都市农业的未来。

注释：

[1] GAG Immobilien AG是一家以科隆为基础的区域性住房协会性质的公司。旨在提供优质的、民众负担得起的住房，特别是向预算较低的公民提供住房。德国有许多类似的住房公司。

[2] 项目细节详见：Nomadisch Grüng GmbH（2009）Prinzessinnengärten，available online：<http：//prinzessinnengarten.net>（accessed 14 July 2012）。

[3] 项目详情见：Kölner NeuLand e.V.（2011）Ein mobiler Gemeinscha-ftsgarten für Köln，available online：<http：//www.neuland-koeln.de>（accessed 30 Sep 2012）and Pflanzstelle：grenzenlos gärten e.V.（2011）Soziokulturelle und urbane Land-wirtschaft in Köln-Kalk，available online：<http：//pflanzstelle.blogsport.eu>（accessed 30 Sep 2012）。

5 行动R：寻求改变

5.1 非锁定空间[①]项目

布莱顿，英国，2010年

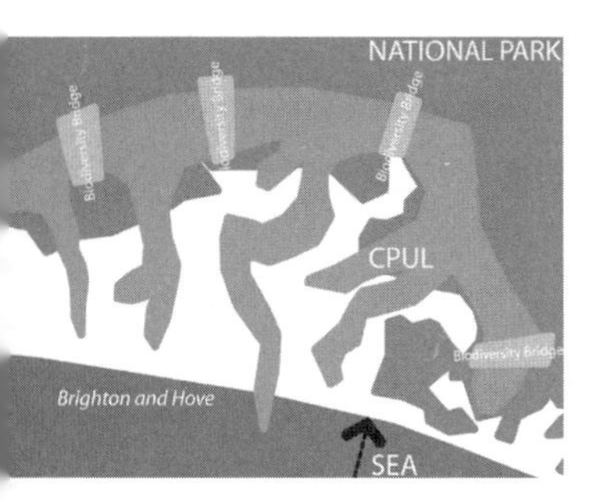

上图　布莱顿的CPUL战略，包括布莱顿城市和苏塞克斯唐斯（the Sussex Downs）北部之间的生物多样性桥梁。

一个以大学/社区为基础的项目，探讨一个社区如何发展和实施生产性的城市景观。

- 空间和组织：CPUL被碎片化地暂时设置在布赖顿的Shaftesbury；一条未被充分利用的公共道路/广场。规划和设计小组与当地居民合作；
- 食物生产的类型：个人和社区耕种；
- 产品的用途：居民食用；
- 主办方：创意校园倡议项目；
- 资助：英国高等教育资助委员会（Higher Education Funding Council of England）；
- 项目团队：伯恩和维尤恩建筑事务所，瓦伊达·莫库奈特（Vaida Morkunaite），基尔斯蒂·萨瑟兰Kirsty Sutherland，迪奇林崛起居民协会，Studio Columba，乔纳森·加莱斯（Jonathan Gales），米奇·汤姆金斯，布莱顿大学建筑系的研究生。

右图　可持续景观。一张标尺地图显示了市中心和周围开放空间之间潜在的“绿色链接”。周围大部分土地属于布莱顿，是农田，现在大部分土地被用于休闲用途，如骑马学校。这部分土地的土壤并不是特别肥沃，但如果城市的有机废物能被用来堆肥，可以利用这块地建立市场花园。目前我们对这片土地的空间容量利用不足。

① 译者曾和本书的编者维尤恩教授讨论过几种本书中提到的特定空间的意思：“unlocking space”非锁定空间是指该空间没有特定的用途，没有“锁定的目标”；“open space”指的是“开阔空间”，指的是空间没有建筑物或其他遮挡物；“public space”指的是公共的空间。——译者注

左上图　Shaftesbury广场经常被用作停车场。这块地位于伦敦路火车站前，由当地居民选定用来设置临时的生产性城市景观。

右上图　Shaftesbury广场转变成临时的生产性城市景观。在为期一天的布置结束后，居民们正在收集植物供自己种植。这些植物—蔬菜、生菜和草药等都是由当地的苗圃供应的。

下图　是实现“非锁定空间”项目的时间表和过程。该项目研究了小规模邻里都市农业用地的潜力。调查结果被纳入更大的城市范围的“收获布莱顿和霍夫”项目中。“收获布莱顿和霍夫”项目促使了该市议会采用了其都市农业规划。

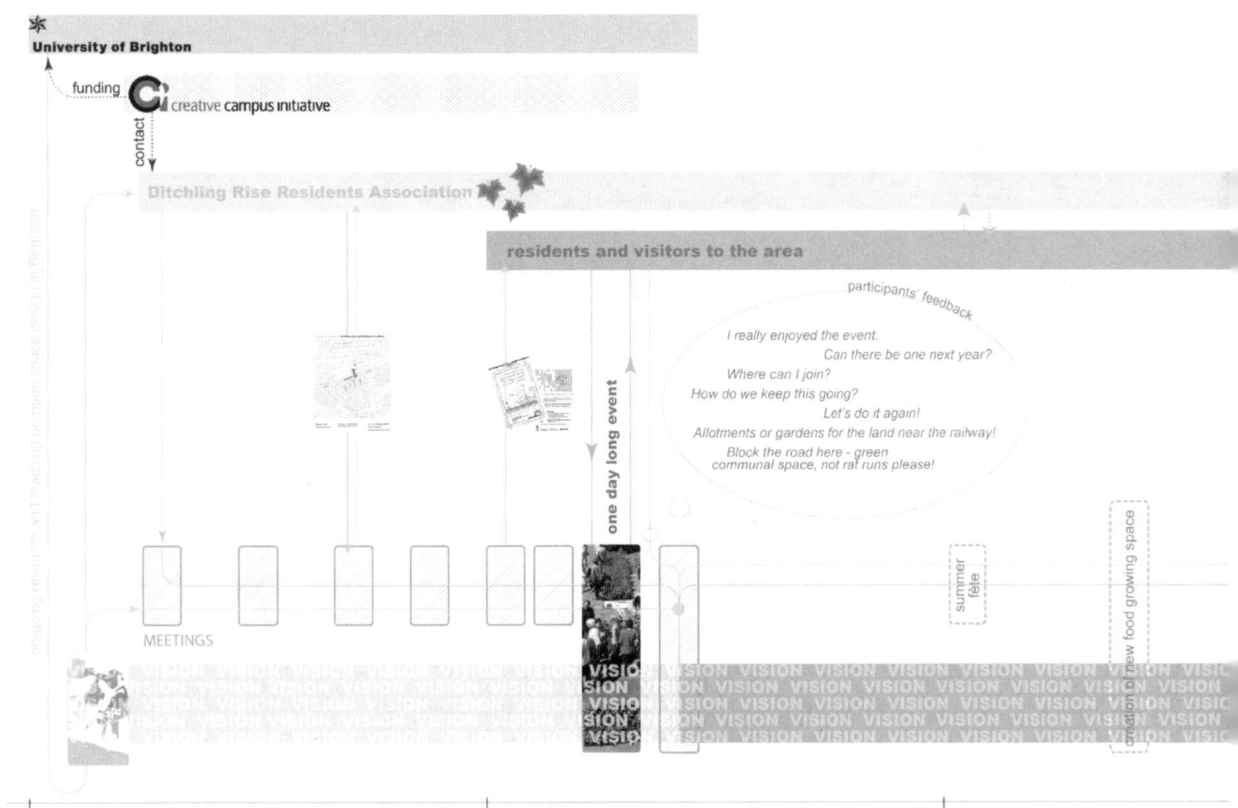

上图　交流。专门制作的广告传单，以方便在邻里间宣传。这个“@”的符号在当天被用来象征种植的田地。

下图　这个装置是作为可视化的工具。除了食物生产景观的物理和视觉体验之外，一个小型展览就像一次公共用餐一样，成为讨论的焦点。

评注

在2012年伦敦举办奥运会之前，英国举办了许多公众参与活动。创意校园倡议项目就是其中之一，目的是邀请文化和学术界“本着奥林匹克精神，帮助激发创造性的探索、研究和学习……”。这给我们提供了一个机会，可以与布莱顿的一个社区合作，研究如何将开放空间重新想象为都市农业空间——这是一种“健康的促进城市发展的方法”。

布莱顿大学建筑系的学生们一直在研究布莱顿发展都市农业的潜力。与此同时，一个名为“收获布赖顿和霍夫”的覆盖整个城市范围的食物种植项目也在进行中。该项目是由“the Brighton and Hove Food Partnership”主办，布莱顿大学也是它的几个研究伙伴之一。“非锁定空间”旨在使当地居民协会能够为其周围环境设想出非常具体的建议。

我们选择火车站附近的站前区作为可能的城市改造模型。通过一系列联合会议，我们制定了设计方案。我们在道路上用粉笔和模板标记进一步的种植床，准备种植700多棵发芽的蔬菜幼苗。这一天恰逢英国每年夏天举行的年度“大型午餐”（Big Lunch）日。蔬菜幼苗一部分被分发给那些想在家里种的居民，一部分被种在毗邻该地区的一个小的、未被充分利用的空地，现在这块地已经成为了食物种植地。

上图　记录转变。这张建筑图补充了更直观的临时生产性景观装置。正如许多旨在重新占领街道的计划一样，我们需要在合理的停车位置和拟议的新用途之间取得平衡。汽车共享计划的日益普及使得这在未来变得更加可行。（图片：伯恩和维尤恩，Nishat Awan，2012）

5.2 可食用的校园

布莱顿，英国，2008年

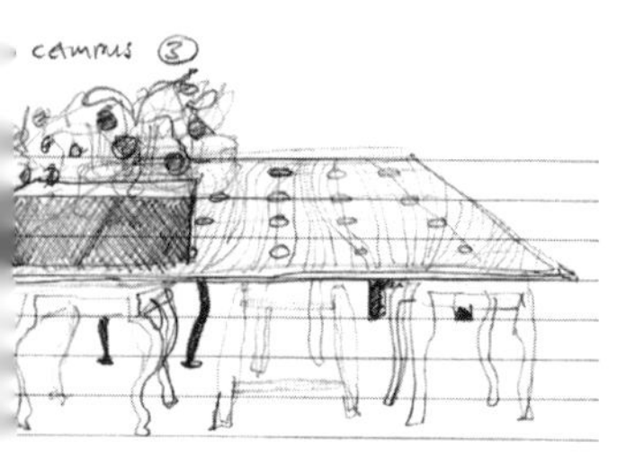

上图 从摇篮到摇篮。用回收家具建造的种植床的早期草图。从“摇篮到摇篮”的研究贯穿于本模块的所有学习过程中。

一个以大学为基础的跨学科的学生选修课，采用行动研究的方法，目的是为城市引入可持续的城市食物种植，研究其更广泛的环境、文化和社会影响。

- 空间和组织：一座屋顶露台，也就是布莱顿大学艺术与设计学院的校园餐厅露台。学生将完成“可食用校园”项目种植。该种植将持续整个学年——这也刚好是从种子萌芽到收获的完整的生长周期。项目鼓励社区合作，也鼓励食用产品的活动。
- 食物生产的类型：蔬菜和草药（包括当季的草本和茶）的有机种植。
- 产品的用途：供学生和教工餐厅使用。
- 主办方：布莱顿大学。
- 资助：布莱顿大学材料和专家工作坊启动资金。
- 项目团队：维尤恩和大学的同事们。

右图 生产空间创造广场。丰富的种植，点缀着可坐的区域，吸引着诸如夏季展览这样的公共活动。餐厅工作人员可以直接获得新鲜农产品，并将有机废物堆肥运用到可食用校园的种植。该项目有助于大学餐饮部门的公平贸易和当地采购政策。

上图　创建可食用的校园。教师餐厅上方朝南的屋顶露台有很好的阳光，可以从邻近的教学空间看到。学生们用一年的时间绘制了太阳能通道的地图，以确定基于微气候的作物最佳位置。

上图　学生们从种子开始种植庄稼。在自己种植庄稼的过程中，学生们实际上是在经历食物生长带来的挑战，至少要经历时间上的挑战。这些学生还参加了布莱顿一年一度的“种子周日”活动（Seeds Sunday）。这是每年2月举办的种子交换活动。换来种子之后，学生们要为种子发芽寻找合适的室内空间。［图片：Alice Freeman（可食用的校园项目组），2012年］

评注

“可食用的校园”项目最先由蒙特利尔麦吉尔大学（McGill University）的维克拉姆（Vikram Bhatt）教授创建。维克拉姆教授为我们这个项目提供了灵感。为了不断研究和评估我们生产食物的方式，我们需要以城市为实验室，与其他食物和可持续发展组织合作，并参考国际案例。学生们也需要老师们指导去“发现”与实现可持续城市食物系统相关的问题。

CPUL城市行动的可视化是通过直接参与种植、收获、烹调而实现的。关于生活方式的争论也一样，是通过积极的参与而不是被动消费来实现的。在布赖顿的食物供应链中现有和潜在的城市容量被不断地挖掘出来，如城市的酒店业和大学。此外，该项目还为都市农业注入了新的力量。因为在大学生中，许多学生开始在大学校园外种植食物；或者开始在他们选择的学科引入与食物有关的主题。布莱顿和霍夫几个关于食品和可持续发展相关组织打通了自上而下和自下而上的关系，如农业文化信托，布莱顿和霍夫有机园丁集团，布莱顿和霍夫食物合作伙伴，以及市议会的可持续性办公室。像“可食用的校园”这样的项目需要有学生和社区合作伙伴的定期和稳定的活动。它们不可能自己运行。当然，这样的项目面临着一个特殊的挑战：暑假期间，当学生们不在校园，如何维持作物的生长。

左下图和右下图　收获的概念被扩展到包括建设材料的收获。种植者使用耐久的道格拉斯杉木作为栏杆，这种木材来自60年前在布莱顿100公里范围内种植的树木。“饥饿季节”—可供食用的作物寥寥无几的季节发生在本学年。这让我们意识到进行保护性种植以延长作物的生长季节、改善食物保存技术和建设可持续城市食物系统的必要性。

左图　研究变化。在本科教学中，对食物的研究采取各种形式，其中许多与日常饮食有关。烹饪和烘焙食用的从“可食用的校园”项目收获的产品给学生们提供了一个提高沟通能力和社交能力的有效而简单的途径。图中学生们为“可食用校园”项目所需材料筹集资金而正在出售蛋糕和美味的菜肴。这也是为一家学生经营的食品合作社做广告，向员工和学生们提供本地种植的水果和蔬菜。这种创业方式受到了鼓励，并促进学生与校外合作伙伴经常一起工作。

下图　五月的“可食用的校园”项目。早期种下的作物开始长出来。温暖的天气和一张大桌子鼓励人们使用这个地点作为户外教室。

5.3 生长的阳台

伦敦，英国，2009年

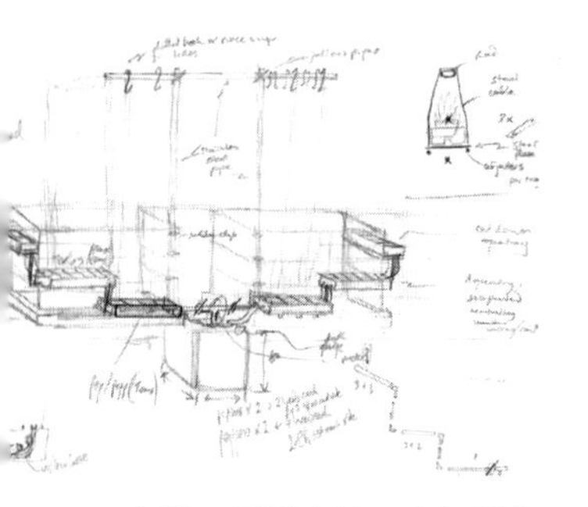

上图 图形交流。这幅早期草图是由我们的合作伙伴农学家结合重力供水和灌溉所有植物的想法。（图片：Stefan Jordan，2009）

一个小的，日常的家庭空间能不能集中生产并保持吸引力？

- 空间与组织：2平方米的预制阳台，有生长空间和休憩空间。该空间被设计为一个“插件”系统，为方便以后新的建设或翻新改型。这个阳台在伦敦皇家园艺学会的汉普顿法庭花园展出；
- 食物生产的类型：室外水培种植水果和蔬菜生产；
- 产品的用途：居民食用；
- 主办方：“首都种植”项目和Sustain组织；
- 资助：伦敦市长；
- 项目团队：伯恩和维尤恩建筑事务所，哈德洛农学院的斯特凡·乔丹（Stefan Jordan）和学生们。

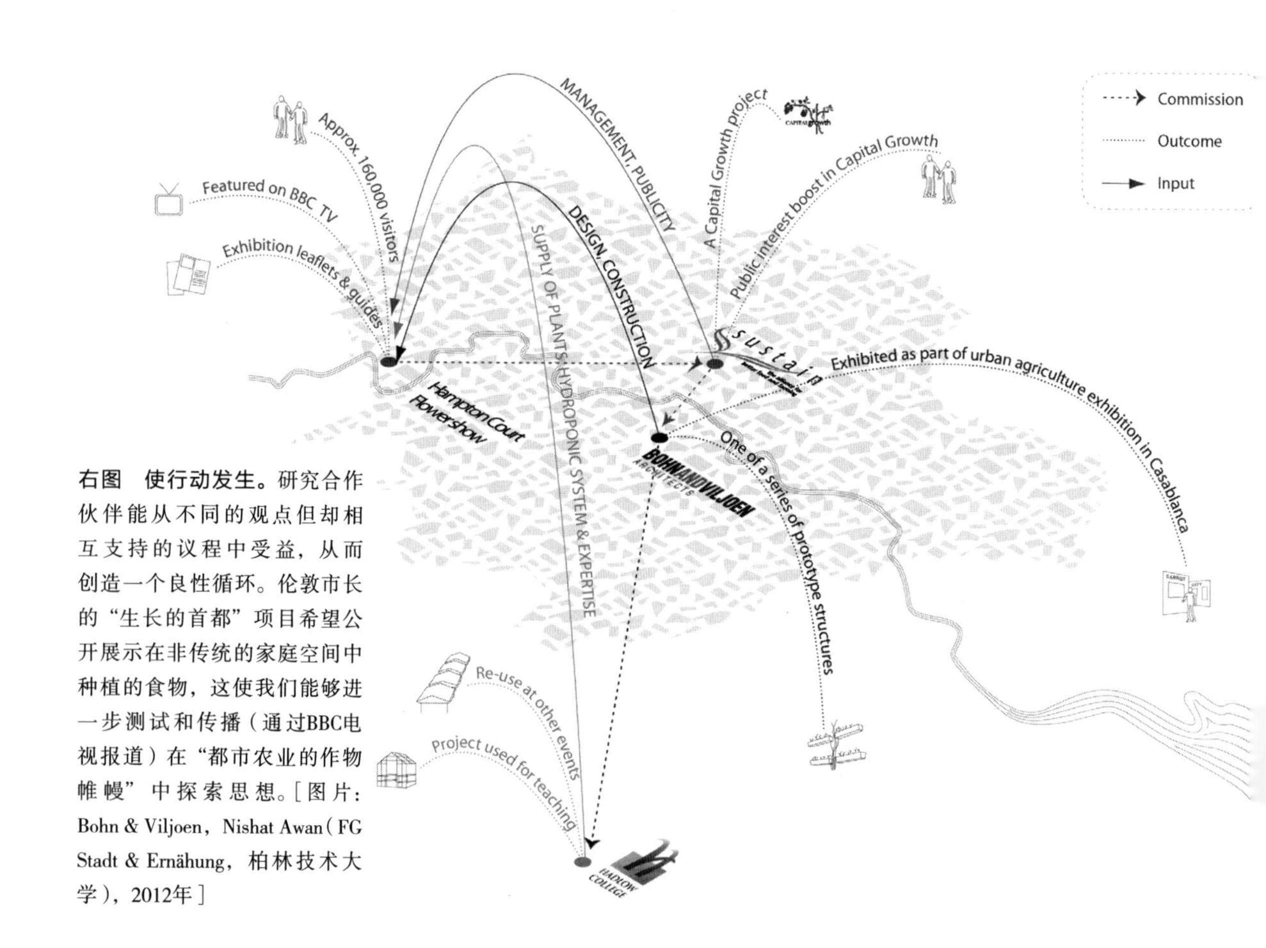

右图 使行动发生。研究合作伙伴能从不同的观点但却相互支持的议程中受益，从而创造一个良性循环。伦敦市长的“生长的首都”项目希望公开展示在非传统的家庭空间中种植的食物，这使我们能够进一步测试和传播（通过BBC电视报道）在“都市农业的作物帷幔”中探索思想。[图片：Bohn & Viljoen，Nishat Awan（FG Stadt & Ernähung，柏林技术大学），2012年]

左图 模块化系统。其目的是开发一个系统，安装起来并不比洗衣机难。阳台的结构简单，便于调整和物理扩展。为了延长生长季节，或者如果气候需要的话，框架可以装上玻璃变成一个小温室。

上图 享受阳台空间。这些多功能阳台为在没有土壤的小城市空间密集种植食物提供了新的思路。该设计采用了水培生长系统，适应需要高产量和最少园艺时间的城市生活。在室外环境使用水培种植是不寻常的，因为其更适用于室内环境。

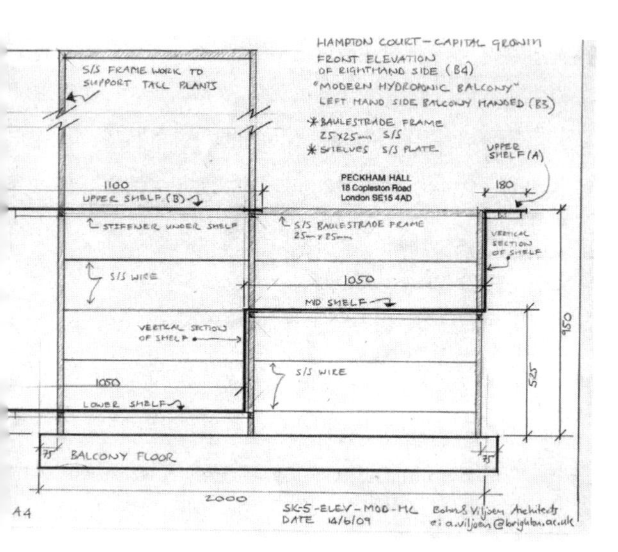

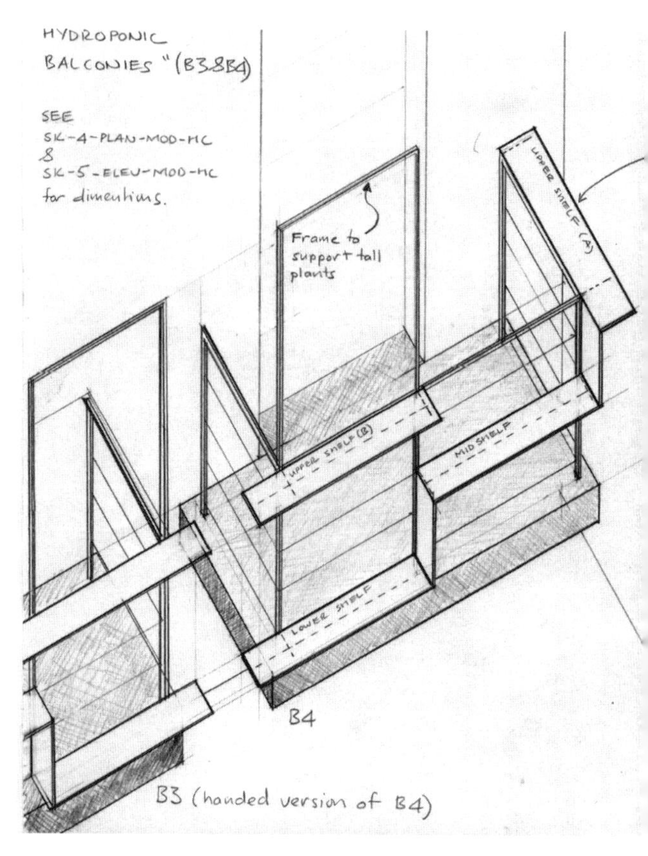

上图和右图　在那里工作。这些设备采用行业标准组件，安装在定制的阳台栏杆框架上。不锈钢的使用反映了这一项目的低维护性。

右图　将渴望、使用和行为融为一体。良好的阳台应能满足人们对新鲜空气、光线、景观的渴望，有时还应顾及隐私。食物种植空间不需要干扰阳台其他用途的使用，如图所示，植物可以用来控制透明度和遮阴度。

左图　为多样化用途而设计的阳台：如果居住者不想种植食物，种植园主的支架可用来放盆、杯、书等，或更传统地用于种植观赏植物。高耸的植物的垂直框架也可以用来支持遮阳篷或遮阳屏障。这张照片显示在汉普顿小区花园展览的原型结构。该结构没有设置最低限度的栏杆以防止物体意外地从种植架上掉下来。

评注

对变化的研究可以在许多尺度上进行。在生长季节，这个小空间可以提供日常沙拉和一些蔬菜需求。露台的设计目的是为了尽量减少泵送植物饲料的需要，通过种植机安装支撑物，使饲料可从高处排水至低处。整个水培系统在将来可以连接到雨水收集系统，从而避免使用经过加工的营养素而成为“有机的”生产方式。或我们可以把它开发成将鱼缸集成在一起的鱼菜共生系统。

与其他都市农业行动相比，阳台是可视化的，代表了最小的城市容量之一。自下而上和自上而下的行动在该项目中比较少见。实际上，在公寓楼或类似建筑物内的种植需要开发商和居民的支持。

5.4 魔鬼在细节里：食物安全和自给自足的种植系统

霍华德、史蒂芬和维克多

最近的一些研究指出，许多城市，特别是欧洲城市降低了食物安全。大多数欧洲公民，包括近80%的英国公民生活在城市地区，他们的食物安全问题日益引起关注，一些研究也在关注城市生产食物的潜力——至少可以部分满足城市的食物需求。这些研究把我们的生活空间分为三个区域：城市（1区）、城市周边地区（2区）和农村腹地（3区）。1区一般被形容为较高密度的住宅/商业地带，其中的住宅花园、天台和一些市政设施区，这些地区是只能提供有限的食物生产空间。2区具有更大的食物生产潜力，其中有大量住宅用地、工业区和大片未使用土地。

本章介绍了可以应用于城市（1区）或城郊（2区）地区的不同的生产和种植方法。我们探讨了水培园艺、水产养殖和保护性种植的设计，这些设计适合于在现有基础设施内或有限空间内种植食物并获得最佳产量。水产养殖和保护性种植的原则也可适用于建设综合系统，如城郊商业性企业的小规模建筑里的综合水培。

最大限度地提高产量基线的保护性耕作

由于缺乏文件记录的评估，对城市和城外食物生产的产量了解是有限的。其中一位作者回顾了已发表的数据，大多数沙拉/蔬菜作物每年的产量从每公顷20～40吨不等。有证据表明，室内作物（如温室）的产量通常是类似的田间作物产量的10倍。类似的结果不仅仅适用于玻璃型的温室，聚乙烯的温室种植西红柿也得出同样的结论。此外，当地气候、土壤条件和管理也可能影响产量。但是，保护性种植的增产并不一定得到保证。当务之急是调查清楚整个城市和周边地区的保护性种植的可供选项。多年来，简陋的“聚乙烯管道”一直被用于保护性园艺，种植沙拉用蔬菜等。但是我们希望有更新的具有商业价值的保护性种植系统设计。

城市保护性耕作系统的设计方案

最适合城市地区的保护性种植设计是：

- 性价比相对较高；
- 随着土地需求的变化容易建造和拆除；
- 设法优化内部的生长环境：保护性种植的一个主要优点是能够延长作物的生长季节。

我们还对“聚乙烯管道”覆盖系统感兴趣，这种系统可以改善通风，从而减少作物的疾病和降低虫害的风险，这将减少对农药的投入。这里不考虑玻璃型的温室，因为它们的建造成本相对较高，尽管它们的长期成本效益在其他地方得到了好评。在本章，我们回顾了适合的聚乙烯管道设计，其细节将在下面讨论。这些新的聚乙烯管道需要设计成合适安置在工业性建筑之间，那是一片相当小的土地。这些地点的缺点是空间狭小，且被建筑遮住了阳光。但是工业建筑的屋顶雨水收集系统可以提供灌溉用的水。

城市和城郊食物系统中的水产养殖

水产养殖在安装有雨水收集储罐的地方有着明显的发展潜力。据英国哈德洛农学院的尼克·皮尔庞特（Nick Pierpoint）称，鲤鱼（Cyprinus Carpio）具有普遍的适应能力，食用各种食物废物，因此特别有希望成为城市水产养殖的主要对象。鲤鱼能够适应较广泛的水环境：温度为23～30℃，pH值为6.5～9.0。在温带地区，鲤鱼在2–4个饲养季节后体重可达1～2公斤。鲤鱼可以忍受相对较高的放养率，而不会减少先前的体重增加：如卡拉卡图里（Karakatsouli）等人所报告，体重约为100克的鲤鱼，放养率可高达每升水2.6公斤，相当于每立方米的水可以养85公斤的鱼。事实上，对于所有水产养殖物种来说产量还受到水质变化的影响。这就需要特别注意从屋顶收集的雨水质量。据报告，其他开放空间农田式的水产养殖项目产量乐观，例如每公顷养殖场可以养殖55吨黄鳍鲷（斑纹脊椎动物）或92吨鲑鱼（沙门科）。这里讨论的问题是，是否有可能在城市养殖点也实现同样的产量。我们假设一个10m×5m×2m（$100m^3$）的雨水罐中养殖温带鲤鱼，并根据上述养殖数据（即每立方米水养殖85公斤鱼，养殖1年后进行收获），每年每池约1000~2000公斤的产量似乎是合理的。如果我们考虑英国已知的人均鱼消费量（被称为每周217克，2004），相当于人均每年约11公斤，并考虑到预计产量损失（约20%），那么实际的鱼肉产量可能是每个雨水罐800~1600公斤。在我们的估算看来，一个雨水储罐每年可能为大约70~140人的饮食做出贡献。

保护城市和城郊园艺的水培系统

在这里，我们几乎不需要再证明水培系统对园艺作物管理的重要性，因为现在已有大量的成功记录和正在进行的研究，特别是对于番茄种植、矿物质相互作用和质量问题的研究。当然，还有其他作物，如西葫芦类[①]蔬果。水培的使用被认为特别有益于城市和城郊地区，因为那里的水供应有限，水培已经被证明在这些地区具有发展潜力。由于受物种选择、管理策略和环境条件的影响，目前我们很难估计通过水培种植获得的水果和蔬菜产量。

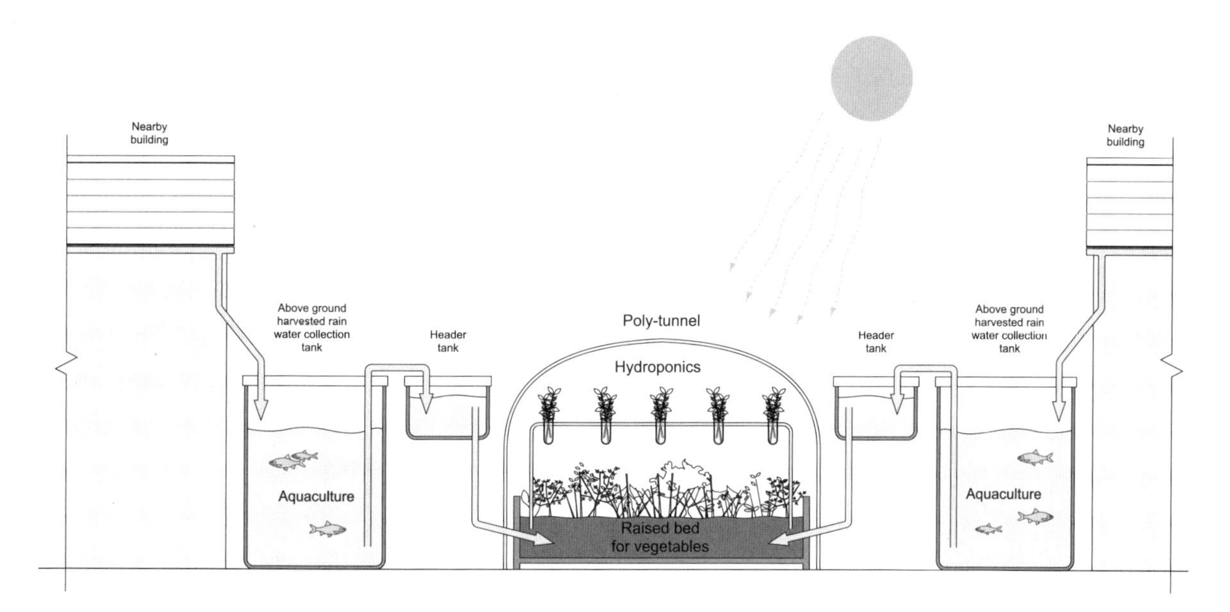

图1　鱼菜共生系统。城市或城郊环境中的鱼菜共生系统的概念设计图。［图片：Howard Lee（由Ian Bailey和Bohn & Viljoen建筑事务所重新绘画），2012］

① 主要种类为笋瓜（winter squash）和西葫芦（summer squash）。——译者注

城市和市郊地区的水产养殖和水培园艺共生系统

收集的雨水既可以用于养鱼，也可以用于园艺生产，这类系统被称为“鱼菜共生系统”。我们进行了一些调查，发现了一些在商业上非常成功的例子。例如“生长的力量”和在密尔沃基的“甘甜的水”，这两个章节在本书其他地方也提到过。我们认为，在城市和城郊的各种规模上都可以生产水培产品，因为我们已经有从微型的家用到商业性的生产装置。

图1显示了一个小规模的鱼菜共生系统设计的草图，位于建筑物的中间，以避免周围的建筑挡住阳光。其中高于地面的雨水收集系统的雨水鱼缸位于建筑物附近的不太有用的空间。由于地下蓄水成本相对较高，因此不被考虑用于本养殖系统。

聚乙烯管道将通过以下方式种植蔬菜和一些水果：

（1）直接种植在地面上；

（2）在凸起的种植床上种植；

（3）水培。

在所有情况下，灌溉用水都是从雨水鱼缸过滤后的水。要考虑这种水的一个关键问题是微生物的数量，因为用这种水灌溉生吃的园艺作物（如沙拉用植物），将会对人类的健康产生不良的影响。对水培沙拉植物中的微生物的研究已经有了一些进展。有的研究认为这是水培技术的一个潜在的问题。目前，有大量工作致力于利用植物来净化修复园艺用水，特别是净化修复从水产养殖到水培园艺循环的水。一些地方使用芦苇（芦苇属植物）来修复水质，但有迹象表明，修复过的水中的硝基苯单胞菌的分离株仍然存在。当然，通过紫外线处理和臭氧氧化，很容易将这类有机体从水中清除出来。

如果空间允许，我们可以把水产养殖池放在聚乙烯管道内。通过改善环境条件，我们可以将养殖鱼类的范围推得更广，如可以养鲶鱼（Ictalurus Mactatus）或罗非鱼（Oreochromis Niloticus），后者作为食用废弃蔬菜的食草动物对鱼菜共生系统特别有用。

用于城市及城郊的聚乙烯管道的理想设计

目前最常用的聚乙烯管道设计是将聚乙烯片铺在半圆形金属箍上。这些管道内的环境日益受到以下因素的不利影响：温度波动、缺乏通风和相关的冷凝设备、较高的相对湿度、相应较高的病原体感染风险，特别是真菌感染的风险。利用新的覆盖物来设计管道是必要的。我们可以使用现有的箍，但应该有更好的通风和生长条件。这里回顾两项发展：

弗恩管道系统

这种管道由德国制造（Voen，2012），薄膜条安装在一个重叠的结构上，类似于瓦片屋顶，并缝合形成一个网。薄膜条对风的反应灵活，对风的阻力非常小，这样管道内就有良好的空气循环。这样的新型管道不仅自动通风，还能排除鸟类、果蝇等害鸟害虫。

海格罗夫系统

海格罗夫系统通过将永久脊级通风口（permanent ridge level vents）与由电动机提高的侧壁结合起来，力求克服热应力、内部冷凝、高湿度和通风不良等问题（Haygrove，2012）。该系统需要电源和计算机辅助才能做到控制环境。海格罗夫系统的优点是，可以完全排除鸟类进入管道，在建造时我们可以选择光谱滤波塑料覆盖层，以适应作物的生长。

我们客观地介绍了这两种聚乙烯隧道的设计，我们想强调，现在已有新的和更好的覆盖技术，可以而且应该考虑用于城市和城郊的聚乙烯管道的生产项目中。这些系统的收益率尚未确定。这两种覆盖物最初都是为保护果树而开发的，例如樱桃。这两种新方法在保护性的管道中的应用还处于早期阶段。新的覆盖层的寿命是不错的：例如，弗恩覆盖期估计为6~8年，这要视护理水平而定。与此形成对比的是，大多数聚乙烯保护膜的使用时间为三年。而且聚乙烯保护膜不利于光线穿透；随着时间的推移，保护膜也会越来越容易磨损。

在城市和城郊地区安装的新的聚乙烯管道设计

聚乙烯管道关键的生产要素可能是：

1. 管道的大小：管道的金属箍可以支撑大约6~9米宽度的聚乙烯管道，管道长度可以适当调整，以适应零碎的城郊场地和现有的建筑结构。

2. 发展速度：这类管道可以方便、迅速地安装。

3. 灌溉蓄水：从附近建筑物收集到的雨水可以储存在地上的水箱，这是一项成熟的技术。这些水将用于鱼类养殖，然后再用太阳能泵把水箱里的水泵出来，用于聚乙烯管道作物的灌溉。

4. 土壤污染：如果场地土壤未受污染，则可使用地面种植或凸高的植床种植。如果土壤受到污染，那么我们可以挖掉受污染的土壤。我们也可以让受污染的土壤留在原地，土工布把污染的土壤与植床里的土壤隔绝，当然我们可以干脆用水培种植。

5. 种植管理：一旦安装了管道，我们就可以建立一个为期一年的生产体系，这比无保护性种植要复杂得多，但产量更高。

结论

新的聚乙烯管道设计与水产养殖相结合，对城市和城郊的食物安全有着深远的影响，能达到以下目的：

1. 从较少的空间获得更高的收益——这是一个重要的考虑因素；

2. 减少极端天气对作物生产的影响——而这些极端天气被认为是气候变化引起的；

3. 为种植庄稼的人提供更好的工作条件。

不过，最重要的是向当地的都市农业相关群体展示，利用这些新技术，食物产量能够迅速而有效地增长。对于那些对种植蔬菜或养鱼知之甚少、但又关心并希望改善食物安全的人来说，需要建立对新技术的信心。都市农业相关的团体需要经验丰富和技术熟练的园艺家和水族师从设计、管理到收获的建议和指导，以帮助他们在城市或城郊建造保护性的食物生产系统。

保护性种植和水产养殖将是更好实现城市和城郊食物安全的关键技术。我们需要对新的保护性管道和鱼菜共养系统进行评估，以确定其基础产量和管理上的优先次序。

5.5 替代食物网络是食品转型的驱动力：城市的角色

詹卢卡·布鲁诺里（Gianluca Brunori）弗朗西斯科·艾科沃（Francesco Di Iacovo）

替代食物网络反对将本地食物变成全球化食物；反对生产者和消费者之间直接联系的透明性变成产品来源的不透明性；反对手工加工的食品变成工业加工的食品；反对园艺变成基因工程；反对可持续的消费模式变成大众消费的模式。替代食物网络得到了越来越多的研究人员和学者的重视，这与该网络能否为新的愿景创造具体成果，能否为替代性经济创造空间有关。替代食物网络具有双重身份：作为社会运动的先锋和经济活动的改革者。这种双重身份的特殊性让替代食物网络的操作原则和做法能适应不断变化的新情况。

20世纪80年代初，替代食物网络的发展以"抵制现代化"为目标。面对现代食品商品化、专业化和规模化的势不可挡的趋势，一小部分的农民群体——其中大多数来自城市，寻找以当地农场及其产品为重点的替代性商业模式。他们将这些替代性的模式付诸实施，使其产品和服务的范围多样化，并使生产过程的一些部分，如饲料的生产、加工、销售等重新本地化，这在农村社区的复兴中发挥积极作用。这一过程被认为是农业在当地社区和当地环境中的"重新嵌入"；这一过程被认为同样是由现代化驱动的，但却是朝着相反方向发展的。这些农民最重要的盟友是那些寻求能替代现代工业食品的传统食物的消费者群体，他们想要用传统的食物替代工业化的食品。这些消费者从那些想要追求与他们的消费风格和理念相一致的人，到寻求健康和自然的生活方式的富人，到寻找美食的专业人士，不一而足。这种商业模式主要在偏远的农村地区发展。事实上，这些地区没有完全变成"现代化"，因为它们没有运用主流的技术和组织模式。正是由于这些地区的"自然性"，它们现在已经成为现实农村多重功能的新需求的希望之地。20世纪80年代末的一些政策将这些商业模式确定为农村发展的关键，因为它们可以根据农村地区特有的资源，如自然环境、传统文化、社会资本等因素来开拓市场，这些资源只要调动起来，以巩固和发展地方经济。"有机食品"和受保护的"原产地"标签为这些地区扩大市场铺平了道路。这些地区创造了一个制度空间，新的加入者不一定要与发起人有相同的价值观，因此很多新的加入者仅仅将这种发展模式作为一种商业模式，视其为经济机会。随着人们对有机产品和受保护产品的需求日益增长，替代食物网络的相关业务受到了越来越大的压力。1990年代末到2000年代初期间，许多学者进行了大量研究，以搞清楚替代性企业的竞争力来源。学者们认为替代性企业的竞争基础是"利基市场"——利用市场中出现的"结构性漏洞"来获取小众市场空间。根据这种说法，基于利基市场的替代性生产模式将在界定明确的消费者群体中找到一个合适的市场，这些消费者愿意为他们想要的高质量的产品付出更高的价格。

当替代食物网络取得成功，并开始吸引传统商业的注意时，一个新的阶段开始了。有机食品和优质食品已经越来越多地进入超市货架。基于"另类"价值观的专卖店也正在蓬勃发展。为了满足超市的需求，一些农民的注意力已经从实现当初的理念价值转向商业利益。随着一些农民的合作组织进一步集中，规模化、集中化和专业化的发展模式也在这一领域得到巩固。越来越多的批评认为，目前我们现有的食物供应链内部的整合已经使替代食物链失去了"传递不同价值"的能力，因为现有的食物供应链控制了与消费者的沟通。虽然这些现有的食物链利用了替代性的理念和符号，使之与产品相关联，但却将它们嵌入到不同的意义系统中，因此使替代食物网络无法实现它们改变现实工业化食品体系的潜力。

为了应对这个"常规化"的过程，采取了多种途径。一些农民通过开发"优质产品"深化小众市场的做法，其高价格与选定消费者的激进理念相关联，例如慢食产品。这种解决方案在一定程度上恢复了沟通的有效性，但限制了变革的潜力。事实上，对这类产品需求的主要是消费精英。

另一种反应则完全不同。一些农民和组织以“负担能力问题”和制定“日常食物”概念为重点，推动了新一代的替代食物网络的产生，加强了“替代食物网络运动”的大众化。他们主张从更广泛的世界观（例如购买和食品准备习惯）重新定义消费，重新思考食品质量的含义，重新排列与食物和食物链有关的优先事项和价值。这也意味着需要消费者的积极参与，共同为建设物美价廉、大众负担得起的食物的替代供应体系开辟道路。

替代食物网络会变成霸主吗？

替代食物网络作为社会运动和经济活动的“双重身份”，有助于将对其的研究纳入转型研究的领域。这一研究领域分析了社会技术系统的演变，以搞清楚社会变革的途径和驱动因素。社会技术系统有三个层次：微观层面（nich）、中观层面（regime）和宏观层面（landscape）。该研究认为改革的机会和关键点可以在这些不同层面的技术系统之间的接口上找到。特别是，转型研究将利基层面视为试验室，以测试创新的社会技术子系统，这些子系统可能被整合到更高的层次上；同时，由于景观层面变化的影响，政治制度层面

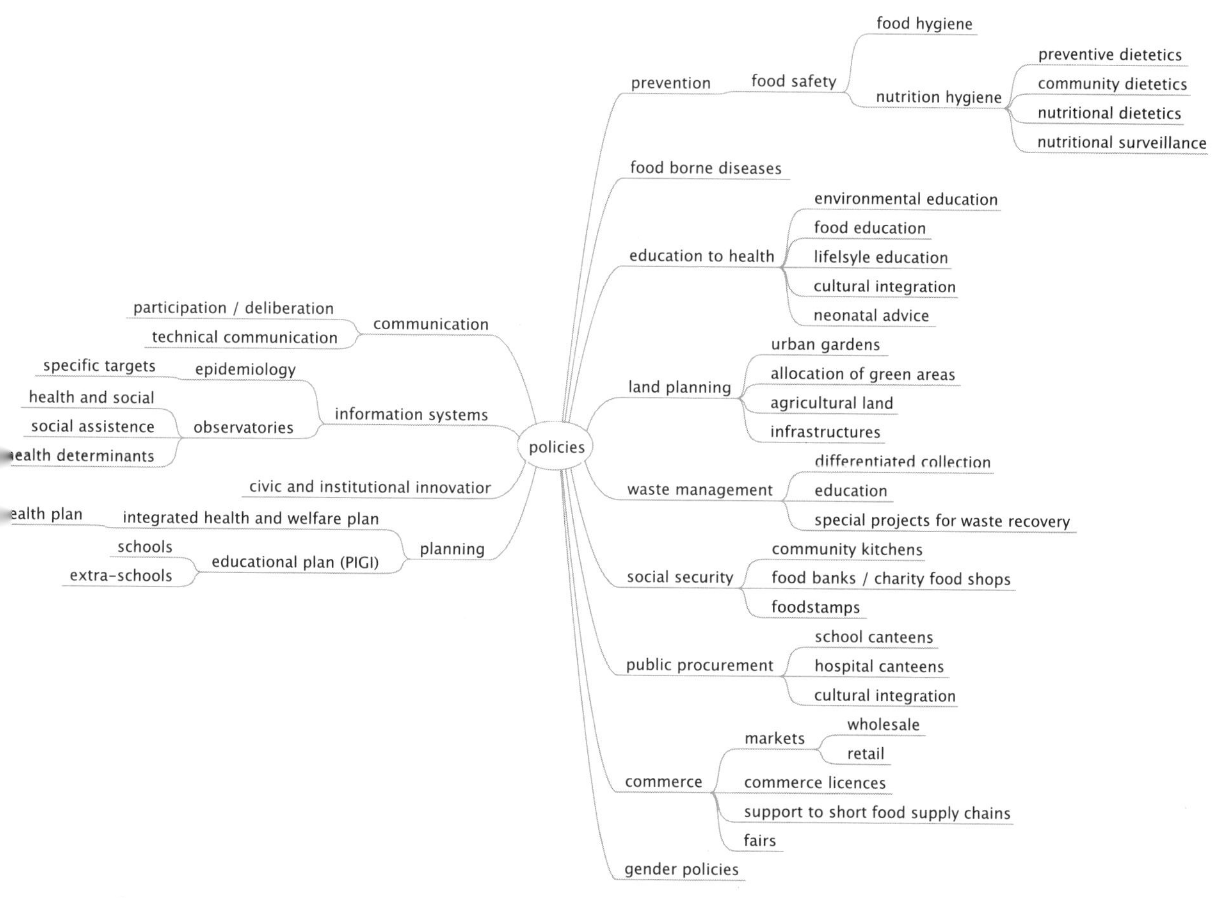

图1　食物与政策。与食品有关的行政权限概念图。

无法解决社会内部出现的问题。该观点认为，替代食物网络被视为促进向可持续性转型的利基实验室，并希望政策创新能够解决这一问题。事实上，该研究以明确的实践处理经济、生态和健康问题。

在考虑替代食物网络作为转型驱动力的重要性时，城市和地方政府的作用成为一个关键方面。德山（Postukuchi）和考夫曼（Kaufman）在其开创性的文件中指出，“食物系统与地方经济的健康、地方土地的使用和运输、农业用地的保护、城市的固体废物问题以及当地的水、空气和土壤的质量有关”。城市是消费和社会运动集中的地方。消费模式的改变可以极大地改变城市的组织方式。因此，在向国家层面推广之前，城市可以作为测试技术或社会创新的场所。城市也可以作为国家政策层面的接口，消除阻碍系统创新的障碍。

伴随着现代化的进程，食物在城市政策中失去了中心地位。技术发展使食物消费独立于其生产地点，导致食物供应被视为“理所当然”。超市在组织、分配食物方面替代了市政当局的作用，与食物相关的各个方面（卫生、环境、规划、商业等）的权限分配在不同的行政机构之间，并保持独立。直到最近，我们才重新发现食物网络在创新城市可持续发展战略中的关键作用。制定食物战略的城市数量也在迅速增加。一般而言，城市食物战略基于以下四个步骤：

1. 提高对食物问题的认识；
2. 促进有关食品问题的研究；
3. 确定优先事项；
4. 制定行动计划。

这些战略在城市规划领域特别富有成效，例如密尔沃基的都市农业、米德尔斯堡的都市农业项目或柏林的Spiel/Feld Marzahn的例子。

我们认为，替代食物网络可以通过以下三个方面为城市食物战略的成功做出贡献：

1. 框架层面：这是消费者、公民和管理者感知和设想他们的环境的方式，也是他们为自己的行为辩护的方式。

2. 规范性和标准性规则层面：其中包括与食物直接或间接相关的规则。规范性规则意味着社会制裁和奖励，标准性规则意味着法律制裁和奖励。例如，营养规则是规范性规则，因为它们不影响人们的自由，但一旦体现在学校菜单中，可能会成为标准性规则。

3. 物质和非物质的基础设施层面：如微观层面的组织工作、交流网络或法律框架。

在这方面，执行城市食物战略的方式至关重

图2　种植都灵城。（解释性摘要）

	行动U+D：自下而上和自上而下	行动VIS：可视化的效果	行动IUC：都市容量清单	行动R：研究变化
框架	重新定义都市农业和城市内的农业用地	由公众来绘制实际上有生产潜力的公共土地 团体主办的项目推动	市内公共的和私人的土地清单 所涉主要行为者及其内部资源地图	将城市规划与粮食政策联系起来 从更广的角度看城市的可持续性
规则	为调动市区及城郊公共土地规划而设的公共菜园规划及程序	市政当局正在重新定义在城市规划中的土地利用问题	确定市政当局和民间行为者在粮食和土地使用方面的权限	如何将城市土地利用问题引入城市政策
基础设施	协会和公共机构之间的组织框架 公民–公众就更好地利用绿色生产区的城市战略达成协议 地方短期食品供应链倡议	设计一个园艺和生产领域的网络	利用网络来连接地方行政当局、民间社会、商业和知识工作者的行为者，以及交流想法和信息	都灵市、比萨大学和地方协会之间的书面谅解备忘录

要。在以下段落中，我们将测试建设CPUL城市的行动方法，以此评估城市食物战略的执行在多大程度上有助于制定新的框架、规则和基础设施。

替代食物网络和城市战略：两个案例研究

为了反思有关地方规划在粮食转型中的作用，我们研究了两个案例：比萨食物计划和都灵的“城市生长”项目。这两个城市都在现代化进程中破坏了其古老的食物文化。在这两个城市，替代食物网络在20世纪80年代末已经发展起来，其关注点是小型多功能农场、当地的生物多样性和有机生产。当时提出的“食物质量的转变”是第一次尝试重新定义“食物”的概念。在这两个城市，替代食物网络为创新项目和组织生产者与消费者之间的新关系提供了机会。经过一段时间的实践，当时激进的举措变成了“常规化”的举措。这种被认为是“常规化”的做法激励了当地的食物运动和创新项目的参与者，带动了新的创新浪潮。他们引入了一些新的做法，如社区支持性的农业团体（CSAs）、组团采购集团（GAS）和社会农业项目。这两项案例的研究说明了城市战略如何将各种举措，如农民市场、社会园艺、教育活动、公共辩论和关于具体食物问题的运动联系起来。直到目前为止，这些倡议是相互独立开展的。越来越多的倡议开始让人们思考食物及其对生活带来的影响。与此同时，这些倡议施加了改革体制的压力，为重新设计新的框架、规则和基础设施开辟了道路。

都灵的“城市生长”项目

都灵，是菲亚特公司的总部所在地，是意大利最重要的工业城市之一，也是近几年来人们对食物的兴趣增长最快的地方之一。“慢食运动”在都灵的一个老菲亚特工厂的展览中心举行两年一次的“Sone del Gusto”会议。“Sone del Gusto”会议使该市在国际上享有高质量食品和创新食品生产和分配模式试验中心的声誉。该市有欧洲最大的食品市场之一——波尔塔帕拉佐市场。该市场曾经是一个传统的市政市场，在那里人们可以找到各种各样的特色产品。现在，它是一个重要的旅游景点。都灵也是伊塔利总部和其第一家商店所在地，伊塔利是意大利最大的传统食品零售店。都灵最有影响力的报纸——《拉斯坦帕》（la Stampa），每周都用一个版面来定期宣传慢食思想。

都灵的替代食物网络的活力促使“政权”中的一些重要角色改变他们的策略。坎帕格纳·阿米卡（Campagna Amica）是由当地最大的农民组织，是科尔迪雷蒂（Coldiretti）发起的一个协会。该协会开始将教育和经济活动结合起来，促进城乡之间的对话。2000年，省级行政当局开始支持地方组团采购小组，以及与城郊多功能农业和食物生产有关的若干创新项目。所有这些举措都有助于食物网络的转向，在公共机构和经济部门中引起人们的政治兴趣。在1998～2008年期间，食物行业是唯一增加就业的行业，而城市的关键产业——汽车业失去了20%的员工。

正是在这一新环境下，在《欧盟智能城市和社区倡议》的框架内，都灵的“城市生长”项目启动了。这一倡议支持各城市和地区采取雄心勃勃的措施，通过可持续地生产和利用能源，到2020年将温室气体排放量减少40%。都灵的目标是振兴城市农业，以更好地利用城郊土地，并提高城市可持续性。在该项目中，都灵市政府与当地民间社会组织（CSOs）和Coldiretti组织举办了第一次会议，目的是探讨如何使用城市内部和周围地区公共土地的问题。会议期间，该市的技术人员提出了发动该项目的想法。市政府第一次尝试对市政、公共和私营农业地区的资源的总量进行量化和分类。在当地利益攸关方的投入下，市政当局开始对该市进行更广泛的盘点，包括传统农业、社会耕作、城市集体农业、农业旅游或城市森林发展的情况，以及它们捕获城市二氧化碳的潜力。参与的民间社会组织启动了一项创新型的远景规划工作，以确定某些领域问题的解决办法。Coldiretti动员其成员支持这一倡议，并使他们认识到城市对改善食物系统方面的需求不仅是在食物供应方面，也是在文化举措和战略规划方面。该项目已经取得了一些重要成果。经济上可持续发展和专业项目的结合为该市的中年失业者提供了就业机会。都灵市政府批准了一项建设公共花园的计划。都灵城、Coldiretti和比萨大学之间的一项研究协议正在制定之中，以配合这一变革的进程。目前该市各方面正在讨论更详细的城市规划，以更具体的措施将城市地区的可持续性与邻近的农村地区联系起来。

比萨省的食物计划

在20世纪90年代初，比萨省的农业受到葡萄酒行业和农业旅游业的推动，并得到了新的农村发展政策和区域行政机构对多功能农业的大力支持而实现了“农村复兴”。由于这种复兴的影响，有机产品和特色产品的直销在过去的20年里迅速增长，形成了一种基于多样化和与客户紧密沟通的商业模式。新的农业商业模式提供越来越多的服务，例如护理、教学、生物多样性保护和环境管理等。比萨市是一个大学城，学生和学者集聚；它有一家大型医院，为周边城市提供服务，并为许多专家服务，在区域和国家层面上吸引客户。比萨也是一个旅游小镇，因为比萨塔每年吸引数十万游客。因此，它是利基产品的理想销售地，农产品直接从农场或专营商店出售。

近年来，该市出现了另一种趋势：组团采购小组（GAS）的出现。这是消费者基于自愿发起的替代食物网络，以及与食物、健康和环境有关的主题的交流平台。GAS涉及到越来越多的家庭和农民。2012年，该省统计，该市约有20多个GAS，每个GAS约有50个家庭。GAS为这个城市创造一种替代性的饮食文化做出了很大贡献。参与GAS的农民逐渐塑造了他们作为“公民农民”的形象。由于他们的沟通能力和道德特征，他们充当了改善城乡联系的接口。同样，消费者也逐渐建立了“消费者公民”的形象，参与了GAS供应系统的组织以及相关事件和沟通流程。地方行政当局已开始考虑食品的多面性，将农业、土地规划、卫生和环境等议题联系起来。这一多面性办法得到巩固的领域之一是学校。为满足家长日益增长的对孩子饮食的关注的需求，地方行政当局已采取主动行动，将有机产品和当地食物引入学校膳食。在这方面，比萨省发起了“Piano del Cibo项目”［粮食计划项目］，目的是协调关于食物问题的私人和公共倡议，并促进新的体制安排。自2008年以来，民间社会和公共机构在“Piano del Cibo”的旗下联合举办了若干食物主题活动。在这些活动中，食物、土地使用和环境成为不同社会公民群体的三个敏感问题。“Piano del Cibo”倡议于2011年正式启动，比萨大学和比萨省之间达成了一项协议，通过各利益攸关方对话，实施、监测和评估食物相关的社会和体制变革进程。“Piano del Cibo”组织了特定群体（研究人员、机构人员、生产者、民间团体）的会议，以思考食品问题及其社会和政治影响，并绘制相关专题图。制图工作为规划活动提供了共同的切入点。

图3　比萨食物计划。（解释性摘要）

	行动U+D：自下而上和自上而下	行动VIS：可视化的效果	行动IUC：都市容量清单	行动R：研究变化
框架	在积极致力于创新的环境中将食物、健康和环境联系起来	农业用地的保护，特别是城郊地区概念地图	食品、卫生和环境行政机构之间的信息交流	将城市规划与食物政策结合起来 可持续饮食的概念
规则	市政当局签订食物计划章程	省级行政当局在该省的规划中提到了食物计划倡议。	确定市政当局在食物方面的权限 学校食堂采购标准	如何在公共采购中引入本地食物 饮食规则方面的健康教育信息
基础设施	振兴学校食物委员会 签署食物战略 地方短食物供应链倡议	短食物供应链在谷歌地图上显示	利用网络2.0为工具，连接地方行政、民间社会、商业和知识工作者的行为者，并交流想法和信息	省、比萨大学和分院之间的书面谅解备忘录

一些倡议是围绕更敏感的主题组织的，如城市战略、短期食物供应链和学校公共食堂等。“Piano del Cibo”启动了一个网站，以动员当地行动者并增强其在食物问题上的权能，为地方当局制定相关措施提供信息和支持，并促进积极的讨论。在两份政治性的文件中，“Piano del Cibo”提供了从各种活动中积累的信息：一份载有共同目标和意图的《食物宪章》（关于城市的发展模式、食物安全、可持续饮食、粮食民主和食品计划目标和工具定义的要点等）。另一份是一项确定具体食品目标（关于卫生、食物知识、可持续性、社会正义、创新和组织等）和政治性的《食物战略》。《宪章》和《战略》在网上公布供大众讨论，并在公开会议上提出，最后，比萨省16个市签署了该宪章和战略。

省级政治性倡议促进了地方一级的倡议的产生。在围绕该项目专家的支持下，学校食物委员会与组织学校膳食有关的市镇咨询机构将其活动重点放在健康和可持续饮食的规则制定、教育、地方供应以及有机/可持续食物等问题上。他们制定的一些原则已转化为对餐饮业者的具体要求。比萨市的一个自治区正式批准了这一战略，并决定促进设立一个食物理事会，在商业和文化活动方面发挥咨询作用。

城市策略：从案例中吸取教训

食物正成为城市地区的一个热点问题。城市食物战略，如上面的例子，为食物的新话语开辟了新的空间。在研究了CPUL城市行动方面的这两个项目之后，我们可以看到如何通过激活地方当局和民间/私人行为者之间的密切沟通来建立新的食物框架。这些交流产生了新的概念，然后共同协作将这些概念转化为可以向更广泛的公众叙述的远景。例如，比萨的“食物计划”在人们的观念中唤起了曾经分开的领域之间的联系：食物、卫生、环境和土地规划。整合地方的物质和非物质资源进入新的规划，围绕食物问题重新调整各种政策和行政工具，这些都是与CPUL市行动相对应的战略的一部分。

在城市层面，可持续食物网络达成的新共识为设计新规则开辟了道路——从学校到商业监管再到规划。从混乱的马赛克开始，城市战略可以逐步使参与者围绕着各自独立项目的秩序和共同框架的道路共同前进。在一个日益协调一致的框架内，任何新的倡议都有可能将新的行动者联系起来，并导致设想、感知和生活的食物空间的变化。这些举措也为建立新的基础设施作出了贡献。上述的《食物宪章》和《食物战略》确定了为农村发展基础设施提供资金的优先事项。在线平台允许参与者之间进行交流。地方运动、私营企业和当局机构之间的新关系已变为共同的物流和商业上的安排。所有这些地区现在都可以在一个日益有利的环境中更好地处理自己的行动。新的框架、规则和基础设施是新的社会技术体系的组成部分。以食物战略为重点，城市可以成为开放的实验室，测试实现可持续性发展的新解决方案。

5.6 行动前的一刻：CPUL城市概要

伯恩和维尤恩

都市农业设计是一门新兴的学科，而其中更新的是对生产性城市景观设计的国际性探索，即探索如何在全球范围内建设城市生产性景观。同样，如本书其他部分所述，评估项目的措施，特别是在注重质量方面（即社会政治、文化、福祉）而不是数量方面（即产量、土壤/空气/植物/收获类型）的评估措施，才刚刚开始发展。

在许多实践驱动的过程中，人们可以看到这些同时进行的“大大小小”项目中的战略措施和详细情况——从建立蜂巢到设计绿色道路的基础设施，从谈判食品政策到安装阳台种植系统，从建立社区花园到建设屋顶农场等。CPUL城市行动通过灵活、适当的手段来解决这一问题。同时，设计师、研究者、实践者和农民都参与了两类活动：都市农业的扶持及其评估。

为了创造更具可持续性、更有复原力和更适合居住的城市，必须了解都市农业，这既是城市食物系统的一部分，也是更广泛的开放城市空间战略的一部分。CPUL城市行动考虑到了这一点，例如，建议利益攸关方之间进行各种形式的对话，详细清点项目的能力和要求。

本书提出的四个CPUL城市行动对建筑、城市设计和规划最相关的多个步骤和工具进行了分类。如前所述，无论其规模、地点和具体目的如何，它们都可以归纳成适用于每一个项目的四个要点：

可视化，制作清单，协商，跟上速度。

完成的条件

CPUL城市行动是建立都市农业项目的一个工具箱。我们应该确定三个相互依存的先决条件：

- 空间：选择合适的食物种植空间；
- 利益相关者：当地用户希望改善他们获得健康食物的途径；
- 食物：在用户的参与下，可以在空间中种植“足够”的食物。

如果缺少这些先决条件中的一个或两个，则应用这些操作可能有助于生成它们。这些行动的主要用途始于一个或多个利益相关者希望通过改变该城市地区的空间使用方式来改变城市地区的给养方式。这些行动将帮助这些利益相关者——无论是当地居民、决策者、财产所有者还是其他利益攸关方——建立和实施他们的都市农业项目，例如帮助和指导他们将城市空间变成食物生产的空间。

据了解，都市农业活动只是产生都市空间的一种方式。因此，它们遵循一定的社会和物质适应模式，并影响当地食物系统的特殊性。这些过程是动态的和迭代的。并不是每一次尝试都会成功。根据每个项目的具体情况，需要考虑许多不同的参数。这里提供的行动指南可以帮助我们找到正确的方法来筛选备选方案和商定优先次序。

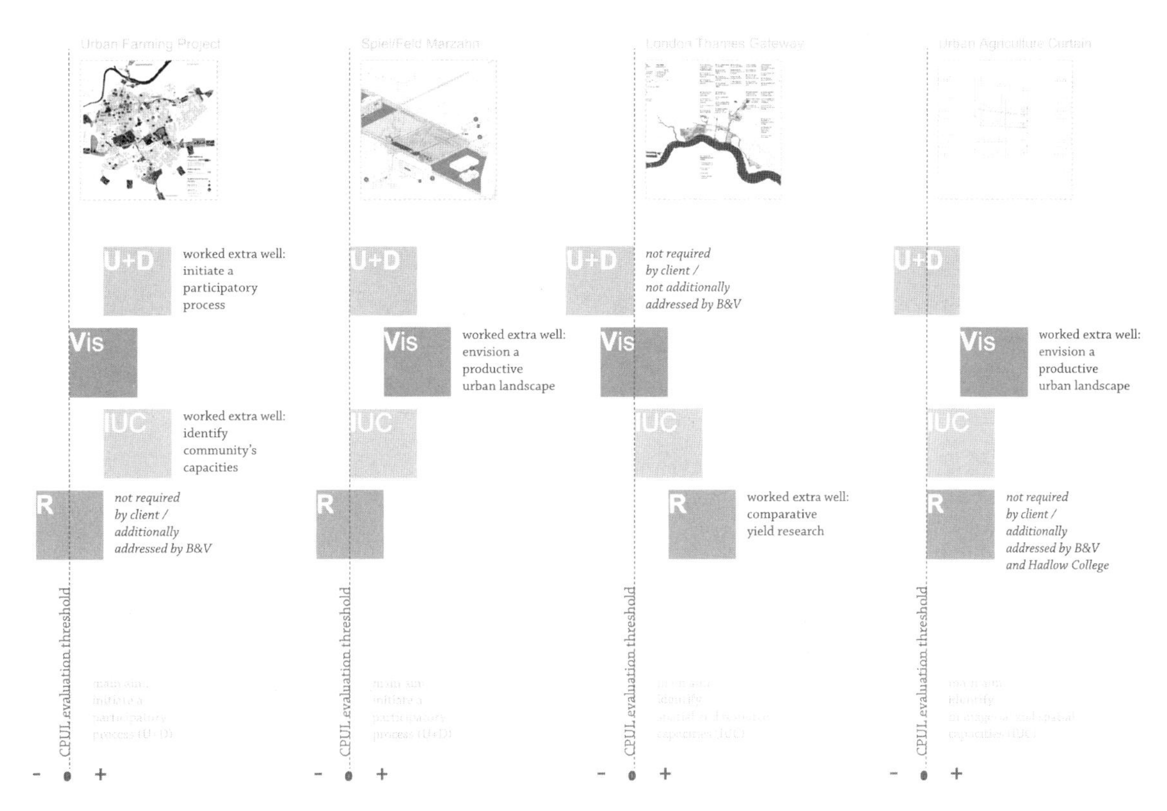

图1　都市农业评估。参照CPUL城市行动观察一个食物种植项目，对照其目标评估项目的成就，并决定今后的优先事项。在本概览图中，我们比较了四个项目的评估结果。

特别是在我们称之为“行动前的时刻”，我们需要用该行动指南来考虑我们的方案。

评估

CPUL城市行动指南也可以作为评估已经在进行的食物种植项目的工具。随着越来越多新兴的都市农业项目参与商业规划、筹资或与市政当局和其他决策者的谈判，这项工作将变得更加重要。

在撰写本书时，我们以两种方式使用这些行动指南进行评估：我们通过研究自己的项目，了解了这四种不同行动之间的相互作用是如何形成的，然后我们使用这四种行动来评估外部项目。例如，R-City项目，一个由法国建筑师协会牵头的项目，探索规划弹性、参与性和地方性的城市生产空间。该项目应用CPUL城市行动指南完成了项目之一Agrocité的都市农业项目建设。在这里，应用“城市容量清单”和“自下而上和自上而下的行动”在讨论巴黎附近的科伦布地区实施一个食品种植项目所需的各个组成部分时特别有用。

最后，让我们来总结CPUL城市行动指南：

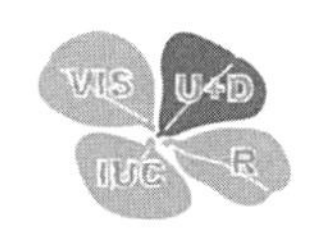

行动U+D=自上+而下

基础设施的建设和个人食物生产项目的建立需要同时并行的自上而下和自下而上的倡议和综合规划。

如果能够依靠当地强大的支持者（不管是积极的和被动的支持者），而且他们定期地参加与城市管理层（例如地方议会或粮食分配系统）的谈判，都市农业项目就有最好的机会将获得长期的成功。项目越大，即项目的基础设施越多，就越需要创建更多的相互依赖关系。

在这一行动中，必须成功实施下列战略、步骤或工具，这是任何都市农业项目所需的：

1. 在项目参与者、地方社区和市政决策者之间建立多重关系，以便为项目建立一个强有力的支持网络。

2. 促进最广泛意义上的当地食物相关集团（即有机种子供应商、连锁超市）之间的对话，以建立能够充分整合具体食品种植项目的封闭式城市食物系统。

3. 举办相关活动，在特定的都市农业场地上召开会议，以增加公众对有形地点的能见度和对其使用的欲望。

4. 共同制定发展规划，讨论和完善合作的目标；规则，设计各阶段的项目，以确报各个利益相关方能共同支持项目的长期发展。

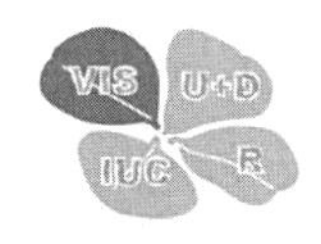

行动VIS=可视化的结果

对于都市农业和生产性城市景观所要达到的质量和目标，如国家土地利用方案等，需要可视化，以说服决策者并提高公众的认识。

把自己的想法和概念可视化是建筑师、规划师和设计师的主要技能之一。这通常是通过设计和观念中相符的模型来完成的。这一过程也可以预测和讨论其潜在结果，即对空间、用户、环境或资金的影响。就生产性城市景观而言，这一行动的范围扩大到参与过程中的一系列都市农业专家和从业人员。可视化要求他们对自己的想法、数据和最佳实践实例的公开和视觉传播，这主要是以展览、设计、模型和在线/纸质传媒/现场演示的形式进行。

在这一步骤中，以下几点是非常重要的：

1. 创建可视化的形象，向公众表述都市农业项目的空间规划、使用方式和环境价值，以便获得公众积极和持久的支持。

2. 宣传都市农业和生产性都市景观作为城市有机装饰的潜力，以扩大公众对什么能构成美丽景观和实现理想生活方式的认识。

3. 在三维的空间和时间上思考问题；以最大限度地发挥城市替代性食物系统的潜在影响；高架床、墙壁、屋顶、篱笆、街道等可以成为食物生产的空间，并充当季节性的记录本。

4. 对基于设计的生产景观的实现提供视觉描述，以提高其在公众心目中的多样性、可用性、耐久性和审美质量。

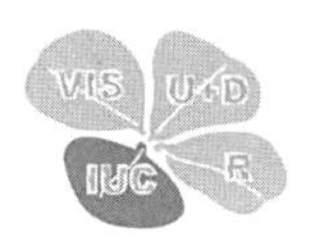

行动IUC=列好都市容量清单

每个地点都需要一份清单，特别是空间、资源、利益攸关方和管理能力的清单，以便对当地的都市农业发展机会作出最佳反应。

北半球都市农业运动的历史相对较短。在都市农业开始阶段，规划的重点是查明（即位置、使用状况、可用性/所有权）和测绘（即面积、太阳方向、土壤质量、污染、水、风、毗邻市场和堆肥）城市的开放空间。近几年来，研究表明利益攸关方的管理和维护能力在食物种植项目中同样重要。此外，我们需要记录现有资源，并将其系统地纳入对生产性都市景观项目的规划和执行。

在这一步骤中，以下几点是非常重要的：

1. 考虑到适合都市农业的实际地点和资源；包括土地、方向（太阳）、土壤、空气、边界、出入交通、供应（水）和所有权等问题，以便建立一个空间目录。

2. 确定项目从启动到建立到长期发展的不同发展阶段的潜在目标和利益相关者，以确保足够的地方性力量来维持项目的开展。

3. 项目以无废物的系统为目标——通过种植，食用，堆肥的循环，最大限度地加强城市开放空间的生态强化。

4. 确定当地的资源和管理能力，将其作为新的经济模式、环境友好型的生产和对城市农民公平贸易的基础。

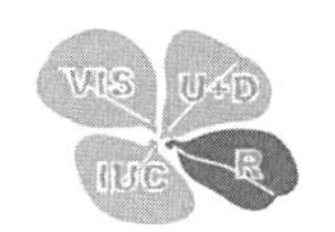

行动R=研究变化

需要不断研究、发展和巩固生产性城市景观的项目和概念，以应对不断变化的环境。

社会和环境条件可以在以下层面迅速改变——地方、区域、国家和全球。都市农业项目要跟上这些发展的步伐，又要坚持CPUL城市的理念，就必须经过反复的评估和演变。理论和实践都应该能够适应变化，并通过了解过去来预测未来。这一行动的主要合作伙伴，一方是大学或其他研究机构的多学科背景的专家和研究人员；另一方是实践中的城市农民。

在这一行动中，以下几点是非常重要的：

1. 保持项目的灵活性和开放性，以便能够迅速从根本上应对不断变化的经济、气候或社会政治等环境，并捍卫都市农业项目。

2. 通过不断探索新的农业研究（植物、产量、土壤、空气）和新出现的城市空间的生产和使用方法，不断巩固该项目——无论是在建的还是仅仅是概念性的。

3. 理解生产性城市景观是作为城市食物系统的一部分，其目标是为具体的都市农业项目及其所在社区的居民创造经济效益。

4. 从战略上考虑城市景观可以作为城市基础设施的一部分。以应对不同的城市条件：住房密度的高低、社区的贫困和富裕程度、城市内部和边缘的绿化程度的高低、社区开放程度的高低。

第三部分

可持续生产性（CPUL）城市知识汇编

1 导论

伯恩和维尤恩

2011年，乔·纳斯尔（Joe Nasr）为“杰克·史密特都市农业纪念图书馆”揭幕。图书馆在“食物分享多伦多”活动期间，展览了“都市农业网络”（The Urban Agriculture Network，TUAN）的一些工作成就。展览展出了大约4000件纸质展品，包括记录TUAN的工作信息的文本、实地说明书和相关文件。TUAN将继续为研究人员和从业人员的工作提供信息。

在一个像都市农业那样迅速发展和扩大的学科中，我们很难搞清楚所有的知识点。因此，在特定时刻的“冻结的框架”——正如杰克·史密特的档案，对我们的研究是大有好处的。考虑到这一点，我们决定将“冻结的框架”作为目前支持CPUL城市概念的外部资源，使其超越传统的学术模式。因此，我们将这本书中使用的所有参考资料收集到一个单一的数据库中，我们概述了它的资料来源，并根据它们的主题区域和年份将它们存档。这也是个与CPUL城市建设有关的数据库。目前，CPUL数据库只列出了本书中特别提到的资源，它们主要来自德国、英国和美国，也就是我们的三个研究案例所在的国家。

都市农业项目大多是以实践为基础的。尽管有很多书籍和论文都是关于这些项目的，但项目之间的信息流大多是无纸化的，同时也是快速的、个性化的和开源的。尽管都市农业在早期给人们的印象是一种边缘的、替代性的、亲力亲为的、有时是“路德的”的活动，但在21世纪，它的传播却一直是广泛的，几乎完全以网络为基础的。例如，2005年的《连贯式生产性城市景观》一书的资料来源中列出了9个传播都市农业的组织。几乎所有这些网站都历史悠久，而且在今天仍然保持活跃。自2005年以来，网络资源大幅增长，美国、英国和德国的都市农业社区几乎都是在线的。因此，CPUL数据库还旨在获取和补充大量的在线都市农业的资源。

本书的最后一部分从五位作者的简短文章开始，他们为2005年的《连贯式生产性城市景观》一书做出了贡献，现在他们仍在积极地参与这方面的研究。大卫·克劳奇（David Crouch）、肯·埃尔克斯（Ken Elkes）、乔治·迪亚兹（Jorge Peña Diaz）、格拉姆·谢里夫（Grame Sherriff）和理查德·威尔特（Richard Wiltshire）回顾了自2005年以来在社区食物种植、具体的城市案例研究、分配租地园艺和古巴的都市农业方面的新发展，最后我们推荐了一些关键的资源和数据。

CPUL数据库以字母顺序列表了500多个资源来源，这也是这本书的一部分。为了对不同类型的参考文献进行排序，我们采用了四种不分层次的类别对项目进行分类。

这四种类型是：

规划类

生产性城市的规划、设计和政策制定。

空间规划类

使用空间、运行项目和从事都市农业的人员所需要的工具性文献。

生态系统类

与自然合作，强调植物、动物和生态系统对都市农业的重要性。

知识类

介绍相关的知识，有助于更广泛地了解生产性城市景观。

ECOSYSTEM

Neighbour

KNOWLEDGE

Lefebvre
Alward et al.
Moore Lappé
Georgescu-Roegen
Schumpeter: History of Economic Analysis
Schumacher
Slobodkin et al.
Schumpeter: Capitalism,
Steinhart et al.
Kampffmeyer Socialism and Democracy
Oppenheimer
Leach
Stanhill

PLANNING

Howard
Eck

SPACE

1978 Cityfarmer network
& later website

Brand: Whole Earth Catalog

1866 1902 1913 1943 1954 1964 1976 1982

图1　CPUL发展时间线路。该图表根据都市农业发展的四个领域，将数据库中的数据可视化。它还说明了在过去20年中，这门学科是如何扩展的。

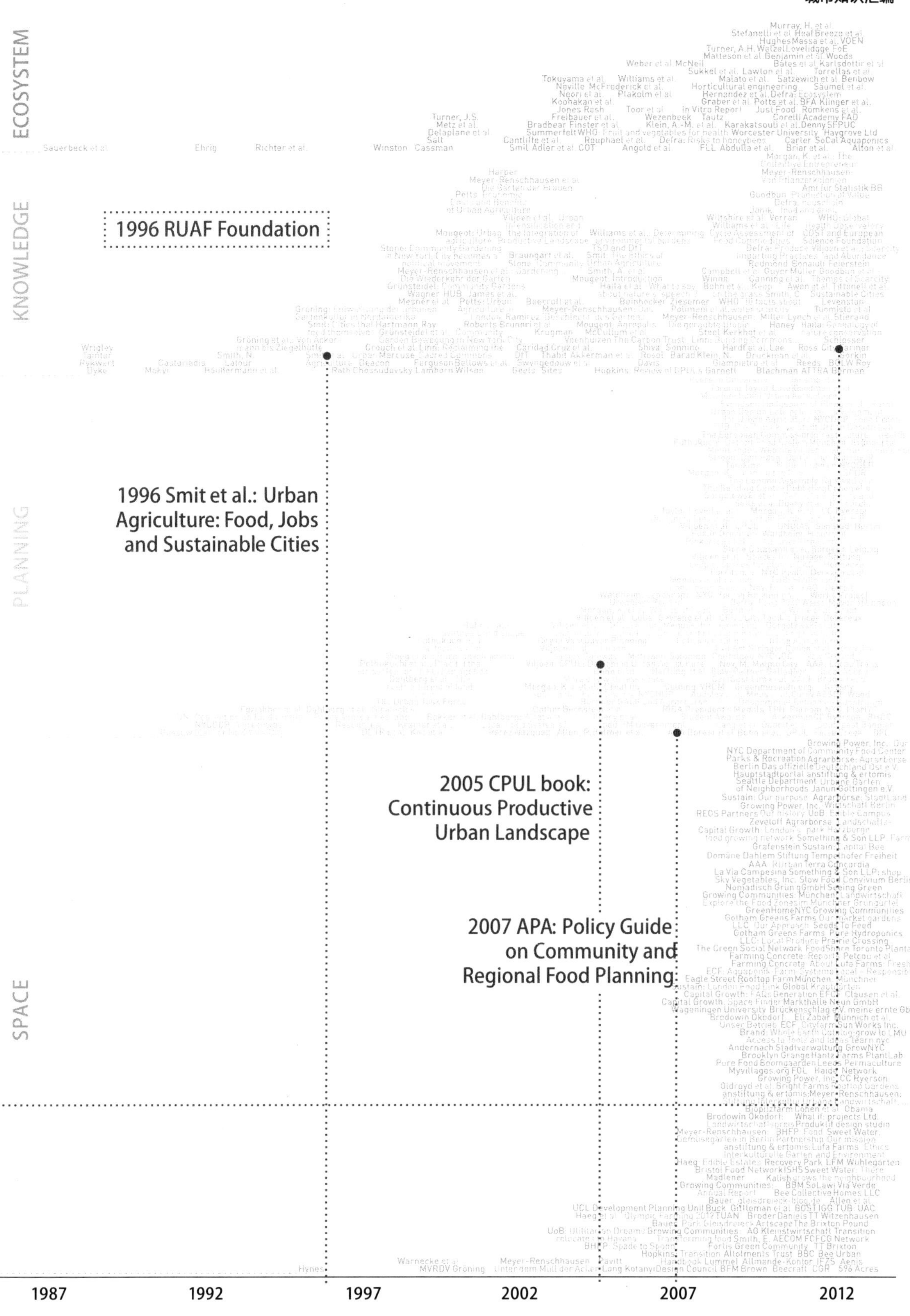
ECOSYSTEM
KNOWLEDGE
PLANNING
SPACE
1996 RUAF Foundation
1996 Smit et al.: Urban Agriculture: Food, Jobs and Sustainable Cities
2005 CPUL book: Continuous Productive Urban Landscape
2007 APA: Policy Guide on Community and Regional Food Planning
1987
1992
1997
2002
2007
2012

2　自2005年CPUL以来发生了什么？

社区种植的兴起

肯·埃尔克斯

早在2005年，我们就强调了英国蓬勃发展的城市农场、社区花园、学校农场和分配租地项目的重要性，这些项目为它们所在的社区提供了广泛的利益。

从这个意义上说，10年来几乎没有什么变化。从工作培训到课外种植护理，当地的都市农业团体依旧为社区提供很好的机会和服务。他们继续充当社会的中心角色，把不同族裔的社区聚集在一起，帮助贫困地区创造一种自豪感。他们提高了社区居民改善个人健康和环境的能力。

目前发生重大变化的是，以社区为基础的城市食物网络日益普及，这是由"自己种植"的信念，以及人们对健康、课外教育和气候变化的更深认识所推动的。法定的土地供应一直跟不上需求，因此国家和地方各级组织都发起了大量的倡议来解决这个问题，从"游击园艺"和"地方食物联盟"到"设计2007"。"设计2007"是英格兰东北部一项为期十年的社区项目，旨在探索该地区的可持续生活方式。都市农业发展的需求也导致对其相关的支助、信息和指导的需求激增。自2005年以来，城市农场和社区花园联合会（FCFCG）的成员大大增加，许多新成立的团体不仅在立项方面寻求咨询意见，而且也在寻求能够生存和发展的建议。

FCFCG在英国设立了一个项目，以增加各方面对食物种植团体的支持。这一项目由"大乐透的地方美食计划"（Big Lottery's Local Food Programme）提供资金。在苏格兰，我们与政府密切合作，提供适合该项目相关法律和需求的具体服务。FCFCG于2011年在威尔士启动了一个名为"Tyfu Pobl"（增长人口）的大型项目。在过去18个月中，该项目扩大到北爱尔兰。FCFCG还成立了"社区土地咨询服务所"，旨在增加全英国的社区获得土地的机会。

在学校农耕和园艺方面也有许多活动，特别是来自城市地区的学校。2006年，英国只有66个学校农场，而现在这个数字已超过100个，而且还在不断增长。我们与学校农场网络的合作有助于提高公众对学校农场的教育和社会福利的认识。同时，我们还开展了一个试点项目促进和支持在西米德兰的学校园艺并取得了成功。自2005年以来，社区主导的都市农业活动使城市环境生态改造变得更加富有成效。在英国，区域和国家级的主要决策者也越来越认识到都市农业的真正的、积极的好处。

然而，都市农业的未来却没有任何保障。市政当局的紧缩措施令人痛心，许多都市农业群体再也不能指望地方当局的拨款了。越来越多的团体正在争夺越来越少的资金。因此，我们致力于帮助他们实现可持续发展，使他们的收入多样化，进入社会企业等商业领域。同时，我们要创新筹资形式，如人群筹资和社区共享等。这不是一件容易的事，但社区农业和园艺项目在其历史中所表现出的城市复原力，肯定会在未来几年有更好的发展机遇。

3 大曼彻斯特的城市化食物

格拉姆·谢里夫

近年来，大曼彻斯特的城市食物活动蓬勃发展。例如，该市建立了一个社区果园、一个直接与有机超市交易的市场花园、一辆向一些最贫困的社区运送水果和蔬菜的面包车，以及计划在一栋废弃建筑内建立一个垂直农场。《曼彻斯特食物未来战略》（The Manchester Food Futures Strategy）试图促进农业、食物加工和分销引入城市地区。该战略的目标涉及健康、地方和全球环境、地方经济、可持续社区发展和文化多样性，反映了城市食物议题已经成为该市健康、可持续城市战略的一个关键组成部分。

自从我在“生产性城市景观”（CPUL1）的章节中对“永续农业”[①]进行了研究以来，我以永续农业的原则对曼彻斯特Bentley Bulk的项目进行了参与式的研究。就像许多类似的项目一样，该项目主要依赖志愿者来完成。但该项目的有趣之处在于，它将城市食物的许多方面结合在一起，旨在创建一个“健康的地方食物体系”。许多居民参加了每周一次的关于食物问题的研讨会，并在市场花园进行在职的实地培训。参加这项工作的报酬是LETS（当地外汇交易计划，Local Exchange Trading Scheme）货币，参加者可以用它购买现场种植的产品。该项目强调了技能、文化和经济在生产性城市景观中的重要性，以及这些领域与实际生产空间之间建立联系的重要性。

在通往约克郡的火车线路上，有一项“令人难以置信的可供食用的托德莫登”（Todmorden）项目。这是一项在全镇范围内开展的项目，有很多新的创意，例如由本地义工在车站花园除草；让繁忙的上班族免费享用新鲜草药煮的夜宵；与学校、警署及健康中心等社区组织合作，提高市民的认识，创造包括水果、蔬菜、鸡蛋及蜂蜜在内的食物生产环境。这些项目的人文方面的影响超出了食物供应：它们提高了人们对食物议题的影响的认识。

这些项目虽然势头强劲，但远未成为主流，主要的大超市在食物零售领域仍占主导地位。都市农业往往被认为是独立于这些企业。但是值得注意的是，其中一家企业目前正在实施一项促进学校食物种植的计划。在考虑城市食物的未来时，有许多相关的问题：都市农业的未来是什么，它如何与我们整体的食品文化相适应？我们如何与人们广泛接触，使城市食物生产成为我们的文化和物质景观的一部分？大超市在可持续的未来将扮演什么角色？一个可持续发展的城市有哪些发展议题在争夺空间：交通基础设施、可再生能源还是住房？从根本上说，我们在多大程度上试图使食品城市化，使城市（或地区）能够养活自己？或者城市食物会与主导的食品企业并驾齐驱，照亮我们的城市，使我们能够以更健康和更可持续的方式广泛地参与食物文化建设？

---

① Permaculture一词有多重翻译，在此译为“永续农业”，是指按照大自然的运作模式，用生态的办法来发展农业。但是与有机农业相比，“永续农业”更注重观念上，生活方式上的转变。——译者注

4 小地块上的新设计

理查德·威尔特

自从“小地块上的设计”（Designs on the Plot）开始以来，分配租地在建设CPULs方案中的作用发生了变化。分配租地成为扩大民众参与都市农业的成功途径，同时也成为了城市规划者、建筑师和其他都市农业参与者的新的竞技场。

《社区种植》（Growing in the Community）是一本很好的实践指南，该书是在城市农产品供应减少和公众对都市农业普遍漠不关心的背景下编写的。2002年发起的《分配租地再生倡议》（The Allotments Regeneration Initiative，ARI）为的是将《社区种植》的“指南”转变为行动。《倡议》提出了一项紧迫的任务：将分配租地从默默无闻中拯救出来，并促进其与多项公共政策目标的相关性。十年后，大多数市政当局制定了分配租地战略，第二版的《社区种植》专门庆祝了分配租地的新兴起，并在书中更新了如何解决随之而来的一些问题的建议。ARI将并入国家分配租地协会（the National Allotment Society，网址：www.nsalg.org.uk），以便更好地实现它的再生使命。目前，该市等待得到分配租地的市民名单已经接近六位数。这表明，公众对分配租地的热衷，公众有着自己种植食物的强烈欲望，这使CPUL城市由愿景转变为实质性的行动。

在土地供应充足的地方，许多有分配租地需求的种植者促使地方议会履行《分配租地条例》（Allotments Acts）中所提出的“提供土地的义务”，并反对履行这一义务时的繁文缛节。减少单个分配租地的地块面积有助于减少等待名单，也有利于适应当今繁忙的生活方式。然而，对城市土地的新分配引发了新的冲突。新冲突不仅发生在同一块分配租地的现有用户之间，而且发生在同一城市的不同分配租地之间，作为替代性的都市农业需要体现“政治性的妥协”。

如果我们认识到城市的食物种植是应对气候变化、能源过渡和食物正义的一种策略，那样就会为都市农业在城市空间竞争中树立强大的认同感。但在精心策划都市农业项目的集体行动时，我们要重视作为分配租地的私人特性，重视“分配”时的民主和透明的准入原则。“分配租地”是“半封闭的、半私有化的公共开放空间”。这一概念落入了那些提倡“社区”食物种植的人的手中就变了味，他们没有具体说明“社区”是谁，为什么集体性的劳动是社区生活的必要先决条件。不平等竞争是大型组织擅长的，他们通过操纵有利的资金标准来达到这一目的。米兰达·马丁内斯（Miranda Martinez）记录的纽约社区花园的故事就是一个警示性的故事。纽约社区花园的传统个人持有的地块被大型组织侵蚀了。

虽然不缺申请者，但分配租地仍需要对“本土的食物”（vernacular foodscapes）和“食物的自传”做出新的叙述（autotopographies），以更好地表达它所代表的替代性理念：自信和自我实现。同时它也表达了通过自主形成的个体身份和通过协商形成的社区身份，它体现了通过忠诚的劳动和尽心尽责来实现CPUL目标的精神。

5　分配租地和社区花园

大卫·克劳奇

理查德·威尔特和我在2005年出版的《连贯式生产性城市景观》一书中曾提出，我们应该支持分配租地的议题和论据。今天这些论点仍然切合实际，而且很可能会在未来一段时间内都会切合。至少从英国的角度来看，其中我们提到的几个关键的改革步骤在近几年里得到了发展。

然而，也许最令人震惊的设计失败的例子就是在伦敦东北部奥运会场馆周围的"景观"。该案件被称为"分配租地庄园农场"，吸引了许多名人和广大伦敦公众的关注。最重要的是，受影响的人们涉及到东伦敦区的分配租地持有人和其他社区园丁。位于伦敦LeaValley地区的"景观设计师"项目，也是在奥运区域的范围内。该项目规划了一片广阔的空间，并认为没有什么可以打断他们的规划。碰巧，"分配租地庄园农场"就在这个规划用地的中间。这样，"分配租地庄园农场"就有必要搬移出去。最终相关部门给"分配租地庄园农场"指定了一个新的地点。从数字上看，新地块和大小和原来基本上是一样的。但是新地块所需要的投入，包括投资和劳动力的投入，对分配租地持有者来说，现在和将来都是个人负担。"景观设计师"项目的设计师们未能抓住该规划地块中现有的资源对其充分利用，并对此地块进行精心设计以体现这些地块在生活中的意义——这本来应该是设计师创造性设计能力的一次绝好的体现机会，但是他们却错失了这一机会。

融入"家居设计"的风格已经延伸到了分配租地花园和社区花园建设。在英国，国家信托基金（National Trust）实施了一项重要计划：为许多房主提供地块以供其种植食物。该计划将地块与已设计好的生活空间联系起来，使分配租地的松散、灵活的特性与设计空间能很好地融合，从而创造出"可持续发展的土地"。这本应是伦敦奥运会场地的设计可以尝试的，但他们却没有。

在英国，目前的趋势是：在小地块上饲养动物。尽管目前这么干的人还不是很多，但人数却在不断扩大。在地块上饲养动物的新需求会给分配租地带来不同的设计机会。从历史上看，英国的许多重要地区都有饲养动物的习惯，通常形成了家庭与家庭之间分享的传统。这一传统正是分配租地持有者之间的互惠传统，这是一种可持续的发展方式。

英国政府试图在城市地区设置开放的社区耕地，但却失败了。这一失败为我们批判性地审视可持续的和不可持续的土地利用提供了案例。英国政府试图取消全国各地地方政府提供的分配租地。这是自1998年以来的逆行倒施。在《政府分配租地调查1998》中，政府要求地方当局促进在现有地点上提供更多的地块。在阅读了最近关于分配租地的需求和使用的报告后，议会有效地驳回了这一对土地的可持续性造成威胁的措施。在2011年，经过几番斗争，我们对创造性地发展可持续的景观和土地利用持一种乐观态度。

通过这次回顾，我简要地提到了可持续设计的概念：设计是一个创造性的过程，通过对土地、生长和景观的态度和感受来完成设计。景观设计是一个灵活多变的过程，它可以发生在日常生活的任何地方，并通过我们的活动与空间、场所联系在一起：景观不仅仅是像电影和书籍那样，是设计师"预先安排"的，而且随着我们自己的活动和感受而不断变化 。在分配租地上劳作，人类为土地和正在成长的农作物建立了亲密关系。

6 古巴的UPA：最近的发展

乔治·迪亚兹

在21世纪的头十年，古巴的经济开始部分复苏。尽管美国加强了对古巴的金融和经济封锁，但其在国际环境中的地位已发生变化。新的经济和政治关系将古巴与拉丁美洲联系在一起。例如，古巴加入了诸如ALBA[1]和CELAC[2]等南—南和区域合作计划。经济问题曾经是20世纪90年代导致古巴都市和市郊农业（UPA）发展的压倒性危机。随着经济的复苏，这种危机实际上已经消失。然而，全球的一些发展趋势，如全球粮食价格上涨和当地的一些实际问题，如古巴国内农业部门普遍效率低下，并降低粮食进口成本的迫切需要。这些背景构成了UPA（都市与周边地区农业）在当地城市粮食系统中的活动框架。

对UPA的政治支持实际增加了，其常规框架也得到了进一步巩固。可以说，UPA已经成为国家食物系统的一个关键组成部分。例如，UPA证明了它在紧急情况下的价值：在2008年，三大飓风相继袭击古巴之后，UPA的生产单位是唯一能够立即提供食物的单位。这类灾难事件似乎有助于提高UPA在食物安全政策中的地位，并作为国家安全议程的一部分。

在古巴，UPA发展的一个重要里程碑是：《党和社会革命的经济、社会政策的政治指导方针》（the Guidelines for the economic and social policy of the Revolution and the Party，PCC，2011）的颁布。指导方针为更新古巴社会经济模式制定了路线图，包括促进自主职业、合作社和其他非国家性的生产形式等。在约300个指导方针中，大约有10%是专门针对农业的，UPA在其中占有突出的地位。特别是郊区农业一直受到特别关注，现在还得到了最新的《土地授予计划》（Land Granting Scheme）的支持，收回了数百万公顷的闲置土地，放宽了许多新农民获得土地的机会。这一做法及相关的科学知识将会成功地继续下去，郊区农业的生产数量保持了增加的势头。

UPA在城市规划的工具库中获得了更多的认可，在当地的学术和艺术环境中引起了共鸣，但自相矛盾的是，设法建立起这样一项全面执行UPA理念的城市，几乎没有开发任何项目来促进城市和景观设计战略，也没有将其作为一个关键组成部分。尽管上述所有因素似乎都能确保UPA在不久的将来保持强劲。UPA将与食物有关的政策纳入环境议程，融入地方一级的城市设计和景观战略。这似乎是不断演变的城市风景中，最令人感兴趣的未来挑战之一。

注释：

[1] Acronym for Alianza Bolivariana de los pueblos de Nuestra América（Bolivarian Alliance）.

[2] Acronym for Comunidad de Estados Latinoamericanos y del Caribe（Community of Latin American and the Caribbean States）.

参考资料

Jorge Peña Díaz recommends:

PCC Partido Comunista de Cuba (2011) *Lineamientos de La Política Económica y Social de La Revolución y El Partido*, PCC: Cuban Communist Party.

Peña Díaz, J. (2012) *Infraestructuras Urbanas Locales Sustentables: Agricultura Urbana de Cara a La Ciudad*, in: *Memorias 16 Convención Científica de Ingeniería y Arquitectura*, Palacio de las Convenciones, La Habana: Ministerio de Educación Superior (Cuban Higher Education Ministry).

David Crouch recommends:

Crouch, D. (1998) expert evidence for: *Report of the Enquiry into the Future of Allotments in England and Wales*, London: House of Commons.

Crouch, D. (2006) *Report of Survey into Allotments in England*, Department of Communities and Local Government (with University of Derby).

Crouch, D. (2010) *Flirting with space: Journeys and creativity*, Farnham: Ashgate.

Crouch, D. (2012) *You and Yours*, BBC Radio Four, 6 April 2012.

Richard Wiltshire recommends:

APSE Association for Public Services Excellence (2012) *Local Authority Allotment Services,* Manchester: Association for Public Services Excellence, briefing 12/08.

Campbell, C. and Campbell, I. (2011) *Allotment Waiting Lists In England,* West Kirby: Transition Town West Kirby and the National Society of Allotment and Leisure Gardeners.

Crouch, D. and Wiltshire, R. (2005) *Designs on the Plot: The Future for Allotments in Urban Landscapes*, in: Viljoen, A. (ed) *Continuous Productive Urban Landscapes*, London: Architectural Press, pp. 124–131.

Crouch, D., Sempik, J. and Wiltshire, R. (2001) *Growing in the Community: A Good Practice Guide for the Management of Allotments,* London: Local Government Association.

Mares, T.M. and Pena, D.G. (2011) *Environmental and Food Justice: Toward Local, Slow, and Deep Food Systems*, in: Hope Alkon, A. and Agyeman, J. (eds) (2011) *Cultivating Food Justice: Race, Class and Sustainability,* London: MIT Press, pp. 197-219.

Martinez, M. (2010) *Power at the Roots: Gentrification, Community Gardens, and the Puerto Ricans of the Lower East Side,* Lanham: Lexington Books.

Wiltshire, R. (2010) *A Place to Grow,* London: Local Government Association.

Wiltshire, R. and Burn, D. (2008) *Growing in the Community,* 2nd Edition, London: Local Government Association.

Wiltshire, R. and Geoghegan, L. (2012) *Growing Alone, Growing Together, Growing Apart? Reflections on the Social Organisation of Voluntary Urban Food Production in Britain*, in: Viljoen, A. and Wiskerke, J.S.C. (eds) *Sustainable Food Planning: Evolving Theory and Practice,* Wageningen: Wageningen Academic Publishers, pp. 335–346.

Graeme Sherriff recommends:

Lang, T. and Heasman M. (2004) *Food Wars: The Global Battle for Mouths, Minds and Markets,* London: Earthscan.

McKay, G. (2011) *Radical Gardening: Politics, Idealism and Rebellion in the Garden,* London: Frances Lincoln Ltd.

Pearson, L.J., Pearson, L. and Pearson, C.J. (2010) *Sustainable Urban Agriculture: Stocktake and Opportunities*, in: *International Journal of Agricultural Sustainability*, no. 8 (1–2), pp. 7–19.

Sherriff, G. (2009) *Towards Healthy Local Food: Issues in Achieving Just Sustainability*, in: *Local Environment,* no. 14 (1), pp. 73–92.

Ken Elkes recommends:

Community Land Advisory Service (CLAS) (no date) *Welcome to CLAS*, Available online: <www.communitylandadvice.org.uk> (accessed 16 May 2012).

Federation of City Farms and Community Gardens (2005) *Community Garden Starter Pack*, Bristol: FCFCG.

Federation of City Farms and Community Gardens (2007) *Chillies and Roses: Inspiring Multi-ethnic Involvement at Community Gardens and Farms*, Bristol: FCFCG.

Federation of City Farms and Community Gardens (2008) *True Value of Community Farms & Gardens*, Bristol: FCFCG.

Federation of City Farms and Community Gardens (2010) *Growing Trends Research*, Available online: <http://www.farmgarden.org.uk/home/local-food-project/growing-trends-research> (accessed 16 May 2012).

撰稿人名录

KATRIN BOHN

Katrin Bohn is an architect and visiting professor at the Technical University of Berlin. For the past 12 years, she has also taught architecture and urban design, mainly as a senior lecturer at the University of Brighton. Together with André Viljoen, she runs *Bohn&Viljoen Architects*, a small architectural practice and environmental consultancy based in London. Bohn&Viljoen have taught, lectured, published and exhibited widely on the design concept of *CPUL City (Continuous Productive Urban Landscape)* which they contributed to the international urban design discourse in 2004. Katrin's projects on productive urban landscapes include feasibility and design studies as well as food growing installations and public events, mainly for UK and German clients.

ANDRÉ VILJOEN

André Viljoen is an architect and principal lecturer at the University of Brighton and, with Katrin Bohn, contributes to the work of *Bohn & Viljoen Architects*. The publication, in 2005, of Bohn&Viljoen's book *CPULs Continuous Productive Urban Landscapes: Designing urban agriculture for sustainable cities* consolidated a body of research making the case for urban agriculture as an essential element of sustainable urban infrastructure. This book and the associated design concept had a significant international impact, resulting in invitations to consult, exhibit and lecture widely. In 2012, André jointly edited the book *Sustainable Food Planning: Evolving theory and practice*. This collection was the first of its kind to bring the disciplines of planning, design, public health and governance into dialogue to address the global challenge of food security.

NISHAT AWAN

Nishat Awan is a writer and spatial practitioner whose research interests include the production and representation of migratory spaces, enquiries into the topological as method and alternative modes of architectural practice. She is coauthor of *Spatial Agency*, published by Routledge in 2011, and co-editor of *Trans-Local-Act*, published by aaa-peprav in 2011. She is a founding member of the art/architecture collective OPENkhana and is a Lecturer in Architecture at the University of Sheffield, UK.

GIANLUCA BRUNORI

Gianluca Brunori is full professor at Pisa University, Department of Agriculture, Food and Environment. His research activities focus on rural development strategies and on marketing of local food. Gianluca has been coordinator of the EU research project *Transforming Rural Communication (TRUC)* and has participated as leader of local research teams in several EU projects such as *Support of Learning and Innovation Networks for Sustainable Agriculture (SOLINSA)*, *Knowledge brokerage to promote sustainable food consumption and production: Linking scientists, policy makers and civil society organisations (FOODLINKS)* and *Strengthening Innovation Processes for Growth and Development (IN-SIGHT)*.

NEVIN COHEN

Dr Nevin Cohen is Assistant Professor of Environmental Studies at The New School in New York, where he teaches courses in urban food systems and environmental planning and policy. His current research focuses on the development of urban food policy, the use of urban space for food production, and planning for ecologically sound urban food systems. Nevin is currently working on two book projects: a study of food policy-making in US and Canadian cities and an analysis of urban agriculture projects that focus on social justice. He has a PhD in Planning from Rutgers University, a Masters in Urban Planning from Berkeley, and a BA from Cornell.

VICTOR COLEMAN

Victor Coleman's professional training and early career as a Chartered Surveyor in local government focused on the repair and maintenance of public buildings. He is a fellow of the *Royal Institution of Chartered Surveyors* and *The Association of Building Engineers*. Victor managed his own practice for eight years and then sold the business to Lloyds Banking Group, remaining with Lloyds as a management surveyor. The recent recession provided an opportunity to undertake international voluntary work and research. In 2012, Victor graduated with a first class honours degree in Commercial Horticulture from Hadlow

College, University of Greenwich.

DAVID CROUCH

David Crouch is one of the expert authors contributing to *CPUL 1*.

GILLEAN DENNY

A Philadelphia native, Gillean Denny obtained a Bachelors in Architecture from The Pennsylvania State University before pursuing an MPhil and PhD at the University of Cambridge as member of the *Gates-Cambridge Scholars*. Gillean has been involved with a number of design-build projects, dedicated to using local resources for the development of sustainable communities. Interested in the historical developments of urbanisation and the integration of sustainable practices in modern society, she has since examined the role of the urban plan in the reduction of environmental degradation. Outside of her research, Gillean pursues interests in a variety of diverse fields from architectural history to theatrical design.

FRANCESCO DI IACOVO

Francesco Di Iacovo is Professor in Agricultural Economics at Pisa University. His research activities are focused on multifunctional and periurban agriculture, land planning, social farming and social development in rural areas, and food issues. A member of several EU projects (*SoFar, COST 866, Foodlink, TRUC*), he is local coordinator of the *IMRDEU- Erasmus Mundus*.

KEN ELKES

Ken Elkes represents Jeremy Iles who is one of the expert authors contributing to *CPUL 1*.

JAMES GODSIL

James Godsil is cofounder of *Sweet Water Organics* and the *Sweet Water Foundation*. He is now the president of the *Sweet Water Foundation (SWF)* and *Community Roofing & Restoration (CRR)* and is a past president of *ESHAC Inc.* He is also the co-founder of *Milwaukee Preservation Alliance, Milwaukee Renaissance. com* and the *Indo American Aquaponics Institute (IAAI)*, a global coalition of development professionals and experts in their own fields of work. Between 2005 and 2010, James served on the *Growing Power* board. He was Milwaukee Entrepreneur of the Year 2010 and Mandi Award Navigator Finalist in 2013. In 2011, he took part in the *State Department American Speakers Program* in India. For his work in the *Bonobo Congo Biodiversity Initiative*, he received the Milwaukee Zoological Society Award in 2008. James holds an MA from St Louis University Center for Urban Programs and is a Fulbright Fellow.

MARK GORGOLEWSKI

Dr Mark Gorgolewski is Professor and Program Director for the graduate program in the building science at Ryerson University in Toronto. He has worked for many years as an architect, researcher and sustainable building consultant in Canada and the UK. He is a director of the *Canada Green Building Council* and past chair of the *Association for Environment Conscious Building* (in the UK). He is co-author and curator of the *Carrot City* book and exhibit and has written several other books and many papers. Mark has received several awards for his teaching and research and participated in various sustainable building projects, including a winning design for the *CMHC Equilibrium (net zero energy) Housing Competition*.

YRJÖ HAILA

Yrjö Haila is Professor of Environmental Policy at the University of Tampere since 1995. He studied ecological zoology, with philosophy as secondary subject, at the University of Helsinki and defended his PhD thesis in 1983. Later he focused on ecological changes in environments intensively modified by humans, such as cities and commercially managed forests, and more theoretically on the nature–society interface. Yrjö has published *Humanity and Nature* with Richard Levins, published by Pluto Press in 1992, and *How Nature Speaks: The Dynamics of the Human Ecological Condition* which he co-edited with Chuck Dyke, published by Duke University Press in 2006, and several books in Finnish.

STEFAN JORDAN

Stefan Jordan has been a professional grower since 1984. He started in the UK as a YTS horticultural trainee taken on full-time in field-grown nursery stock. He moved to Poland for two years with the Institute of Pomology and Floriculture in Skierniewice. Back to the UK, Stefan studied for an HND in commercial horticulture at Writtle College to then take up a sandwich placement in France on organic top fruit farm and nursery stock with *Pépinières Bordet*. He worked there for many years before returning to the UK and lecturing in horticulture, forestry and arboriculture at Hadlow College in Kent. In this latest time, he had the opportunity to grow various crops in as many growing systems, and was equally fortunate to get his students involved with a variety of national and local food growing initiatives.

JUNE KOMISAR

June Komisar is an architect and an associate professor in the Department of Architectural Science at Ryerson University in Toronto. She has a professional degree in architecture from Yale University and a doctorate from the University of Michigan. She is a member of the *Toronto Food Policy Council* and an associate of the *Ryerson Centre for Studies in Food Security*. Her research interests include Brazilian architecture, historic preservation and adaptive reuse, as well as socially responsible design. June is a co-author of *Carrot City: Creating Places for Urban Agriculture*, with Mark Gorgolewski and Joe Nasr, as well as co-curator of the exhibit *Carrot City*.

HOWARD LEE

Dr Howard Lee trained initially as an ecologist (MSc ecology), but then moved into agriculture as a government potato breeder, combined with lecturing at Queen's University Belfast. In 1990, he took a Senior Lectureship at Wye College (University of London) and subsequently at Imperial College where he initiated, directed and taught on Britain's first MSc in sustainable agriculture and rural development (SARD). He moved to Hadlow College in 2004 and has lectured there until now. In 2006, he started Britain's first Foundation Degree in sustainable land management and continues to lead and teach on various aspects of sustainable agriculture to a range of degrees. Howard helped initiate the *HadLOW CARBON Community* and facilitated a community allotment on College land, which continues to be managed by village families and assisted by College staff and students.

ELISABETH MEYER - RENSCHHAUSEN

Elisabeth Meyer-Renschhausen is a freelance researcher and author on urban agriculture as well as a garden activist. After her doctorate, a study about the first women's movement in Germany, she became an associate professor/ lecturer at the Department for Political Sciences and Sociology at the Free University of Berlin. She teaches at various universities in Germany and abroad. Her research addresses issues such as food cultures, globalisation, small-scale agriculture and community gardening, subject areas on which she has written and co-edited a number of books. Elisabeth is a cofounder of the *Allmende- Kontor* community garden on the former airport of Berlin-Tempelhof and recently founded three 'intercultural gardens' in Oldenburg.

KEVIN MORGAN

Kevin Morgan is Professor of Governance and Development in the School of Planning and Geography at Cardiff University. His food research interests cover public food provisioning, community food enterprises and urban food strategies. He is the co-author of *The School Food Revolution: Public Food and the Challenge of Sustainable Development*, published by Earthscan, and *Worlds of Food: Place, Power and Provenance in the Food Chain*, published by Oxford University Press. In addition to his academic research, he is actively involved in food policy activity in his capacity as a member of the *Food Ethics Council*, the chair of the *Bristol Food Policy Council* and coordinator of the *AESOP* sustainable food planning group.

JOE NASR

Dr Joe Nasr is an independent scholar, lecturer and consultant based in Toronto. He co-curated the travelling exhibit *Carrot City*, now adapted into a book and website repository. Joe has taught and held postdoctoral fellowships at a number of universities in several countries. He is a regular lecturer at Ryerson University and an Associate at its Centre for Studies in Food Security. He coordinated a training course on urban agriculture in the Middle East and North Africa. Joe is co-author or co-editor of four books, including the seminal *Urban Agriculture: Food, Jobs and Sustainable Cities*, and author of dozens of articles.

PHILIPP OSWALT

Philipp Oswalt is an architect and writer. From 1988 to 1994 he worked as editor for the architectural journal *Arch+* and, in 1996/97, as architect for the Office for Metropolitan Architecture/ Rem Koolhaas in Rotterdam. He taught as Visiting Professor for Design at the Technical University Cottbus (2000–2002) and, since 2006, has been Professor for Architecture Theory and Design at Kassel University. Philipp was the initiator and coordinator of the European Research project *Urban Catalysts* (2001–2003) on temporality in urban space, financed by the European Commission programme *City of Tomorrow*. He was also chief curator of the international research and exhibition project *Shrinking Cities* for the German Cultural Foundation (2002–2008) and co-curator of *Volkspalast* (2004), on the cultural use of the former *Palast der Republik* in Berlin. Since 2009 he has been director of the Bauhaus Dessau Foundation.

JORGE PEÑA DIAZ

Jorge Peñ Diaz is one of the expert authors contributing to *CPUL 1*.

MARIT ROSOL

Marit Rosol has worked since 2006 as lecturer and researcher at the Department of Human Geography in Frankfurt/ Main. She received her PhD from the Geographical Institute at the Humboldt-Universität zu Berlin in the same year. Prior to that, she studied Urban and Regional Planning in Berlin and Madrid, Spain. In 2012, she finished her habilitation research project on the question of 'governing through participation', based in parts on her empirical work in Vancouver, Canada. Her main focus in research and teaching consists in connecting processes of urban development with social theory. She also specialises in urban and landscape planning, urban gardening as well as participation studies. She has been working on the topic of community gardening since 2002.

GRAEME SHERRIFF

Graeme Sherriff is one of the expert authors contributing to *CPUL 1*.

MIKEY TOMKINS

Mikey Tomkins is a PhD student at the University of Brighton. His research looks at community food growing as an everyday practice and its potential contribution to concepts of urban agriculture.
He is also a beekeeper, having kept bees in central London since 2000. In 2010, Mikey became project officer at *Sustain*, running the *Capital Bee* campaign for two years. The campaign facilitated apiaries in 50 communities through a dedicated training programme. Latterly it campaigned for a pesticide-free London. *Capital Bee* formed part of the overall *Capital Growth* campaign to support community food-growing in London.

URBANIAHOEVE

In the style of naming one's land and landscapes, from 'Walden' to 'Farm', places inspired by self-reliance and conviviality, Urbaniahoeve in Dutch means 'the city (as a) farmyard', indicating the ready-built city as the place where we might 'get ourselves back to the garden'. *Urbaniahoeve*, Social Design Lab for Urban Agriculture is artist Debra Solomon (art director), art historian Mariska van den Berg (writer/researcher of bottom-up public space infrastructure), and historian Annet van Otterloo (producer and project coordinator of artistinitiated urban regeneration). Their critical spatial practice comprises action research, creating spatial planning visioning for municipalities, and working with communities to build an edible ecological framework into our urban neighbourhoods.

YUNEIKYS VILLALONGA

Yuneikys Villalonga holds a BA in Art History from the University of Havana (2000) and is a curator and art critic working with Lehman College Art Gallery/ CUNY, New York. She is a contributor to the magazine *Art Experience: New York* and part of the curatorial team of the project *Artist Pension Trust*. Yuneikys worked as a curator at the Ludwig Foundation of Cuba (2000–2004) and as a lecturer at the Higher Institute of Art (2000–2004) and the *Behavior Art Workshop*, led by artist Tania Bruguera (2005–2006) in Havana. In 2004, she won the National Prize of Curatorship from the National Union of Cuban Writers and Artists.

SABINE VOGGENREITER

Sabine Voggenreiter, MA, studied literature, philosophy and the history of art in Marburg. In the 1980s she was in charge of the *Pentagon Gallery* in Cologne.
In 1989, she founded the *PASSAGEN* design festival, which takes place each year and has become the largest design event in Germany. In 1999, together with Kay von Keitz, she established the architecture forum *plan – Architektur Biennale Köln*, a flagship project that is part of the building culture initiative of the Ministry of Housing and Urban Development of the land North Rhine-Westphalia. In 2008, she won the EU competition Create NRW concerning the development of a creative neighbourhood in Cologne, *Design Quartier Ehrenfeld – DQE*. Sabine organises and curates exhibitions and arranges competitions, workshops and symposia in the fields of design, architecture and art. She is the editor of numerous publications. In 2012, she was awarded Cultural Manager of the Year of the City of Cologne.

RICHARD WILTSHIRE

Richard Wiltshire is one of the expert authors contributing to *CPUL 1*.

致谢

作为编辑和作者，我们有很多人要感谢。他们对本书进行过批评，启发和支持我们的工作。在此，不可能对每个人一一致谢，但在本书的章节中许多人的名字都被提到了。我们对为本书做出贡献的所有作者深表感谢，正是他们的专业知识让CPUL City概念有了更深入的拓展。对我们来说，能够对2005年出版的《连贯式生产性城市景观》一书的发展进行反思，尤其是来自该书的撰稿人对这一领域的反思，这是特别有益的。

我们想特别感谢Nishat Awan，以及Susanne Hausstein和Stephen Moylan，感谢他们为这本书的插图所做的设计和布局。我们要谢谢科林·普里斯特（Colin Priest）和阿米尔·贾拉利（Amir Djalali），感谢他们的批判眼光和对本书版式制作过程的赞赏。最后，我们要感谢我们的出版商Routlege公司，特别是感谢Alex Hollingsworth和平面设计师Alex Lazarou，感谢他们的创意设计以及对我们的宽容。

我们所任职的布莱顿大学和柏林技术大学使我们能够顺利推进我们的工作，通过它们的支持性研究平台，我们的研究获得了资助的机会。我们的工作也通过参与由欧洲规划学院协会（AESO）发起的一年一度的可持续食物规划会议（Sustainable Food Planning Conferences）而成为这个广泛的多学科协会的一部分，该协会包括研究人员、实践者、活动家和学者。

我们还要感谢所有的合作者，他们当中有很多是我们以前的学生，一些是和他们一起工作的Bohn&Viljoen Architects的成员。感谢汤姆·菲利普斯（Tom Phillips）在他美妙的工作室里招待我们。

卡特琳要感谢温蒂尼·吉塞克（Undine Giseke），卡特琳在柏林技术大学作为客座教授期间得到了温蒂尼的帮助和指导，同时感谢该校景观设计和环境规划研究所的工作人员的支持。卡特琳还想感谢在她担任城市和营养研究所主席期间，与她一起愉快工作的同事Nishat Awan和克里斯蒂安（Kristian Ritzmann）。他们的工作包括在这本书中使用的“过程图”。

安德烈要感谢布莱顿大学的休假奖金（University of Brighton Sabbatical Award），该奖金资助了他2011年的美国田野研究。在这次美国的调研中，Anastasia Cole Plakias、Jerry Caldari、Mara Gittleman，Kelli Jordan，Nevin Cohen，Jordan Bracket，Jo Foster，Yuni Villalonga，Pavel Acosta，Kami Pothukuchi，Sam Molnar，Dan Carmody，Ashley Atkinson，Gary Wozniack，John Gallagher，Shane Bernardo，Daryl Pierson，Malik Yakini，Dan Pitera，Charles Cross，Martin Bailkey，Will Allen，Jerry Kaufman，Marcia Caton Campbell，Heather Stouder，Mat Tucker，Rocky Marcoux，Tom Kubala，James Godsil 和他们的同事们抽空与我见面并分享他们的知识。

在此，我们还要感谢我们在德国、英国、爱尔兰、南非和世界其他地方的家人和朋友们，他们和我们一起分享了他们的故事和喜悦，我们的工作得到了他们的支持。我们要特别感谢托马斯用当地的或有机食材为我们做了无数顿可口的饭菜。在进餐的时候，托马斯还耐心倾听我们讲述关于CPUL的美妙故事。

阿尔玛（Alma），伯蒂（Bertie）和利洛（Lilo）对于我们来说是特别的人，我们做这项工作正是为了他们，他们可以自由地对我们为他们提供有机的本地生态食物嗤之以鼻。我们要感谢他们在许多周末——有时在阳光下，有时在雨中——和我们一起参观田野、城市农场或展览。

卡特琳·伯恩和安德烈·维尤恩

上图 创造富有成效的生产性城市景观是最重要的行动，然后它可能会在多种意义上变成连续的。
（图片来源：Spiel/Feld Marzahn，Berlin，Germang，2011-ongoing）

译后记

首先，我要感谢本书的编者之一布莱顿大学的安德烈·维尤恩教授，他也是我在布莱顿大学访学期间的接待导师。维尤恩教授和本书的另一位编者卡特琳·伯恩教授曾多次就本书的翻译和解释问题和我一起讨论，并指点。

在此我要感谢浙江理工大学艺术与设计学院的高宁副教授，她作为都市农业方面的专家，著有《与农业共生的城市：农业城市主义的理论与实践》等著作和文章，她还是都市农业的实践者，在她的办公大楼的楼顶建设了一个校园菜园。她为本书的建筑学术语作了修正，为本书作了校审；浙江农林大学建筑系的陈钰讲师是本书的姊妹篇《连贯式生产性城市景观》的译者，对本书的翻译提供了很好的建议。

感谢中国建筑工业出版社的程素荣编辑，她为了本书的翻译多次和外方出版社沟通，以确保本书的顺利出版。

我的研究生夏诗婷同学为本书的校对和人名、地名的对照付出了辛勤的劳动，在此特表示感谢！

最后，我要感谢广西大学马克思主义学院的领导班子对本书翻译出版提供的经费资助。

译者简介

练新颜，哲学博士，广西大学马克思主义学院副教授，主要研究方向食物哲学、技术哲学和空间正义，著有《食我所爱——城市发展与农业工业化的哲学反思》。

彩色插图

Elm Park
Dagenham East
Dagenham Heathway
Beacontree
Barking
Upney
Dagenham Dock
new station proposed (Beam Park)
new station proposed
Rainham

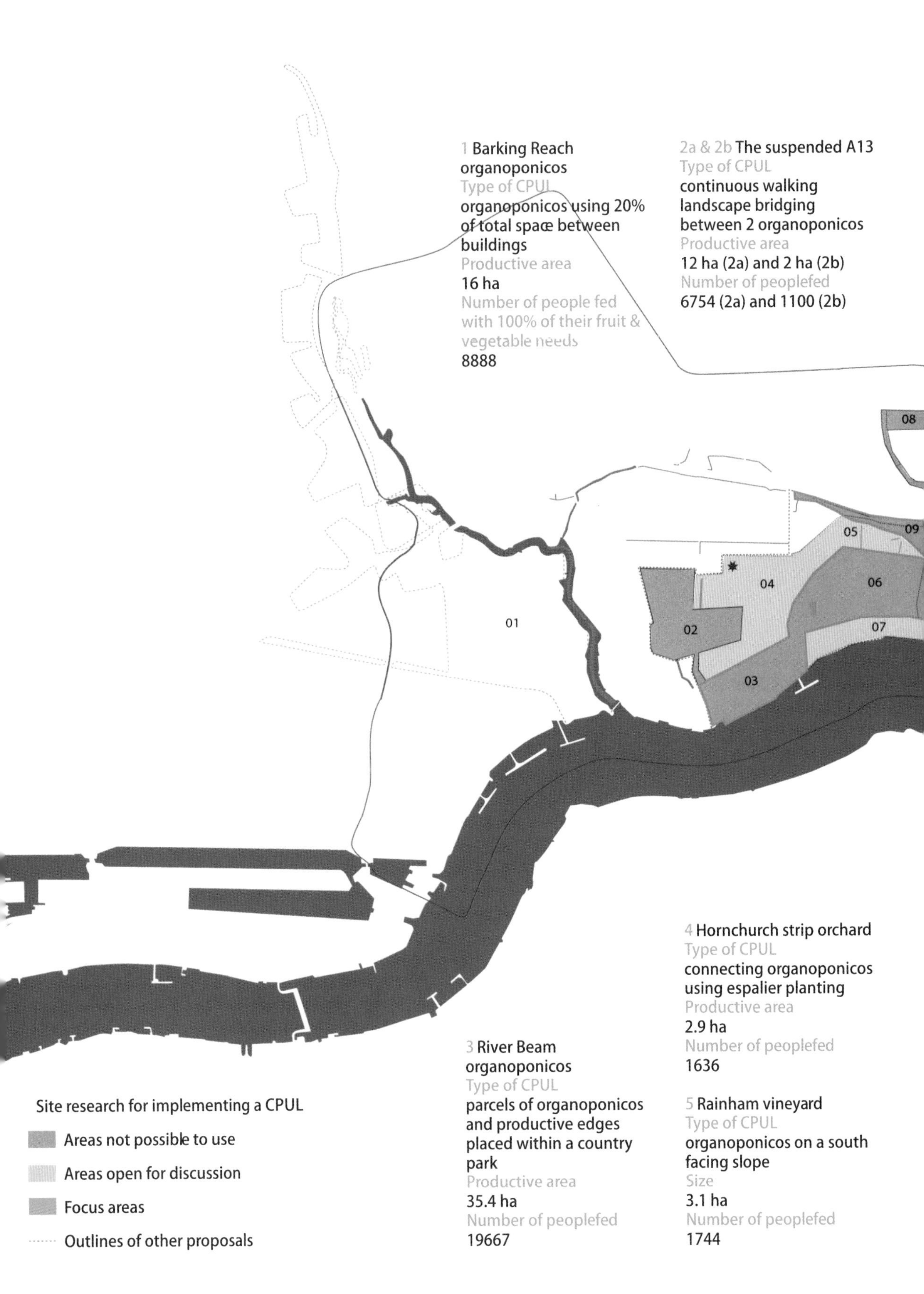
1 Barking Reach organoponicos
Type of CPUL
organoponicos using 20% of total space between buildings
Productive area
16 ha
Number of people fed with 100% of their fruit & vegetable needs
8888
2a & 2b The suspended A13
Type of CPUL
continuous walking landscape bridging between 2 organoponicos
Productive area
12 ha (2a) and 2 ha (2b)
Number of peoplefed
6754 (2a) and 1100 (2b)
08
05
09
04
06
01
02
07
03
4 Hornchurch strip orchard
Type of CPUL
connecting organoponicos using espalier planting
Productive area
2.9 ha
Number of peoplefed
1636
3 River Beam organoponicos
Type of CPUL
parcels of organoponicos and productive edges placed within a country park
Productive area
35.4 ha
Number of peoplefed
19667
5 Rainham vineyard
Type of CPUL
organoponicos on a south facing slope
Size
3.1 ha
Number of peoplefed
1744
Site research for implementing a CPUL
Areas not possible to use
Areas open for discussion
Focus areas
Outlines of other proposals

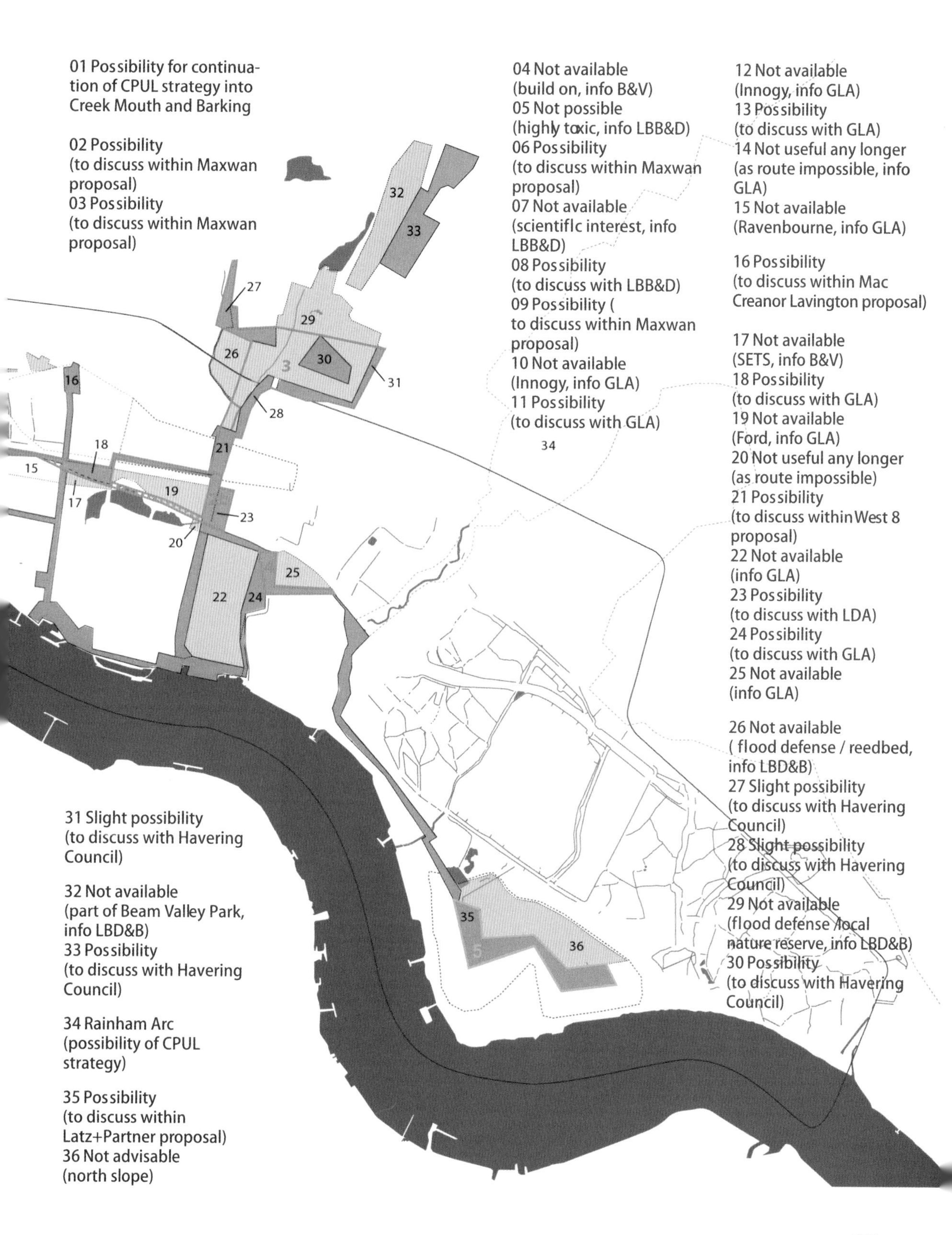
01 Possibility for continuation of CPUL strategy into Creek Mouth and Barking
02 Possibility (to discuss within Maxwan proposal)
03 Possibility (to discuss within Maxwan proposal)
04 Not available (build on, info B&V)
05 Not possible (highly toxic, info LBB&D)
06 Possibility (to discuss within Maxwan proposal)
07 Not available (scientific interest, info LBB&D)
08 Possibility (to discuss with LBB&D)
09 Possibility (to discuss within Maxwan proposal)
10 Not available (Innogy, info GLA)
11 Possibility (to discuss with GLA)
12 Not available (Innogy, info GLA)
13 Possibility (to discuss with GLA)
14 Not useful any longer (as route impossible, info GLA)
15 Not available (Ravenbourne, info GLA)
16 Possibility (to discuss within Mac Creanor Lavington proposal)
17 Not available (SETS, info B&V)
18 Possibility (to discuss with GLA)
19 Not available (Ford, info GLA)
20 Not useful any longer (as route impossible)
21 Possibility (to discuss within West 8 proposal)
22 Not available (info GLA)
23 Possibility (to discuss with LDA)
24 Possibility (to discuss with GLA)
25 Not available (info GLA)
26 Not available (flood defense / reedbed, info LBD&B)
27 Slight possibility (to discuss with Havering Council)
28 Slight possibility (to discuss with Havering Council)
29 Not available (flood defense /local nature reserve, info LBD&B)
30 Possibility (to discuss with Havering Council)
31 Slight possibility (to discuss with Havering Council)
32 Not available (part of Beam Valley Park, info LBD&B)
33 Possibility (to discuss with Havering Council)
34 Rainham Arc (possibility of CPUL strategy)
35 Possibility (to discuss within Latz+Partner proposal)
36 Not advisable (north slope)

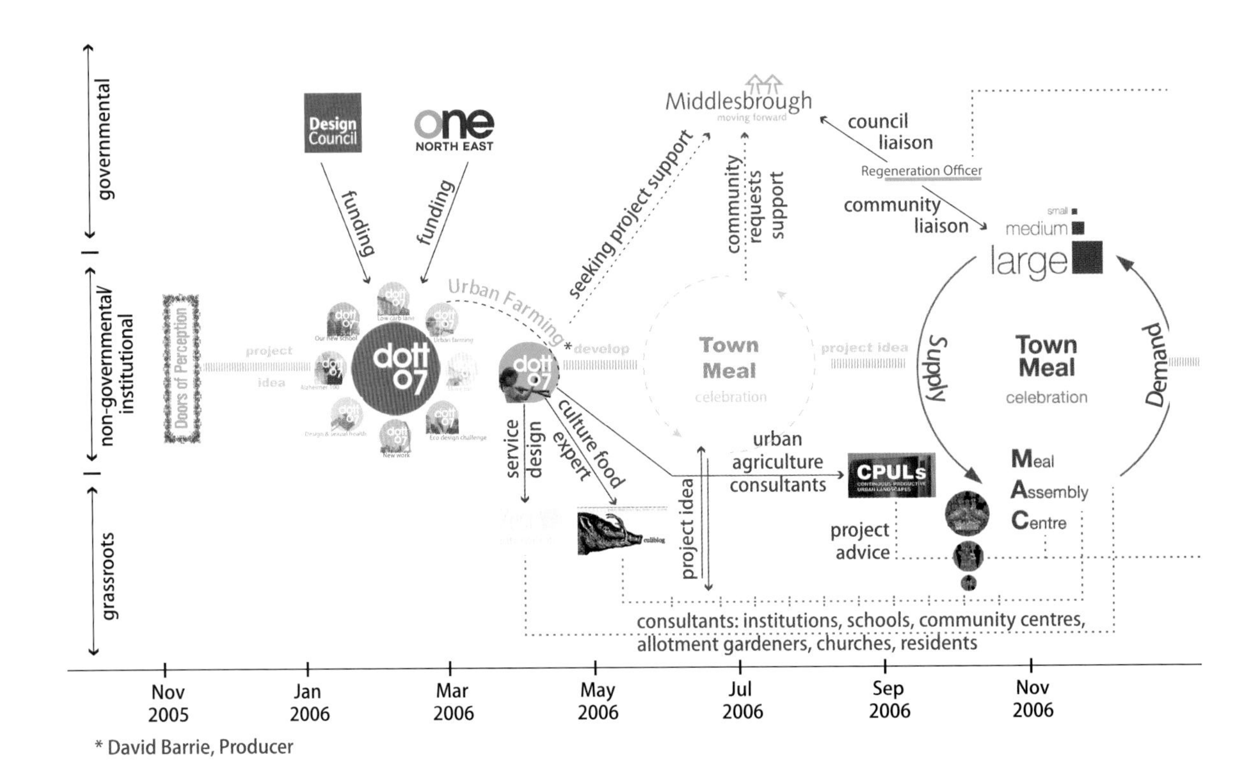

* David Barrie, Producer

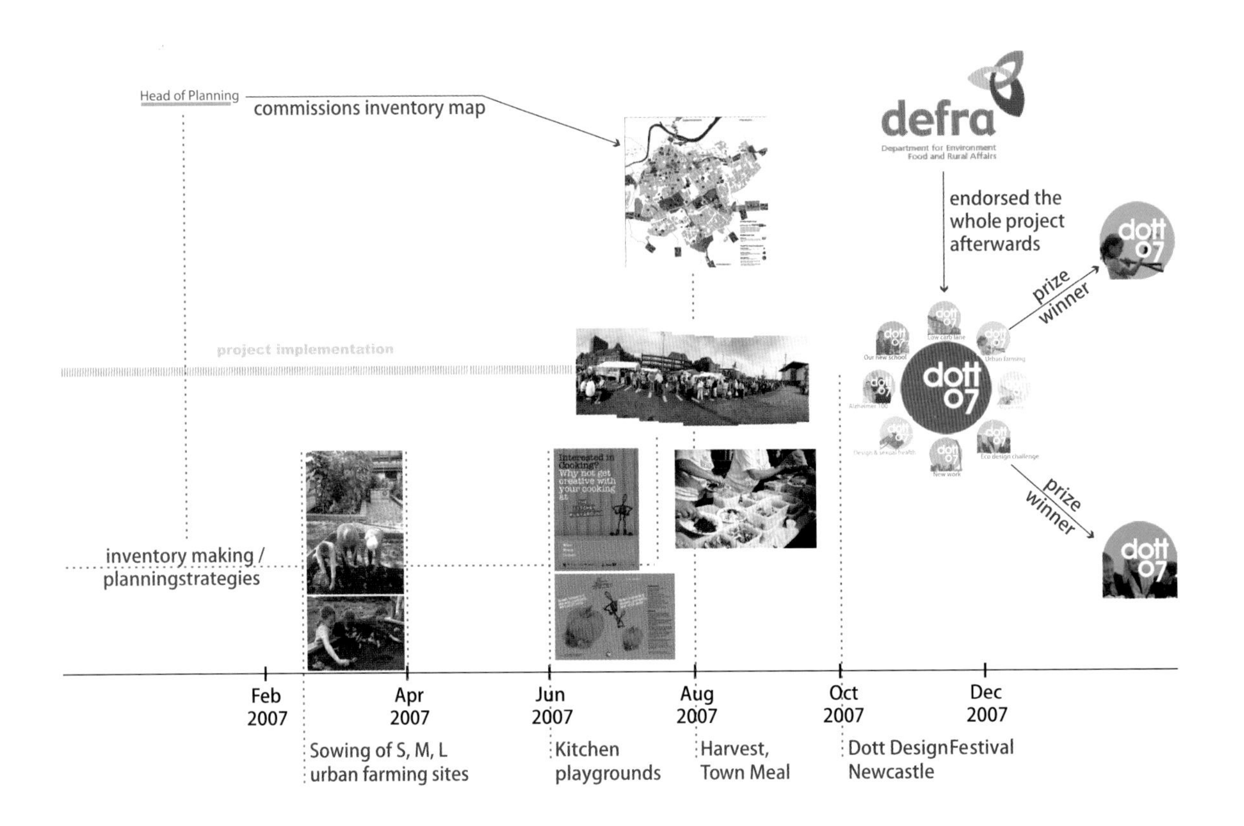

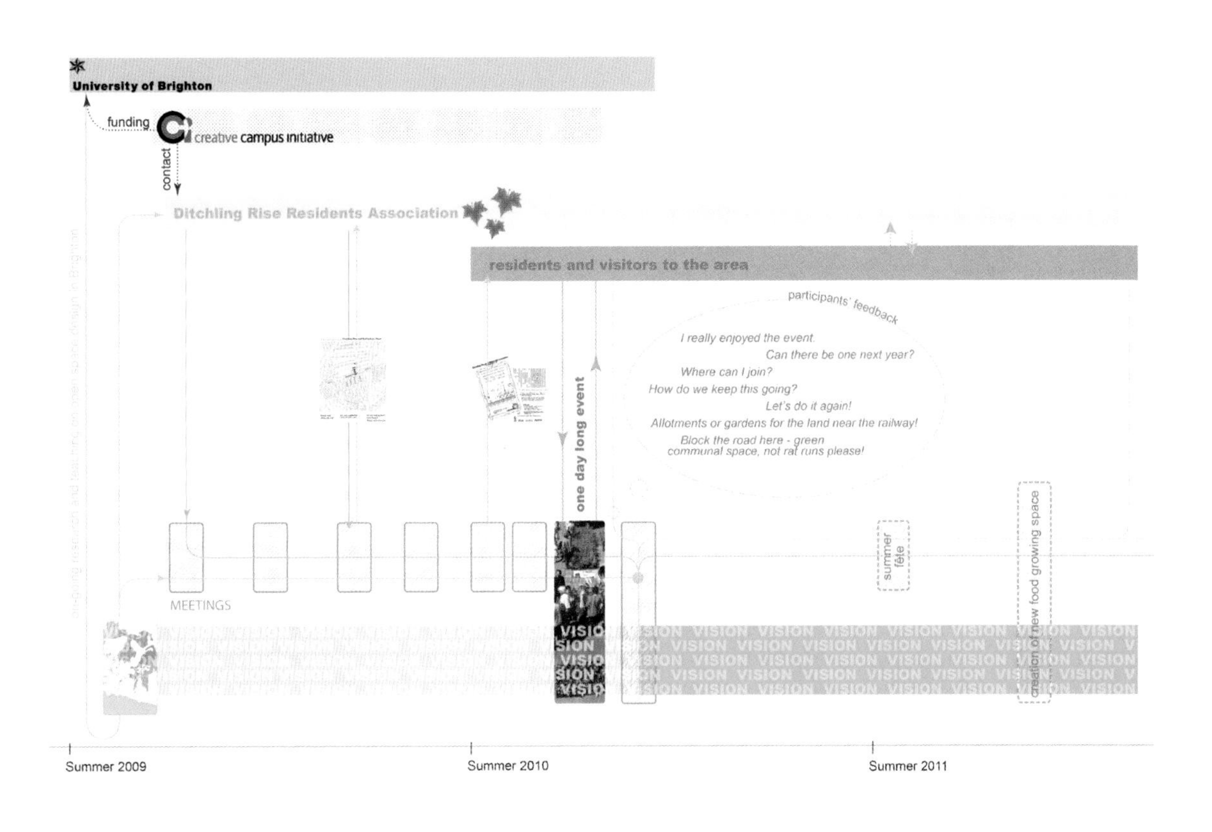
University of Brighton
funding
creative campus initiative
contact
Ditchling Rise Residents Association
residents and visitors to the area
participants' feedback
I really enjoyed the event.
Can there be one next year?
Where can I join?
How do we keep this going?
Let's do it again!
Allotments or gardens for the land near the railway!
Block the road here - green communal space, not rat runs please!
one day long event
MEETINGS
summer fête
creation of new food growing space
VISION
Summer 2009
Summer 2010
Summer 2011

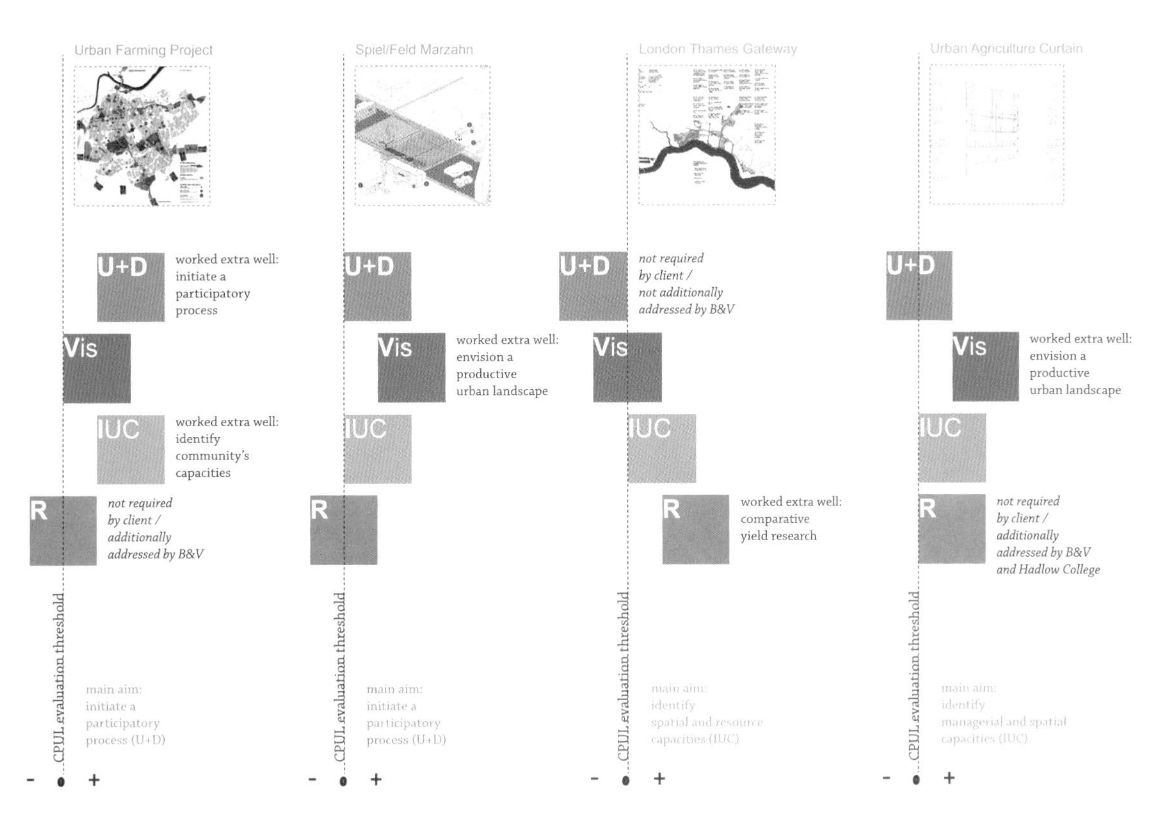
Urban Farming Project
Spiel/Feld Marzahn
London Thames Gateway
Urban Agriculture Curtain
U+D
worked extra well: initiate a participatory process
Vis
IUC
worked extra well: identify community's capacities
R
not required by client / additionally addressed by B&V
U+D
Vis
worked extra well: envision a productive urban landscape
IUC
R
U+D
not required by client / not additionally addressed by B&V
Vis
IUC
R
worked extra well: comparative yield research
U+D
Vis
worked extra well: envision a productive urban landscape
IUC
R
not required by client / additionally addressed by B&V and Hadlow College
CPUL evaluation threshold
main aim: initiate a participatory process (U+D)
main aim: initiate a participatory process (U+D)
main aim: identify spatial and resource capacities (IUC)
main aim: identify managerial and spatial capacities (IUC)
- +

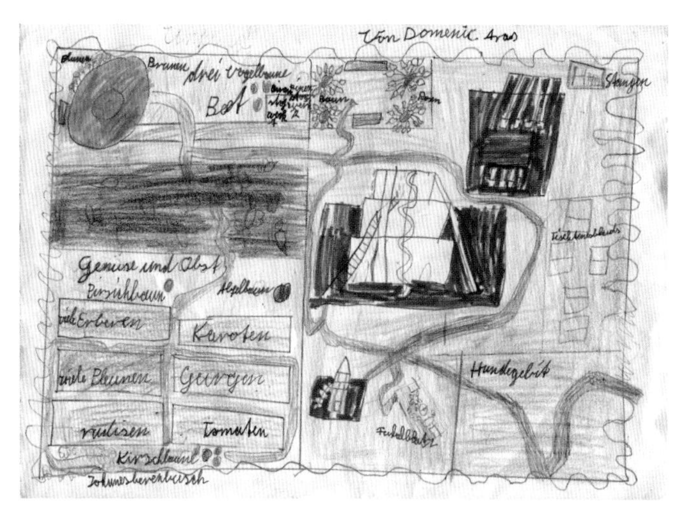

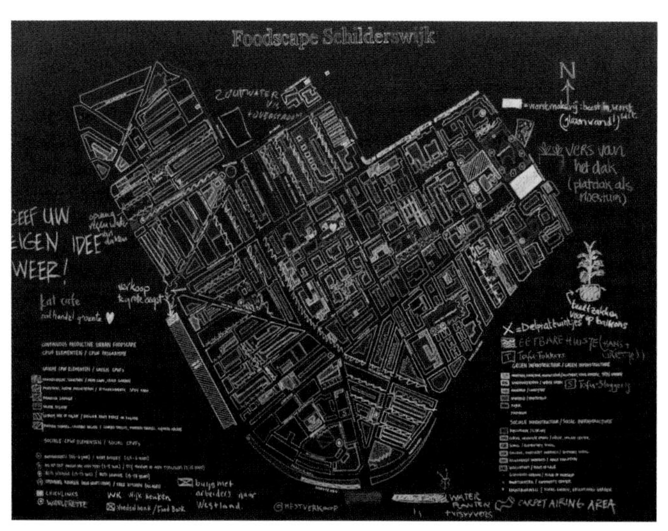

Dott 07 Opportunities for a green and edible Middlesbrough

01 An urban design concept

* plant continuous open space corridors (CPUL) thereby connecting the city with the rural, the wild

** benefit from this new landscape productively in a variety of ways :

02 movement

* improve non-vehicular movement and access by foot or bike throughout the entire town

** reroute traffic

03 energy (economics)

* use the ground more effectively in economic terms, esp. through new types of urban farming sites

** provide employment and invigorate districts through productive elements of the new landscape

04 school

* offset the building density with extra large open space to provide children with healthy and self-sufficient activity options

** improve safety for children with play space weaving through their town

05 health

* offset industrial/noise pollution with contrasting calming and oxygenising open space

** improve air flow in and out of the city through open corridors

06 food

* plant urban agriculture sites in the heart of the town producing organic and local food

** improve the sense of place, the food and eating culture by providing space for food production and processing

07 An urban lifestyle

* preserve the greenbelt by offering the rural on the urban doorstep (within a CPUL)

** enhance people's relationship with and enjoyment of nature, the year's seasons and weather

The DOTT 07 Urban Farming Project in Middlesbrough

represents the first practical testing of a concept for continuous productive urban landscape (CPUL). Individuals and organisations participated by growing fruit and vegetables in small, medium and large containers. Over 200 containers were distributed across the city. There was and is a positive acceptance and enthusiasm for urban farming, evidenced by the number of participants who wish to continue growing fruit and vegetables next year and several who wish to expand the area under cultivation. People enjoy being close to edible landscapes.

When imagining how Middlesbrough may develop the CPUL concept in the future, it is important to realize that it does not require everyone to grow their own food. It rather proposes that commercially viable market gardens would form part of the city's network of open urban spaces. In this way, the city would significantly reduce its ecological footprint while at the same time enhancing its urban environment. CPUL provides more experience with less consumption.

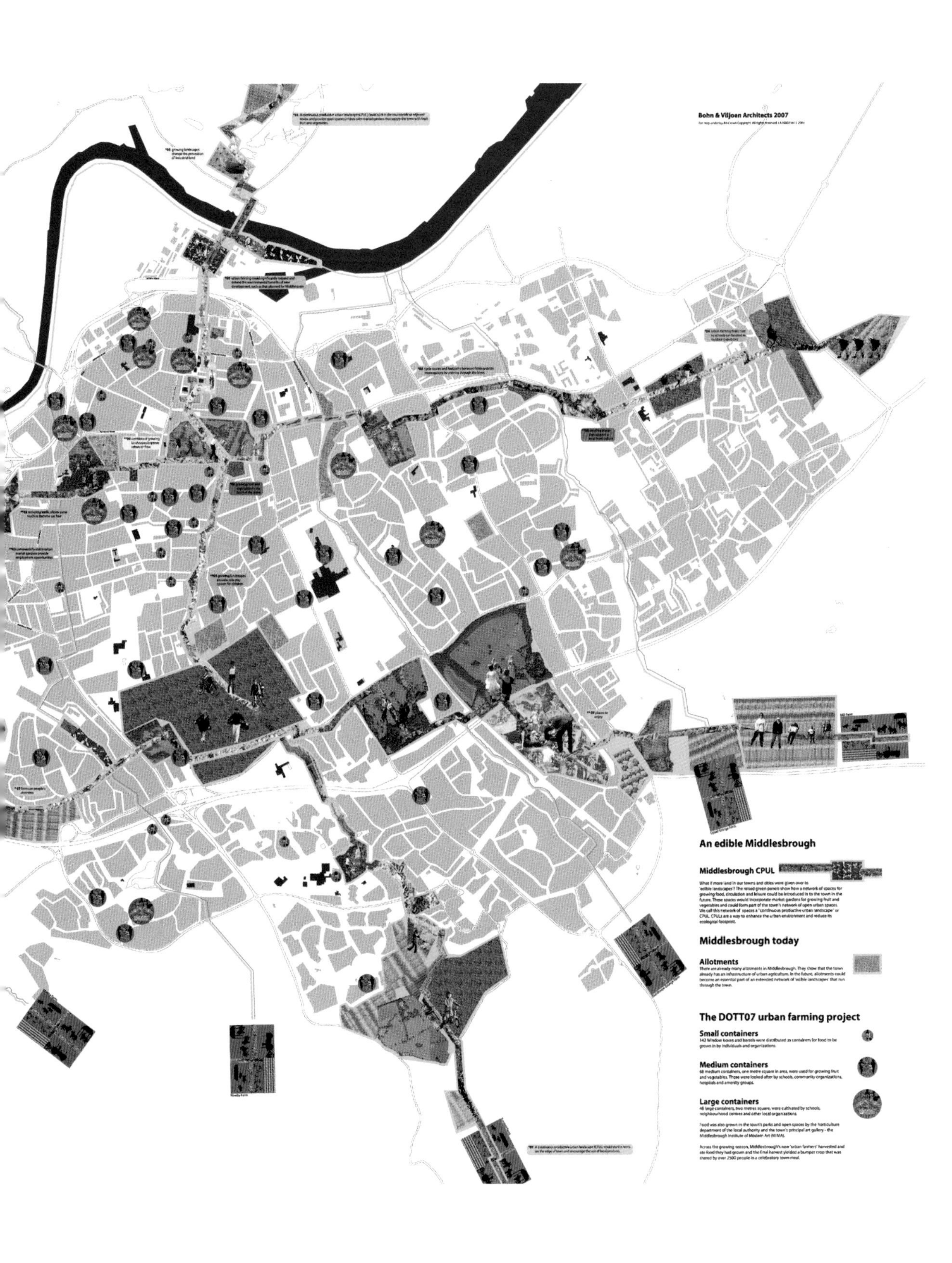
Bohn & Viljoen Architects 2007
An edible Middlesbrough
Middlesbrough CPUL
What if more land in our towns and cities were given over to 'edible landscapes'? The raised green panels show how a network of spaces for growing food, circulation and leisure could be introduced in to the town in the future. These spaces would incorporate market gardens for growing fruit and vegetables and could form part of the town's network of open urban spaces. We call this network of spaces a "continuous productive urban landscape" or CPUL. CPULs are a way to enhance the urban environment and reduce its ecological footprint.
Middlesbrough today
Allotments
There are already many allotments in Middlesbrough. They show that the town already has an infrastructure of urban agriculture. In the future, allotments could become an essential part of an extended network of 'edible landscapes' that run through the town.
The DOTT07 urban farming project
Small containers
142 Window boxes and barrels were distributed as containers for food to be grown in by individuals and organizations.
Medium containers
68 medium containers, one metre square in area, were used for growing fruit and vegetables. These were looked after by schools, community organizations, hospitals and amenity groups.
Large containers
48 large containers, two metres square, were cultivated by schools, neighbourhood centres and other local organizations.
Food was also grown in the town's parks and open spaces by the horticulture department of the local authority and the town's principal art gallery - the Middlesbrough Institute of Modern Art (MIMA).
Across the growing season, Middlesbrough's new 'urban farmers' harvested and ate food they had grown and the final harvest yielded a bumper crop that was shared by over 2500 people in a celebratory town meal.

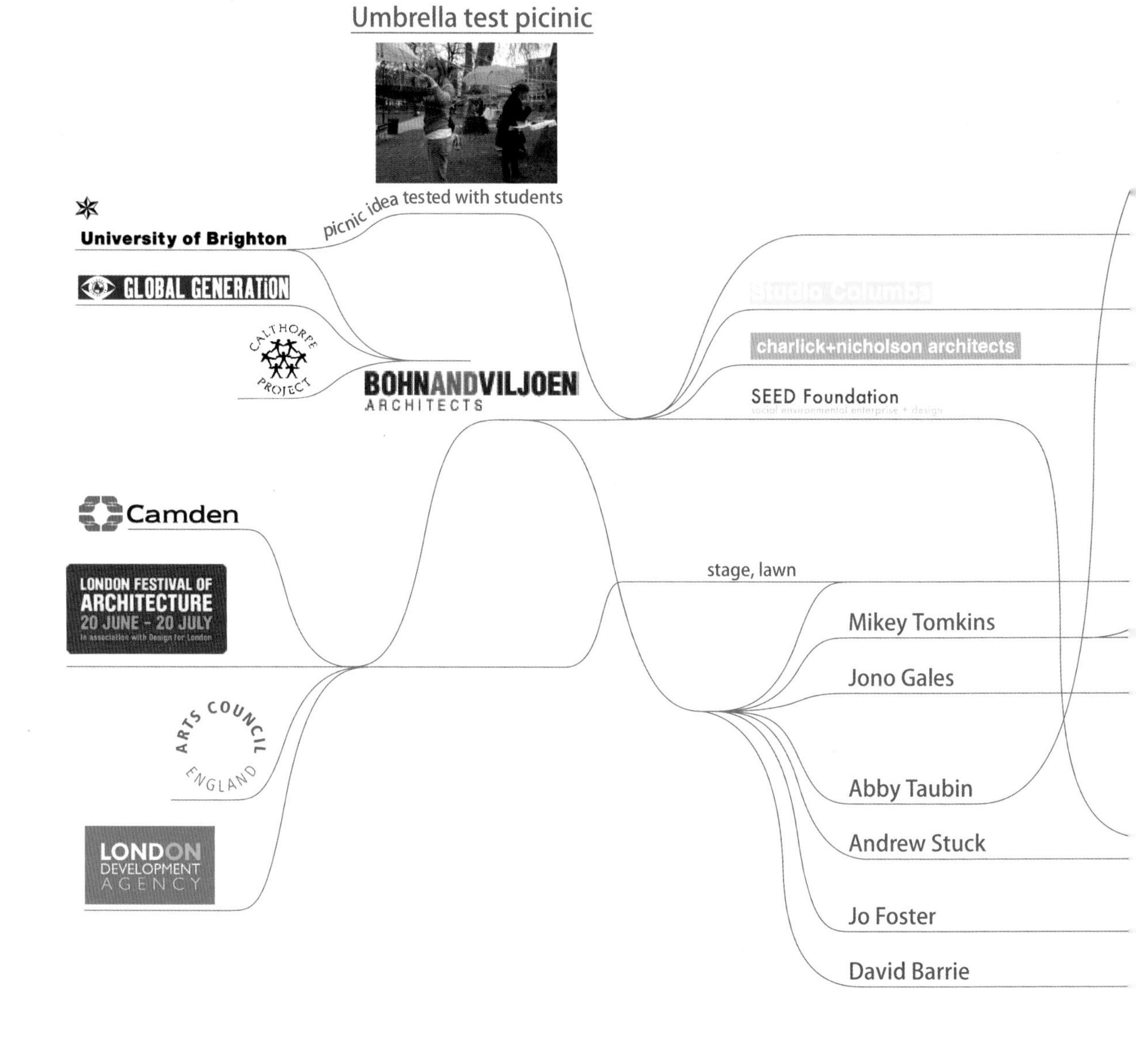

Umbrella test picinic
picnic idea tested with students
University of Brighton
GLOBAL GENERATION
CALTHORPE PROJECT
BOHNANDVILJOEN ARCHITECTS
Studio Columba
charlick+nicholson architects
SEED Foundation
Camden
LONDON FESTIVAL OF ARCHITECTURE
20 JUNE - 20 JULY
ARTS COUNCIL ENGLAND
LONDON DEVELOPMENT AGENCY
stage, lawn
Mikey Tomkins
Jono Gales
Abby Taubin
Andrew Stuck
Jo Foster
David Barrie